工业助剂生产工艺与应用技术丛书

皮革、造纸助剂
生产工艺与应用技术

韩长日　宋小平　主编

中国石化出版社
·北京·

内 容 提 要

本书介绍了皮革鞣剂、皮革加脂剂、皮革涂饰剂、制浆化学助剂、抄纸化学助剂和纸加工助剂等的生产应用技术。首先简要概述了各类助剂的应用类型、基本性能及生产发展趋势，然后对助剂的中英文名称、性能、生产原理、工艺流程、主要原料、主要设备、生产工艺、质量标准、用途、安全与储运都作了全面而系统的阐述。

本书对于从事皮革和造纸助剂研究与开发、精细化学品研制与开发的科技人员、生产人员以及高等院校应用化学、精细化工等相关专业的师生都具有参考价值。

图书在版编目(CIP)数据

皮革、造纸助剂生产工艺与应用技术 / 韩长日，宋小平主编. —北京：中国石化出版社，2025. 4.
ISBN 978-7-5114-7835-1

Ⅰ. TS529. 1；TS727

中国国家版本馆 CIP 数据核字第 2025VN1473 号

中国石化出版社出版发行

地址：北京市东城区安定门外大街 58 号
邮编：100011 电话：(010)57512500
发行部电话：(010)57512575
http://www. sinopec-press. com
E-mail：press@ sinopec. com
北京科信印刷有限公司印刷
全国各地新华书店经销

*

787 毫米×1092 毫米 16 开本 19. 5 印张 486 千字
2025 年 4 月第 1 版　2025 年 4 月第 1 次印刷
定价：72. 00 元

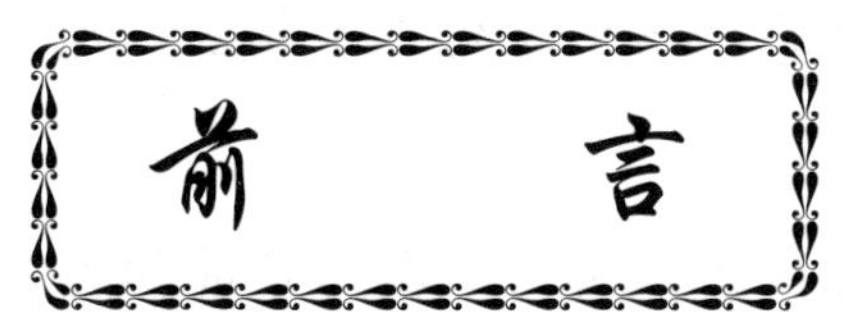

前言

助剂(也称添加剂)是工业材料和产品在加工和生产过程中，为改善加工性能和提高产品性能及使用质量而加入药剂的总称。随着精细化工的发展，各种工业助剂对提高产品质量和扩展产品性能有着越来越重要的作用。我国许多工业产品质量与国外知名产品的差距并不在于缺少主要原料，而在于缺少高性能的助剂。助剂能赋予产品以特殊性能，延长使用寿命，扩大适用范围，提高加工效率，提升产品质量和档次。助剂产品的技术进步，影响着许多产业，尤其是化工、轻工、纺织、石油、食品、饲料、电子工业、建筑材料和汽车等产业的发展。

助剂的种类繁多，相关的作用机理、生产应用技术也很复杂，全面系统地介绍各类助剂的性能、生产原理、工艺流程、工艺配方、生产工艺、质量标准、主要用途，对促进我国工业助剂的技术发展，推动精细化工产品技术进步，加快我国工业产品的技术创新和提升工业产品的国际竞争力，以及满足国内工业生产的应用需求和适应消费者需要都具有重要意义。在中国石化出版社的策划和支持下，我们于2006—2014年出版了《工业添加剂生产与应用技术丛书》(1~8册)，这是一套完整的工业助剂丛书。为了满足我国助剂的技术发展需要，推动精细化工产品技术进步和提升助剂产品的国际竞争力，我们对此套丛书进行了修订，并更名为《工业助剂生产工艺与应用技术丛书》。

本书为皮革及造纸助剂分册，介绍了皮革鞣剂、皮革加脂剂、皮革涂饰剂、制浆化学助剂、抄纸化学助剂和纸加工助剂等的生产应用技术。对各种皮革及造纸助剂产品的中英文名称、性能、生产原理、工艺流程、工艺配方、生产工艺、质量标准、主要用途、安全与储运都作了全面而系统的阐述。对于从事皮革和造纸助剂研究与开发、精细化学品研制与开发的科技人员、生产人员以及高等学校应用化学、精细化工等相关专业的师生都具有参考价值。

本书在编写过程中参阅和引用了大量国内外专利及技术资料，书末列出了主要参考文献，大部分产品介绍中还列出了相应的原始研究文献，以便读者进一步查阅。

值得指出的是，在进行皮革及造纸助剂产品的开发生产中，应当遵循先小试、再中试，然后进行工业性试产的原则，以便掌握足够的工业规模的生产经验。同时，要特别注意生产过程中的防火、防爆、防毒、防腐蚀及环境保护等有关问题，并采取有效的措施，以确保安全顺利地生产。

本书由韩长日、宋小平主编，参加本书编写的有韩长日、宋小平、陈光英、李小宝。

本书在选题策划和编写过程中，得到了中国石化出版社、国家自然科学基金、海南省重点研发项目和海南科技职业大学著作出版基金的支持和资助，许多高等院校、科研院所和同仁提供了大量的国内外专利和技术资料，在此一并表示衷心的感谢。

由于我们水平所限，错漏和不妥之处在所难免，欢迎广大同仁和读者提出意见和建议。

编者

目　录

第 1 章　皮革鞣剂

1.1　概　　述

皮革工业是我国轻工行业中传统产业之一。皮革是由动物生皮经过一系列物理与化学的加工处理而制成的。鞣剂是将生皮制成皮革的重要添加剂。生皮由胶原纤维组成，通过在胶原之间引入一些化学制剂，使其与皮蛋白的活性基团发生作用，在胶原分子间形成新的交联键，赋予其结构稳定性，从而使胶原纤维可以耐化学物质、微生物，并且有湿热稳定性，这就是鞣制作用。能与生皮产生鞣制作用的化学制剂称为鞣剂。

远古时期皮革的油鞣、烟鞣是利用了醛与类醛鞣剂进行鞣制。醛基以亲电的形式与蛋白质氨基、亚氨基进行反应，使毛革与皮革获得保存稳定性与使用功能。醛鞣皮革能促进皮胶原蛋白的水热稳定性，并具有比铬革更好的耐水性和抗汗性。然而，醛鞣剂往往水合能力弱又缺乏足够的库仑吸引力，无法很好地渗透到皮胶原蛋白中，一些醛类物质具有生物毒性和颜色，制造成本高。开发新型醛鞣剂和添加剂对替代铬鞣剂具有良好的前景和意义。

鞣剂按化学结构与性质可分为无机鞣剂和有机鞣剂：无机鞣剂又称矿物鞣剂，主要有铬鞣剂、锆鞣剂、铝鞣剂、多金属复配鞣剂等；有机鞣剂包括植物鞣剂、芳香族合成鞣剂、树脂鞣剂、醛鞣剂、油鞣剂等。鞣剂按用途可分为预鞣剂、主鞣剂和复鞣剂。

制革工业中，无机铬盐鞣剂鞣革的成革质量是其他鞣剂无法比拟的，但铬盐鞣革的废液中残留的Cr(Ⅲ)对环境造成极大危害。鞣剂的发展方向首先是开发绿色制革工艺产品，即绿色环保型新鞣剂，如无铬鞣法中的改性植物鞣剂、改性淀粉鞣剂、合成树脂鞣剂、醛鞣剂、新型高分子鞣剂以及钛鞣剂、硅酸盐鞣剂；其次是开发高吸收、高活性的铬鞣助剂，以提高皮革对铬鞣剂的吸收率，增强皮革纤维对铬的固定作用，提高铬的利用率，减少铬对水质的污染；其三，发展多功能(加脂、防水功能等)、可生物降解的合成鞣剂。

参 考 文 献

[1] 汪晓鹏．绿色皮革鞣剂的研究与发展[J]．西部皮革，2019，41(09)：29.
[2] 周秀军，周利芳，周建民，等．无铬皮革鞣剂研究应用进展[J]．西部皮革，2015，37(22)：25-29.
[3] 杨文强，贺亚亚，邓丽娟．生物质皮革鞣剂及其结合鞣应用的发展趋势[J]．西部皮革，2015，37(10)：17-24.
[4] 吕生华．皮革鞣剂研究的现状及存在问题和发展趋势[J]．西部皮革，2014，36(08)：6-11.
[5] 周黔川，任可帅，程昕晖，等．铝鞣法的演变：从传统技术到绿色制革[J]．中国皮革，2024，53(02)：36-41.
[6] 赵苹．绿色无铬鞣电磁屏蔽皮革的构筑及性能[D]．西安：陕西科技大学，2023.

1.2 铬鞣剂

铬鞣剂(chrome tanning agent)又称碱式硫酸铬、铬粉、铬盐精。分子式为 $Cr(OH)SO_4$，相对分子质量为165.06。

1. 性能

无定形墨绿色粉末，略带有糖的气味，易溶于水，易吸潮。

铬鞣剂中的主要成分为碱式硫酸铬，其中起主要作用的为三价铬。Cr^{3+} 的配位数为6，外层电子构型为 $3d^3 4s^0 4p^0$，可提供6个空轨道，属于 d^2sp^3 杂化，所形成的络合物一般为内轨型。在中心 Cr^{3+} 周围含有6个配位体形成单核铬配合物，其空间构型为正八面体。配位体可以是水分子、羟基、硫酸根、羧酸根等。

Cr^{3+} 在水溶液中易发生水合作用、水解作用和配聚作用。三价铬可以与水分子发生水合生成六水合铬配合物，加碱、加热和稀释有利于六水合铬配合物水解：

$$[Cr(H_2O)_6]^{3+}+H_2O \longrightarrow [Cr(H_2O)_5OH]^{2+}+H_3O^+$$

$$[Cr(H_2O)_5OH]^{2+}+H_2O \longrightarrow [Cr(H_2O)_4(OH)_2]^{+}+H_3O^+$$

$$[Cr(H_2O)_4(OH)_2]^{+}+H_2O \longrightarrow [Cr(H_2O)_3(OH)_3]\downarrow+H_3O^+$$

由铬配合物的水解作用所形成的羟基铬配合物中的羟基氧原子具有多对未共用电子对，它可以同时与两个以上的铬原子发生配位作用，将两个铬配合物连接起来，即形成了含有两个或两个以上铬核的多核铬配合物。这就是羟配聚铬配合物。含羟基的碱式铬配合物可通过配聚作用形成多核铬配合物而使分子变大，从而可以在生皮胶原中产生交联结构，增加蛋白质结构的稳定性而起到鞣制作用。铬配合物分子的大小及其鞣性与配合物中羟基的数量有关。因此，对制革生产而言，铬鞣剂(液)中所含羟基的数目是一个非常重要的指标。铬配合物中羟基的数目常用Schoremmer碱度(B)表示，其含义是铬配合物中所含羟基的物质的量(摩尔数)与铬的物质的量(摩尔数)的3倍之比的百分数，即

$$碱度(B)=\frac{铬配合物中羟基的物质的量}{铬配合物中铬的物质的量\times 3}\times 100\%$$

因此，改变铬鞣剂生产配方可以制备碱度不同的产品。碱度不同的铬鞣剂可用于不同的鞣制阶段，如高碱度鞣剂可用于轻革的复鞣。

2. 生产原理

铬鞣剂通常是由重铬酸盐在酸性条件下加还原剂配制而成的，常用的还原剂有二氧化硫、葡萄糖、硫代硫酸钠、亚硫酸盐、蔗糖、木屑和萘磺酸等。在铬鞣剂中，使用的碱式硫酸铬的碱度常以33%~45%为宜。

(1) 用糖作还原剂

在我国配制铬鞣液时，葡萄糖是应用最普遍的还原剂。在酸性条件下，葡萄糖可以把重铬酸盐还原成三价的碱式铬盐。

$$4Na_2Cr_2O_7+12H_2SO_4+C_6H_{12}O_6 \longrightarrow 8Cr(OH)SO_4+4Na_2SO_4+6CO_2\uparrow+14H_2O$$

(2) 用硫代硫酸钠作还原剂

用硫代硫酸钠作还原剂配制铬鞣液，还原反应是在酸性条件下进行的，同时发生如下三种

反应：

$$H_2Cr_2O_7+5H_2SO_4+6Na_2S_2O_3 \longrightarrow Cr_2(OH)_2(SO_4)_2+3Na_2S_4O_6+3Na_2SO_4+5H_2O$$

$$H_2Cr_2O_7+2H_2SO_4+3Na_2S_2O_3 \longrightarrow Cr_2(OH)_2(SO_4)_2+3Na_2SO_4+3S+2H_2O$$

$$4H_2Cr_2O_7+5H_2SO_4+3Na_2S_2O_3 \longrightarrow 4Cr_2(OH)_2(SO_4)_2+3Na_2SO_4+5H_2O$$

（3）用二氧化硫气体作还原剂

用二氧化硫作还原剂，铬鞣液中除含碱式硫酸铬外，只有中性硫酸盐，不含任何其他副产物，故铬鞣液性质稳定，碱度一般固定在33.3%左右。

$$Na_2Cr_2O_7+3SO_2+H_2O \longrightarrow 2Cr(OH)SO_4+Na_2SO_4$$

将重铬酸盐溶于3倍(质量)的温水中，然后慢慢通入 SO_2，反应2h后，将溶液煮沸以除去过多的 SO_2，即制得碱度为33.3%的铬鞣液。工业生产中配制时是在吸收塔内进行还原反应，采取 SO_2 气体与红矾溶液逆流循环的方式，反应效率高，可以实现连续化生产。

此方法只能生产碱度为33.3%的铬鞣液(或铬粉)，如生产其他碱度规格的铬鞣液(或铬粉)，还需要进行碱度调整。另外，此方法配制的铬鞣液(或铬粉)中不含有机酸，自蒙囿性差，通常为改善其鞣性，还需加入一定量的有机酸盐。

3. 工艺流程

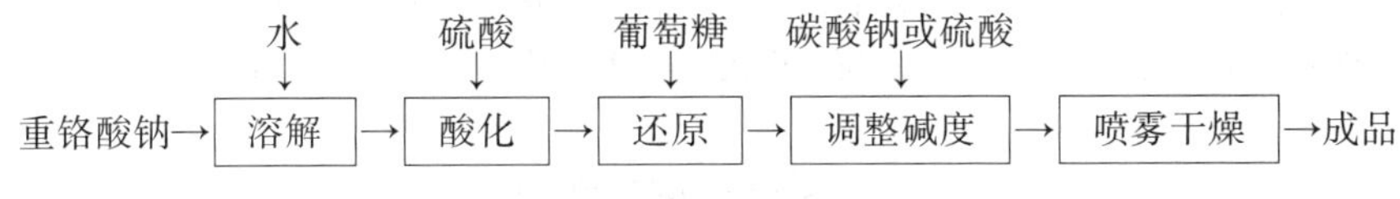

4. 主要原料(kg)

重铬酸钠(红矾钠≥98%)	100	硫酸(≥98%)	93.9
葡萄糖	25		

5. 生产工艺

将100kg $Na_2Cr_2O_7$ 溶于300kg 80℃的水中，使红矾溶解。然后缓慢加入93.9kg 98%的硫酸，在不断搅拌下，缓慢地加入将25kg葡萄糖溶于100kg水制成的葡萄糖溶液。此时反应剧烈，并产生大量气泡使液面升高。反应过程中溶液颜色由红橙色逐渐变为黄色，最后变为深绿色。所制得的铬鞣液碱度约为40%。放料于储槽中，调整碱度，经喷雾干燥得到成品。

说明：

① 铬鞣剂是一个十分复杂的多相体系，有简单的单核铬合物，也有最复杂的多核铬合物。最多的是二硫酸基二羟基合二铬络合物。

② 铬鞣剂(液)的碱度与配制方法有关。用 SO_2 还原红矾时，可直接获得碱度为33.3%的铬鞣液。用有机还原剂如葡萄糖、木屑等还原时，铬鞣剂(液)的碱度由加入反应体系中的硫酸量决定。由于配制铬鞣液时有机酸、硫酸加入量的误差以及操作控制条件差异等因素的影响，所配制的铬鞣液的碱度会与理论值有一定的差别，应根据生产情况，先进行分析，再加以调整。碱度低则应加碱将其升高，碱度高则应加酸将其降低。理论上，所需加的碱与酸的量有下列关系：把碱度提高1%(即提高1度)，需要加入碳酸钠的量为铬鞣液中 Cr_2O_3 量的2.09%，碳酸氢钠的量为铬鞣液中 Cr_2O_3 量的3.32%。把碱度降低1%(即降低1度)，需要加入硫酸(100%)的量为铬鞣液中 Cr_2O_3 量的1.93%，盐酸(30%)的量为铬鞣液中

Cr_2O_3 量的 4.08%，甲酸(85%)的量为铬鞣液中 Cr_2O_3 量的 2.14%。

6. 质量标准

指标名称	特级	普通级
外观	墨绿色粉末	
Cr_2O_3 含量	26%~27%	33%~34%
碱度	21%~23%	38%~42%

7. 用途

可用于各种皮的铬鞣和复鞣。铬鞣(主鞣)用量一般为裸皮重的 5.5%~7.5%，复鞣用量一般为削匀蓝湿皮的 3.0%~5.0%。

8. 安全与储运

三价铬化合物毒性低，六价铬化合物毒性大，具有强烈的腐蚀性和刺激性，操作人员应穿戴劳保用品。产品使用双层塑料编织袋包装。存放于阴凉、干燥处，注意密封，防止受潮。

参 考 文 献

[1] 丁晓良，单志华．再论铬鞣剂及应用技术[J]．皮革与化工，2019，36(01)：8-14.

[2] 魏刚，张兴邦，文辉．铬鞣剂再生循环利用研究[J]．山东化工，2016，45(16)：102-106.

[3] 陶亮亮，李鹏，侯宏波，等．铬鞣剂的研究现状[J]．西部皮革，2011，33(18)：57-59.

1.3 高吸收铬鞣剂

1. 性能

高吸收铬鞣剂又称交联型铬粉，为淡绿色精粉状物。与皮胶原亲和力强，浴液中的铬易被皮吸收。使用时不需要添加蒙囿剂，有自动调整碱度的功能。

2. 生产原理

重铬酸钠经葡萄糖还原后，经喷雾干燥得到的非自碱化蒙囿铬粉，加入二元羧酸交联剂或多羧络合剂，促使皮对铬鞣剂的吸收与固定，以获得高吸收铬鞣效果。向铬鞣体系中引入二元羧酸或多羧络合剂的方法很多，其中比较简便、安全的方法就是将二元羧酸或多羧络合剂预先与一定量的铬盐一起制成高吸收铬粉。交联型铬粉刚溶于水时分子较小，在鞣制过程中分子水解配聚，逐步变大，并产生交联，具有强烈的固定铬的作用，有助于铬的吸收。

3. 工艺流程

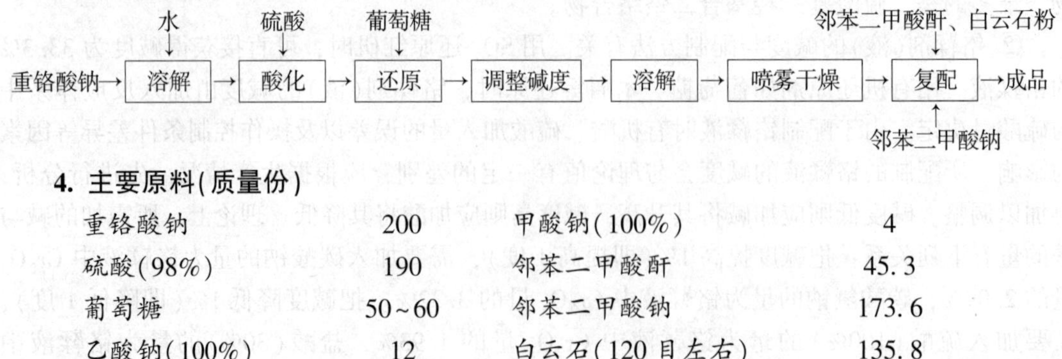

4. 主要原料(质量份)

重铬酸钠	200	甲酸钠(100%)	4
硫酸(98%)	190	邻苯二甲酸酐	45.3
葡萄糖	50~60	邻苯二甲酸钠	173.6
乙酸钠(100%)	12	白云石(120 目左右)	135.8

5. 生产工艺

将红矾钠在溶解槽中用2~3倍的水溶解，同时在另一个溶解槽中用2~3倍的水将葡萄糖溶解。然后把红矾溶液放入反应釜内，搅拌升温，并缓慢加入经过计量槽计量后的硫酸。当反应釜温度升至60℃时，缓慢加入葡萄糖溶液进行还原。随着反应的进行，红矾溶液逐渐从橘红色变为砖红色、橙色、橄榄色到绿色，反应即达到终点。加入甲酸钠和乙酸钠，在80~90℃下反应2h，将料放到储槽中。

待铬鞣液静置陈化后，分析并进行碱度调整。然后喷雾干燥即可获得碱度为33%的非自碱化蒙囿铬粉。

再将事先用球磨机(或粉碎机)粉碎成粉状的邻苯二甲酸酐和邻苯二甲酸钠与铬粉、白云石混合均匀，即得到高吸收铬鞣剂。

6. 质量标准

外观	淡绿色粉状物	Cr_2O_3 含量	10%~13%
固含量	≥93%	pH 值(10%溶液)	3.8~4.2
碱度	31%~35%		

7. 用途

在制革生产中，高吸收铬粉一般与非交联型的标准铬粉结合用于主鞣，当标准铬粉完全渗透裸皮后加入高吸收铬粉效果最佳。在高吸收铬鞣法体系中，不仅铬的吸净率高，而且铬的多点结合率也高，鞣制时可减少铬鞣剂的用量。因此，高吸收铬粉是一种实用的清洁铬鞣剂。

8. 安全与储运

本产品中的三价铬化合物属低毒物，生产中使用的重铬酸钠(红矾钠)为六价铬化合物，毒性很大，具有刺激性和腐蚀性。操作人员须穿戴劳保用品。产品采用纸桶包装，储存于干燥、阴凉处。

参 考 文 献

[1] 郭松，庞晓燕，丁志文，等．利用铬泥制备不浸酸高吸收铬鞣剂的研究[J]．中国皮革，2017，46(06)：6-9+21.

[2] 李晨英，陈华林，罗荣，等．超支化聚合物在高吸收铬鞣剂中的应用展望[J]．中国皮革，2012，41(17)：48-53.

1.4 KMC系列铬鞣剂

KMC系列铬鞣剂(chrome tanning agent KMC series)是以有机酸蒙囿的自碱化铬鞣剂。

1. 性能

外观为绿色粉末状。具有很强的蒙囿作用，配制成鞣液的组分多，分子大小、电荷和组分分布均匀。鞣制时具有良好的缓冲性能，不需要提碱，使用操作简便。鞣制后的蓝皮粒面细，弹性好，颜色深浅均匀一致。同时，铬可以被裸皮较完全地吸收，铬盐与纤维结合更好，废液中铬含量更少，有利于制革厂的污水处理。

2. 生产原理

先将重铬酸钠用葡萄糖还原，再加入有机酸与铬配位，配成铬鞣液。铬鞣液再经浓缩、喷雾干燥制成粉状铬鞣剂，然后加入碱化剂，混合均匀后即成。

3. 工艺流程

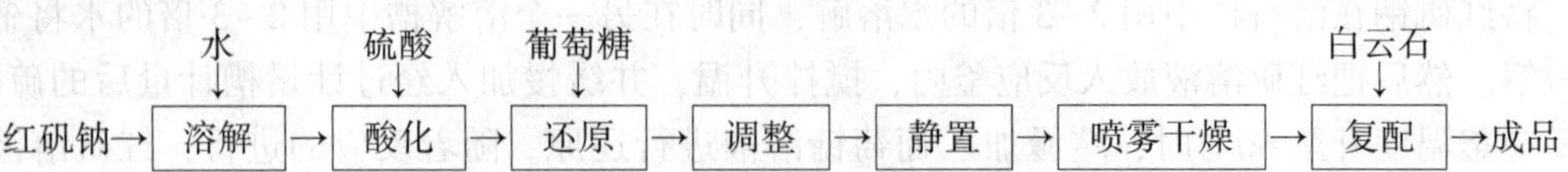

4. 主要原料(质量份)

(1) 配方一(碱度40%)

红矾钠	100	乙酸钠(100%)	6
葡萄糖	25~30	甲酸钠(100%)	2
硫酸(98%)	93	白云石(120目左右)	22~26

(2) 配方二(碱度33%)

红矾钠	100	乙酸钠(100%)	6
葡萄糖	25~30	甲酸钠(100%)	2
硫酸(98%)	100	白云石(120目左右)	22~26

5. 生产工艺

将红矾钠用2~2.5倍的水溶解后放入反应釜中，缓缓加入浓硫酸。将葡萄糖溶解配成糖液。将糖液在90~120min内慢慢加入反应釜中，同时打开冷凝水，使还原反应的温度维持在90~105℃，待加完糖液后再反应20~30min。还原反应过程完成后，加入甲酸钠与乙酸钠，在80~90℃下反应2h后，即可放入储液罐中。静置陈化10~15h后，进行喷雾干燥(进口温度低于300℃)。向得到的非自碱化铬粉中加入100目的白云石，混合均匀，即得到KMC系列铬鞣剂。

6. 产品标准

外观	绿色粉状物	Cr_2O_3 含量	21%~23%
固含量	≥95%	pH值(10%溶液)	2.5~4.0
碱度	31%~35%		

7. 用途

可用于猪、牛、羊等原料皮的鞣制和复鞣。铬鞣时用量为灰皮质量的5%~7%，复鞣时用量为蓝皮质量的3%~6%。

8. 安全与储运

与“铬鞣剂”相同。操作人员应穿戴劳保用品。使用内衬塑料薄膜的塑料编织袋包装。存放于干燥、阴凉处，密封防潮。

参 考 文 献

吴兴赤，刘敏.KMC系列铬鞣剂的理论和实践[J].中国皮革，2001，(05)：38.

1.5 铝 鞣 剂

铝鞣剂(aluminium tanning agent)又称746号鞣剂、碱式氯化铝、聚氯化铝。

1. 产品性能

无色或浅黄色至灰绿色透明液体。粉体为白色粉末，能溶于水。可与铬盐形成多核配合物。价廉易得，无毒、无污染，是一种常用的辅助鞣剂。

铝鞣剂的主要成分是一种含蒙囿剂的高碱度氯化铝或硫酸铝盐。由于铝络合物的正电性比铬络合物强，易快速沉积于革的外层，因而可以使复鞣革纤维紧实，粒面细致紧密、平滑，革身的延伸性也会被适当降低，硬度有所增加。由于对革的粒面有良好的填充作用，能使坯粒面有较好的磨革性能，铝鞣剂特别适用于各类磨面革、绒面革的复鞣。铝鞣剂可与铬鞣剂结合使用，在铬鞣后期加入铝鞣剂，具有缩短鞣制时间的作用。铝鞣剂可促进皮革对铬的吸收，减少铬的用量，节约红矾，降低鞣制后期废液中的铬含量。使用铝鞣剂还可以起到使染色后的革颜色均匀、色泽鲜艳的作用。如在染色后期加入铝鞣剂还能起到固色作用；用铝鞣剂处理绒面革有利于染料吸收，使绒面革绒头细致。

2. 生产原理

铝鞣剂一般可以用硫酸铝、明矾、氯化铝或铝末等原材料进行加工生产。以硫酸铝或明矾为原料，在其水溶液中加入一定量的纯碱可制成碱式硫酸铝溶液(俗称铝鞣液)。这种铝鞣液的鞣性较差，若在其中加入一些乳酸钠等蒙囿剂，就可以制成鞣性较好的铝鞣液或粉状铝鞣剂。若以氯化铝为原料，则可以用纯碱进行碱化制备鞣性良好的碱式氯化铝。碱式氯化铝也可以用金属铝末或氧化铝与盐酸先酸化再碱化的方法制得。

(1) 氯化铝法

氯化铝与碳酸钠作用生成碱式氯化铝：

$$AlCl_3 \cdot 6H_2O + Na_2CO_3 \longrightarrow Al(OH)_2Cl + 2NaCl + CO_2 + 5H_2O$$

或：

$$AlCl_3 + Na_2CO_3 + H_2O \longrightarrow Al(OH)_2Cl + 2NaCl + CO_2$$

(2) 铝灰法

铝灰的主要成分为金属铝和氧化铝，将铝灰用盐酸酸化生成三氯化铝母液，再经纯碱碱化可使其转化为具有一定鞣性的碱式氯化铝。化学反应式如下：

$$Al_2O_3 + 6HCl \longrightarrow 2AlCl_3 + 3H_2O$$

$$2Al + 6HCl \longrightarrow 2AlCl_3 + 3H_2$$

$$AlCl_3 + Na_2CO_3 + H_2O \longrightarrow Al(OH)_2Cl + 2NaCl + CO_2$$

3. 工艺流程

(1) 氯化铝法

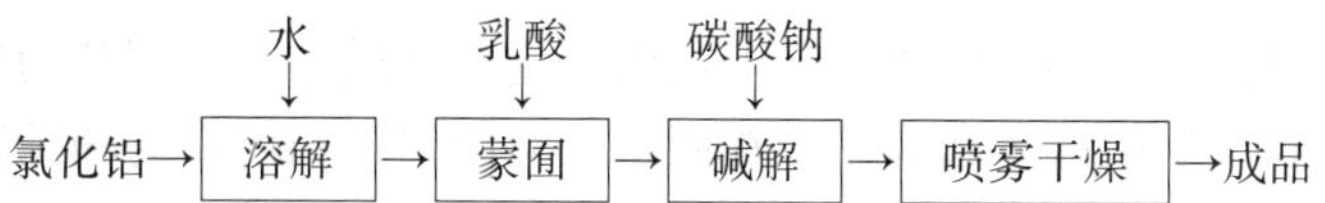

(2) 铝灰法

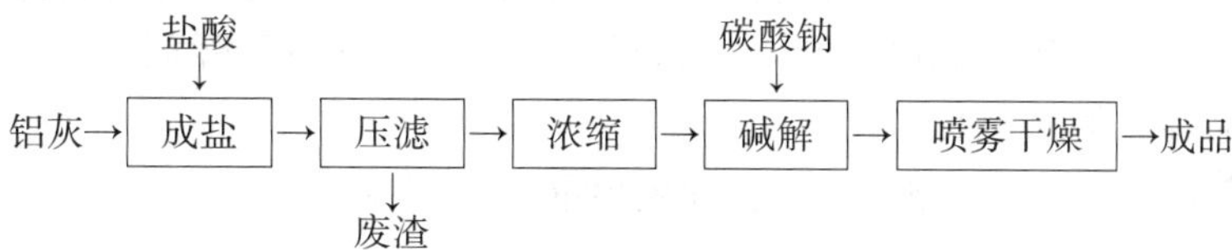

4. 主要原料(kg)

原料名称	氯化铝法	铝灰法
氯化铝($AlCl_3 \cdot 6H_2O$)	181	
铝灰($Al_2O_3 \geqslant 30\%$)		100
盐酸(31%)		60
乳酸	6	0.6
碳酸钠(98%)	80	8.6

5. 生产工艺

(1) 氯化铝法

将181kg水合氯化铝用水溶解，配成相对密度为1.34的水溶液。将此溶液加入耐酸搪瓷反应釜中，加热升温至75℃，在搅拌下加入乳酸，30min内加完。然后由高位计量槽慢慢加入由80kg纯碱和125kg水配成的纯碱溶液，约16h加完，在89~90℃下浓缩8h即得到铝鞣液。铝鞣液经喷雾干燥可制得粉状铝鞣剂。

(2) 铝灰法

先将60kg 31%的盐酸和30L水，以真空减压的方式抽入搪瓷反应釜内，开动搅拌器并减压，慢慢加入已除去铁的铝灰100kg，8h内加完。继续搅拌30min，出料，趁热将反应液过滤。将过滤后的清液移入开口搪瓷反应釜内，以蒸汽夹套加热，温度为80~90℃，浓缩7~8h，至密度为1.2~1.4g/mL，pH值为2.0~2.2。将此浓缩液加热升温至70~75℃，加入乳酸，30min内加完。然后缓慢以细流状加入纯碱液，30min内加完，即得到铝鞣液，再经喷雾干燥即可制得白色粉状铝鞣剂，含Al_2O_3 25%~30%，碱度为60%~65%，pH值为3.8~4.2。

6. 质量标准

	液状	粉状
外观	无色或灰绿色透明液体	白色粉末
Al_2O_3	7.8%~8.2%	25%~30%
碱度	60%~65%	60%~65%
pH值	3.1~3.4	3.8~4.2

7. 用途

铝鞣革的特点为纯白、柔软、粒面细致而紧实、延伸性优良，其内面绒毛细致像呢绒。所以铝鞣法适宜于制作服装革、手套革、绒面革等。铝鞣革的收缩温度不高，一般为70~75℃，而且铝鞣革不耐水，浸入水中或水洗后就要退鞣，使革变得板硬、扁薄，几乎与未鞣制过的生皮一样。因此，尽管铝鞣革具有上述诸多优良性质，而且铝盐的储量也很丰富，但至今铝鞣法仍未得到广泛的推广和应用。在制革工业中铝鞣剂仅作为辅助鞣剂使用。铝鞣剂与其他无机鞣剂共同使用，则它的鞣性可以提高，与皮革结合的能力也得到增强。除与无机鞣剂结合使用外，铝鞣剂也可以与植物鞣剂、各种合成鞣剂以及各种树脂鞣剂等进行结合鞣，例如，铝-铬、铬-铝-锆和铝-植等，这样可以充分发挥每种鞣剂的优点，改善皮革质量，适应不同品种成革的要求。

预鞣和复鞣的参考用量为5%~6%，固色用量为3%左右。

8. 安全与储运

防止铁锈进入铝鞣剂溶液。粉状产品易吸潮。液体产品使用塑料桶装。储存期一年。

参 考 文 献

[1] 吴育彪，关正祥，张永显，等．双组分铝鞣剂的研制及应用[J]．甘肃科技，2016，32(20)：65-68.
[2] 林芳．合成铝鞣剂的制备[J]．西部皮革，2009，31(07)：42-46.

1.6 锆 鞣 剂

锆鞣剂(zirconium tanning agent)又称硫酸锆。分子式为 $Zr(SO_4)_2 \cdot nH_2O$。

锆鞣剂是新型的无机鞣剂之一。锆鞣剂鞣制成的革收缩温度较高，达 96~98℃，可用于制作白色革和浅色革。锆鞣剂的填充性好，鞣制的革丰满结实，紧密耐磨。锆鞣革的缺点是身骨较板硬，吸水性较强。如果加以适当处理，用锆鞣剂可以制得相当柔软的服装手套革，也可用于制造鞋面革和鞋底革。用作鞋底革时，其耐磨性大大超过铬鞣革和植鞣革。锆鞣革的耐储藏性好，对老化、汗液、霉菌等作用稳定性高，可与铬鞣革相媲美。

锆鞣只能在较低的 pH 值条件下进行，这样对胶原造成的破坏也比铬鞣革大，导致锆鞣革的撕裂强度较低。总之锆鞣革的优点较多，锆鞣剂是仅次于铬鞣剂的优良无机鞣剂。

1. 性能

锆鞣剂的主要成分是硫酸锆。外观为白色粉末，易溶于水，溶于水时放出大量的热，水溶液呈酸性。硫酸锆水解的最终产物是二氧化锆的水合物($ZrO_2 \cdot nH_2O$)，为白色絮状凝胶，具有胶体特性。水解的二氧化锆能与强碱作用，故称为锆酸，锆酸在水中能结合 4 个水分子，引入酸根可形成络合物。硫酸锆又称为硫酸氧锆，能与胶原中精氨酸的胍基结合，产生鞣制作用。其鞣性仅次于铬盐。

锆配合物在水溶液中以四聚体为单位进行配聚，配聚形成多聚体时 OH^- 及 SO_4^{2-} 都可以作为配聚基。多聚体的分子很大，很容易产生沉淀。锆鞣一般在强酸性条件($pH<3.0$)下进行。锆盐在这样强的酸性条件下仍能发生水解，配聚形成大分子多聚体。这种大分子对胶原的亲和力较强，易在皮的表面产生不可逆结合，使粒面收缩，表面过鞣，从而影响锆配合物的渗透和均匀结合，也难以中和。利用锆盐的这种特性可将其用于皱纹革的起皱。在锆鞣时，加入适当的蒙囿剂，就可以大大地改善这种情况。未加蒙囿剂时，只要碱度超过 50%，锆鞣剂的结合量就会迅速下降。

锆鞣剂的蒙囿剂一般为有机酸及其盐类，如乙酸、乳酸、葡萄糖酸、氨基磺酸、柠檬酸等。柠檬酸、乳酸的蒙囿效果比乙酸、甲酸好。几种常见酸根对锆离子稳定性贡献的顺序为：

$$Cl^- < SO_4^{2-} < HCOO^- < CH_3COHCOO^- < \begin{array}{c} CO_2^- \\ | \\ CO_2^- \end{array} < F^-$$

2. 生产原理

锆鞣剂的主要成分是硫酸锆[$Zr(SO_4)_2 \cdot nH_2O$]。硫酸锆鞣剂的生产是以锆英砂($ZrSiO_4$)为主要原料。先将锆英砂与纯碱等原料混合，经高温煅烧后变成一种含硅酸盐的硫酸锆，再用硫酸浸提出烧结物中的锆而形成硫酸锆溶液，经过滤除去不溶性的二氧化硅，滤液浓缩、结晶和离心，得到的结晶物硫酸锆即为锆鞣剂。反应方程式如下。

$$ZrSiO_4 + Na_2CO_3 \longrightarrow Na_2ZrSiO_5 + CO_2\uparrow$$

$$Na_2ZrSiO_5+3H_2SO_4 \longrightarrow Na_2SO_4+Zr(SO_4)_2+SiO_2+3H_2O$$

3. 工艺流程

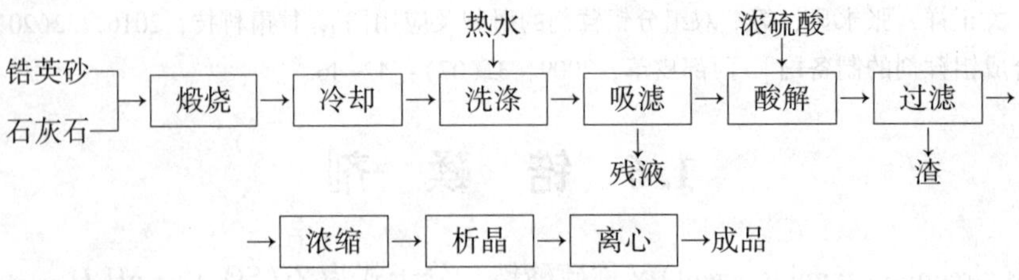

4. 主要原料(kg)

锆英砂(ZrO_2≥59%)	240	碳酸钠(≥96%)	120
碳酸钙(CaO≥50%)	20	浓硫酸(≥95%)	320

5. 生产工艺

将240kg锆英砂($ZrSiO_4$)、120kg碳酸钠及20kg碳酸钙混合均匀制成煤球形状，在1100~1200℃的煅烧炉中煅烧3h，将煅烧物取出并冷却，用60℃的热水充分洗涤。吸滤，除去滤液，滤渣用320kg浓硫酸在80~100℃的条件下酸解浸提。将浸提液过滤，滤液送入蒸发结晶罐内，在60~80℃下蒸发浓缩(80kPa)。蒸发浓缩液在40℃时结晶，再经离心机甩干即为成品。

6. 质量标准

外观	白色结晶状	硫酸根(SO_4^{2-})	50%~60%
氧化锆(ZrO_2)	≥20%	氧化铁(Fe_2O_3)	≤0.2%
氧化硅(SiO_2)	≤0.1%		

7. 用途

用于鞣制白色革，并可与砜桥型合成鞣剂配合代替栲胶鞣制鞋里革、家具革、底革，其成品毛孔细致、丰满而富有弹性，并具有良好的填充性和耐磨性。

锆鞣剂还可用于先铬鞣后锆鞣或先锆鞣后铬鞣的结合鞣体系中。先锆鞣能减少铬的用量，坯革颜色浅淡，适合于制造浅色革。先铬鞣后锆鞣的结合鞣法，所制成的面革腹部紧密、质量好。用铬、锆、铝鞣剂合理配制而成的鞣剂所鞣制的皮革粒面细致，手感柔软、丰满、有弹性。

纯锆鞣方法与纯铬鞣方法相似。由于锆鞣所需的pH值较低，故锆鞣的浸酸程度要求较强，可将锆鞣剂直接加入浸酸液中。鞣制初期，可加入甲酸钠或柠檬酸钠进行蒙囿。鞣制面革时，锆鞣剂需分次加入。

8. 安全与储运

塑料编织袋内衬塑料薄膜袋包装。存放于阴凉、干燥处，注意密封，防止受潮，储存时应与酸隔离。

参 考 文 献

[1] 刘婷婷，兰云军，张景茹，等. 配聚抑制剂对锆鞣剂渗透与结合研究[J]. 皮革科学与工程，2012，22(06)：16-21.

[2] 吴兴赤，刘敏. 锆鞣剂及KRI(多金属)系列鞣剂浅析[J]. 中国皮革，2001，(11)：48.

1.7 钛 鞣 剂

钛鞣剂(titanium tanning agent)1902 年首次在法国取得专利权，直到 1970 年才开始应用于皮革工业。

1. 性能

在无机鞣剂中，钛鞣剂的鞣革性能在铬、锆鞣剂之后，位于第三位。钛鞣革色白、柔软、丰满、有弹性、革身紧实，成革纵向、横向延伸率相当，耐光、耐洗、耐收藏，收缩温度可达 95~97℃。

钛鞣剂在稀水溶液中的水解程度比在浓溶液中大，故钛鞣多采用小液比或无液鞣制。蒙囿剂可提高钛鞣剂对碱的稳定性，但甲酸钠、乙酸钠不能作为钛鞣剂的蒙囿剂。用于钛鞣剂的蒙囿剂主要为含羟基的有机酸，如柠檬酸、酒石酸、苹果酸等。

钛鞣剂中的有效成分是四价钛，碱式硫酸钛、碱式氯化钛、硫酸氧钛铵[$(NH_4)_2 \cdot TiO(SO_4)_2 \cdot H_2O$]等都具有较好的鞣性。

2. 生产原理

钛盐与硫酸作用，在硫酸铵存在下，得到硫酸氧钛铵。

$$TiCl_4+H_2SO_4+(NH_4)_2SO_4+2H_2O \longrightarrow (NH_4)_2TiO(SO_4)_2 \cdot H_2O+4HCl$$

3. 生产工艺

以钛盐制备钛鞣剂的工艺：在 1000kg 含 47% TiO_2 的钛盐溶液中加入 2500~3500kg 硫酸及 200~400kg 硫酸铵。配制温度、时间、酸的浓度等依所用钛盐的性质而定。所得的硬块，用水循环浸提，则钛盐进入溶液。将沉淀过滤，用水洗涤，此洗涤水可再用来浸提。

然后再向所得到的溶液中加入硫酸及硫酸铵，使硫酸的浓度为 300~450g/L，硫酸铵的浓度为 180~300g/L，二者之总和为 520~620g/L。此时，硫酸氧钛铵$(NH_4)_2TiO(SO_4)_2 \cdot H_2O$ 从溶液中沉淀析出。沉淀温度为 12~13℃，升高温度则得到无水物。

将所得产品过滤，用含有 300~450g/L 的硫酸及 180~300g/L 的硫酸铵溶液洗涤沉淀，其用量为 0.4~0.7m^3/10t 盐。洗涤后再用含硫酸铵 300~400g/L 的溶液处理，其用量为 0.4~0.7m^3/1t 盐。用以使盐保持稳定结构。所得产品为一水合物。

4. 质量标准

外观	白色粉末	Fe_2O_3	≤0.05%
TiO_2	≥18%	不溶物	≤0.3%

5. 用途

可单独用于鞣制，也可与铬或锆鞣剂结合使用。既可用于轻革鞣制，也可用于重革鞣制。

用 2%~3%(以 TiO_2 计)的钛鞣剂，加入 2%六次甲基四胺和 2%硫酸铵中和后，以合成鞣剂进行复鞣。所生产的成品革为白色，具有良好的柔性和耐磨性。

参 考 文 献

彭必雨，何先祺．钛鞣剂、钛鞣法及鞣制机理的研究(Ⅰ)：钛(Ⅳ)盐鞣性的理论分析及钛鞣法的发展前景[J]. 中国皮革，1999，(13)：7-10

1.8 KRI-A 鞣剂

KRI-A 鞣剂(tanning agent KRI-A)又称多金属鞣剂，主要成分为铬、锆、铝多金属多核配合物。

1. 性能

KRI 系列鞣剂是铬、锆、铝多金属异核配位鞣剂，易溶于水，易吸潮。KRI-A 鞣革不仅具有铬鞣革的特点，同时兼具有铝鞣革粒面细致和锆鞣革粒面紧密、填充性好等特点，颜色浅淡，手感丰满，松面率和部位差小。废铬液中 Cr_2O_3 含量比用纯铬鞣降低 2/3 以上，减少了环境污染，使用方便。

2. 生产原理

当铬、铝、锆三种金属离子的任意两种离子在溶液中混合时，都可以通过 μ-羟基连接而生成异核配离子。在一定条件下，能形成稳定的具有鞣性的多金属配合物。在鞣液中是一个复合成分，存在复杂的平衡体系。

将红矾钠用葡萄糖还原成碱式硫酸铬，再与硫酸锆、硫酸铝混合，可生成复杂的多核配合物，生成的鞣剂再经过浓缩、干燥即得到产品。

3. 工艺流程

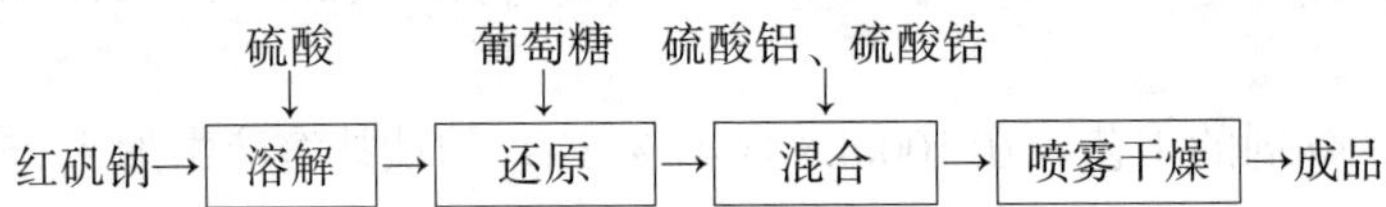

4. 主要原料(质量份)

(1) 配方一

原料	质量份	原料	质量份
红矾钠(≥98%)	170	硫酸锆	119
硫酸铝	170	葡萄糖	80

(2) 配方二

原料	质量份	原料	质量份
红矾钠	100	甲酸钠	2
硫酸铝	100	乙酸钠	6
硫酸锆	70	葡萄糖	30
浓硫酸(98%)	95		

5. 生产工艺

将红矾钠、硫酸和水投入反应釜中，搅拌，待物料完全溶解后缓慢加入葡萄糖溶液。在 30~60min 内加完(控制体系溶液微沸)，然后继续反应 1~1.5h。将反应物降温冷却至 50~60℃，加入硫酸铝、硫酸锆、甲酸钠和乙酸钠溶液，恒温反应 4~6h，经静置后喷雾干燥，可制得油绿色粉状铬、锆、铝鞣剂。

6. 质量标准

项目	指标	项目	指标
外观	油绿色粉状	总氧化物	≥25%
固含量	≥92%	pH 值(10%)	2.0~3.0
Cr_2O_3	≥8%		

7. 用途

KRI 系列金属配合鞣剂可以看成是两种或两种以上的金属离子借助于中继基团而形成的

具有鞣性的多核络合物。这种鞣剂沉淀的 pH 值要比组分比例相同的复合鞣剂高得多，即这种多核络合物的耐碱性较强。多金属配合鞣剂在与生皮蛋白质反应时，并不是各组分与蛋白质作用的加和，也不是简单的性能上的取长补短的问题，而是比各组分的反应能力高、鞣性强，鞣制效应的综合结果好。

KRI-A 鞣剂可用作各种皮革的复鞣剂，尤其适用于高、中档服装革、软面革，也可作为主鞣剂使用。复鞣用量为削匀革的 4%~6%，主鞣用量为灰皮重的 8%~10%。

8. 安全与储运

红矾钠有毒，具有刺激性和腐蚀性，操作人员应穿戴劳保用品。产品用双层塑料袋内衬塑料薄膜包装。存放于阴凉处、干燥处。注意密封，防止水淋、受潮。

参 考 文 献

[1] 危冬发，苏彩秀．多金属鞣剂性能研究[J]．西部皮革，2009，31(09)：17-20.

[2] 危冬发，李天铎，李俊英，等．铬铝钛多金属鞣剂渗透性能的研究[J]．中国皮革，2005，(13)：28-30.

1.9　铬-锆鞣剂

铬-锆鞣剂(chrome-zirconium tanning agent)是铬-锆结合鞣法中常用的一种鞣剂。主要成分是碱式硫酸铬[$Cr(OH)SO_4$]和硫酸锆[$Zr(SO_4)_2$]。

1. 性能

铬、锆两种金属离子在溶液中通过 μ-羟基连接而生成双核配合物。该鞣剂同时具有铬鞣剂和锆鞣剂的特点，鞣制的成品革不易松面。因为锆盐的填充性好，增加了皮革的裁剪率，用来制造绒面革可使其绒毛细致。

2. 生产原理

重铬酸钠溶解后，加入硫酸酸化，再加入锆盐，然后再用葡萄糖将重铬酸钠还原为三价的碱式铬盐。铬、锆在混合液中生成了铬-锆杂多核配合物。

生产一定碱度的铬-锆鞣剂所用的硫酸用量计算：1mol 无水硫酸锆完全水解时，可能生成碱度为 100%的 $Zr(OH)_4$，同时释放出 2mol 的硫酸。

$$Zr(SO_4)_2+4H_2O \longrightarrow Zr(OH)_4+2H_2SO_4$$

即 283.22g 硫酸锆完全水解，可以生成 196g 硫酸，所以 100g 硫酸锆完全水解可以释放出 69.21g 硫酸。此时，锆盐的碱度为 100%。假设其碱度不为 100%，而为 $B\%$，则 100g 硫酸锆释放出的硫酸量为 $69.21\times B\%$，此酸量应从配铬鞣液所需的酸量中减去。因此，100 份红矾钾及 100 份无水硫酸锆配制碱度为 $B\%$的混合鞣液时，所需要的理论硫酸用量 A 应按下式进行计算：

$$A=(133.3-B)-69.21\times B\%$$

如红矾钾及硫酸锆的用量不是 100 份，则应乘上相应的系数校正。

硫酸锆在使用之前最好经过分析，以确定硫酸锆的含量，由于它容易吸潮，所以分析后以无水硫酸锆进行计算。如硫酸锆中含有游离酸，则在配制鞣液时应加以扣除。上述公式也只能在一定的范围内使用，这个范围应由实验来进行确定。

3. 工艺流程

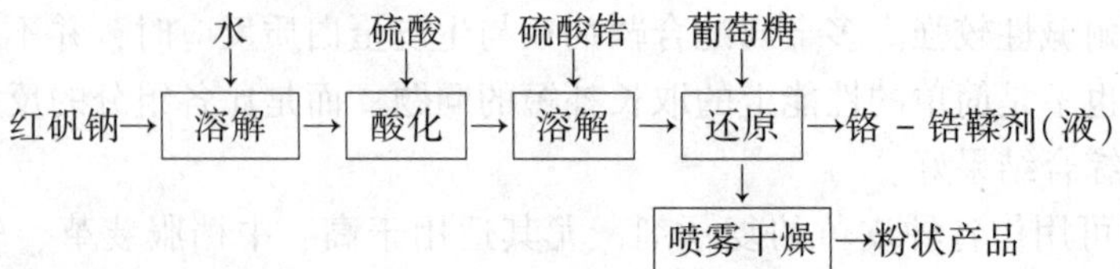

4. 主要原料(kg)

红矾钠	100	硫酸	60
硫酸锆	100	葡萄糖	22~28

5. 生产工艺

在溶解槽中，加入200L水，然后加入100kg红矾钠，搅拌溶解，加入硫酸，再加入100kg硫酸锆(由于硫酸锆在较高的pH值条件下会产生沉淀，故先加入硫酸后再加入硫酸锆)，溶解后搅拌均匀。缓慢加入由60kg葡萄糖配制的糖液，直到还原完全为止。得到的铬-锆鞣剂，可直接用作鞣剂。喷雾干燥得粉状产品。

6. 用途

用于猪、牛、羊等原料皮的鞣制。

鞣制工艺示例：

灰皮经片皮后用流水洗30min。

脱灰、软化：硫酸铵0.7%，亚硫酸氢钠0.5%，胰酶0.02%，时间30min。

水洗：先流水洗20~30min，再用温水洗10~15min。

预处理：阳离子加脂剂1.5%，乙酸钠1%，时间30min。

浸酸：食盐5%，硫酸0.7%~0.8%，液比0.5~0.7，时间20min。开始加盐7min后，将稀释后的硫酸分两次加入，每次间隔5min。

鞣制：铬-锆鞣液3.5%(按红矾计算，碱度13%~16%)，草酸0.2%，小苏打0.6%~0.8%，时间8~9h。利用废浸酸液加铬-锆鞣液，转动3h后加热水，第一次加水量30%，温度60~62℃，转动1h；第二次加水量30%，温度65℃，转动1h。加入小苏打(分三次加入，每次间隔30min)，转动1.5~2.0h，停鼓静置过夜。次日转动数分钟后出鼓。检查切口的pH值和收缩温度(如碱度较低则可不加草酸)。

搭马静置一天后，挤水、削匀。

水洗：流水洗20min。

锆复鞣：硫酸锆4%，乙酸0.5%，液比0.7。

加入乙酸后转动2min，再加入硫酸锆，转动1h。

水洗：流水洗10min。

中和、水洗、染色、加油和填充。

该工艺所制得的牛皮面革不松面，边腹部位也不松软，磨面时无秃磨现象。成品革粒面细致、丰满，用手折不会出现管皱，而是非常细小的碎纹。手松开后碎纹能完全平息，不留痕迹，成品革含铬量在2.8%左右，收缩温度达100~120℃。

参考文献

[1] 兰云军，许晓红，周建飞．锆盐的鞣性分析及其发展前景[J]．皮革科学与工程，2009，19(04)：21-23.

[2] 蒋廷方．铬锆鞣剂的特征及其在制革中的应用[J]．西部皮革，1984，(02)：40-43.

1.10 铬-铝鞣剂

铬-铝鞣剂(chrome aluminium tanning agent)又称铬-铝配合鞣剂，是目前常用的多金属配合鞣剂之一。

1. 性能

铬-铝鞣剂是以铝部分替代铬，将铬盐和铝盐通过配聚作用而形成。在主鞣和对铬鞣革的复鞣中，多金属配合鞣剂比单独的铬或铝鞣剂有更多的优点。以铬为主的铬-铝多金属配合鞣剂鞣制的革既有铬鞣革柔软丰满、收缩温度高、耐水洗能力强的优点，又有铝鞣革粒面细致、柔软、紧密均匀的优点，整个革身柔软丰满，粒面细致平整，颜色浅淡，绒毛细致均匀，而且铬盐吸收好，可节约红矾30%左右，废液中 Cr_2O_3 含量比纯铬鞣低30%~40%。以铝为主的铬-铝多金属配合鞣剂鞣制的革粒面细致、平整、绒毛细致均匀，磨面起绒性能好，助染效果明显，色泽浅淡，很适合于绒面革的复鞣和染色。含锆盐的多金属配合鞣剂也具备了独特的填充性，鞣制的革部位差小，边腹部位利用率高。

2. 生产原理

红矾钠在还原剂作用下生成一定碱度的碱式硫酸铬，再与硫酸铝或三氯化铝混合，最终形成复杂的多核络合物。这种配合鞣剂的溶液经静置、陈化、过滤后，可得液体铬-铝配合鞣剂，若经喷雾干燥即得粉状产品。

另一种生产方法是三价铬与三价铝混合形成金属配合鞣剂。以水为溶剂，三氯化铬、结晶三氯化铝、甲酸和碳酸钠反应，生成金属配合鞣剂。

$$2CrCl_3 \cdot 6H_2O+AlCl_3 \cdot 6H_2O+3HCOOH+3Na_2CO_3 \longrightarrow$$
$$[Cr_2Al(HCOO)_3(OH)_3(H_2O)_6]Cl_3+6NaCl+6H_2O+3CO_2\uparrow$$

3. 工艺流程

(1) 还原配合法

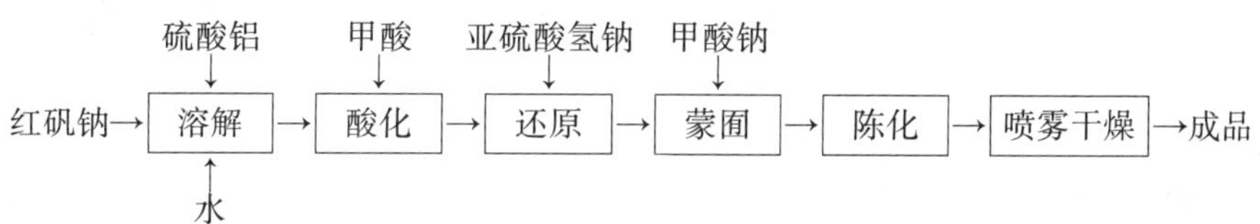

(2) 混合配合法

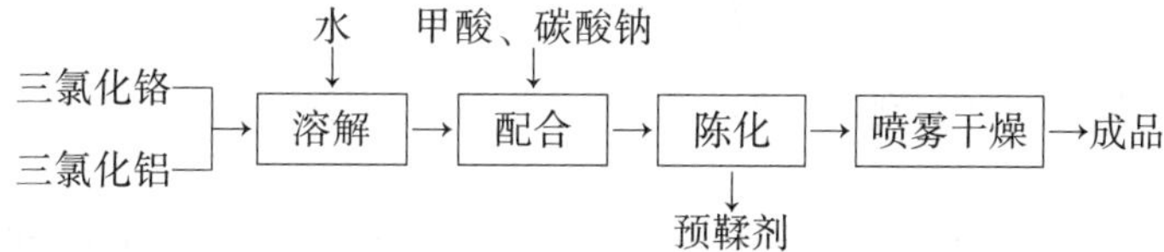

4. 主要原料(kg)

(1) 还原配合法

红矾钠	78	甲酸钠	18.5
硫酸铝	175	亚硫酸氢钠	34
甲酸	12	水	550

（2）混合配合法（预鞣剂）

三氯化铬	123.5	甲酸（85%）	54
结晶氯化铝	56	水	696
碳酸钠	124.6		

5. 生产工艺

（1）还原配合法

将红矾钠、硫酸铝和水投入反应釜中，搅拌，升温至60～65℃，待物料完全溶解后缓慢加入甲酸和亚硫酸氢钠溶液、甲酸钠溶液。在30～40min内加完，然后继续反应1～1.5h。将反应物降温冷却至5～10℃，使硫酸钠基本完全结晶析出，过滤分离后得到蓝绿色黏稠液体铬-铝鞣剂。经干燥后可制得淡绿色粉状铬-铝鞣剂。

（2）混合配合法

将123.5kg三氯化铬和56kg结晶三氯化铝加入反应釜内，加入327kg水，开始搅拌，并往夹层中通入蒸汽进行加热，使罐内物料升温至50℃慢慢溶解。反应物料完全溶解后，慢慢加入54kg甲酸，加完后搅拌30min。开始滴加由124.6kg碳酸钠和369kg水所配成的碱液，大约在3.5～4h内加完。继续搅拌0.5h，然后静置过夜，即得到用于预鞣的铬-铝配合鞣剂。喷雾干燥得到粉状产品。

6. 质量标准（还原配合法）

指标名称	液状	粉状
外观	绿色黏稠液体	淡绿色粉状
固含量	≥50%	≥95%
Cr_2O_3	≥8%	≥15%
Al_2O_3	≥4%	≥7.5%
pH值	2.5～3.0	2.0～3.0

7. 用途

主要用于轻革的预鞣和复鞣。鞣制的皮革既具有铝鞣革面细、柔软的特点，而且优于纯铝鞣革和纯铬鞣革，克服了纯铝鞣革不耐水洗、收缩温度低的缺点。同时，皮革染色在颜色鲜艳、光泽等方面优于纯铬鞣革。

8. 安全与储运

生产中使用的原料红矾钠毒性大，具有刺激性和腐蚀性，操作人员在应穿戴劳保用品。粉状产品使用内衬塑料薄膜的编织袋包装。储存于阴凉干燥处，密封防潮。

参 考 文 献

［1］刘亚辉，刘亚，刘永波，等．利用含铬废料制备铬、铬-铝、铬-铝-铁鞣剂［J］．皮革科学与工程，2007，（05）：64-67.

［2］李闻欣．铬-铝鞣制方法的发展及现状［J］．西北轻工业学院学报，2001，（01）：30-33.

1.11 多功能鞣剂HS

多功能鞣剂HS（multifunction tanning agent HS）是以改性栲胶为主体的多金属配合鞣剂，是一种新型制革鞣料。

1. 性能

多功能鞣剂 HS 同时具有植物鞣剂和无机鞣剂的优点。HS 属阳离子型，故对带负电荷的染料和油脂有良好的吸收作用。此外，它还有良好的填充性、增厚作用及收敛性。用它鞣制或复鞣的轻革手感丰满、柔软，粒面细致，富有回弹性，并且色调深浓(特别是染绒面黑色革)。HS 鞣剂除了可以提高成品革的档次外还可以降低成本，减少污染。用 HS 鞣制重革时，4~5mm 厚的猪臀部皮可在 5h 左右完全鞣透，是一般需要 3 天的快速植鞣法工时的 1/14，所鞣的重革与纯植鞣重革相比有更好的耐磨性和抗水性。

2. 生产原理

多功能鞣剂 HS 是应用催化降解的方法使橡椀栲胶得到改性，改性后的橡椀栲胶分子变小，与铝盐和铬盐发生了配合反应。

红矾、硫酸铝、硼砂、偏矾酸铵等都可用于栲胶改性，能改善栲胶的溶解性，增进栲胶的结合力。用鞣液质量 0.05%~0.1% 的铬盐或铝盐处理植物鞣料浸提液浓胶 2~4h(温度 65~70℃)，可以降低鞣液中的不溶物含量，提高鞣质含量。

金属盐对栲胶改性，是由于植物鞣质中酚类结构基团与金属盐结合，从而提高了鞣质含量；金属盐与鞣质形成配合物，从而改善了栲胶的溶解性，提高了栲胶与皮革纤维的结合力，并赋予栲胶某些特性。

3. 工艺流程

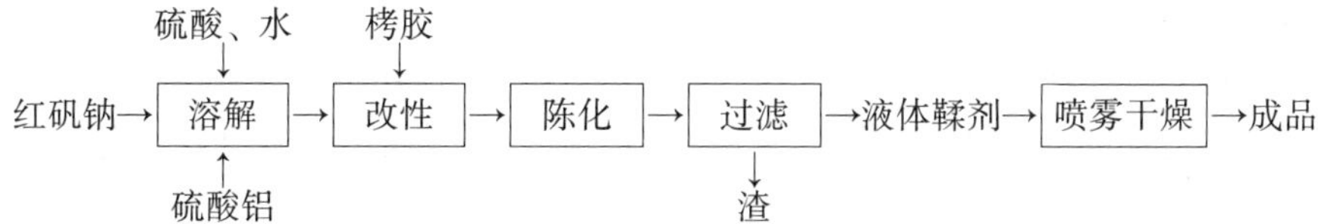

4. 主要原料(kg)

原料	用量	原料	用量
红矾钠	125	栲胶	105
硫酸铝	80	水	550
硫酸	95		

5. 生产工艺

将 300L 水投入反应釜中，加入 125kg 红矾钠、95kg 硫酸，搅拌并升温至 60~65℃。待物料完全溶解后缓慢加入橡椀栲胶溶液(栲胶 105kg，水 250L)，在 40~60min 内加完，控制体系溶液微沸，然后继续反应 1~1.5h。将反应物降温冷却至室温并陈化 6~8h，过滤分离后得到深褐色液体多功能鞣剂 HS。液体鞣剂经喷雾干燥后可制得棕褐色粉状多功能鞣剂 HS。

6. 质量标准

指标名称	粉状产品	液体产品
外观	棕褐色粉末	深褐色液体
水分	<10%	<10%
固含量	>10%	28%~32%
Cr_2O_3	12%~14%	5%~6%
pH 值	2.0~3.0	2.0~3.0

7. 用途

多功能鞣剂 HS 集植物鞣剂与无机鞣剂的优点于一体，既可用于重革的前期鞣制，又可用于轻革的主鞣和复鞣。HS 渗透快、结合好，对皮革有良好的填充性、增厚作用、收敛性，还可以促进阴离子油脂和染料的吸收和固定。HS 不能用碳酸钙一类的物质为提碱剂，以免生成单宁钙黄色沉淀，并避免接触铁。HS 在水中发生沉淀的 pH 值为 4.5，pH 值不可高于此数值。用于主鞣，用量为 5%时，革的收缩温度为 85℃；用量为 7%时，革耐沸水；用于复鞣时，推荐用量为 2%~3%。

8. 安全与储运

生产中使用红矾钠、硫酸等有毒和强腐蚀性原料，操作人员应穿戴劳保用品。粉状产品使用双层塑编袋包装，储存于阴凉、干燥处。

参 考 文 献

[1] 易宗俊，马兴元，俞从正，等. 栲胶的化学改性及其应用研究进展[J]. 皮革与化工，2008，25(06)：4-10+32.

[2] 梁发星，湛年勇，屈丽娟. 栲胶改性研究新进展[J]. 西部皮革，2007，(10)：19-21.

1.12 金属络合鞣剂 H

金属络合鞣剂 H(metal complex tanning agent H)是一种以合成鞣剂和铬为基础的合成鞣剂，也称金属络合合成鞣剂 H。

1. 性能

为淡绿色粉末，三氧化二铬含量为 12%。溶解性好，使用方便。经它复鞣后革面细致、紧密，能够得到更加明亮、清晰的粒面，革身丰满，特别是腹部柔软度好，色泽浅淡，易于均匀染色。

2. 生产原理

合成鞣剂的酚羟基和磺酸基可与铬形成络合物，使其同时具有合成鞣剂和铬鞣剂的特性，能有效改善鞣性，提高革的粒面强度。

一般生产方法是，苯酚和甲醛在硫酸催化下发生缩合，缩合物与浓硫酸发生磺化，磺化物用氢氧化铬中和并同时络合，经后处理得到金属络合鞣剂 H。

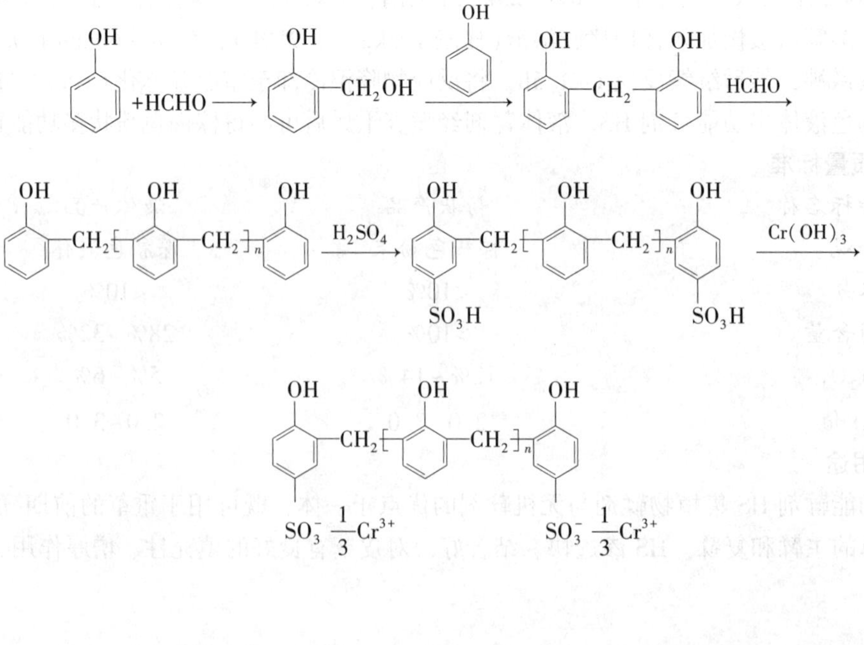

OH $+HCHO \longrightarrow$ OH $-CH_2OH$ $\xrightarrow{\text{OH}}$ OH $-CH_2-$ OH $\xrightarrow{HCHO}$

OH $-CH_2[$ OH $-CH_2]_n$ OH $\xrightarrow{H_2SO_4}$ OH $-CH_2[$ OH $-CH_2]_n$ OH (SO_3H, SO_3H) $\xrightarrow{Cr(OH)_3}$

OH $-CH_2[$ OH $-CH_2]_n$ OH ($SO_3^- \frac{1}{3}Cr^{3+}$, $SO_3^- \frac{1}{3}Cr^{3+}$)

3. 工艺流程

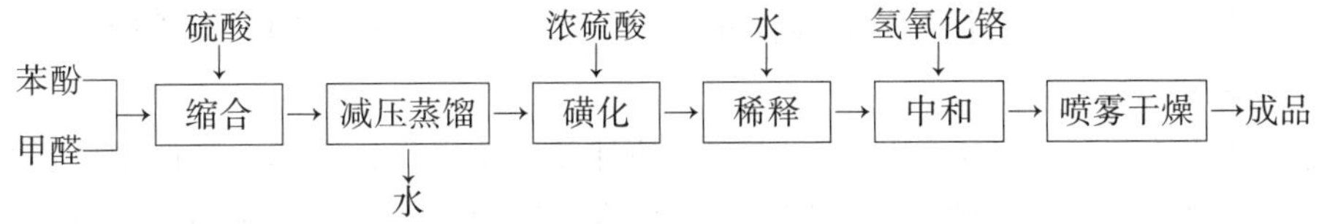

4. 主要原料(质量份)

苯酚(工业级)	100	尿素	4
甲醛(38.5%)	74	氢氧化铬($Cr_2O_3 \geqslant 10\%$)	184
浓硫酸(95%)	54		

5. 生产工艺

在缩合反应釜中，加入 70 份 38.5%的甲醛和 100 份工业苯酚，搅拌加热至 50℃，加入 0.06 份 60%的硫酸，升温至 60℃，搅拌，温度继续慢慢升至 100℃。缩合反应结束后，使反应物温度在 1.5h 内降至 80℃。在不断搅拌和加热下，进行减压蒸馏，以除去反应物中的水分。完全脱水后，当反应物温度为 80~85℃时，在不断搅拌和冷却下，在 20min 内将 54 份 95%的硫酸加入生成的混合物中，温度升高至 90~95℃，停止冷却，在不断搅拌下进行减压水蒸气蒸馏。磺化结束后，用 124 份水将磺化物逐渐稀释，冷却到 50℃，加入 4 份尿素(溶于 4 份水中)，并在不断搅拌下加入 4 份 38.5%的甲醛。在 30min 内将温度升高到 65℃，在 3h 内加入 184 份氢氧化铬(Cr_2O_3 含量 10%)进行中和，直到 pH 值为 2.7~2.8 为止，得到液体金属络合鞣剂 H。陈化后，喷雾干燥得到粉状产品。

(1) 缩合

常以浓硫酸作催化剂，用量为苯酚质量的 0.5%，使苯酚和甲醛反应。在充分搅拌下，把甲醛溶液慢慢加入反应物中。酚醛缩合物的磺化过程与第一次缩合所用甲醛溶液的数量有关。甲醛溶液的用量以纯甲醛计算，常为每 1mol 苯酚用 0.5~0.7mol 甲醛，可以制得低度缩合物；而在磺化过程中只需要使用最少量的硫酸就能使缩合物变为可溶物。

在缩合过程中，要注意甲醛用量，每 1mol 苯酚，最好用 0.5~0.7mol 甲醛，因为甲醛用量越多，亚甲基($—CH_2—$)越多，则缩合成线型结构的分子链就越长，分子链越长，相对地来说，末端基团就越少，末端基团减少，磺化的机会也就减少，也就使酚醛缩合物难溶于水，水溶性减小，也就无法用作鞣剂。在甲醛用量为 1mol 时，缩合产物将由线型结构变成体型结构，制成的酚醛塑料就无法磺化了。在皮革化工厂的生产过程中，往往由于加入的甲醛量超过 0.7mol，而形成“结冰”事故。因此，缩合时一定要注意甲醛用量。

(2) 磺化

在一定温度下，使无水硫酸或发烟硫酸与无水酚醛缩合物作用。为了制得颜色浅淡的鞣剂，应使磺化反应生成的水脱除，这样磺化过程可以在比较低的温度(70~80℃)下进行。磺化的终点是磺化物易溶于冷水或温水，溶液呈透明状。

磺化后，磺化物常常要和甲醛进行第二次缩合。由于磺化物中常含有单环酚磺酸和游离酚，二次缩合是必要的。从酚和过量甲醛的缩合物中所得到的磺化物，可以不进行二次缩合，以防止生成黏稠性过大的合成鞣剂溶液。

6. 质量标准

外观	淡绿色粉末	合成鞣剂(酚醛缩合物)	≥50%
Cr_2O_3 含量	≥12%	pH 值(10%溶液)	4

7. 用途

用于轻革复鞣，也可用作植物速鞣的预鞣剂。复鞣参考用量为削匀革质量的4%~6%。

8. 安全与储运

磺化中使用浓硫酸、苯酚和甲醛，生产中应注意安全操作，车间内应保持良好的通风状态。使用内衬聚乙烯袋外套塑料编织袋包装，储存于阴凉、通风处，防潮、防雨淋。

参 考 文 献

[1] 许伟，杨锐，柴晓叶，强西怀，等. 两性酚类合成鞣剂的制备及应用[J]. 中国皮革，2021，50(06)：19-24.

[2] 陈政，张帆，叶映球，等. 铬-酚类合成鞣剂鞣革性能研究[J]. 皮革科学与工程，2010，20(01)：41-45.

1.13 橡椀栲胶

橡椀栲胶(valonia extract)又称橡椀鞣剂，属于水解类植物鞣剂。其中具有鞣性的主要结构为：

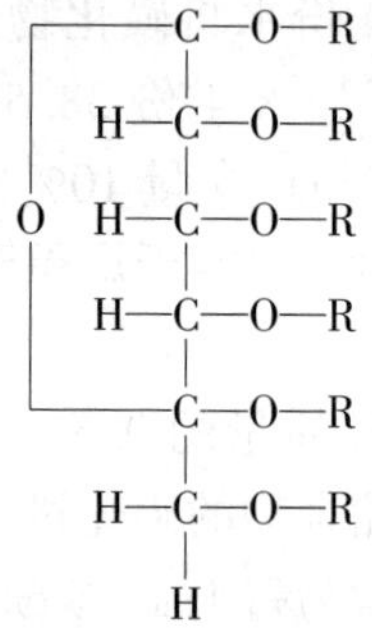

```
  ┌───  C—O—R
  │     |
  │  H—C—O—R
  │     |
  O  H—C—O—R
  │     |
  │  H—C—O—R
  │     |
  └───  C—O—R
        |
     H—C—O—R
        |
        H
```

式中，R= —C(=O)—C₆H₂(OH)₃（3,4,5-三羟基苯甲酰基） 或 —C(=O)—C₆H₂(OH)₂—O—C(=O)—C₆H₂(OH)₃ 。

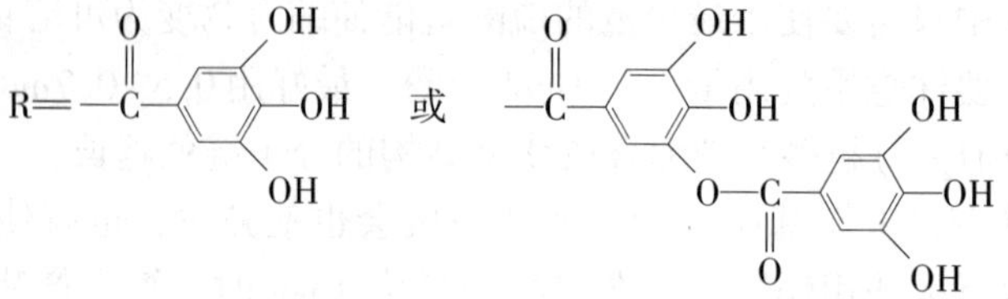

主要由栗木精、甜栗精、栗木橡椀酸、甜栗橡椀酸、橡椀精酸、异橡椀精酸、甜栗素等鞣质组成。

1. 性能

外观为粉状或块状，易溶于水、乙醇和丙酮，与水或稀酸共煮沸或受鞣酸酶的作用，可水解为简单产物(多酚等)。渗透速度较慢，含糖量较高，收效性好，结合力强，鞣剂溶液易产生沉淀，在鞣制过程中产生鞣花酸(黄粉)，可增加成革重量，成革暗黑，质地坚实丰满，透水性不大。

2. 生产原理

橡椀树属山毛榉科，有大鳞栎、栓皮栎、麻栎等，其壳中含鞣质25%~30%。

橡椀壳经采集、粉碎，然后通过浸提、净化、浓缩等一系列操作过程制成固体物质(粉状、粒状或块状)或膏状物，称为鞣剂或鞣料浸膏，商业上通称栲胶。生产橡椀栲胶鞣剂的主要工序包括鞣料的粉碎、浸提，鞣液的净化、浓缩，浓胶的干燥等。

3. 工艺流程

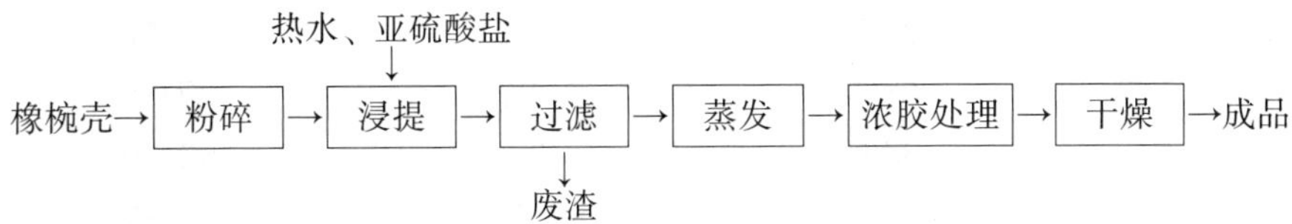

4. 生产工艺

橡椀壳的粉碎是为了增加鞣料与水的接触面积，促使鞣质更迅速地被浸提出来。各种鞣质都存在于植物细胞中，而各种植物细胞又具有半透膜性质的细胞壁，这种细胞壁只允许较小的鞣质分子渗出扩散到溶液中。所以应尽可能使各种含鞣质的细胞壁破裂。鞣料不同，对其粉碎度的要求也不同。一般橡椀粒径为 0.5~1.0cm。

要根据不同原料的性状选择粉碎设备。橡椀本身粒度均匀，性质较脆，一般采用滚筒破碎机粉碎一次即可。

鞣料浸提的目的是从鞣料内的细胞组织中浸提出鞣质而获得浸提液。鞣质的浸提是一种扩散过程，一般用热水浸渍和抽提鞣料。为了防止鞣质和 Ca^{2+}、Mg^{2+} 等离子形成水不溶物，应使用去离子水进行浸提。

浸提工艺大都采用多罐递流浸提方法，将 6~8 个结构相同的浸提罐(一般使用木桶、玻璃容器或木质转鼓)连成多罐组，装入新粉碎橡椀壳原料的浸提罐称为首罐，原料被浸提过不同次数的各罐称为中间罐，加清水的罐称为尾罐。热水从尾罐，经中间罐逐步变浓，成为浓度较高的二步液，进入首罐浸提，经首罐浸提流出的是较浓的浸提液(称为头步液)。此后，尾罐经多次浸提后即进行出渣，再装入新料又变成首罐，首罐变为中间罐，浸提液依次从尾罐流至首罐(新装料罐)。如此循环形成连续的多罐组逆流浸提法。

浸提温度根据不同鞣质而变化。一般而言，提高浸提温度，鞣质被浸提得更快更完全，但温度太高会导致鞣质的分解和破坏。各种鞣料中所含的鞣质对热的敏感性不同，应根据此特性来控制浸提温度，因此各种鞣料都有其适宜的浸提温度范围，橡椀一般为 60~90℃。

新料的浸提应采用较低的温度，使易溶的鞣质溶解出来，经多次浸提的旧料，其中所含鞣质不易溶于水中，且对热的稳定性较高，此时提高温度，则会促使这些不易溶的鞣质溶解，增加浸提出的鞣质量。通常为了增加鞣质的亲水性，在用热水浸提时添加 1%~3%(占鞣料质量)的亚硫酸盐，向鞣质分子内引入一些磺酸基，由此制得的栲胶可用温水溶化，称为冷溶性栲胶。

过长时间的低温浸提比高温短时间的浸提过程对鞣质的分解和破坏要多。所以浸提的时间也很重要，应适当提高浸提温度，减少浸提次数和时间，以减少鞣质的损失，增加鞣质的抽出率。橡椀浸提时间为 15~24h。

浸出的鞣液往往含有沉淀及其他杂质，这些夹杂物不仅影响鞣液的浓缩，而且会影响鞣革质量，因此必须进行净化。最简单的净化办法是让鞣液静置，也可采用离心分离的办法加速鞣液中夹杂物沉降的速度。若对鞣液进行亚硫酸化处理，可以使一部分沉淀物转变为水溶性物质。

植物鞣料的浸提液所含固体物质一般不超过 5%~7.5%，其余都是水分。这种低浓度的浸提液运输、储存都不方便，也不能直接用于鞣革，因此，应对鞣液进行浓缩与干燥。一般采用蒸发设备将浸提液浓缩至相对密度为 1.12~1.16 的浓胶，再进行喷雾干燥，制成粉状的橡椀栲胶。

5. 质量标准

指标名称	冷溶	半冷溶	热溶
鞣质	>68%	>69%	>71%
非鞣质	>30%	>28%	>26%
不溶物	>2.5%	>2.5%	>2.5%
水分	>12%	>12%	>12%
纯度	>69%	>70%	>73%
pH 值	3.9~4.2	3.7~3.9	3.5~3.7

6. 用途

用于鞣制底革。由于颜色暗黑影响成革外观，最好与其他鞣剂配合使用。

7. 安全与储运

植物栲胶应避免与铁器接触，故生产设备不能使用铁质材料。使用内衬塑料薄膜袋的编织袋包装。储存于阴凉、干燥处，注意防潮。

参 考 文 献

汪建根，杨宗邃，马建中，等．接枝改性橡椀栲胶的性能及其应用[J]．中国皮革，2002，(19)：1-5.

1.14 落叶松栲胶

落叶松栲胶(larch extract)属于缩合类植物鞣剂，也称凝缩类植物栲胶。其中鞣质的主要结构为：

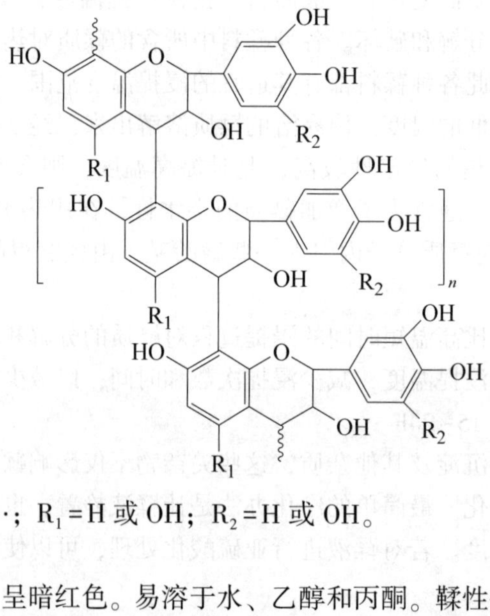

式中，$n=0，1，2，3，\cdots$；$R_1=H$ 或 OH；$R_2=H$ 或 OH。

1. 性能

外观为粉状或块状，呈暗红色。易溶于水、乙醇和丙酮。鞣性优良，渗透力和结合力中等，鞣革过程中沉淀较小。与碱共热时碳胳不被破坏，与稀酸共煮沸，分子缩合变大，生成暗红色沉淀，受强酸或氧化作用时也能使分子缩合变大，故属于缩合类植物栲胶。所鞣成革坚实，颜色为淡红棕色。

2. 生产原理

落叶松树皮中含鞣质 10%～18%。将落叶松树皮经除杂、粉碎后，用热水浸提，经净化、浓缩、干燥得到落叶松栲胶。

3. 工艺流程

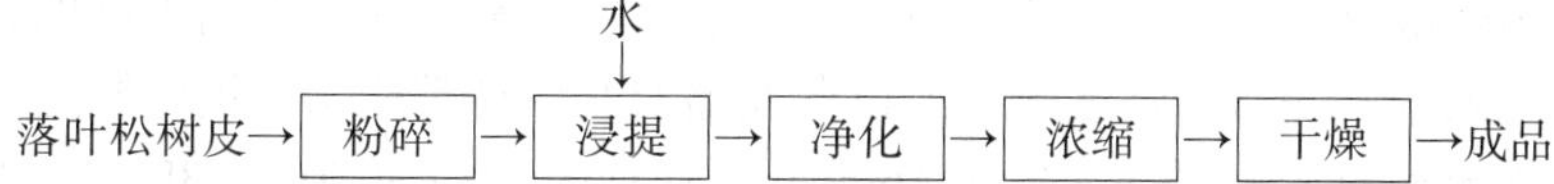

4. 生产工艺

落叶松树皮经除杂后，用锤式粉碎机粉碎至粒度为 0.25～1.0cm（大于 1cm 的不超过 35%～45%，小于 0.25cm 的不超过 12%）。

经粉碎后的鞣料颗粒直径变小，缩短了浸出物从原料内部扩散到外部的距离，增加了原料与水的接触面积，从而加速了扩散过程，缩短了浸提时间，减少了鞣质的损失，提高了浸提效率。

鞣质存在于树皮的薄壁细胞中，鞣质在细胞中是以胶体形式存在的，而各种植物细胞又具有半透膜性质的细胞壁，这种细胞壁只允许较小的鞣质分子渗出扩散到溶液中。所以，粉碎能在一定程度上破坏原料的细胞组织。木材和树皮的细胞绝大多数是顺树轴方向排列的，如果横向粉碎就能切断更多的细胞组织，使鞣质容易浸出。此外，粉碎还能在一定范围内增加原料的密度，从而增加浸提罐的装载量，提高浸提设备的利用率。但并不是粉碎得越细越好，而是有一定限度，原料的粉碎度是影响浸提过程的重要因素。粉碎度过大，粉末在浸提罐内易黏结成团增加液体流动阻力，堵塞过滤器，使水不易渗入，反而会使鞣质的扩散条件变坏，并增加了栲胶中的不溶物，多消耗能量；粉碎度过小，鞣质浸提不完全，抽出率低，单位产品的原料消耗量提高，同时栲胶中鞣质含量也低，影响产品质量。

浸提工艺采用多罐逆流浸提方法，一般把 6～8 个结构相同的浸提罐连成罐组实行逆流浸提，装入新料的为首罐，浸提过不同次数的各罐称为中间罐，加清水的罐称为尾罐。原料和提取液作相对移动。热水把尾罐料中残留的可抽出物尽量浸提出来，成为浓度最稀的溶液（称尾步水），然后依次流经各中间罐，最后进入首罐，从首罐流出提取液。然后，首罐变为中间罐，中间罐依次变成尾罐，尾罐经浸提后即可出渣。

鞣质的浸提是一个扩散过程，第一阶段为水扩散到鞣料内，将其中的一部分鞣质和其他可溶物溶解，在细胞内生成一定的胞内溶液；第二阶段是鞣质从胞内溶液转移到浸提液里。对于粉碎的鞣料来说，由于细胞壁被破坏，两个阶段的扩散比较容易，而未经破碎的细胞中的鞣质，必须经过细胞壁才能进入浸提液中，所以浸提就比较困难。当胞内溶液的鞣质浓度和浸提液中的鞣质浓度相等时，扩散就达到平衡，不再继续进行。这时如果把浸提液放出，注入低浓度的新液或清水，继续浸提，则扩散作用又重新开始，直到两相建立新平衡时为止。

落叶松于 80～100℃下浸提 12～14h，为了增加鞣质的亲水性，通常在热水中添加 2.0%的亚硫酸钠。浸提液经静置、净化、过滤后转入蒸发浓缩工序。

浸提液所含干物质的浓度一般不超过 5%～8%，其余都是水分，这种低浓度的浸提液，既不便于运输，也不能直接用于鞣革，必须加以浓缩。鞣液的蒸发浓缩常采用双效或三效蒸发设备。在蒸发浓缩操作时，应注意下列几点：

首先，由于鞣质过度受热时会分解生成不溶物，故应采用真空蒸发，以免溶液在蒸发时与空气接触氧化而使颜色变深，同时由于液体沸点降低，也可以避免鞣质的分解。为避免鞣质长期受热，不宜选用浸淹式蒸发器，最好采用薄膜式蒸发器，这样不仅可以提高传热系数，而且可以减少鞣质的分解作用。其次，由于鞣液易起泡沫，妨碍蒸发正常进行，所以必须安装较大的气水分离器，使液体和气体容易分离，或使蒸发器的加热室与气水分离器分开。其三，因为鞣液黏度大，在高浓度时特别显著，不能采用对流作用不好的管外液体式蒸发器。另外，鞣液因不能与铁器接触，所以蒸发器及其管件都应采用铜材制造。

一般当浓缩至相对密度达 1.12~1.16 时(此时总固物约为 30%~38%)，即得到浓胶。浓胶经喷雾干燥得到粉状落叶松栲胶。

5. 质量标准(一级品)

外观	暗红色粉状或块状	水分	≤12%
鞣质(单宁)	≥58%	pH 值	4.5~5.5
非鞣质	≤37%	沉淀	≤4%
不溶物	≤5%		

6. 用途

适合于鞣制装具革、底革及轻革复鞣。可单独使用，也可与其他鞣剂搭配使用。

7. 安全与储运

生产、储运、使用时避免与铁质材料接触。塑料编织袋包装，储存于阴凉、干燥、通风处。

参考文献

[1] 陈向明，陈河如，李伟彬．落叶松栲胶的改性及其溶液的性质表征[J]．生物质化学工程，2007，(02)：31-34.

[2] 吕小丽，马建中，章川波，等．改性两性落叶松栲胶的研究[J]．中国皮革，2001，(23)：10-12.

1.15 柚柑栲胶

柚柑栲胶(teak extract)又称油柑栲胶、余柑栲胶，属于缩合类植物鞣剂。鞣质的主要成分是单宁。

1. 性能

外观为粉状或块状物，易溶于水、乙醇和丙酮。鞣制渗透快，收敛性中等，鞣液易沉淀，结合性好，成革丰满坚实。

2. 生产原理

柚柑树皮含鞣质 20%~28%，柚柑树皮经粉碎、浸提、净化、浓缩后喷雾干燥得到柚柑栲胶。

3. 工艺流程

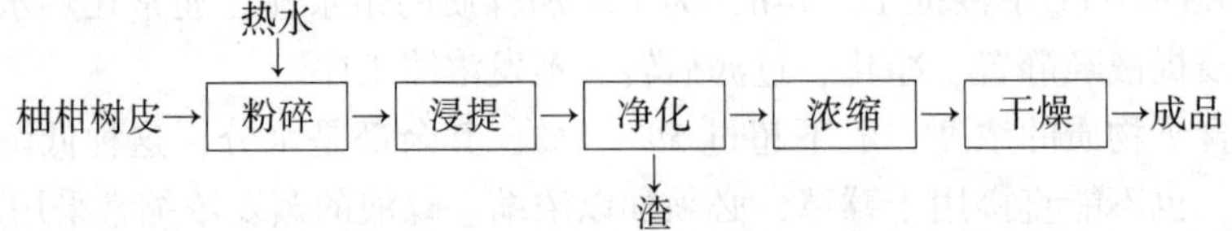

4. 生产工艺

柚柑树皮经除杂质后，使用锤式粉碎机粉碎至粒度 0.15~1.4cm。在栲胶生产中，粉碎工序表面上是一些简单的物理机械操作，看上去似乎并不重要，但实际上是对生产影响很大的一道工序。粉碎的目的是为浸提提供粒度合乎要求的物料，增加鞣料与水的接触面，以便更快和更完全地浸提出内含的植物鞣质，降低原料消耗，得到高质量的浸提液。粉碎后的碎料粒度要比较均匀，大颗粒和细粉末的比例应尽量减少。

浸提采用多罐逆流方式，常压下使用 6~8 个浸提罐。柚柑树皮在 80~98℃下浸提 16~24h。为了增加柚柑鞣质的亲水性，可在浸提的热水中添加 1.2%~1.5%的亚硫酸钠。

在实际浸提操作中，放入首罐的新料应采用较低的浸提温度，使易溶及热敏性大的鞣质首先溶于水中，经过多次浸提的尾罐中的旧料，其中所含鞣质不易溶于水中，且对热的稳定性较高，此时应提高浸提温度，促使这些不易溶的鞣质溶解，增加浸提出的鞣质量。浸提时间也很重要，过长时间的低温浸提比高温时间短的浸提过程对鞣质的分解和破坏要多，所以应适当提高浸提温度，减少浸提次数和时间，以减少鞣质的损失，从而增加鞣质的抽出率。浸提溶液经静置、沉淀、过滤后转入浓缩工序。

鞣液蒸发所得到的黏性浓缩液，约含总固物的 30%~38%，含水量大，运输、储存和使用都不方便，而且易发霉变质，故须将浓胶干燥成粉状栲胶。由于鞣质对热敏感，多采用喷雾干燥方式，浓胶以雾状喷入干燥塔内，雾滴与干燥介质(热空气)相遇，其内部水分借扩散作用到达表面，再从固体表面借热能而汽化，由空气将水蒸气带走，故干燥属于传质扩散过程。干燥过程进行很快，一般为 15~30s，因为雾滴在高温区具有很大的表面，由于瞬间干燥，微粒温度不高，所以鞣质不会被破坏。干燥后的粉状柚柑栲胶含水约 3%~5%。

说明：

生产中有时为了减少鞣液中的沉淀物，降低最终栲胶产品中水不溶物的量，增加栲胶产品的水溶性，提高渗透性，淡化其色泽，在进行喷雾干燥之前可对鞣液浓胶进行适当的亚硫酸化处理。即在 70~90℃条件下，加入 5%~8%的亚硫酸盐(占所含总鞣质的量)，处理 1~3h。

5. 质量标准

鞣质	≥70%	水分	<12%
非鞣质	≤27%	pH 值(1：10)	4.5~5.5
不溶物	<2%		

6. 用途

用于轻革复鞣填充以及鞣制底革和装具革。

7. 安全与储运

生产、运输和使用时避免与铁器接触。采用内衬塑料薄膜袋的塑料编织袋包装。储存于阴凉、干燥处，注意密封，防止受潮。

参 考 文 献

马建中，杨宗邃，汪建根，等．柚柑栲胶的两性离子法改性研究[J]．皮革化工，1998，(02)：11-16.

1.16 杨梅栲胶

杨梅栲胶(myrica extract)为混合类植物鞣剂，相对分子质量为 500~3000。

1. 性能

粉状或块状，易溶于水、乙醇和丙酮。其水溶液 pH 值一般为 4.5~5.5。具有渗透快、与胶原结合力强、所鞣成革丰满的特点。

2. 生产原理

杨梅树皮中含鞣质 18%~22%。杨梅树皮经粉碎后用热水浸提，浸提液经浓缩后得到浓胶，喷雾干燥得到杨梅栲胶。

3. 工艺流程

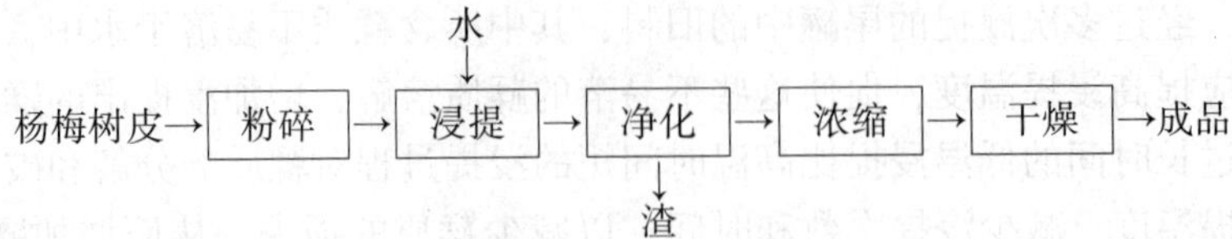

4. 生产工艺

杨梅树皮(包括根皮)经干燥后，使用锤式粉碎机粉碎至粒度 0.15~0.4cm。为了达到合适的粉碎度，以适应浸提时扩散过程的正常进行，鞣料的粉碎应不使鞣料在浸提罐内结成团，阻塞通路，妨碍液体流动；粉碎的鞣料，被液体浸润的表面积更大；粉碎后的碎料粒度比较均匀，大颗粒和细粉末应尽量减少。

浸提采用常压下 6 罐逆流浸提，首罐温度为 85℃，尾罐温度为 98℃，中间罐温度为 85~98℃(依次增高)，浸提 16~24h。为了增加鞣质的水溶性，可在热水中加 1.2%~1.8%的亚硫酸钠，向鞣质分子内引入亲水的磺酸基。为防止鞣质和 Ca^{2+}、Mg^{2+} 等离子形成水不溶物，应当用软水或去离子水进行浸提。

浸提出的鞣液，往往含有其他杂质，这些杂质不但影响鞣液的浓缩，而且会影响鞣革质量，所以必须让鞣液静置，使沉淀物慢慢沉降下来，上清液用泵抽去蒸发浓缩。

将提取液蒸发浓缩，得到总含固量 30%~38%的浓胶液，再喷雾干燥，得到粉状的杨梅栲胶。

说明：

植物鞣剂在使用过程中有时会出现沉淀、颜色暗、易发霉和渗透性不好的缺点，而且当操作不当或用量稍大时也会引起皮革粒面脆性增大和面粗的现象，这将给植物鞣剂的使用和皮坯质量的提高带来不利的影响。对栲胶进行亚硫酸化、酸降解、单体接枝共聚等改性，能有效提高栲胶性能，更好地满足制革生产的需要。

用亚硫酸盐对栲胶进行改性，通常是在植物鞣料浸提液蒸发至一定浓度的浓胶液中进行。向浓胶液中加入 5%~8%(占所含鞣质的量)的亚硫酸盐或亚硫酸氢盐，在 70~90℃下加热搅拌，处理 1~3h，向植物鞣质分子上引入磺酸基，称为亚硫酸化法，又称磺化法。浓胶进行磺化可以减少沉淀物，增强水溶性，提高渗透性，浅化栲胶颜色。

对栲胶进行接枝共聚改性一般是用过氧化氢(又称双氧水)或过氧二酸盐作引发剂，乙酸为酸化剂，将栲胶的水溶液与乙烯基类单体进行接枝共聚，栲胶经接枝共聚改性后，由于在鞣质分子上引入了羧基、羟基等亲水基团，故鞣质的亲水性增加，填充能力提高，不溶物减少。此外，乙烯基聚合物的柔性链使改性栲胶鞣革的柔软性增加。

5. 质量标准(一级品)

鞣质	≥68%	水分	≤12%
非鞣质	≤27%	沉淀	≤4%
不溶物	≤5%	pH 值(1:10)	≤4.5~5.5

6. 用途

杨梅栲胶适合鞣制底革、装具革以及轻革的填充。

7. 安全与储运

生产、运输和使用时避免与铁器接触。使用内衬塑料薄膜袋的塑料编织袋包装。储存于阴凉、干燥处，注意密封，防止受潮。

参 考 文 献

[1] 于凤，游涛，张梦洁，等．杨梅栲胶用于兔毛皮染色的研究[J]．皮革与化工，2018，35(02)：1-6.

[2] 马兴元，易宗俊，俞从正，等．杨梅栲胶的改性及其对六价铬防治作用的研究[J]．皮革化工，2007，(06)：1-4.

1.17 合成鞣剂 1 号

合成鞣剂 1 号(synthetic tanning agent No. 1)又称 NF 合成鞣剂，其鞣质成分为萘磺酸甲醛缩合物：

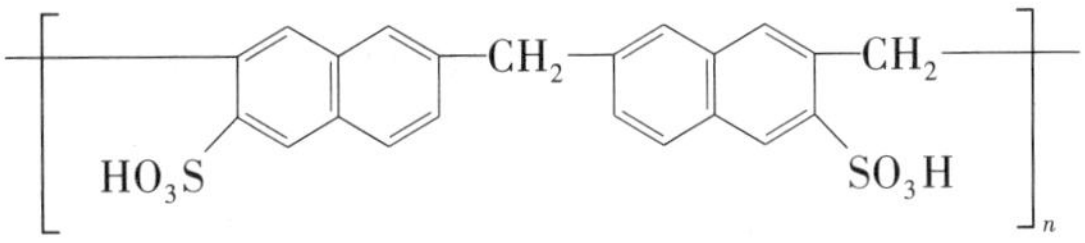

[结构式：萘磺酸甲醛缩合物，重复单元含 $-CH_2-$ 连接的两个萘环，分别带 HO_3S 和 SO_3H，下标 n]

1. 性能

NF 合成鞣剂为褐绿色黏稠液体，为辅助型合成鞣剂。呈酸性，能溶于水，具有扩散单宁沉淀的作用，能用于溶化植物鞣料的部分不溶物；由于萘磺酸的酸性与硫酸相似，可用以调节鞣液的酸度，比用有机酸效果显著；也可用于裸皮浸酸；可用于底革干复鞣，能够硬化纤维并使浸膏填充得比较均匀；也可用于底革的漂洗。NF 合成鞣剂中和为钠盐后又是一种扩散剂，能扩散单宁与染料，还能起中和作用，提高面革的 pH 值，改变革的表面电荷。

2. 生产原理

萘在高温下磺化，生成β-萘磺酸，然后与甲醛缩合得到合成鞣剂 1 号。

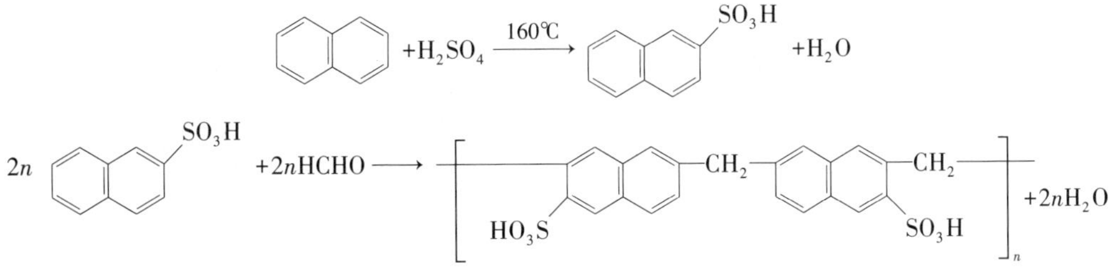

$$\text{萘} + H_2SO_4 \xrightarrow{160℃} \beta\text{-萘磺酸}(SO_3H) + H_2O$$

$$2n\ \beta\text{-萘磺酸}(SO_3H) + 2nHCHO \longrightarrow [\text{萘磺酸甲醛缩合物}(HO_3S, -CH_2-, SO_3H)]_n + 2nH_2O$$

3. 工艺流程

精萘→熔化→(浓硫酸)磺化→(水)稀释→(37% 甲醛)缩合→(水)稀释→成品

4. 主要原料(kg)

原料	用量	原料	用量
精萘(98%)	200	甲醛(37%)	78
硫酸(100%)	238		

5. 生产工艺

将 200kg 精萘粉碎后，加入磺化反应釜中，并打开反应釜夹层蒸汽加热，使反应物料温度升到 125℃。

将 100%的浓硫酸（由浓硫酸和发烟硫酸混合）用真空泵吸入硫酸高位槽内，将 238kg 100%的浓硫酸加入磺化反应釜内。开动搅拌器，停止加热，内温逐渐上升至 160℃左右，反应放热终止后再加热，磺化反应 5～7h。控制磺化物料温度不超过 160℃，6h 后，取样 3～4滴，溶于 250mL 水中，溶液清澈透明无片状结晶物，说明磺化反应完全，否则应延长反应时间。磺化结束后，降温至 140～145℃，将物料放入缩合反应釜内，并在夹层中通冷却水使物料进一步降温至 110℃，加水稀释磺化物。

待物料温度降至 98℃时，开始滴加 78kg 甲醛，缩合反应温度控制在 107～110℃，滴加甲醛时间约为 3h，然后在此温度下保温反应 3h。反应完成后，加入约 1 倍的水稀释。降温至 70℃出料，得到合成鞣剂 1 号。

6. 质量标准

外观	褐绿色黏稠液体	非鞣质	<0.05%
固含量	≥60%	酸值	200～300mgKOH/g
鞣质	<45%	pH 值（1/10 水溶液）	1.0±0.2

7. 用途

用作辅助型鞣剂，用于溶解栲胶（先将栲胶完全溶解后加入 3%亚硫酸钠，混匀后加入本品调节至所需 pH 值，并在 85℃下保温 12～16h 即可），用于植物鞣浴中调 pH 值，还用于底革漂洗，能使革面清晰而不损伤皮革纤维。

8. 安全与储运

生产中使用萘、浓硫酸和甲醛，操作人员应穿戴劳保用品。本产品为强酸性，具有一定的腐蚀性，如接触皮肤，应立即用水冲洗。用塑料桶包装。

1.18 合成鞣剂 117 号

合成鞣剂 117 号（synthetic tanning agent No. 117）是苯酚及酚磺酸与二羟甲基脲的缩合物。其结构式为：

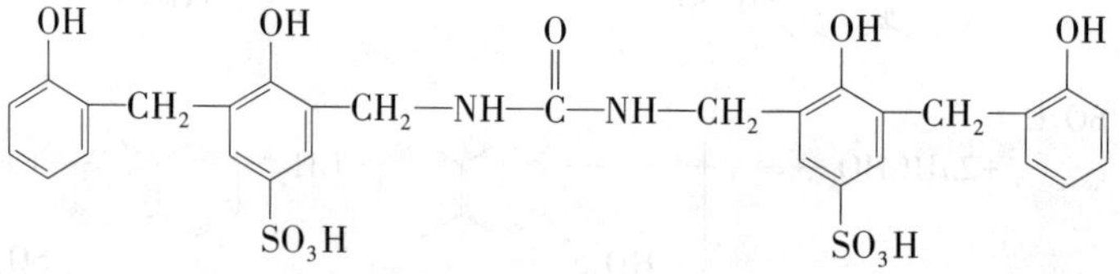

OH—C₆H₄—CH_2—C₆H(OH)(SO_3H)—CH_2—NH—C(=O)—NH—CH_2—C₆H(OH)(SO_3H)—CH_2—C₆H₄—OH

1. 性能

橙黄色透明黏稠液体。鞣性温和，收敛性小。有较好的艳色性和匀染性。为辅助型合成鞣剂。

2. 生产原理

首先尿素与甲醛缩合生成二羟甲基脲，然后与对苯酚磺酸缩合，中和后再与甲醛、苯酚缩合，得到合成鞣剂 117 号。

$$NH_2—\overset{O}{\overset{\|}{C}}—NH_2 + 2HCHO \longrightarrow HOCH_2NH—\overset{O}{\overset{\|}{C}}—NHCH_2OH$$

$$\text{(OH)} + H_2SO_4 \longrightarrow \text{(OH, }SO_3H\text{)} + H_2O$$

$$2\ \text{(OH, }SO_3H\text{)} + HOCH_2NH\overset{O}{\overset{\|}{C}}NHCH_2OH \xrightarrow{H^+} \text{(OH, }SO_3H\text{)}\!-\!CH_2NH\overset{O}{\overset{\|}{C}}NHCH_2\!-\!\text{(OH, }SO_3H\text{)}$$

$$\text{(OH, }SO_3H\text{)}\!-\!CH_2NH\overset{O}{\overset{\|}{C}}NHCH_2\!-\!\text{(OH, }SO_3H\text{)} + 2HCHO + 2\ \text{(OH)} \longrightarrow$$

$$\text{(OH)}\!-\!CH_2\!-\!\text{(OH, }SO_3H\text{)}\!-\!CH_2NH\!-\!\overset{O}{\overset{\|}{C}}\!-\!NHCH_2\!-\!\text{(OH, }SO_3H\text{)}\!-\!CH_2\!-\!\text{(OH)} + 2H_2O$$

3. 工艺流程

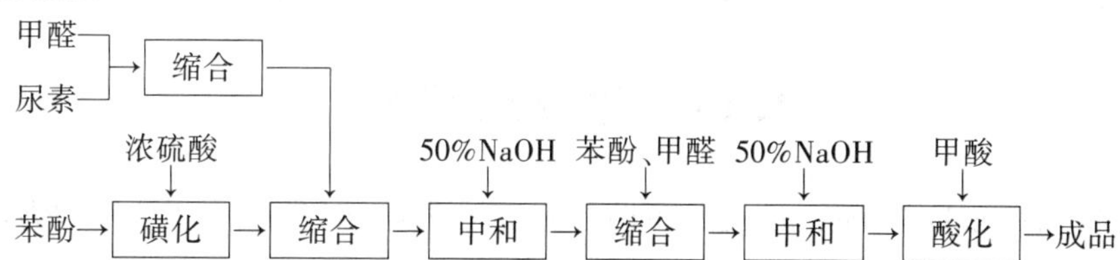

4. 主要原料(质量份)

原料	份	原料	份
甲醛(36%)	420	氢氧化钠(98%)	105
尿素(98%)	120	甲酸	30
苯酚(≥95%)	300	乙酸	7
浓硫酸(92%)	314		

5. 生产工艺

将270份36%的甲醛投入反应器中，不断搅拌，用10%的NaOH溶液调节pH值至7.5~8.5，慢慢加入120份(粒状)尿素。待尿素全部溶解后，严格控制温度在18~22℃，反应24h。取样分析，游离甲醛浓度在8%以下，反应完成。制得约380份的白色乳状溶液二羟甲基脲。

250份将95%的苯酚投入反应器中，在油浴内加热熔化后，不断搅拌，慢慢加入314份浓硫酸(92%)，升温度至100~105℃，反应4h，温度不能低于100℃。磺化物应完全溶于水中，取样检验游离酸浓度在10%以下即可。得到深棕色的对苯酚磺酸。

在上述二羟甲基脲溶液中加入200份水，搅匀。将磺化反应制得的酚磺酸冷却至40℃后，慢慢将二羟甲基脲溶液加至酚磺酸中，不断搅拌。这时温度上升，严格控制温度不超过80℃。加完后，在60℃下保温反应1h。将100份50%的NaOH溶液慢慢加入缩合物中进行中和反应，温度控制在60~70℃，加完后保温30min。

将180份熔融的苯酚加入上述中和的反应物中，温度控制在60℃，反应30min后，降温至30℃。再慢慢加入150份甲醛溶液(36%)，温度控制在30~35℃，缩合2~2.5h，取样分析，游离醛浓度在3%以下，游离酚浓度在2%以下，生成物为浅黄色较黏稠的液体，能溶于水。

将100份50%的NaOH溶液滴加到上述缩合物中，温度控制在35~40℃，反应1h，生成物为橙黄色透明黏稠液体。将30份甲酸和7份乙酸分别加入缩合物中，保持温度为30~35℃，反应1h即得到合成鞣剂117号。

6. 质量标准

外观	橙黄色透明黏稠液体	pH值	4~5
固含量	≥50%		

7. 用途

适用于浅色面革染色前复鞣，复鞣后革粒面坚实，具有匀染作用。

8. 安全与储运

生产中使用苯酚、甲醛、浓硫酸，操作人员应穿戴劳保用品，车间内应保持良好的通风。采用塑料桶包装。

参考文献

[1] 淮让利，王梅. 国产皮革化工的现状和趋势[J]. 中国皮革，2023，52(06)：7-11.

[2] 许伟，杨锐，柴晓叶，等. 两性酚类合成鞣剂的制备及应用[J]. 中国皮革，2021，50(06)：19-24.

1.19 合成鞣剂ST

合成鞣剂ST(synthetic tanning agent ST)是酚醛辅助型合成鞣剂，主要结构为：

$$HO_3S-C_6H_3(OH)-CH_2-NH-\overset{O}{\overset{\|}{C}}-NH-CH_2-C_6H_3(OH)-SO_3H$$

1. 性能

浅棕色黏稠液体，呈酸性，易溶于水。分子中主要活性基团为磺酸基。属于辅助型合成鞣剂，有较好的耐光性，具有匀染作用，用于浅色革染色前的复鞣。

2. 生产原理

苯酚磺化得到对羟基苯磺酸(酚磺酸)，酚磺酸在尿素存在下，与甲醛缩合，得到合成鞣剂ST。

$$C_6H_5OH + H_2SO_4 \longrightarrow HO-C_6H_4-SO_3H + H_2O$$

$$2\,HO-C_6H_4-SO_3H + NH_2-\overset{O}{\overset{\|}{C}}-NH_2 + 2HCHO \longrightarrow HO_3S-C_6H_3(OH)-CH_2NH\overset{O}{\overset{\|}{C}}NHCH_2-C_6H_3(OH)-SO_3H + 2H_2O$$

3. 工艺流程

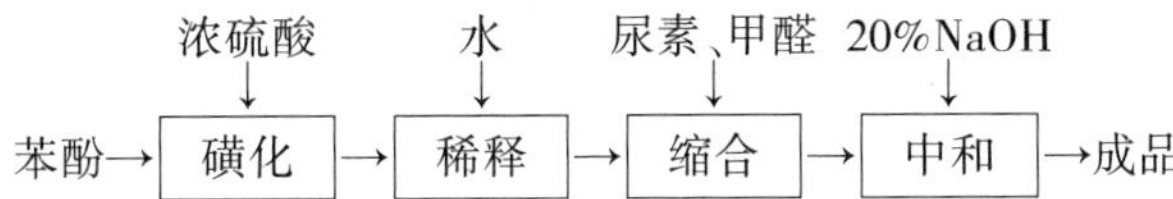

4. 主要原料(质量份)

苯酚(95%)	111.2	尿素	56
硫酸(92%)	137.6	甲醛(37%)	140

5. 生产工艺

将111.2份95%的苯酚熔融后加入缩合反应釜中，在40~50℃时加入137.6份92%的硫酸，开动搅拌器，同时用水浴锅加热至80~100℃，保温回流4~5h，用水稀释磺化物。温度降至50~60℃，将56份尿素和140份甲醛混合后，加至稀释的磺化物中，搅拌反应6~7h，缩合完成后，冷却，降温至50℃左右，慢慢加入由68份98%的氢氧化钠配成的20%的溶液，并不断搅拌，约3h加完，即得到合成鞣剂ST成品。

说明：

① 用甲醛作缩合剂，每摩尔酚磺酸用0.5~0.7mol甲醛。反应大量放热，所以在反应初期，需将混合物冷却。甲醛需用水稀释，并缓慢添加，以免生成不溶于水的树脂状物质，过量的硫酸对缩合反应起催化作用。在缩合过程中，反应混合物可能变稠。在添加甲醛溶液达2/3体积后，混合物温度的上升速度开始减缓，而产物则能在水中成为透明溶液。全部甲醛溶液加完后，静置到次日，以减少甲醛气味。

② 粗制缩合物中含有游离硫酸和甲醛，不能直接用于鞣制，必须加以中和。中和时可用氢氧化钠、氢氧化钙或碳酸钠，中和至产品稀释10倍后的pH值为1.8~2.0。

6. 质量标准

外观	浅茶色黏稠液体	铁(以 Fe_2O_3 计)	<0.05%
固含量	≥60%	pH值(1∶10)	1.8~2.0
鞣质	<45%		

7. 用途

适用于浅色鞋面革染色前的复鞣，适用于调节植物鞣浴溶液的pH值。

8. 安全与储运

生产中使用苯酚、甲醛、浓硫酸，操作人员应穿戴劳保用品，车间内应保持良好的通风。采用塑料桶包装。

参 考 文 献

兰云军，庞晓燕，米刚．几种芳香族合成鞣剂基料的磺化工艺研究[J]．西部皮革，2004，(04)：34-37.

1.20 合成鞣剂DDS

合成鞣剂DDS(synthetic tanning agent DDS)属于代替型合成鞣剂。主要结构是以酚磺酸为基础的砜桥结构单元：

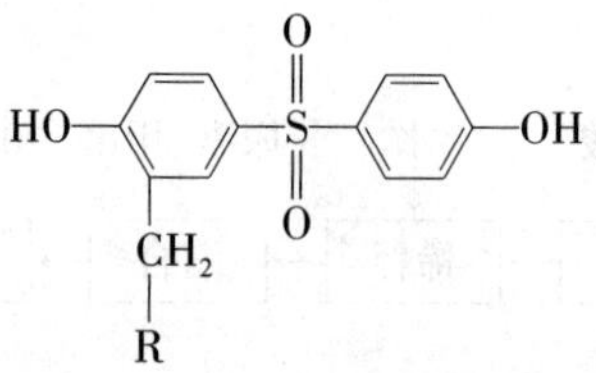

式中，R= HO—(C₆H₃)—SO_3H ， （萘环，SO_3H，HO） ， HO—(C₆H₃)—SO_2—(C₆H₄)—OH 。

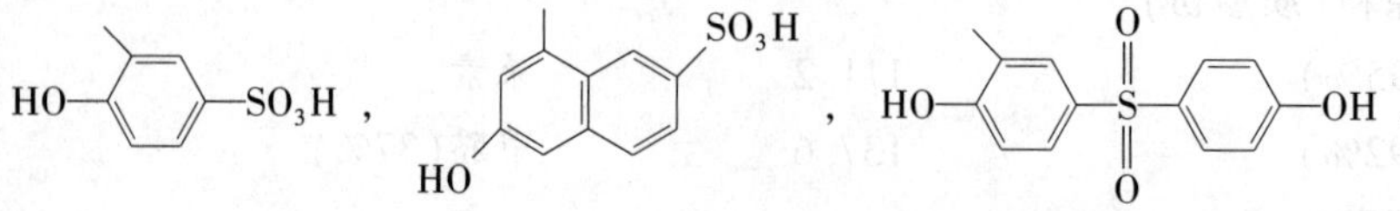

1. 性能

褐色或红棕色黏稠液体，易溶于水，水溶液呈黄色。可与铬鞣剂、植物鞣剂结合鞣制轻重革或用于轻革的复鞣、填充。酸性较强。具有优良的鞣性，良好的渗透性、耐光性及染色性，可使成革丰满、柔软而富有弹性。

2. 生产原理

β-萘酚和硫酸首先进行磺化反应，生成β-萘酚磺酸，然后再与4,4′-二羟基二苯砜、甲醛进行缩合反应，生成合成鞣剂DDS。

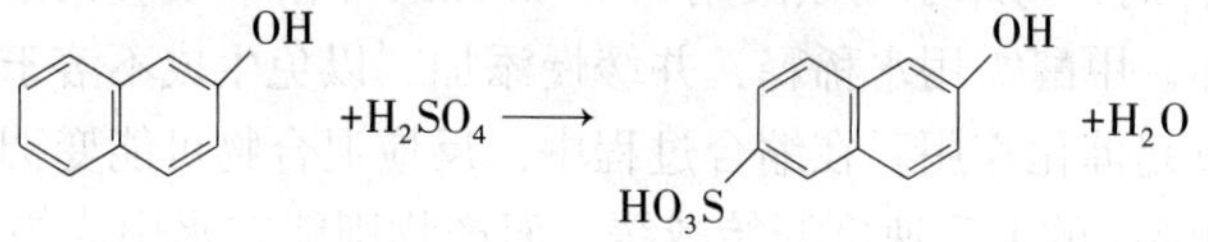

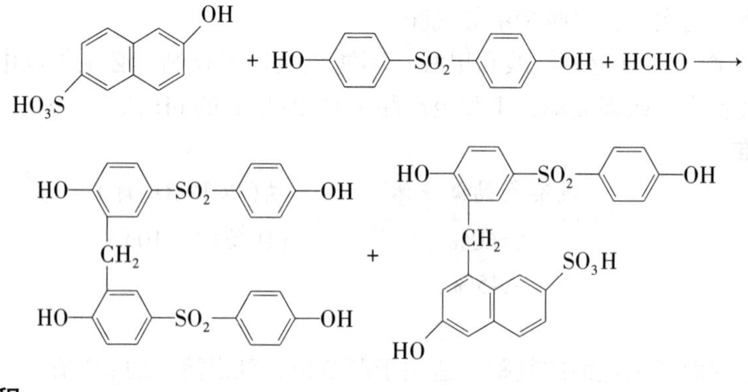

$$\text{β-萘酚} + H_2SO_4 \longrightarrow \text{β-萘酚磺酸}(HO_3S, OH) + H_2O$$

$$\text{β-萘酚磺酸} + HO-C_6H_4-SO_2-C_6H_4-OH + HCHO \longrightarrow$$

$$\text{(HO-C}_6\text{H}_3\text{-SO}_2\text{-C}_6\text{H}_4\text{-OH)}_2\text{CH}_2 + \text{HO-C}_6\text{H}_3(\text{SO}_2\text{-C}_6\text{H}_4\text{-OH})\text{-CH}_2\text{-萘环}(SO_3H, HO)$$

3. 工艺流程

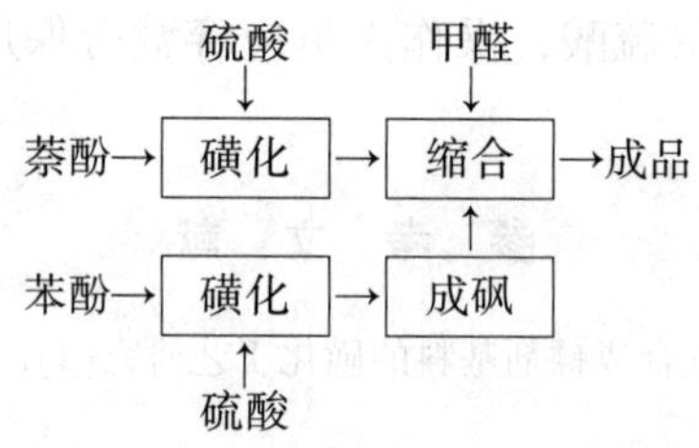

4. 主要原料(kg)

β-萘酚(≥99%)	250	硫酸(98%)	240
苯酚	224	甲酸(37%)	200

5. 生产工艺

(1) 4,4′-二羟基二苯砜的制备

将硫酸吸入高位计量槽。苯酚预热熔化后，以真空吸入反应器内，一次投料224kg，启动磺化反应搅拌器并开始升温，然后开始加入硫酸，硫酸加入速度可根据磺化反应温度控制，温度最高不得超过 110℃。硫酸加完后，控制反应温度在 98~100℃，保温反应 2h，取样检验至样品完全溶于水，溶液为桃红色，说明磺化反应完成。取样测定游离酚含量。

磺化反应结束后，向反应釜夹层通入蒸汽，升温至 145~150℃开始成砜反应，保持此温度反应 4h。在接近 4h 时，可取样放入水中，用玻璃棒搅动 2~3min，若析出银白色结晶，说明砜桥缩合反应已经完成，否则需延长反应时间。

（2）合成鞣剂 DDS 的制备

熔融的β-萘酚按配方计量抽入磺化釜，然后加入硫酸，在 150~160℃下进行磺化反应 4~6h，取样分析，待反应完成后，将反应产物放入缩合釜。再加入 4,4′-二羟基二苯砜、甲醛，在 100~110℃下进行缩合反应 4~6h，生成棕褐色合成鞣剂 DDS。

说明：

苯酚制砜时的磺化反应温度不宜过高，温度过高会影响成品颜色，一般温度不超过 110℃。同时，磺化反应所需的硫酸浓度要求在 96%~98%，硫酸浓度过低，则影响磺化深度；浓度过高，则二苯砜转化率过高，影响成品的渗透性与颜色。

6. 质量标准

外观	褐色稠状液体	pH 值	2.0~3.0
固含量	≥80%	水溶物	≥49%
鞣质	≥35%		

7. 用途

适用于白色革、浅色革的复鞣，铬鞣革的漂白。复鞣用量为 10%~15%，间隔加入或分步加入，用于蓝皮复鞣用量为 4%~8%。

8. 安全与储运

生产中使用苯酚、萘酚、甲醛、浓硫酸，操作人员应穿戴劳保用品，车间内应保持良好的通风。采用塑料桶包装。

参 考 文 献

[1] 李晓鹏，桑军，石佳博，等．几种砜类合成鞣剂的鞣革性能研究[J]．中国皮革，2016，45(04)：18-22.

[2] 阳庆文，兰华桂，陈泽芳，等．芳砜桥型合成鞣剂的组成和结构研究[J]．西北轻工业学院学报，1994，(03)：391-397.

1.21 合成鞣剂 3 号

合成鞣剂 3 号(synthetic tanning agent No. 3)为β-萘酚磺酸与苯酚、甲醛的缩合物，主要结构为：

HO_3S … OH … $-[CH_2-C_6H_3(OH)]_n-$ … OH

1. 性能

棕黑色黏稠液体，低温时呈半固态，溶于水，呈酸性。在植物鞣液中加入本品，能提高其渗透性和防霉性。用它单独鞣制的皮革有很好的手感和丰满度，粒面有弹性。该鞣剂具有良好的渗透性，可缩短鞣期，用于轻革的填充和复鞣。用于底革可单独鞣或与植物鞣料混合鞣，混合使用时用量应在30%以上。

2. 生产原理

β-萘酚与浓硫酸发生磺化后，再与甲醛、苯酚缩合，得到合成鞣剂3号。

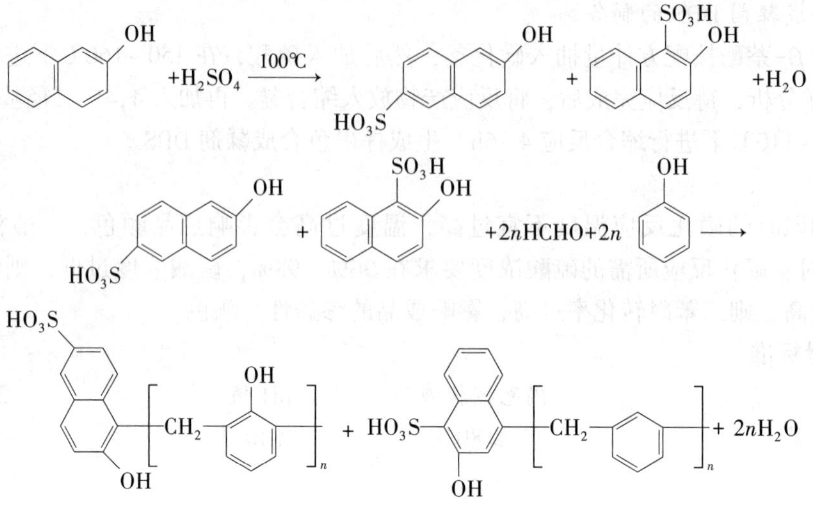

OH ... $+H_2SO_4$ $\xrightarrow{100℃}$ (HO_3S, OH) + (SO_3H, OH) $+H_2O$

(HO_3S, OH) + (SO_3H, OH) $+2n$HCHO$+2n$ (OH) ⟶

(HO_3S, OH, OH) [—CH_2—]$_n$ + HO_3S (OH) [—CH_2—]$_n$ $+ 2nH_2O$

3. 工艺流程

β－萘酚→磺化（浓硫酸）→稀释（水）→缩合（苯酚、甲醛）→稀释→成品

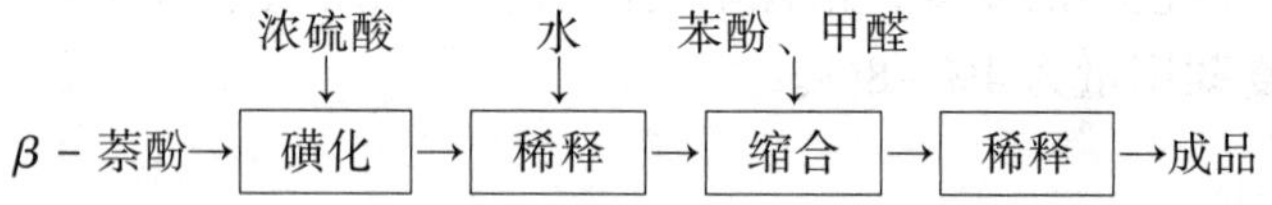

4. 主要原料(kg)

β-萘酚(≥99%)	300	冰乙酸(≥98%)	80
浓硫酸(100%)	254	甲醛[(37±1)%]	300
苯酚(≥95%)	196		

5. 生产工艺

将128kg工业浓硫酸与126kg发烟硫酸投入磺化反应釜中，然后加入300kg β-萘粉。开动搅拌器，打开磺化反应釜夹层的蒸汽阀，加热升温到110~115℃，保持此温度进行磺化反应2h。磺化结束后，向磺化物中加入400kg水稀释，然后将物料转入缩合反应釜内，将已熔化的196kg苯酚和80kg冰乙酸加入缩合反应釜内，通冷却水使物料温度降至55℃。开始滴加300kg 37%的甲醛，应控制滴加速度使反应温度不超过60℃。在滴加甲醛的过程中，若发现物料稠厚，应立即加水，否则物料容易结块，使反应不能继续进行。反应完毕，加水稀释至所需浓度后，出料得到合成鞣剂3号。

6. 质量标准

外观	棕黑色黏稠液体(低温时呈半固态)
固含量	≥40%
鞣质	≥25%

非鞣质	≤16%
酸值	100～150mgKOH/g
pH 值(1/10 水溶液)	1.4～1.8

7. 用途

可用于轻革的填充和复鞣，用于底革可单独鞣或与植物鞣料混合鞣。单独用于底革复鞣时，用量为皮重的 10%。成革手感良好，呈淡黄色，具有明显的植鞣革性能。

8. 安全与储运

生产中使用β-萘酚、苯酚、甲醛和硫酸，操作人员应穿戴劳保用品。产品酸性较强，避免使用铁质器皿，使用塑料桶包装。本品属非危险品，按一般化学品装运。

参 考 文 献

[1] 许伟，杨锐，柴晓叶，等．两性酚类合成鞣剂的制备及应用[J]. 中国皮革，2021，50(06)：19-24.

[2] 张廷有，李启蒙．3 号 6 号合成鞣剂和锆钛鞣剂作用性能的研究[J]. 皮革科技，1987，(02)：26-28.

1.22 合成鞣剂 D

合成鞣剂 D(synthetic tanning agent D)为砜桥型缩合物，是代替型合成鞣剂。其主要结构为：

$$NaO-C_6H_3(CH_2SO_3Na)-SO_2-C_6H_3(OH)-CH_2NH-\overset{\displaystyle O}{\overset{\|}{C}}-NHCH_2-C_6H_3(OH)-SO_2-C_6H_3(CH_2SO_3Na)-ONa$$

1. 性能

棕红色稠状液体，易溶于水，属代替型合成鞣剂。具有良好的渗透性、耐光性、染色性能和增白作用，是综合性能优良的合成鞣剂产品。

2. 生产原理

苯酚与浓硫酸磺化后，在较高温度下生成砜，砜与甲醛、亚硫酸氢钠发生磺甲基化反应，最后与尿素、甲醛发生缩合反应，得到合成鞣剂 D。

$$C_6H_5-OH + H_2SO_4 \longrightarrow HO-C_6H_4-SO_3H + H_2O$$

$$HO-C_6H_4-SO_3H + C_6H_5-OH \xrightarrow{160℃} HO-C_6H_4-SO_2-C_6H_4-OH + H_2O$$

$$HO-C_6H_4-SO_2-C_6H_4-OH + NaOH \longrightarrow HO-C_6H_4-SO_2-C_6H_4-ONa + H_2O$$

$$HO-C_6H_4-SO_2-C_6H_4-ONa + HCHO + NaHSO_3 \longrightarrow HO-C_6H_4-SO_2-C_6H_3(CH_2SO_3Na)-ONa + H_2O$$

$$2HO-C_6H_4-SO_2-C_6H_3(CH_2SO_3Na)-ONa + H_2N-\overset{\displaystyle O}{\overset{\|}{C}}-NH_2 + 2HCHO \longrightarrow$$

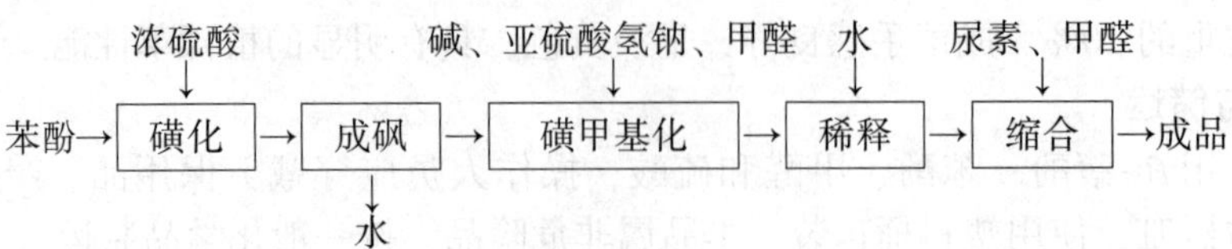

3. 工艺流程

浓硫酸 ↓；碱、亚硫酸氢钠、甲醛 ↓；水 ↓；尿素、甲醛 ↓

苯酚→ 磺化 → 成砜 → 磺甲基化 → 稀释 → 缩合 →成品

成砜 ↓ 水

4. 主要原料(kg)

苯酚	480	尿素(N含量≥46.2%)	240
硫酸(≥98%)	360	甲醛(37%)	400
焦亚硫酸钠或亚硫酸氢钠	100		

5. 生产工艺

苯酚在烘房中熔化以后，以真空吸入磺化反应釜，一次投料480kg，搅拌下开始加热，然后加入360kg浓硫酸，加入速度以控制磺化反应温度不超过110℃为准。加完硫酸后，于98~100℃下保温反应2h。磺化完毕，向反应釜夹层通蒸汽升温至145~150℃，物料开始脱水成砜，保温反应4h。将物料放入水中，用玻璃棒搅动2~3min，若析出白色结晶，则表明反应已经完成。

向夹层通冷却水降低反应釜内的温度，并加入烧碱和焦亚硫酸钠进行磺甲基化反应，待反应完成后将物料降温并放入缩合反应釜。加入尿素和甲醛，控制缩合反应温度在95~100℃，反应4h，取样分析，合格即为成品。

6. 质量标准

外观	棕红色稠状液体	相对密度(d_4^{20})	1.30
固含量	≥52.0%	pH值	1~4
鞣质	≥30.0%		

7. 用途

适用于铬鞣白色革或浅色革的复鞣。

白色薄软猪皮：削匀革增重50%，水洗10min后复鞣，液比为2，水温45℃，加2%合成鞣剂D，转动30min，再加4%合成鞣剂D，转动45min。水洗、中和等后工序按常规进行。得到的成革丰满，粒面细腻。

8. 安全与储运

生产中使用苯酚、硫酸、甲醛，操作人员应穿戴劳保用品，车间应保持良好的通风。使用内衬塑料桶的铁桶包装，储存期一年。

参 考 文 献

[1] 黄文，熊喜竹，唐安斌，等．砜桥型合成鞣剂TS20的研制与应用[J]．中国皮革，2001，(09)：27-29.

[2] 阳庆文，胡永清，周毅，等．芳砜桥型鞣剂的合成[J]．精细化工，1995，(03)：21-26.

1.23 合成鞣剂 4 号

合成鞣剂 4 号(synthetic tanning agent No. 4)是磺甲基化酚-醛缩合鞣剂，主要成分结构为：

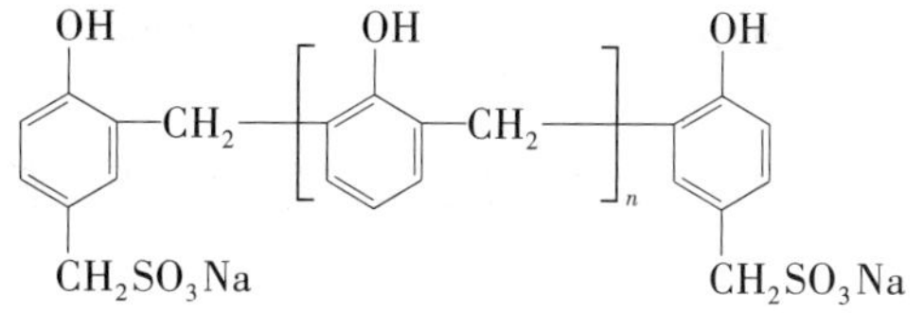

1. 性能

淡黄色至红棕色黏稠液体，易溶于水，鞣质含量在 25%左右，呈酸性。具有溶解栲胶、加速栲胶渗透的作用，收敛性温和，是性能较好的预鞣剂。耐光性强于亚甲基桥型合成鞣剂，具有填充、扩散等功能。所鞣皮革手感丰满，粒面平滑细致，色泽浅淡。

2. 生产原理

苯酚与甲醛、亚硫酸钠发生缩合磺化反应，得到磺甲基化酚醛缩合鞣剂即合成鞣剂 4 号。

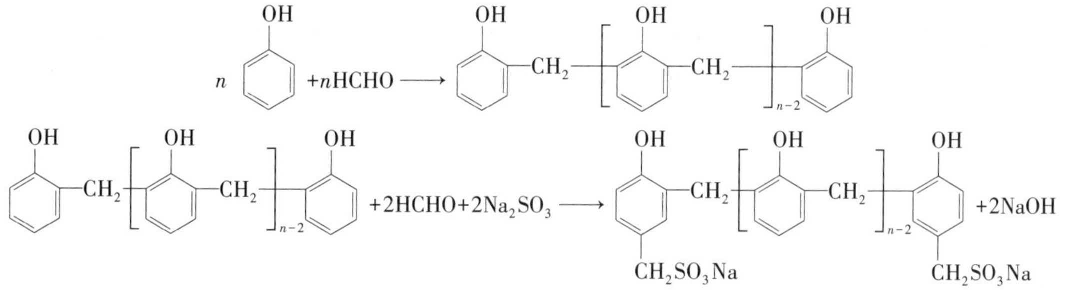

n (苯酚) $+ n\mathrm{HCHO} \longrightarrow$ (缩合物)

(缩合物) $+ 2\mathrm{HCHO} + 2\mathrm{Na_2SO_3} \longrightarrow$ (磺甲基化缩合物) $+ 2\mathrm{NaOH}$

3. 工艺流程

苯酚、甲醛、亚硫酸钠 → 缩合、磺化(加亚硫酸氢钠) → 第二次缩合磺化(加苯酚、甲醛) → 中和(加 β-萘磺酸) → 成品

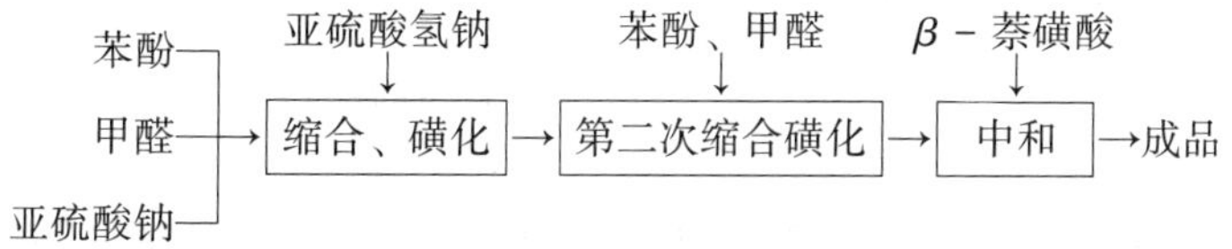

4. 主要原料(kg)

苯酚	100	亚硫酸氢钠	14
甲醛(35%)	85	β-萘磺酸	调 pH 值
亚硫酸钠	12		

5. 生产工艺

将 100kg 苯酚、85kg 35%的甲醛、12kg 亚硫酸钠、14kg 亚硫酸氢钠和 25kg 水，依次加入反应釜内，搅拌 30min，缓慢加热至 70℃左右。停止加热，温度自行上升至 100℃以上，物料沸腾，保温反应 3h，取样试验，样品应能溶于水。用乙酸酸化到物料不变混浊，加入 30kg 苯酚，在 90~95℃下反应 30min，再加入 21kg 甲醛，在 85~90℃下保温 20min，降温至 50℃左右。最后用β-萘磺酸中和缩合物至 pH 值为 5~6 即得到 4 号合成鞣剂。

说明：

生产 4 号合成鞣剂的主要原料是苯酚、甲醛和亚硫酸盐。磺化剂一般采用亚硫酸钠，也可以用亚硫酸氢钠或亚硫酸氢铵。目前我国生产这种产品大都使用亚硫酸钠和亚硫酸氢钠的混合物作为磺化剂。

6. 质量标准

外观	红棕色黏稠状液体	非鞣质	<35%
固含量	≥55%	相对密度(d_{20}^{4})	1.3
鞣质	20%~27%	pH 值(10%的水溶液)	5~6

7. 用途

可用作铬盐、铝盐、锆盐类鞣革的复鞣剂，尤其适用于山羊鞋面革等。

8. 安全与储运

生产中使用苯酚、甲醛等原料，操作人员应穿戴劳保用品。采用塑料桶包装，储存于阴凉干燥处。

参考文献

兰云军，庞晓燕，米刚．几种芳香族合成鞣剂基料的磺化工艺研究[J]．西部皮革，2004，(04)：34-37.

1.24 白色革鞣剂 SB

白色革鞣剂 SB(tanning agent SB for white leather)为代替型合成鞣剂，主要成分是二萘磺酸亚甲基及甲醛、脲的缩合物与磺甲基化砜的混合物。

HO_3S–萘–CH_2–萘(SO_3H)–$CH_2NHCNNHCH_2$(C=O)–萘(HO_3S)–CH_2–萘–SO_3H

HO–苯–SO_2–苯(OH)(CH_2SO_3Na)

1. 性能

外观为浅褐色稠状液，呈酸性。是鞣性优良的白色革鞣剂，具有良好的耐光性、渗透性及染色性能。成革丰满，粒面细腻，具有很好的白度。

2. 生产原理

在 150~160℃下，萘与浓硫酸发生 β 磺化，β-萘磺酸与甲醛缩合，得到的二萘磺酸亚甲基与尿素、甲醛缩合，得到缩合物 A。4,4′-二羟基二苯砜与亚硫酸氢钠、甲醛发生缩合磺化反应，得到磺甲基化砜 B。将 A 和 B 混合，得白色革鞣剂 SB。

$$C_{10}H_8 + H_2SO_4 \xrightarrow{160℃} C_{10}H_7SO_3H + H_2O$$

$$2\,C_{10}H_7SO_3H + HCHO \longrightarrow HO_3S{-}C_{10}H_6{-}CH_2{-}C_{10}H_6{-}SO_3H + H_2O$$

$$H_2N{-}\overset{}{C}(=O){-}NH_2 + 2HCHO \longrightarrow HOCH_2HN{-}C(=O){-}NHCH_2OH$$

$2\ HO_3S-C_{10}H_6-CH_2-C_{10}H_6-SO_3H + (HOCH_2NH)_2C{=}O \longrightarrow$ (A) $+ 2H_2O$

(A)

$HO-C_6H_4-SO_2-C_6H_4-OH + NaHSO_3 + HCHO \longrightarrow HO-C_6H_4-SO_2-C_6H_3(CH_2SO_3Na)-OH + H_2O$

(B)

3. 工艺流程

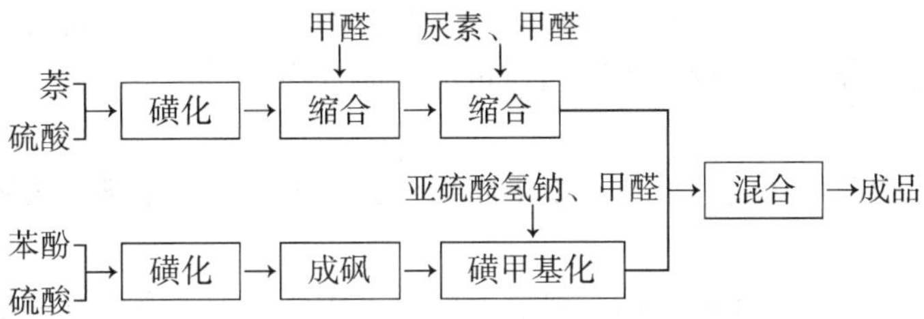

4. 主要原料(质量份)

原料	份	原料	份
萘(≥98%)	140	尿素(工业级)	40
硫酸(≥98%)	130	4,4′-二羟基二苯砜	150
甲醛(37%)	200	亚硫酸氢钠	30

5. 生产工艺

通过真空泵将熔融的萘抽入磺化反应釜中，加入98%的浓硫酸，在150~160℃下进行磺化反应6h，取样分析。反应完成后，将产物加入缩合反应釜。加入甲醛，缩合得到二萘磺酸亚甲基化合物。然后再加入尿素和甲醛，在90~100℃下进行羟甲基化及缩合反应，反应8~10h，反应得到缩合物A。另外，将4,4′-二羟基二苯砜、甲醛、氢氧化钠溶液及亚硫酸氢钠投入磺甲基化反应釜。在75~85℃条件下反应4h，得到B。反应完成后，将物料B放入缩合调和釜内，与缩合物A调和复配，得到浅褐色的白色革鞣剂SB。

说明：

鞣制白色皮革主要用有尿素参加缩合反应的磺化合成鞣剂，也可以用酚类作为原料，经磺化，与脲和甲醛缩合，并与苯酚或其缩合同系物和甲醛的缩合物缩合而成。将邻甲苯酚加入磺化釜，再加入98%的硫酸磺化，将反应混合物在90℃下搅拌1h，在100℃下搅拌2h。将磺化物转入反应器，冷却到30℃，加入浓度为46%的尿素溶液，在60℃下缩合1h，冷却到35℃后，加入40%的甲醛溶液，在混合物的温度不超过55~60℃下搅拌2h，然后加入氨水、邻甲苯酚和40%的甲醛溶液。将混合物加热到50℃，搅拌1h，加入乙酸，即得到白色革鞣剂。

6. 质量标准

项目	指标	项目	指标
外观	浅褐色稠状液体	pH值	3.5~4.5
固含量	≥50.0%	水溶物	≥49.0%
鞣质	≥38.0%		

7. 用途

用于白色革的鞣制，铬鞣革的漂白。用作主鞣剂时，用量为灰皮的 30%～40%，分 3 次加入。

8. 安全与储运

生产中使用萘、甲醛、硫酸等，操作人员应穿戴劳保用品，车间内应保持良好的通风状态。用塑料桶包装，储存于阴凉干燥处。

参 考 文 献

马兴元，易宗俊，唐恭俭，等. 绵羊皮白色靴筒革湿加工工艺技术[J]. 西部皮革，2007，(02)：9-10.

1.25 加脂型鞣剂

加脂型鞣剂(fat liquoring type tanning agent)又称鞣制加油两用合成鞣剂，是多功能皮革鞣剂的一种。主要成分是芳香族合成鞣剂与鱼油的混合物。

1. 性能

具有鞣制和加脂双重功能，可与鞣革牢固结合，能赋予皮革丰满、柔软、舒适的手感。

2. 生产原理

在鱼油存在下，苯酚与亚硫酸钠、甲醛反应，生成侧链中含有磺基的酚醛合成鞣剂。

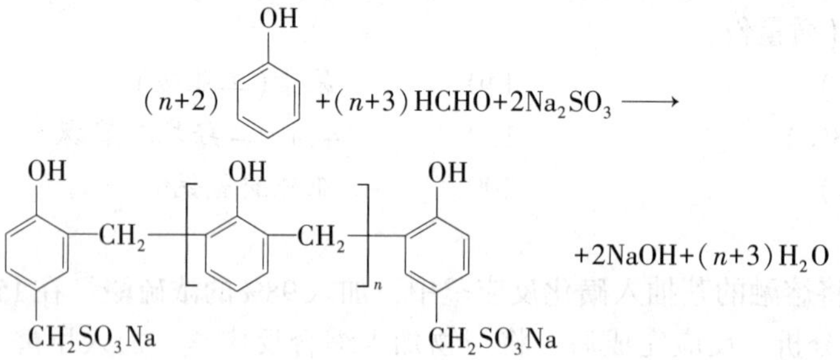

$$(n+2)\,C_6H_5OH + (n+3)\,HCHO + 2Na_2SO_3 \longrightarrow$$

$$NaO_3SCH_2\text{-}C_6H_3(OH)\text{-}CH_2\text{-}[C_6H_3(OH)\text{-}CH_2]_n\text{-}C_6H_3(OH)\text{-}CH_2SO_3Na + 2NaOH + (n+3)\,H_2O$$

3. 工艺流程

苯酚、鱼油 → 混合（加水）→ 缩合（加亚硫酸钠、甲醛）→ 稀释 → 调 pH 值（加硫酸）→ 成品

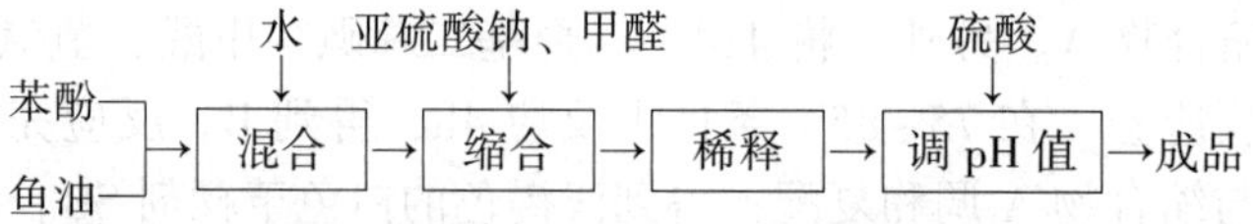

4. 主要原料(质量份)

苯酚	200	亚硫酸钠	82
鱼油	120	甲醛(30%)	250～260

5. 生产工艺

将 200 份工业苯酚和 120 份鱼油加入配备有搅拌器、加热设备的搪瓷反应釜中。搅拌均匀后，加 300 份水、82 份亚硫酸钠(以 SO_2 计算)，然后将 255 份 30%的甲醛慢慢成细流状加入。将混合物加热至 90～98℃，保温搅拌 8～12h。用水稀释后，用相对密度为 1.23 的硫酸将制得的产品的 pH 值调至 4，得到加脂型鞣剂。

说明：

其中的加脂成分也可以使用合成脂肪酸。由合成脂肪酸和苯酚制成的合成鞣剂，其性质与上述鞣剂相似，只是它的加油成分不是鱼油的脂肪酸而是氧化石蜡的衍生物。

6. 质量标准

外观	黄棕色透明黏稠液体	pH 值	4
固含量	(40±1)%		

7. 用途

适用于复鞣或复鞣加脂合并工序。具有优良的填充性、湿润性，兼具复鞣和加脂双重功能。

铬鞣绵羊皮和山羊皮染色后，用这种鞣剂(以鞣质计算为消匀皮重的2%)在温度不低于45℃下加油1.5h，所得结果为：厚度提高20%，抗张强度提高15%~20%，粒面层度提高20%~25%。

8. 安全与储运

生产中使用苯酚、甲醛等原料，操作人员应穿戴劳保用品。采用塑料桶包装，储存于阴凉、干燥处。

参 考 文 献

王家忱．聚氨基酸基皮革加脂型鞣剂的合成与性能[D]．兰州：西北师范大学，2021.

1.26 CAR 系列丙烯酸树脂复鞣剂

CAR 系列丙烯酸树脂复鞣剂(acrylic retanning agent CAR series)是以丙烯酸类共聚物为主的水溶性阴离子复鞣剂，主要结构为：

$$\left[CH_2-\underset{\substack{|\\CO_2H}}{CH}-CH_2-\underset{\substack{|\\X}}{CH} \right]_n$$

式中，X=—CN、—$CONH_2$、—CO_2H、—CO_2R 等。

1. 性能

浅黄色透明黏稠液体，是水溶性阴离子复鞣剂，耐光性极好。由于其结构中带有羧基、酰氨基等活性基团，能与铬鞣革中的铬盐和胶原的活性基团结合，故能牢固地填充在革内，特别是在革的空松部位，可以降低革的部位差，增加出裁率。复鞣革丰满、柔软并能保持铬革的弹性。本品也有漂白和匀染作用。本品对酸敏感，在pH值为4以下发生沉淀。

2. 生产原理

在引发剂存在下，丙烯酸与丙烯腈等单体发生共聚，得到复鞣剂。

$$nCH_2=CHCO_2H+nCH_2=CH-CN \xrightarrow{\text{引发共聚}}$$

$$\left[CH_2-\underset{\substack{|\\CO_2H}}{CH}-CH_2-\underset{\substack{|\\CN}}{CH} \right]_n \xrightarrow{nNaOH} \left[CH_2-\underset{\substack{|\\CO_2Na}}{CH}-CH_2-\underset{\substack{|\\CN}}{CH} \right]_n$$

3. 工艺流程

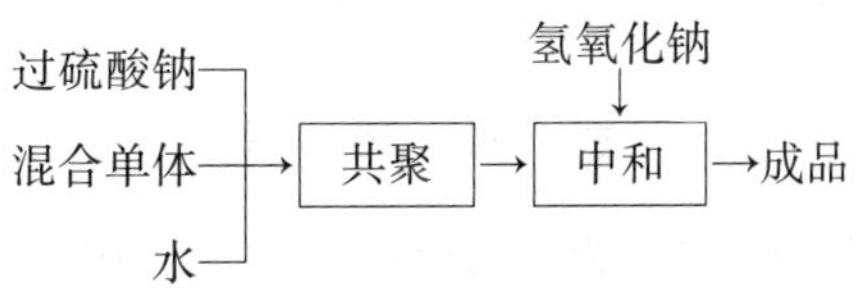

4. 主要原料(质量份)

丙烯酸	86.4	过硫酸钠	9.28
甲基丙烯酸	57.6	氢氧化钠	61.2
丙烯腈	36.0	去离子水	204

5. 生产工艺

先将丙烯酸、丙烯腈等单体按配方比混合，置于单体储槽中。另将 1/2 的引发剂(配成5%的水溶液)、氢氧化钠水溶液(浓度为40%)用真空泵抽入加料槽。然后将水、剩余的 1/2 引发剂投入反应釜中，搅拌，升温至 78~80℃。再同步连续加入引发剂溶液和混合单体，加料期间控制反应釜内温度不超过 85℃，约在 1~2h 内加完。

单体加完后将温度升至(86±1)℃，继续反应 2h。最后降温至 60℃左右，加入氢氧化钠进行中和，并注意冷却，控制反应釜内温度不高于 70℃。pH 值调节好后，降温至 45℃以下，调整固含量，出料包装即得到成品。

说明：

① 生产中也可以采用分段加料、分段控温的方式进行共聚。反应温度 40~90℃，反应时间 5h。

② 也可以用磺化蓖麻油为乳化剂，进行乳液共聚，其生产工艺如下：将 10%的引发剂水溶液、2/3 混合单体、10%的氢氧化钠水溶液分别抽入三个原料储槽。将磺化蓖麻油和1/3混合单体与水一起投入反应釜中，搅拌，升温至 80℃。当温度达到 80℃时，开始加入引发剂和储槽中的混合单体，单体加入速度要慢一些，加料时控制反应釜内温度在 78~85℃，加料总时间为 60~90min。加料完毕，升温至 85~88℃，反应 1.5h。然后降温至 45℃，缓慢加入氢氧化钠溶液中和至 pH 值为 5~7，控制温度低于 60℃。最后调整固含量，降温至 40℃以下出料包装。

③ 上述共聚得到 CAR-Ⅰ型复鞣剂。若在加料前添加后处理剂，则得到 CAR-Ⅱ型复鞣剂。

6. 质量标准

指标名称	CAR-Ⅰ	CAR-Ⅱ
外观	黄色透明黏稠液体	浅黄色透明黏稠液体
固含量	≥30%	≥20%
pH 值	6~7	5~6
电荷	阴离子型	阴离子型
残余单体含量	<1%	<1%

7. 用途

用作各种软革的复鞣剂。CAR-Ⅰ更适用于软鞋面革、家具革和包袋革。CAR-Ⅱ更适用于服装革，也可用于裸皮的预鞣，有良好的助鞣作用，能提高铬盐的吸收率。CAR-Ⅰ可与 5%的铬鞣剂、3%的加脂剂 SE、3%的树脂鞣剂 RS、3%的杨梅栲胶配合使用。

8. 安全与储运

车间内应保持良好的通风状态。用铁塑桶包装，存放于阴凉、干燥处，储存期不少于 1 年。

参 考 文 献

刘勇. 两性丙烯酸复鞣剂研究进展[J]. 广东化工，2018，45(17)：103.

1.27 APU 型聚氨酯复鞣剂

APU 型聚氨酯复鞣剂(polyurethane retanning agent APU type)是阴离子型聚氨酯复鞣剂，相对分子质量低于 30000。

1. 性能

棕黄色透明液体，溶于水。具有助染性、助加脂性以及促进其他鞣剂的吸收的作用。可与阴离子的酸根或直接与染料结合，提高上染率，对植物鞣剂等复鞣剂有良好的固着作用。

2. 生产原理

多氰酸酯与多元醇发生缩聚反应得到 APU 型聚氨酯复鞣剂。

3. 工艺流程

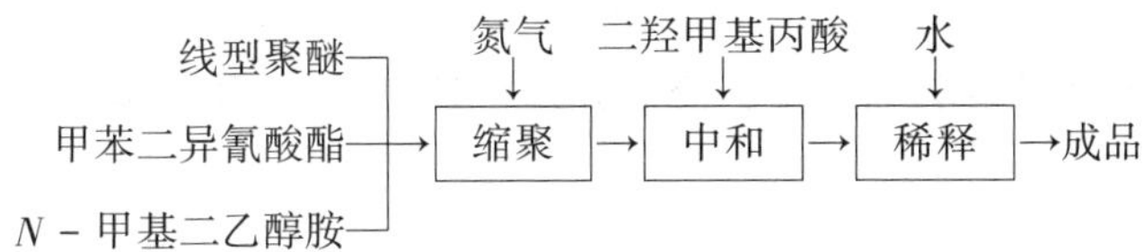

4. 主要原料(质量份)

线型聚醚(羟值 56mgKOH/g)	400
甲苯二异氰酸酯(2,4-异构体 80%)	49.5
N-甲基二乙醇胺	50.5
二羟甲基丙酸	56.9
二月桂酸二丁基锡	0.025

5. 生产工艺

在室温下，将 400 份线型聚醚(羟值 56mgKOH/g)、50.5 份 *N*-甲基二乙醇胺和 0.025 份二月桂酸二丁基锡投入反应釜中，反应体系需通氮气保护。然后在室温下迅速滴加 49.5 份 TDI-80(即含 2,4-异构体 80%，2,6-异构体 20% 的甲苯二异氰酸酯)，加热至 100℃ 反应 1h，反应物料用 56.9 份二羟甲基丙酸中和至 pH 值为 7~9，然后加入水进行分散，得到 APU 型聚氨酯复鞣剂。

6. 质量标准

外观	棕黄色液体	pH 值	7~9
固含量	20%	黏度(25℃)	310mPa·s

7. 用途

APU 型聚氨酯复鞣剂是一种多功能型鞣剂，用于干湿填充，能有效解决松面问题；用于染色可提高着色率；用于铬鞣革的复鞣，可减少红矾用量，提高成革等级。适用于服装革、彩色箱包革、绒面服装革的复鞣。

用量按削匀革计约为 5%。

8. 安全与储运

缩聚反应必须在氮气保护下进行，车间内应保持良好的通风状态。使用塑料桶包装。

参 考 文 献

[1] 许伟，柴晓叶，王学川，等．新型含醛基两性聚氨酯复鞣剂的制备与性能[J]．陕西科技大学学报，

2019，37(01)：11-17.

[2] 李汉平，姜卫龙，樊宝珠，等. 水性聚氨酯复鞣剂的研究进展及发展趋势[J]. 中国皮革，2016，45(05)：40-42.

1.28　CPU 型聚氨酯复鞣剂

CPU 型聚氨酯复鞣剂(polyurethane retanning agent CPU type)为阳离子型复鞣剂。

1. 性能

棕黄色水溶液，活性基团为羧基、酰胺基等，其中酰胺结构单元同天然皮革胶原肽链结构(肽键—NHCO—)相似。因此，聚氨酯填充剂不仅能保持皮革的天然手感和粒面效果，又可赋予皮革优异的柔韧性、丰满性和可染性，其综合性能明显优于丙烯酸树脂填充剂。

2. 生产原理

多元醇(醚醇)与多异氰酸酯缩聚，经后处理得到 CPU 型聚氨酯复鞣剂。

3. 工艺流程

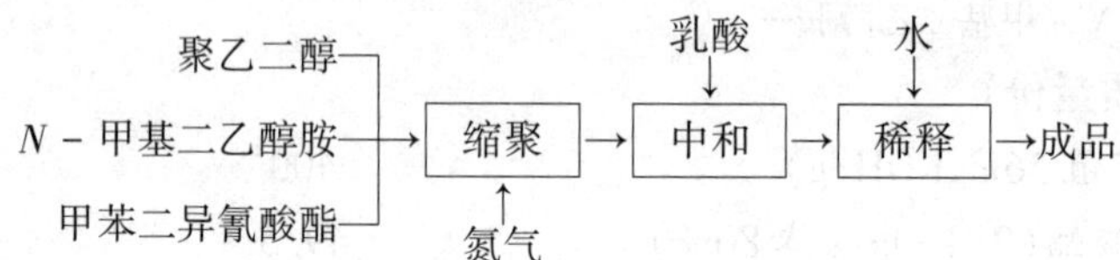

4. 主要原料(质量份)

原料	质量份	原料	质量份
聚乙二醇(羟值 56mgKOH/g)	400	N-甲基二乙醇胺(分析纯)	48
甲苯二异氰酸酯(TDI-80)	55	乳酸(分析纯)	36
二月桂酸二丁基锡(分析纯)	0.025	去离子水	1600

5. 生产工艺

将聚乙二醇投入反应釜，升温熔融，搅拌，继续升温至 100~110℃，减压脱水 30min，通入氮气，驱尽空气，打开冷凝水。降温至 55~60℃，加入 N-甲基二乙醇胺和二月桂酸二丁基锡，搅拌均匀，迅速滴入甲苯二异氰酸酯，加热至(95±2)℃，反应 1.5~2h，测定反应体系无—NCO 基团存在时可结束反应，停止通氮气。

降温至 70~75℃，在 15~30min 内滴入乳酸至 pH 值为 6，然后加入已预热至 60~70℃的去离子水稀释，强力搅拌分散 15~30min。冷却至 45℃以下，出料得到 CPU 型聚氨酯复鞣剂成品。

说明：

尽管 CPU 型聚氨酯复鞣剂对皮革有较好的复鞣、助染作用，解决松面的能力较强，但这类材料对皮革的增厚能力较弱。甲基丙烯酸-聚氨酯加聚物类型的改性阳离子复鞣剂，具有复鞣填充能力强、增厚明显的优点。

6. 质量标准

项目	指标	项目	指标
外观	棕黄色乳液	pH 值	6~7
总固含量	≥25%	存放稳定性	半年以上

7. 用途

用于服装革、绒面服装革、彩色箱包革、软鞋面革的复鞣，在各种革的干、湿填充中作为丙烯酸树脂鞣剂或其他阴离子填充剂的固定剂。

用量：按削匀革计约为3%。

8. 安全与储运

缩聚反应必须在氮气保护下进行，车间内应保持良好的通风状态。使用塑料桶包装。

参 考 文 献

黄新艳，沈巧英，叶萌．CPU聚氨酯复鞣剂的研制[J]．精细化工，1991，(06)：20-24.

1.29 双氰胺树脂鞣剂

双氰胺树脂鞣剂(dicyandiamide-resin tanning agent)属氨基树脂类合成鞣剂。主要结构为羟甲基双氰胺与二羟甲基脲的自身缩聚和相互缩聚的聚合物。

1. 性能

属水溶性非离子树脂鞣剂，在碱性条件下具有优良的鞣性；在氨基鞣剂中双氰胺树脂鞣剂具有较好耐酸性，由于含有较多的氮杂环结构，在酸性条件下复鞣革后有利于染料和加脂剂的吸收、渗透；复鞣后的革粒面紧密、细致、平滑，手感好。

2. 生产原理

双氰胺、尿素与甲醛发生羟甲基化后，在弱酸性条件下缩聚得到双氰胺树脂鞣剂。

$$\mathrm{NC{-}NH{-}\underset{\underset{NH}{\|}}{C}{-}NH_2} + 2\mathrm{HCHO} \longrightarrow \mathrm{HOCH_2{-}\underset{\underset{CN}{|}}{N}{-}\underset{\underset{NH}{\|}}{C}{-}NHCH_2OH}$$

$$\mathrm{H_2N\overset{\overset{O}{\|}}{C}NH_2} + 2\mathrm{HCHO} \longrightarrow \mathrm{HOCH_2{-}NH\overset{\overset{O}{\|}}{C}NH{-}CH_2OH}$$

上述两种羟甲基化中间体，各自发生缩聚反应的同时，相互间也发生缩聚反应。

3. 工艺流程

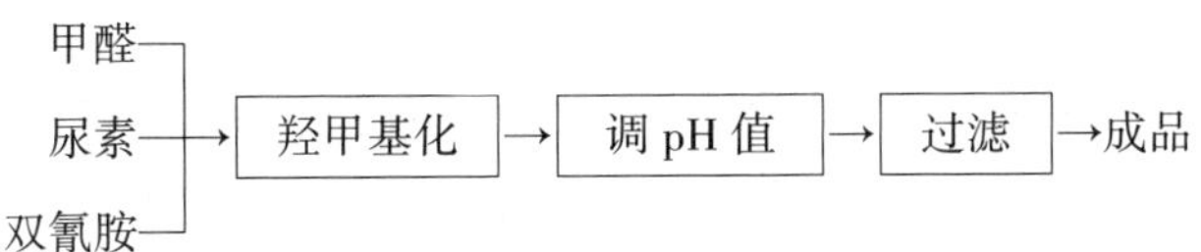

4. 主要原料(kg)

双氰胺(≥98%)	153	甲醛(36%)	760
尿素(N含量≥46%)	87		

5. 生产工艺

将760kg 36%的甲醛加入反应釜中，平稳升温至70~90℃，加碱调pH=8，然后把混合均匀的87kg尿素和153kg双氰胺投入反应釜中，稍加热溶解使温度控制在70℃，注意溶化后反应放热明显，控制温度不要过高。反应1h左右，再加入酸调节pH值，在pH值为5.6的条件下缩聚反应2h左右。反应完毕后，加碱调pH≥8，减压脱除未反应的游离甲醛。再经过滤得到双氰胺树脂鞣剂。

说明：

① 通过控制原料摩尔比及酸碱条件，可制得阳离子型树脂，也能制得阴离子型树脂。在水溶液中，水溶性双氰胺树脂由于树脂缩合而易凝胶化，稳定性较差，可制成粉状产品保存。双氰胺树脂的稳定性优于脲醛树脂，用其鞣制的皮革技术性能虽然不如天然鞣剂，但特

别适于和其他鞣剂如铬化合物进行结合鞣。

② 阴离子双氰胺树脂鞣剂是在 pH 值为 7.5 的条件下，以硼砂作催化剂，使 1mol 双氰胺和 4.1mol 甲醛及 0.346mol 亚硫酸氢钠于 100℃下加热 12h 制成。反应终了，将反应产物过滤，真空脱去未反应的甲醛，得到阴离子型双氰胺树脂鞣剂。

6. 质量标准

外观	无色或浅黄色透明黏性液体	游离甲醛	<5%
固含量	≥40%	储存稳定期	>6 个月
pH 值	8±0.5		

7. 用途

主要用于各种轻革的复鞣，也可与植物鞣结合，作少铬鞣或无铬鞣。用量为 5%左右。

8. 安全与储运

车间内应保持良好的通风状态。缩聚完成后，应除去未反应的游离甲醛。使用塑料桶包装，储存于阴凉、干燥处。

参 考 文 献

[1] 黄鑫婷．氨基树脂鞣剂的合成与结构特点及鞣质检测方法的研究[J]．中国皮革，2022，51(11)：28-34.

[2] 吕斌，聂军凯，高党鸽，等．功能型氨基树脂鞣剂的合成及应用进展[J]．皮革科学与工程，2015，25(04)：19-25.

1.30 三聚氰胺树脂鞣剂

三聚氰胺树脂鞣剂(melamine resin tanning agent)是三聚氰胺与甲醛的三羟甲基化及其醚化物，属氨基树脂类合成鞣剂。

1. 性能

三聚氰胺树脂鞣剂为棕色或无色透明黏稠液体，复鞣后的皮革粒面紧密、细致、平滑，皮革丰满、耐光。三聚氰胺树脂鞣剂是典型的氮杂环结构，在酸性条件下具有弱阳离子鞣剂的作用，通过采用羧酸型复鞣剂先复鞣再用三聚氰胺树脂复鞣，对染色、加脂有明显的促进作用，可改善羧酸型聚合树脂的浅色效应。作主鞣剂和与植物单宁结合鞣时，三聚氰胺树脂鞣剂是氨基类树脂鞣剂中鞣性最好的，但耐酸性不如双氰胺鞣剂稳定。

2. 生产原理

三聚氰胺与甲醛反应，生成的羟甲基衍生物，然后发生醚化反应。反应可在酸性，或中性甚至弱碱性条件下进行。三聚氰胺树脂鞣剂一般是三羟甲基三聚氰胺。甲醛与氰胺摩尔比为(2.5~3.5)：1，在 pH 值为中性或弱碱性条件下进行羟甲基化反应。

$$\text{C}_3\text{N}_3(\text{NH}_2)_3 + 3\text{HCHO} \longrightarrow \text{C}_3\text{N}_3(\text{NHCH}_2\text{OH})_3 \xrightarrow{\text{CH}_3\text{OH}} \text{醚化物}$$

在三聚氰胺树脂形成过程中，原料的摩尔比、反应介质的 pH 值，以及反应温度和反应时间等都是影响树脂质量的重要因素。同时对最初及最终产物的结构、树脂的质量和性能也起着决定性的作用。

三聚氰胺在水中的溶解度较低，只溶于热水而不溶于冷水，但由于三聚氰胺官能度高，羟甲基化反应速度较快，反应产物很快变为水溶性产物，水溶性产物变为憎水性产物的速度也极快。

在中性或弱碱性(pH=7~8)介质中，三聚氰胺与甲醛首先进行加成反应，形成各种羟甲基化三聚氰胺同系物。在酸性介质中，羟甲基化三聚氰胺进一步缩聚成为以次甲基联结的结构或醚基联结结构的低分子聚合物，即三聚氰胺甲醛树脂。

3. 工艺流程

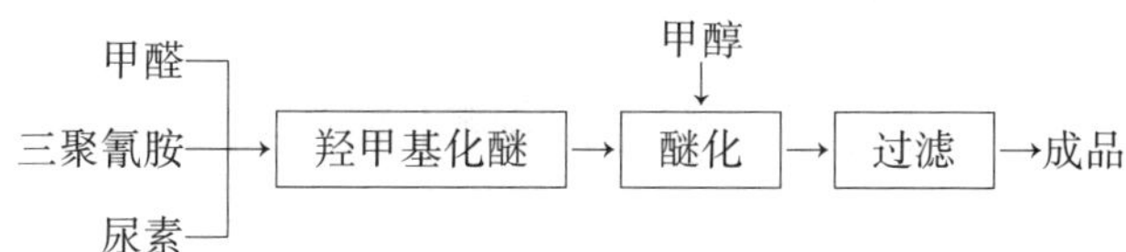

4. 主要原料(kg)

三聚氰胺(≥99%)	183	甲醇(工业级)	319
甲醛(≥36%)	448	尿素(N 含量≥46%)	50

5. 生产工艺

将 448kg 36%的甲醛加入反应釜中，平缓升温，控制温度不超过 90℃，加入碱调节 pH=8，10min 后立即加入 50kg 尿素和 183kg 三聚氰胺，使物料充分溶解，注意为防止升温过快冲釜，夹套层应通冷却水，控制温度不超过 90℃。反应 30min 左右，加入 319kg 甲醇，同时冷却，控制温度在(60±2)℃，每间隔 140min 取样分析。在 25℃的去离子水中，按水：样=9：1分散，若溶液变为乳浊状，则相对分子质量达到要求，停止反应，冷却。调节物料的 pH 值，严格控制在弱酸性条件，否则很难控制最终产品的稳定性。

最后调节 pH=8，过滤得到鞣剂。如果要进一步提高产品的水分散性或水溶性，可以在醚化后期加入硫酸盐、磺酸盐。

说明：

① 在实际生产中，提高液体三羟基树脂鞣剂的稳定性是生产的关键。比较常用的有三种方法：即醚化、共缩聚和增加水溶性。

在羟甲基化反应完毕，可以加入过量的低分子醇醚化，甲醇的醚化效果最好，而且鞣革时甲氧基可以脱落，发生结合；甲氧基可以减少交联趋势，又具有较好的水溶性，用量是醛的物质的量的 2~3 倍。

用尿素、双氰胺与三聚氰胺羟甲基化后，共缩聚可以改变单纯三羟甲基缩合的状况，减少三羟甲基的相互反应，但总的醛与氨基的物质的量要选择好。

增加合成鞣剂芳香族磺酸盐，改变体系的水溶性，同时形成一个稳定的碱性缓冲体系，可延缓剩余的羟甲基的分子间缩合。

② 如有需要，可采用减压法脱除未反应的甲醛和甲醇。

6. 质量标准

外观	棕色或无色透明黏稠液体	pH 值	8±0.5
固含量	≥40%	游离甲醛含量	≤2.5%

注：棕色产品外观是加有磺酸盐的原因。

7. 用途

主要用于中高档软革的复鞣处理。用量按削匀革计为 3%~5%。

8. 安全与储运

生产中使用甲醛、甲醇等原料，操作人员应穿戴劳保用品，车间内应保持良好的通风状态。液体产品采用塑料桶包装。

参 考 文 献

[1] 李立新，陈武勇，王应红，等．新型阻燃性三聚氰胺树脂鞣剂的合成、性能及应用[J]．中国皮革，2004，(05)：1-5.

[2] 李立新，杨冰，陈宏．改性三聚氰胺树脂鞣剂合成[J]．化学研究与应用，2002，(02)：182-184.

1.31 合成鞣剂 KS-1

合成鞣剂 KS-1(synthetic tanning agent KS-1)的主要成分为苯乙烯-马来酸酐共聚物钠盐及其衍生物，主要结构为：

$$-CH(CO_2Na)-\left[CH_2-CH(C_6H_5)-CH(COX)-CH(CO_2Na)\right]_n-CH_2-CH(C_6H_5)-CH(COX)-$$

式中，X=OH 或 NH—CH_2—SO_3Na。

1. 性能

一般为黄色黏稠液体，溶于热水，属阴离子型高分子。对碱、酸溶液具有良好的稳定性。将其用于铬鞣革的复鞣，成革丰满、柔软、粒面紧密，颜色浅淡。合成鞣剂 KS-1 分子中含有大量的羧基，在鞣制中这些基团可以渗入铬配位化合物的内部并与之发生配位结合，从而提高铬的吸收率、成革的丰满弹性和湿热稳定性。合成鞣剂 KS-1 分子沉积在革纤维间，从而表现出一定的选择填充作用。故本品具有较好的鞣制性能和填充性能，并对铬有固定作用，可使粒面紧密，粒纹清晰，提高成革的粒面平细度。

由于共聚物分子中含有苯基和多元羧酸，所以具有较好的耐热、耐寒、耐溶剂等性能。铬鞣后期加入这种鞣剂，可以促进铬鞣剂与皮纤维结合，增加成革的铬含量，降低废液中的铬含量。

合成鞣剂 KS-1 分子中既有极性基团(羧甲基)，又有非极性基团(苯基等)。因此，具有一定的表面活性剂的特性，可以帮助油类、胶乳、染料及颜料以乳状液或悬浮液的形式分散在水中，使它们的溶解性增加，有助于均匀染色。

2. 生产原理

以过氧化苯甲酰为引发剂，在 70~80℃下，苯乙烯和马来酸酐在苯或甲苯中，发生共聚反应生成不溶于苯或甲苯的共聚物树脂沉淀。这种树脂在碱性溶液中，可转化为相应的半钠盐或半铵盐的水溶液。一般采用 20%~25%的共聚物水溶液用作鞣剂。

$$C_6H_5CH{=}CH_2 + \text{(CH—CO)}_2O \longrightarrow \left[CH_2-CH(C_6H_5)-CH(CO)-CH(CO)\right]_n \text{（酸酐环 —C(=O)—O—C(=O)—）}$$

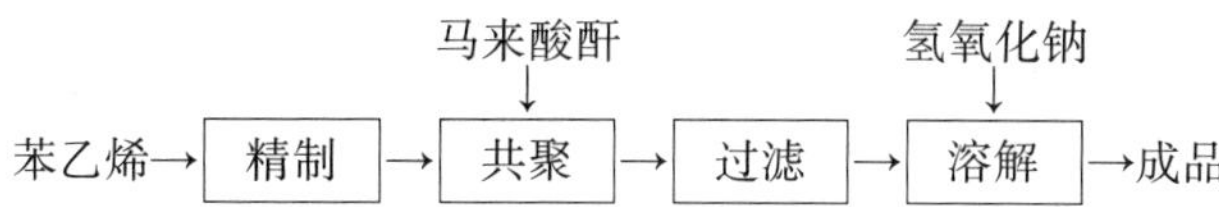

3. 工艺流程

马来酸酐 → 共聚；氢氧化钠 → 溶解

苯乙烯→ 精制 → 共聚 → 过滤 → 溶解 →成品

4. 主要原料(kg)

苯乙烯	52	甲苯	500
马来酸酐	49	氢氧化钠	适量
过氧化苯甲酰	0.025		

5. 生产工艺

在共聚反应釜中，加入 500kg 甲苯，然后加入 52kg 苯乙烯和 49kg 马来酸酐，在 70~85℃溶解后，加入 0.025kg 过氧化苯甲酰，约 30min 后聚合反应开始，这时应及时通冷却水控制聚合反应温度在 85~86℃，防止体系温度急剧增加，避免发生爆聚现象。经 2.5~3h 后，聚合反应完成，得到白色胶状物，过滤，回收甲苯。过滤所得到的固形物用 $NaHCO_3$ 溶液在加热下溶解，或用 NaOH 溶液或氨水溶解，调节 pH 值为 5~6，调整固含量≥20%即得到合成鞣剂 KS-1。

说明：

① 共聚反应所用溶剂一般为苯和甲苯，其中甲苯沸点较高，使用方便，操作安全，反应结束后可减压回收。

② 控制反应温度是制备苯乙烯-马来酸酐共聚物的关键，温度过低，反应不完全，且反应时间较长。但若反应温度过高，特别在反应中期，若控制不好，温度上升过快，容易引起爆聚，如从 60 到 80℃，过氧化苯甲酰的分解速率常数增加 12.5~13 倍，这就使自由基浓度增大，从而使链引发速率明显增大，链增长速率也明显增大。因此，一般当聚合反应温度升到 70℃时，应适当保持一段时间，然后再缓慢升到 80℃，使聚合反应趋于完成。控制聚合反应温度在 85~86℃，以避免爆聚和温度急剧升高的现象。这就是所谓两段升温聚合方法，即第一阶段 70℃，第二阶段 85℃。两种单体在 70℃时共聚反应 3h，摩尔比为 1∶1 时，收率可达 88%以上。

6. 质量标准

外观	浅黄色或白色黏稠状液体	固含量	≥20%
水溶性	在温水中可完全溶解	相对密度	1.06~1.12
pH 值	>6	相对分子质量	2000~7500

7. 用途

合成鞣剂 KS-1 具有较好的鞣性，作为预鞣剂和复鞣剂都有较好的效果。这种鞣剂复鞣的革丰满、柔软，有很好的挠曲性，粒面紧密有弹性，毛孔清晰、粒纹细致。它对铬鞣革的填充性能良好，使粒面紧密，对铬起固定作用。因为共聚物的重金属盐不溶解，所以用铬、铝、锆等鞣剂复鞣，能使共聚物固定在革内，效果更好。可用于绵羊皮、山羊皮、彩色及白色软羊皮等的鞣制，制得的皮革耐光，粒面紧密、光滑，易于染色。适用于铬鞣面革、服装革、软鞋面革以及家具革的复鞣，成革粒面细致，填充效果好，毛孔清晰，腹肷丰满，尤其适合白色和彩色革的生产。本品能加速植物鞣剂的渗透，可作为铬鞣牛革及猪革的预鞣和复鞣剂，与栲胶混合填充效果更好，克服了单独用鞣剂填充粒面粗、身骨不一致的缺陷，提高了革的利用率和等级。推荐用量为2%～6%，可单独使用，也可与其他复鞣剂配合使用，或在中和浴中同浴进行复鞣。使用时最适宜的 pH 值为5～5.8。

8. 安全与储运

生产中应严格控制共聚反应温度，以避免爆聚。车间内应保持良好的通风状态。采用塑料桶包装。

参 考 文 献

张举贤，郑承超，路贻林．KS-1 合成鞣剂的研究[J]．皮革科技，1983，(05)：1-7.

1.32 改性木素磺酸合成鞣剂

改性木素磺酸合成鞣剂由亚硫酸盐法纸浆废液(木素磺酸液)和酚醛缩合物、矿物质鞣料所组成。木素磺酸不是单分散化合物，而是以不同分散度存在于溶液中，相对分子质量为1000～2000，每个木素磺酸分子上带有2～40个磺酸根。

1. 性能

改性木素磺酸合成鞣剂为深褐色黏稠液体，鞣质约占25%，pH 值为3～4，易溶于水，属混合型鞣剂。鞣剂中含有磺酸基、酚羟基、铬离子和铝离子，具有良好的渗透性和填充性，鞣制的成革坚实耐磨，可与植物鞣剂或锆鞣剂结合鞣制猪、牛底革。

2. 生产原理

亚硫酸盐法纸浆废液中含有大量木素磺酸，多以钙盐或镁盐形式存在于废液中。木素磺化时，反应并不发生在苯环上，而是在侧链上。苯环附近的碳原子上的磺酸根结合牢固，与苯环距离较远的磺酸根则容易分开；同时，当磺酸根分布在侧链上时，木素磺酸才有鞣性。

CH_2OH, HC, HO—C—O, OCH_3, OCH_3, O $\xrightarrow[-H_2O]{Na_2SO_3}$ SO_3H, CH_2, HC, HO_3S—C—O, OCH_3, OCH_3, O

又由于木素磺酸酚羟基很少，它主要靠磺酸根与胶原的氨基形成共价键，这种结合不如酚羟基和胶原形成的氢键结合牢固，所以木素磺酸鞣性很差，必须与栲胶或铬盐混合鞣革。为了提高木素磺酸的鞣性，可以把它和苯酚、二羟基二苯砜或酚醛树脂等缩合，在分子中引入更多的酚羟基，同时添加无机盐，这样就能制得性能良好的合成鞣剂。

3. 工艺流程

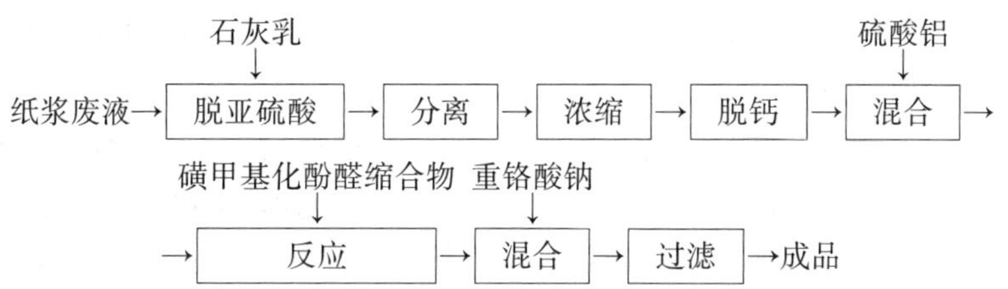

4. 主要原料(kg)

磺甲基化酚醛缩合物	120	亚硫酸盐纸浆废液	1200
硫酸铝	120	乳化剂 STH	7.5
重铬酸钠	3		

5. 生产工艺

亚硫酸盐法纸浆废液中含有木素磺酸，废液为深棕色，相对密度为 1.06~1.07。废液中除木素磺酸钙以外，还有游离的亚硫酸、亚硫酸氢钙等。游离的亚硫酸对鞣革不利，钙盐的存在也会引起不良的后果，特别是与植物鞣剂合用时，会生成鞣酸钙，造成鞣质损失。因此，在制备亚硫酸盐法纸浆废液鞣剂时，必须把游离的亚硫酸和亚硫酸钙除去，把木素磺酸钙转变为木素磺酸，并浓缩到一定浓度。

纸浆废液排出时，温度约为 90℃，直接加入石灰乳，搅拌，废液中游离的亚硫酸和过剩的亚硫酸氢钙同石灰乳反应，生成亚硫酸钙沉淀。然后静置，亚硫酸钙沉淀以后，将上层清液抽出，浓缩，成为稠厚的浆状物。其中含有过量的 $Ca(OH)_2$，需要加酸除去。同时还要加酸将木素磺酸钙转化为木素磺酸。因此要测定浆状物中的钙含量，以便计算所需要的硫酸量。加入硫酸，$Ca(OH)_2$ 转变为硫酸钙沉淀，硫酸钙沉淀以后，用压滤机压滤，得到亚硫酸纸浆废液即木素磺酸溶液。

将 120kg 硫酸铝用 120kg 水溶解，得到硫酸铝溶液；另将 3kg 重铬酸钠用 12L 水溶解。

将上述配制的硫酸铝溶液和 1200kg 木素磺酸溶液即纸浆废液加入反应釜内，搅拌，加热升温到 80℃，并在此温度保温 2h。然后加入 120kg 磺甲基化酚醛缩合物，在 80℃下搅拌保温 0.5h，然后通冷却水降温到 35℃。将重铬酸钠水溶液和乳化剂 STH 加入反应锅中，搅拌 0.5~1h，过滤，得到改性木素磺酸合成鞣剂。

说明：

① 木素磺酸可以与二羟甲基脲酚磺酸缩合物缩合改性，两者以质量比 1∶1 进行缩合，得到具有较好鞣性的改性木素磺酸鞣剂。

② 用 4,4′-二羟基二苯砜改性木素磺酸，得到代替型鞣剂。代替型鞣剂的鞣性与天然鞣剂相仿，成本较低。在单独使用时，成革率高，成革坚实，手感丰满，适合制作底革，代替栲胶使用。代替型鞣剂的渗透性并不太快，其主要功效是增加革重，对分散植物鞣剂，以及溶解沉淀的作用均不显著。用它单独鞣革，成革颜色为浅棕色，光稳定及染色性能良好。

制备方法：用硫酸与苯酚制备二羟基二苯砜，然后将亚硫酸盐法纸浆废液在 110℃与其混合，纸浆废液用量为苯酚质量的 385.5%。混合后，冷却至 65℃，再加入甲醛(30%)，用量为苯酚质量的 38.5%，不断搅拌，升温至 105℃，反应 6h 即得。

③ 用萘酚缩合物及无机盐改性木素磺酸，得到具有良好扩散性与渗透性的鞣剂。制备方法：将 40kg 95%的硫酸和 25kg 103%的发烟硫酸加入反应釜内，夹层内通蒸汽加热，升温至 80℃时，加入 85kg β-萘酚。β-萘酚加完后，升温至 117~250℃，进行磺化反应，保持

此温度 2~3h。取样，其水溶液呈透明状，说明磺化反应已完成。

磺化结束后，降温到50℃，滴加甲醛溶液(用120kg 水稀释30kg 36%的甲醛)，约1h 加完，加完后在50℃保温反应 2h。

将500kg 木素磺酸溶液和95kg 硫酸铝(用95kg 水稀释)配成的硫酸铝溶液加入反应釜内。在60℃下保温搅拌0.5h。取样，观察其水溶液透明无浑浊现象后，接着将1kg 重铬酸钠配成的水溶液和5kg 乳化剂 STH 一起加入反应釜中，搅拌0.5h，最后用氨水调节 pH 值在 3~4，得到萘酚缩合物及无机盐改性的木素磺酸鞣剂。

6. 质量标准

外观	深褐色黏稠液体	水溶物	45%
固含量	≥46%	pH 值	3~3.5
水溶液	>25%		

7. 用途

可与植物鞣剂或锆鞣剂结合鞣制猪、牛底革。

8. 安全与储运

车间内应保持良好的通风状态。采用塑料桶包装。

参 考 文 献

[1] 王晨，李书平，邵志勇．木质素改性皮革复鞣剂的制备与应用研究[J]. 皮革化工，2003，(03)：12-14.

[2] 冯先华，张廷有，李建华，等．焦油酚-木素磺酸合成鞣剂的研制[J]. 湖北大学学报(自然科学版)，1992，(04)：330-333.

1.33 复鞣剂 PR-1

复鞣剂 PR-1(retanning agent PR-1)是马来酸酐、丙烯酰胺和乙烯单体形成的共聚物。

1. 性能

浅黄色黏稠液体，易溶于水，专门用于铬鞣革的复鞣剂。用它复鞣的革粒面细致，革身柔软、丰满、弹性好，对松软部位有很强的填充性，有明显的增厚作用。对于改善成革粒面和手感效果显著。

2. 生产原理

马来酸酐、丙烯酰胺和乙烯基单体中的 C ═C 双键发生共聚，然后用碱调节 pH 值，得到复鞣剂 PR-1。

3. 工艺流程

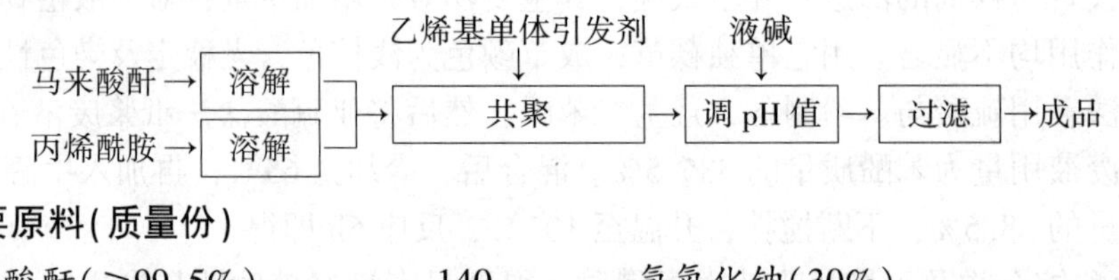

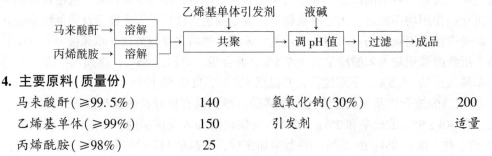

4. 主要原料(质量份)

马来酸酐(≥99.5%)	140	氢氧化钠(30%)	200
乙烯基单体(≥99%)	150	引发剂	适量
丙烯酰胺(≥98%)	25		

5. 生产工艺

先将马来酸酐和丙烯酰胺在溶解槽中分别溶解，然后将马来酸酐溶液、乙烯基单体和引发剂加入共聚反应釜内。同时，搅拌升温，升至50~60℃时恒温反应2h，再加入丙烯酰胺溶液，于55℃下继续共聚反应4h，再加入丙烯酰胺溶液，于55℃下继续共聚反应4h，然后滴加液碱，控制滴加速度，以免体系温度过高，约90min滴完。最后降温至30℃，过滤得到复鞣剂PR-1。

6. 质量标准

外观	浅黄色黏稠液体	pH值(1∶10)	5.0~6.0
固含量	≥30%	密度(20℃)	1.18~1.22g/cm^3

7. 用途

用作铬鞣革的复鞣剂，尤其是服装革、软面革及白色或浅色革。用量为削匀革质量的3%~5%，复鞣时间1h，然后再用多金属复鞣剂或纯铬鞣剂复鞣。以后工艺按常规方法进行。复鞣剂PR-1也可在中和后或染色后进行复鞣。

8. 安全与储运

车间内应保持良好的通风状态。采用铁桶包装。

参 考 文 献

[1] 潘飞，肖远航，张龙，等．制革中复鞣剂的应用与研究进展[J]．中国皮革，2022，51(01)：52-61.

[2] 刘洪浠，朱清泉，王照临，等．PR-1共聚物复鞣剂的研究[J]．皮革科学与工程，1992，(04)：26-31.

1.34 丙烯酸-顺酐共聚物复鞣剂

丙烯酸-顺酐共聚物复鞣剂的主要成分是丙烯酸-顺酐衍生物共聚物，主要结构为：

$$\left[CH_2 - \underset{R}{\underset{|}{CH}} - \underset{COX}{\underset{|}{CH}} - \underset{CONH_4}{\underset{|}{CH}} \right]_n$$

式中，$R=CO_2NH_4$ 或CN；X=OH或ONH_4。

1. 性能

浅黄色透明黏稠液体，水溶性好，黏度低。属助鞣型鞣剂，复鞣革具有革身丰满、弹性好、助染性好等特点。该复鞣剂既克服了丙烯酸树脂鞣剂使皮革变得僵硬、粒面发脆的缺点，又不像苯乙烯-马来酸酐共聚物鞣剂那样存在着水溶性差的弊端，是这两类鞣剂的换代产品。

2. 生产原理

丙烯酸、丙烯腈和顺酐在过硫酸铵引发下，发生共聚反应，然后用氨水中和，得到水溶性的复鞣剂。

3. 工艺流程

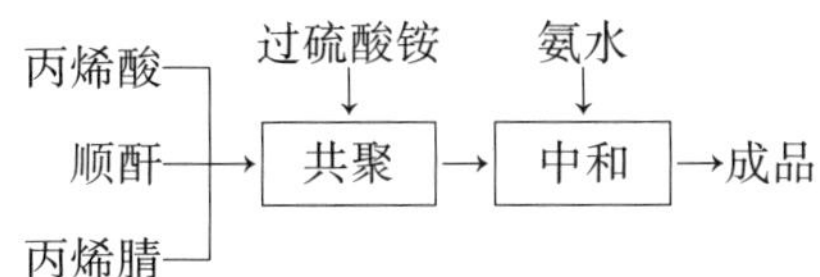

4. 主要原料(质量份)

顺酐(≥99%)	288	丙烯腈(≥98%)	120
丙烯酸(≥98%)	72	过硫酸铵	36

5. 生产工艺

将36份过硫酸铵溶解于164份水中。另将288份顺酐加入320份水中，在40℃下溶解1h，冷却至室温后，加入72份丙烯酸和120份丙烯腈，混合均匀。

向带有冷凝器、电动搅拌的反应器中加入160份水，升温至90℃，同时滴加混合单体和引发剂过硫酸铵溶液，加料时间约为2~4h，然后继续在90℃下反应2h，常压(或减压)下蒸出160份水。降温至60~70℃，缓慢加入215份25%的氨水进行中和，将体系的pH值调至4.5左右，搅拌均匀，冷却至室温出料，得到总固含量≥50%的复鞣剂。

说明：

也可以使用顺酐衍生物代替顺酐进行共聚，中和反应可以用液碱。操作示例：将37份丙烯酸投入反应器中，搅拌下加入30份乙醇胺进行中和，控制体系温度≤70℃。再加入0.4份对甲苯磺酸，在60~70℃下分4次投入49.05份固体顺酐，控制温度≤90℃。加料完毕，在90~95℃反应至体系酸值不再降低为止，降温至50℃以下，加水调节固含量为50%，得到顺酐衍生物中间体。另将60份去离子水投入反应器中，搅拌下加热至75~85℃，加入由2.5份过硫酸铵配成的20%的水溶液，滴加由72.5份上述制备的顺酐衍生物中间体、11.55份丙烯酸和8.15份丙烯腈组成的混合液，2~3h内滴加完毕，然后于85~90℃下共聚2h。降温至45℃以下，用30%的液碱(约22.5份)中和至pH值为5~6，搅拌冷却至室温，得到复鞣剂。

6. 质量标准

外观	淡黄色透明黏稠液体	pH值	4~6
固含量	≥50%		

7. 用途

用于皮革复鞣，可赋予皮革良好的疏水性、耐洗性和柔软性。

8. 安全与储运

车间内应保持良好的通风状态。采用塑料桶包装。

参 考 文 献

[1] 樊海鸥. 小分子丙烯酸聚合物鞣剂的应用研究[J]. 北京皮革，2022，47(Z1)：42-44.

[2] 袁兵. 丙烯酸复鞣剂概述[J]. 中国皮革，2020，49(06)：66-67.

1.35 合成鞣剂777号

合成鞣剂777号(synthetic tanning agent No. 777)又称脲环鞣剂，结构式为：

$$\begin{array}{c} \quad\quad\quad\quad O \\ \quad\quad\quad\quad \| \\ ROH_2C-N\overset{\quad C \quad}{\diagup\quad\diagdown}N-CH_2OR \\ \quad\quad | \quad\quad\quad | \\ \quad H_2C\underset{O}{\diagdown\quad\diagup}CH_2 \end{array}$$

1. 性能

无色或微黄色液体，属非离子型鞣剂，易溶于水，分子中的羟甲基可以与皮胶原的氨基结合而与皮胶原分子形成交联。在碱性条件下有优良的鞣性，复鞣时具有一定的填充性，可改善革的粒面质量和手感。

2. 生产原理

利用尿素氨基上的活性氢与甲醛进行羟甲基化，再进一步环化和醚化。

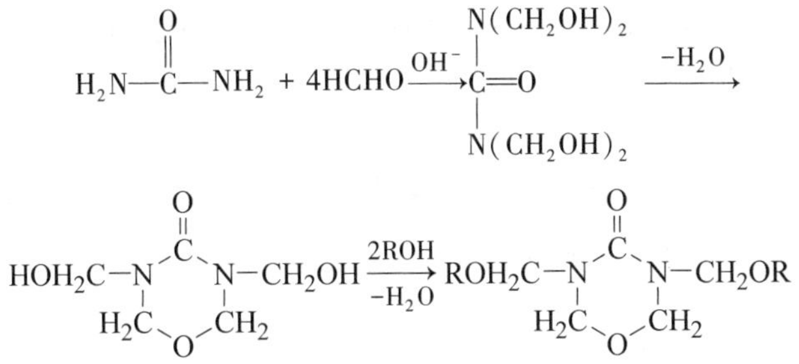

$$H_2N-\overset{O}{\overset{\|}{C}}-NH_2 + 4HCHO \xrightarrow{OH^-} \begin{matrix} N(CH_2OH)_2 \\ | \\ C{=}O \\ | \\ N(CH_2OH)_2 \end{matrix} \xrightarrow{-H_2O}$$

$$HOH_2C-N \overset{C(=O)}{\frown} N-CH_2OH \text{（}H_2C-O-CH_2\text{ 成环）} \xrightarrow[-H_2O]{2ROH} ROH_2C-N \overset{C(=O)}{\frown} N-CH_2OR \text{（}H_2C-O-CH_2\text{ 成环）}$$

3. 工艺流程

甲醛→[调 pH 值]（碱）→[羟甲基化]（尿素）→[醚化]（聚乙烯醇）→[调 pH 值]（酸）→[过滤]→成品

4. 主要原料(kg)

甲醛(≥36%)	856	聚乙烯醇(相对分子质量为 1788～1795)	32～34
尿素(N 含量≥46%)	110	液碱	适量

5. 生产工艺

将 856kg 36% 的甲醛加入反应釜，平缓升温并搅拌，温度为 60～65℃时加入适量的液碱，控制 pH=8，然后加入 110kg 尿素，注意冷却控制温度≤70℃，反应 2h。羟甲基化反应完成后，加入 33kg 聚乙烯醇，并逐渐升温到 90℃，使聚乙烯醇充分溶解。用有机酸调节反应体系的 pH 值为 5～5.5，醚化反应 1.5h，最后加碱调节 pH 值为 6.5～7.5，冷却过滤，得到合成鞣剂 777 号。

说明：

最后一步醚化反应可以用 C_1～C_4 的小分子醇，也可以用聚乙烯醇等其他羟甲基化合物。实际反应中，第一步得到的羟甲基化合物也可以发生自身醚化(缩聚)反应。若在醚化时加入适量的小分子醇有利于产品的储存稳定性。

6. 质量标准

外观	无色或微黄色黏性液体	固含量	≥30%
pH 值	6.5～7.5		

7. 用途

用作复鞣剂，用于毛皮鞣制和牛皮、猪皮、羊皮等轻革的预鞣、填充，可部分代替红矾。制成的轻革或毛皮手感较丰满，绒毛洁白，染色后色泽鲜艳。用于毛皮生产时，先用本品初鞣后再进行铝鞣，可以得到颜色浅、手感柔软的毛皮。

在轻革少铬鞣法中，将部分浸酸废液加入本品进行初鞣(pH 值为 3.8～4.2)，再适当提高碱度至 pH 值为 8 左右，收缩温度可达到 80℃以上。

8. 安全与储运

车间内应保持良好的通风状态。使用铝皮桶、塑料桶包装，储存期一年。

参考文献

庆巴图．脲环鞣剂的应用[J]．西部皮革，1999，(01)：14-16.

1.36 合成鞣剂 NDD

合成鞣剂 NDD(synthetic tanning agent NDD)为代替型合成鞣剂，主要成分为萘磺酸、二羟基二苯基丙烷、二羟基二苯砜甲醛的缩合物。

1. 性能

浅黄色粉末，溶于水呈清亮溶液。呈弱酸性，具有较好的鞣制能力和较小的光敏感性，能给予成革较好的白色和微细的孔隙。

2. 生产原理

萘磺化后，与二羟基甲基脲、甲醛缩合，得到缩合物 A。4,4′-二羟基二苯基丙烷在碱性条件下与甲醛缩合，然后与亚硫酸氢钠磺化，得到缩合物 B。4,4′-二羟基二苯基砜和亚硫酸钠、甲醛发生缩合磺化反应，得到缩合物 C。缩合物 A、B、C 混合得到合成鞣剂 NDD。

3. 工艺流程

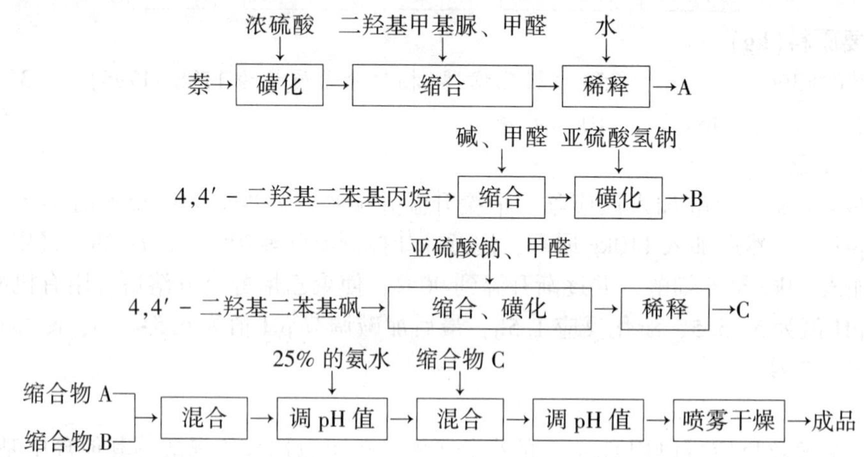

4. 主要原料(质量份)

原料	质量份	原料	质量份
萘(≥99%)	260	亚硫酸氢钠(98%)	104
二羟甲基脲	60	4,4′-二羟基二苯基砜	500
4,4′-二羟基二苯基丙烷	456	亚硫酸钠(98%)	230
氢氧化钠(98%)	21	氨水(25%)	170
甲醛(30%)	728		

5. 生产工艺

将 260 份萘和 268 份 96%~98%的硫酸投入磺化反应釜中，搅拌，升温，在 150~155℃下磺化 4h，然后冷却到 100℃，用 116 份水稀释，然后加 60 份二羟甲基脲和 100 份 30%的甲醛，在 80℃时，于 10min 内加完。加热到 100℃，在此温度下，反应到甲醛气味消失，缩合物用 50 份水稀释，得到缩合物 A。

将 456 份 4,4′-二羟基二苯基丙烷投入缩合反应釜中，然后，加入 40 份 50%的氢氧化钠溶液和 300 份 30%的甲醛，在 70~80℃时溶解，再冷却到 50℃。加入 104 份亚硫酸氢钠，在 80℃时保温缩合磺化 4h，再冷却，得到缩合物 B。

将 500 份 4,4′-二羟基二苯基砜投入缩合反应釜中，加入 230 份亚硫酸钠、328 份 30%的甲醛和 940 份水，升温，在 148~153℃下搅拌反应 12h，冷却后，再用水稀释成 2000 份，得到缩合物 C。

在配料锅中，将缩合物 A 与 B 混合，用 170 份 25%的氨水调节 pH 值至 3.3~3.6，然后加入缩合物 C，调节 pH 值至 3.8，得到液体状合成鞣剂 NDD。喷雾干燥得到粉状合成鞣剂 NDD。

6. 质量标准

外观	浅黄色粉末	非鞣质	24%
鞣质	≥70%	pH 值	3.5~4.5

7. 用途

用作白色革、浅色革的复鞣剂。成革柔软丰满，抗张强度高，收缩温度高。

8. 安全与储运

生产中使用浓硫酸、甲醛、酚类等原料，生产人员应穿戴劳保用品，车间内应保持良好的通风状态。粉状产品使用双层塑料袋包装，液体产品使用塑料桶包装。

参 考 文 献

李晓鹏，桑军，石佳博，等．几种砜类合成鞣剂的鞣革性能研究[J]．中国皮革，2016，45(04)：18-22.

1.37 防水加脂复鞣剂 WPT-S

防水加脂复鞣剂 WPT-S(retanning agent WPT-S waterproof fatliquoring type)的主要成分为活性有机硅改性的丙烯酸聚合物。

1. 性能

白色带黄色浆状物或膏状体，具有防水、加脂、复鞣多种功能。复鞣后皮革丰满柔软，弹性好。此外，复鞣后不影响染色，具有明显的加脂作用，可减少加脂剂用量，具有良好的防水作用，处理后的皮革 2h 动态吸水率≤20%，可生产防水革；处理后的皮革手感丝绸般滑爽，皮革粒面细致、平滑。对染色基本无影响，也不影响皮革涂饰。

2. 生产原理

活性有机硅(如乙烯基三烷氧基硅烷或 γ-甲基丙烯酰氧基丙基三甲基硅烷)与丙烯酸及其酯类单体发生共聚，经后处理得到防水加脂复鞣剂 WPT-S。

$$n\underset{\displaystyle Si(OR)_3}{CH_2{=}\overset{}{CH}} + m\underset{\displaystyle CO_2H}{CH_2{=}CH} + l\underset{\displaystyle CO_2R'}{CH_2{=}CH} \longrightarrow \left[\left(CH_2-\underset{Si(OR)_3}{CH} \right)_n \left(CH_2-\underset{CO_2H}{CH} \right)_m \left(CH_2-\underset{CO_2R}{CH} \right) \right]_l$$

3. 主要原料(质量份)

活性硅油	10	引发剂	适量
丙烯酸及酯	190		

4. 工艺流程

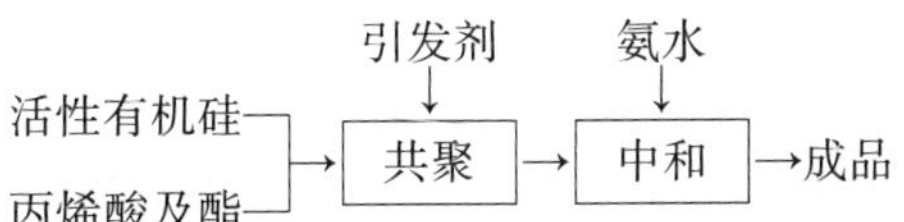

5. 生产工艺

将活性有机硅和 2/5 的丙烯酸及酯单体加入共聚反应釜中，通入蒸汽升温至 80℃，搅拌下，滴加剩余 3/5 的丙烯酸及酯和引发剂溶液，滴加完毕，于 85~90℃下反应 2~3h。冷却至 45℃，加入氨水调 pH 值至 6.0~7.5。搅拌均匀，冷却，得到防水加脂复鞣剂 WPT-S。

6. 质量标准

外观	乳白色或淡黄色浆状或膏状体	动态透水时间	≥30min(IPU/10)
pH 值	6.0~7.5	动态吸水率	≤25%(IPU)
固含量	20%		

7. 用途

主要用于防水革、耐洗革的复鞣，也可用于代替部分加脂剂使用，还用于要求具有一定疏水性能的高档革的处理。若用于处理绒面服装革、不涂饰高档软革 、磨砂革等，优点更加突出。本产品与 WPF-1 丝光型防水加脂剂可配合使用，能同时达到动态及静态防水要求。本产品不影响染色。防水革生产中不宜使用表面活性剂。

8. 安全与储运

车间内应保持良好的通风状态。采用塑料桶包装，按非危险品储运，储存稳定性≥9 个月。

参 考 文 献

[1] 罗永娥 . WPT-S 防水加脂复鞣剂应用工艺特点[J]. 西部皮革，1996，(01)：14-16.

[2] 李正军，罗永娥，刘良军，等 . WPT-S 有机硅改性防水加脂复鞣剂应用工艺研究[J]. 中国皮革，1995，(10)：31-34.

1.38 戊 二 醛

戊二醛(glutaraldehyde)是一种性能优良的鞣剂。分子式 $C_5H_8O_2$，相对分子质量 100.13，结构式为：

$$H-\overset{\overset{\displaystyle O}{\|}}{C}-CH_2-CH_2-CH_2-\overset{\overset{\displaystyle O}{\|}}{C}-H$$

1. 性能

戊二醛是无色透明液体，易溶于水和乙醇，溶于苯。熔点-14℃，沸点 188℃，不易燃。戊二醛有芳香味，性质活泼，易挥发、聚合和氧化。25%的戊二醛能和胶原的氨基、羟基反应，生成交联键。戊二醛可独自鞣革和鞣制毛皮，戊二醛鞣皮的收缩温度为 82~85℃。戊二醛目前用得最多的是作为铬鞣的预鞣剂和复鞣剂。戊二醛用于铬鞣革的复鞣，可以增加胶原纤维间的交联，提高铬革的收缩温度，使革更柔软，耐汗、耐碱、耐洗涤，并具有一定的耐湿热性能。成革染色均匀，色调不会变淡。

2. 生产原理

(1) 吡喃法

丙烯醛与乙烯基乙醚环化后得到吡喃衍生物，吡喃衍生物酸性水解得到戊二醛。

$$CH_2{=}CH{-}CHO + CH_2{=}CHOC_2H_5 \longrightarrow \underset{O}{\bigcirc}{-}OC_2H_5$$

$$\underset{O}{\bigcirc}{-}OC_2H_5 \xrightarrow[HCl]{H_2O} \overset{O}{\overset{\|}{HC}}(CH_2)_3\overset{O}{\overset{\|}{CH}}$$

(2) 还原法

对应的羧酸衍生物经还原得到戊二醛。

(3) 氧化法

1,5-戊二醇进行选择性氧化，得到戊二醛。

$$HO(CH_2)_5OH \xrightarrow{[O]} OHC(CH_2)_3CHO$$

这里介绍吡喃法。

3. 工艺流程

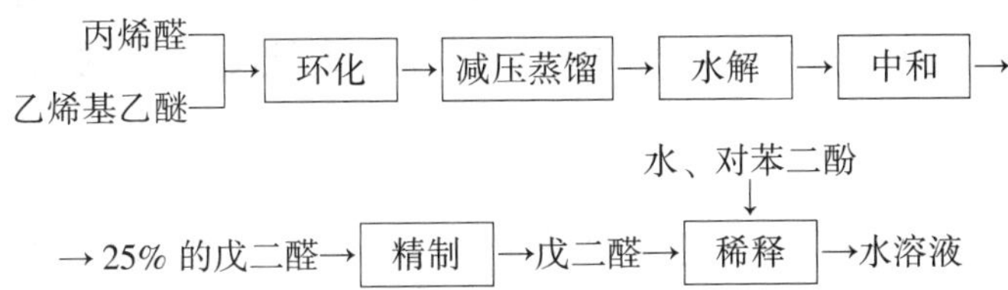

4. 主要原料(质量份)

丙烯醛	515	对苯二酚	2
乙烯基乙醚	730	盐酸(36%)	250

5. 生产工艺

将丙烯醛、乙烯基乙醚和对苯二酚(阻聚剂)加入高压反应釜中，搅拌下，缓慢升温至 190℃，压力为 1.4~2.5MPa，在 190℃、2.0MPa 下反应 1~2h。冷却后，先常压回收未反应的丙烯醛和乙烯基乙醚，然后在 142~145℃(或 42~44℃、16×133.2Pa)下收集 2-乙氧基-3,4-二氢吡喃。

在水解反应锅中，加入 2-乙氧基-3,4-二氢吡喃、精制水和浓盐酸，回流水解。用纯碱中和得到戊二醛水溶液。常压蒸出乙醇后，减压蒸馏，收集 80~82℃、2.7kPa 的馏分得到纯戊二醛。戊二醛易聚合，不宜长期存放。将蒸出的戊二醛于 70~80℃下加 0.5%对苯二酚和沸水，稀释至 25%。

6. 质量标准

外观	无色或淡黄色透明液体	蒸气压	2186.4Pa(20℃)
含量	≥25%	pH 值	3~5
凝固点	-10℃		

7. 用途

在酸性介质(pH 值为 4~5)中或在弱碱性介质中使用。适用于各种服装革、手套革和软面革的预鞣和复鞣，使皮革柔软、丰满，具有优异的耐洗、耐汗性。也具有匀染和分散油脂的作用。也可用于毛皮鞣制。

8. 安全与储运

生产中使用丙烯醛、乙烯基乙醚等原料，同时，产品戊二醛对眼睛和皮肤有强烈的刺激性，生产和使用时应戴眼镜、手套等防护用具。采用铁塑复合桶包装，避光密封，保存于干燥、阴凉处。

参 考 文 献

[1] 王全杰，古路路，段宝荣．皮革用戊二醛及改性戊二醛[J]．中国皮革，2011，40(03)：27-31.

[2] 黄勇．戊二醛制备工艺的关键技术研究[J]．化工与医药工程，2020，41(05)：1-9.

1.39 改性戊二醛

改性戊二醛(modified glutaraldehyde)是 4 分子甲醛与戊二醛发生羟醛缩合的产物。

1. 性能

无色或微黄色透明液体。主要成分是结构上有较多羟基的羟甲基戊二醛缩合物，具有易水溶、稳定、刺激性小、挥发性极小的特点，使用的 pH 值范围宽，安全方便。鞣后的毛皮皮板洁白、柔软、毛色纯正，并具有耐汗、耐热皂洗的优良性能。用于粒面服装革的复鞣，成革粒面平细，部位差小，可改善成革的弹性及手感。改性戊二醛克服了戊二醛使成革逐渐发黄的缺点。

2. 生产原理

戊二醛的 α-氢与 4 分子甲醛发生羟醛缩合，得到多羟基缩合物，多羟基缩合物进一步与甲醛在碱性条件下发生歧化反应。

$$H-\overset{O}{\overset{\|}{C}}-(CH_2)_3-\overset{O}{\overset{\|}{C}}-H + 4HCHO \xrightarrow{OH^-} H-\overset{O}{\overset{\|}{C}}-\underset{CH_2OH}{\overset{CH_2OH}{C}}-CH_2-\underset{CH_2OH}{\overset{CH_2OH}{C}}-\overset{O}{\overset{\|}{C}}-H \xrightarrow[OH^-]{2HCHO} (HOCH_2)_3CCH_2C(CH_2OH)_3$$

3. 工艺流程

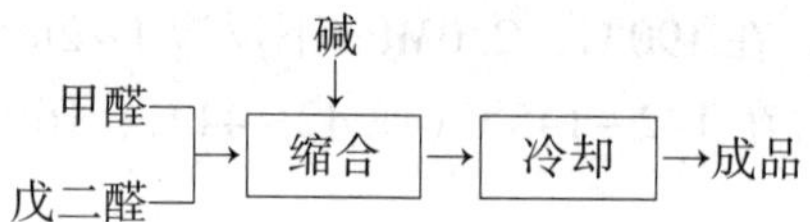

4. 主要原料(kg)

戊二醛(≥25%)	437	甲醛(≥35%)	563

5. 生产工艺

将 563kg 35%的甲醛放入反应釜中，边搅拌边升温，同时加入 291kg 25%的戊二醛，升温到 70℃左右，用适量的液碱缓缓地调节醛液的 pH 值至 7～7.5，然后再缓慢升温到 80℃左右，控制反应温度≥85℃。然后将剩余 146kg 25%的戊二醛(加有碱液，pH=8～9)缓慢地滴入。羟醛缩合反应是放热反应，此时应严格控制釜内的温度≤90℃。反应 1h 左右，冷却，放料。即得到改性戊二醛。

6. 质量标准

外观	无色或微淡黄色液体	活性物	28%～30%
pH 值	8±0.5	稳定性	≥1 年

活性物指未浓缩时的有效物含量。

7. 用途

用于各种猪、牛、羊服装革的复鞣以及白色革的复鞣。

8. 安全与储运

生产中使用甲醛、戊二醛等原料，操作人员应穿戴劳保用品，车间内保持良好的通风状态。采用塑料桶包装，储存期 1 年。

参 考 文 献

[1] 肖远航，严怀俊，王春华，等．纳米粘土与改性戊二醛结合鞣简易工艺研究[J]．中国皮革，2022，51(04)：9-15.

[2] 贾喜庆，温会涛，杨义清，等．三聚氰胺-改性戊二醛-铬结合鞣制工艺技术研究[J]．中国皮革，2019，48(06)：24-31.

第2章　皮革加脂剂

皮革加脂剂是皮革加工过程中一种重要的化学品，皮革加脂是指用加脂剂在一定的工艺条件下处理皮革，使皮革吸收一定量的油脂而赋予皮革一定的物理机械性能和使用性能的过程。皮革加脂剂也称皮革加油剂。加脂剂的作用是使皮革柔软、丰满、耐曲折、有弹性，从而具有良好的使用性能。凡是能有效润滑皮纤维，明显改善皮纤维之间的摩擦阻力，使皮革变得柔软、耐折的材料均称作皮革加脂剂。

皮革加脂剂是皮革生产中用量最大、种类最多的添加剂之一。革制品的弹性、柔软性、丝光感等感观性能以及防水性、抗张强度、撕裂强度等物理力学性能等，在很大程度上取决于加脂剂。因此，皮革加脂剂在皮革生产中占有重要的地位，加脂剂的研究与开发长期以来备受人们关注。

皮革加脂剂的主要成分是各种各样的油和脂。一般加脂剂主要由中性油(或脂)、乳化剂、助剂等组成。常用的中性油(或脂)有天然油脂、矿物油与石蜡、合成油脂。乳化剂多数使用阴离子表面活性剂，阳离子表面活性剂、非离子表面活性剂以及两性离子表面活性剂也常用作加脂剂中的乳化剂。皮革加脂剂中常用的助剂有防霉剂、防水剂、阻燃剂、防冻剂、香料等功能助剂。

皮革加脂剂有不同的分类方法。皮革加脂剂可分为不溶于水的加脂剂和可溶于水的乳液加脂剂。前者有动物油、植物油、矿物油和合成油。动物油以牛蹄油、鱼油和牛羊猪脂用得较普遍，植物油中以蓖麻油、橄榄油较好。矿物油(红机油、锭子油等机油)由于与革纤维无亲和力而易于逸出使皮革失去加脂作用，故不能多用。动植物油脂由于供应有限，且易在皮革上产生油霜或称白斑，受光照要变黄，鱼油等又有臭味，因此，以石油化工产品为原料的合成加脂剂是皮革加脂剂发展的方向。油脂可以直接涂抹在植物鞣革面上进行加脂。矿物鞣革的加脂则需将油脂乳化后才能进入革内，所以都用乳液加脂剂。后者有硫酸化油、亚硫酸化油、磺化油、磷酸化油、阳离子加脂剂、非离子加脂剂和两性加脂剂等。按加脂材料的来源，可分为天然动植物油脂加脂剂、矿物油加脂剂、合成加脂剂和化学改性天然油脂加脂剂。按加脂剂乳液所显示离子的性质可以分为四大类：阴离子型、阳离子型、两性离子型和非离子型加脂剂。按产品性能可分为防水加脂剂、低雾性加脂剂、耐光加脂剂、填充性加脂剂、阻燃加脂剂等。

皮革加脂剂的主要发展方向有：新型合成或化学改性加脂剂、多功能加脂剂和绿色环保型加脂剂。新型合成或化学改性加脂剂旨在寻求丰富的原料来源以开发满足皮革生产需要的、性能优异的新型加脂剂。多功能加脂剂除在性能上满足加脂的基本要求外，还尽可能兼顾其他多种功能，这些功能是通过添加特殊功能助剂而实现的。目前加脂剂几乎都是复合型，通常由多种加脂成分和助剂复配而成，具有耐光、填充、防水、阻燃、低雾、防霉等功能。绿色环保型加脂剂要求生产过程无三废，皮革加脂时加脂剂吸收完全，废液中几乎无残留物，加脂革对人体无危害。随着消费者对皮革制品的需求日益个性化，具有定制化特点的新型皮革加脂剂也将受到市场的青睐。

参 考 文 献

[1] 汪晓鹏．绿色皮革加脂剂的研发和展望[J]．西部皮革，2019，41(05)：60.

[2] 吕斌，王泓棣，贾潞．皮革加脂剂的研究进展[J]．日用化学品科学，2015，38(05)：20-26.

[3] 王全杰，赵凤艳，高龙．阳离子型皮革加脂剂的研究进展[J]．皮革与化工，2011，28(02)：26-28.

[4] 郭连娣，沈扬．抗氧化和紫外吸收剂对皮革加脂剂的影响[J]．西部皮革，2024，46(04)：3-6.

2.1 丰满鱼油

丰满鱼油(fish oil)又称硫酸化鱼油，其主要成分是鱼油的丁醇酯交换物的硫酸化产物。

1. 性能

红棕色透明稠状液体，属阴离子型加脂剂，遇水可形成稳定的乳液。性能比其他硫酸化动植物油优异，在革中有良好的渗透性能，且对革纤维有一定的分散作用。加脂后成革具有明显的丰满性和柔软性，久置不易变硬，且油腻感轻，无鱼腥味。

2. 生产原理

鱼油用丁醇进行酯交换后，进行硫酸化，经后处理得到丰满鱼油。为了增加硫酸化鱼油的渗透性，提高硫酸化的反应效率，目前国内外均不直接对鱼油进行硫酸化，而是首先用低级一元醇对鱼油部分酯交换处理，对鱼油分子进行醇解，使鱼油分子裸露出羟基，以利于硫酸化过程。酯交换大部分都是采用丁醇。

$$\begin{array}{l} RCOO—CH_2 \\ \qquad\quad | \\ RCOO—CH \\ \qquad\quad | \\ RCOO—CH_2 \end{array} + C_4H_9OH \longrightarrow RCOOC_4H_9 + \begin{array}{l} \quad\ HO—CH_2 \\ \qquad\qquad | \\ RCOOC \\ \qquad\qquad | \\ \qquad\quad CH_2OOCR \end{array}$$

3. 工艺流程

鱼油→[酯交换]（丁醇↓）→[硫酸化]（浓硫酸↓）→[洗酸]（饱和盐水↓）→[中和]（氢氧化钠↓）→成品

4. 主要原料(kg)

原料	用量	原料	用量
鱼油(酸值≤5mgKOH/g)	300	浓硫酸	75
正丁醇	60		

5. 生产工艺

将300kg酸值≤5mgKOH/g的鱼油、60kg丁醇和少量碱加入酯交换反应釜中，加热，控制温度在120～125℃，反应2～3h，取样分析，合格后降温静置过夜。次日分出下层少量的废液。

向酯交换后的鱼油中缓慢加入约75kg浓硫酸，控制温度在30℃以内。硫酸加完后继续反应2～3h。

将硫酸化后的鱼油加入洗涤缸中，然后加入硫酸化油体积1.5倍的预先配制好的饱和食盐水，于35～40℃下充分搅拌15～30min，静置2～3h，分出下层酸盐水，再在同样的条件下进行第2次盐水洗涤，静置4～6h，分出下层盐水。用氨水中和至pH值为6.5～7.5，加入适量的水调制即得到丰满鱼油。

6. 产品标准

外观	红棕色透明黏稠液体	pH 值(10%的乳液)	6.5~7.5
有效成分	75%~80%	乳化稳定性	24h 无浮油(10%的乳液)

7. 用途

适用于鞋面革、家具革、服装革等轻革的加脂，是通用型加脂剂，能与除阳离子型加脂剂外的其他加脂剂混合使用。用于转鼓内加脂或直接揩于皮革粒面层。

8. 安全与储运

车间内应保持良好的通风状态，操作人员应穿戴劳保用品。使用铁桶包装，按一般化学品储运。

参 考 文 献

罗杨，何有节，王伟峰，等．磺化油加脂剂加脂性能研究[J]．皮革科学与工程，2005，(06)：22-26.

2.2 硫酸化蓖麻油

硫酸化蓖麻油(sulfated castor oil)又称太古油、土耳其红油。分子式为 $C_{18}H_{32}Na_2O_6S$，相对分子质量 422.48。结构式为：

$$CH_3(CH_2)_5-\underset{\displaystyle OSO_3Na}{\underset{|}{CH}}-CH_2-CH=CH-(CH_2)_7-\overset{\displaystyle O}{\overset{\|}{C}}-ONa$$

实际上，硫酸化蓖麻油成分复杂，还含有蓖麻油、蓖麻酸等。

1. 性能

黄色或棕色稠厚的油状透明液体。属阴离子型表面活性剂，具有优良的乳化性、渗透性、扩散性和润湿作用，易溶于水形成乳浊液，露置于空气中会变质。其性能、作用类似于肥皂，耐硬水性比肥皂高，耐酸性、耐金属盐及湿润力都优于肥皂，但净洗能力比肥皂差。加脂处理后，油脂与皮革结合良好，不易逸出，成革柔软，强度增加。

2. 生产原理

以蓖麻油为原料，经酸性水解、磺化后，用碱中和得到。目前除采用蓖麻油外，也可以其他天然不饱和油脂，如棉籽油、豆油、花生油、鲸油为原料，得到性能相似的其他型号的加脂剂。

$$\begin{array}{l} C_{17}H_{32}(OH)COO-CH_2 \\ \qquad\qquad\qquad\qquad\quad | \\ C_{17}H_{32}(OH)COO-CH + H_2O \longrightarrow 3C_{17}H_{32}(OH)COOH + \begin{array}{l} CH_2OH \\ | \\ CHOH \\ | \\ CH_2OH \end{array} \\ \qquad\qquad\qquad\qquad\quad | \\ C_{17}H_{32}(OH)COO-CH_2 \end{array}$$

$$C_{17}H_{32}(OH)COOH+H_2SO_4 \longrightarrow C_{17}H_{32}(OSO_3H)COOH+H_2O$$

$$C_{17}H_{32}(OSO_3H)COOH+2NaOH \longrightarrow C_{17}H_{32}(OSO_3Na)COONa+2H_2O$$

3. 主要原料(kg)

蓖麻油	400	液碱(30%)	40
硫酸(≥96%)	75~80		

4. 工艺流程

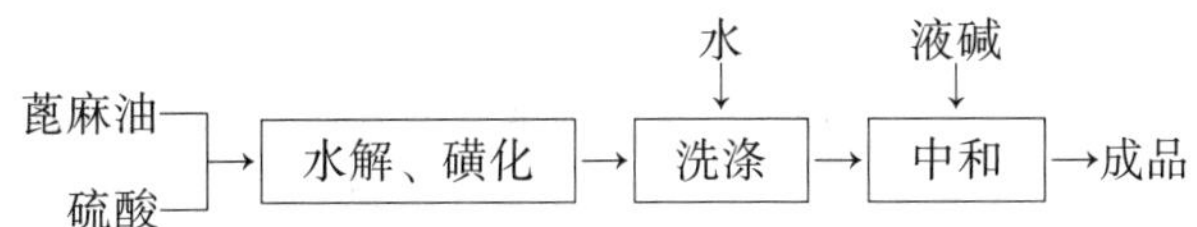

5. 生产工艺

在搪瓷反应釜中，加入 400kg 蓖麻油，在 6h 内分批加入 75～80kg 浓硫酸，一般夏天每隔 15min 加一次，冬天每隔 20min 加一次。搅拌并控制反应温度在 32～35℃，不能超过 40℃。加完硫酸后，在 35℃下继续搅拌 4h。待反应物料呈浓稠状并有泡沫时，取样检测反应终点。反应到达终点后，用等量水洗涤反应物料。边加水边搅拌，加完后继续搅拌 0.5h，静置后放出底层清澈的废酸液。再用等量的食盐水（3.8%～4.7%）洗涤，静置，分去盐水层。

将分去盐水的磺化油加入中和釜中，加入 16.5%的烧碱溶液进行中和，控制中和温度在 40～50℃，边加边搅拌，随着碱液的加入，反应液由乳状转变为透明状。当 pH 值为 6～7 时，停止加碱。取样测定。

6. 工艺控制

① 磺化终点测定：取反应物料少许，用 16.5%的液碱中和，如能得到澄清液体（无油珠），即表明达到磺化终点。

② 中和终点测定：取一定量的中和反应物料，加 10 倍的水，配成透明溶液，且 24h 内（或冷至 0℃，0.5h）无油滴出现，即表示中和质量合格。否则应加液碱进一步中和。

7. 产品标准

外观	红棕色油状液体	pH 值	6.0～7.5（10%的乳液）
含油量	≥70%	乳化稳定性	24h 无浮油、不分层（10%的乳液）

8. 用途

适用于服装革、手套革、鞋面革及各种软革的加脂。可单独用于加脂，也可与其他阴离子型加脂剂或非离子型加脂剂混合使用。

9. 安全与储运

操作人员应穿戴劳保用品。使用铁桶包装，在通风、阴凉处储存一年。

参 考 文 献

强西怀，郑顺姬，刘为．硫酸化蓖麻油清洁生产工艺技术的研究[J]．皮革化工，2002，（02）：30-33.

2.3 软皮白油

软皮白油（soft leather white oil）又称软皮白油加脂剂，是硫酸化天然油脂与矿物油等组分复合而成的一类阴离子型加脂剂，属于传统型加脂剂。

1. 性能

本品为白色至黄色油状乳液，渗透性很好。由于含矿物油较多，加脂后的革很软。但是在储存和使用过程中，矿物油极易逸出而使革变硬，因此本品多同其他加脂剂混合使用。

2. 生产原理

菜籽油、蓖麻油分别进行硫酸化、盐洗、中和后的半成品，与矿物油充分调配混合均匀，调节 pH 值后即为成品。

3. 工艺流程

```
                       浓硫酸      饱和盐水     氨水      矿物油
                         ↓           ↓          ↓          ↓
蓖麻油或菜籽油→ [硫酸化] → [洗酸] → [中和] → [混合] →成品
```

4. 主要原料(kg)

菜籽油(皂化值 168~178mgKOH/g)	200	硫酸(98%)	100
蓖麻油(皂化值 176~187mgKOH/g)	200	食盐(≥98%)	100
机油(凝点-10℃)	250	氨水	25

5. 生产工艺

将 200kg 蓖麻油和 200kg 菜籽油分别加入两个磺化反应釜中。开启搅拌和冷却水，当釜内温度降至 20℃时，开始滴加硫酸。控制加酸速度和冷却水量，使硫酸化蓖麻油反应温度≤35℃，硫酸化菜籽油反应温度≤30℃，分别各滴加 50kg 浓硫酸。硫酸加完后，维持反应温度，继续反应 2h。然后将物料分别放入两个盐洗中和釜内，加入配制好的饱和食盐温水，搅拌盐洗 1h。静置过夜，次日分去下层盐水，开启搅拌，加氨水调节 pH 值为 6.5~7.5。然后将物料转入调和反应釜中，加入 250kg 机油，搅拌均匀，取样分析，合格即为软皮白油。

说明：

软皮白油的改性产品有多种，通常加入一定量的丰满鱼油以及生鱼油，增加加脂剂的丰满性和油润感。有时为了加强乳化性和渗透性，也可以加入少量烷基磺酸铵等乳化剂。

6. 用途

适用于低、中档各种轻革的乳液加油。多与其他加脂剂混合使用。

7. 安全与储运

操作人员应穿戴劳保用品，使用铁桶包装，按一般化学品储运。

参 考 文 献

刘新华．改性软皮白油的制备及应用[J]．适用技术市场，1995，(09)：23-24.

2.4 改性猪油加脂剂 CES

改性猪油加脂剂 CES(modified lard fatliquor CES)又称氯化猪油加脂剂。

1. 性能

红棕色油状液体，属于阴离子型加脂剂。具有良好的乳化分散力和渗透性，与皮纤维有一定的结合力。耐光、耐氧化性能优良，凝固点低，塑性好，消除了加脂剂产生脂斑的根源，可赋予成革动物脂的滋润、柔软和丰满感，以及良好的丝光感效应。

2. 生产原理

首先将猪油进行氯化，目的是向较高熔点的猪油结构中引入极性较大的氯离子，增加油脂与纤维的亲和力，同时极好地改变了猪油的流动性。影响氯化的重要因素是温度，在 30~40℃下，氯气与不饱和键极易发生加成反应。然后氯化产物与丁醇发生酯交换反应。最后与硫酸发生硫酸化反应，经中和得到改性猪油加脂剂。

3. 工艺流程

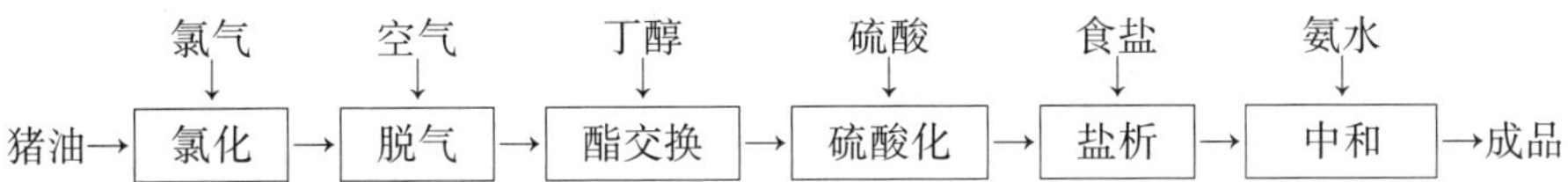

4. 主要原料(kg)

猪油(碘值 55~77mgI_2/100g)	625	硫酸(含 $SO_3$10%~20%)	200
正丁醇(>99%)	125	食盐	100
液氯(≥99.5%)	280	氨水	适量

5. 生产工艺

采用制革厂猪皮削下渣炼制的猪油。先将猪油经预处理，取样分析合格后，将 625kg 猪油投入氯化反应釜中，开启搅拌并加热控制釜内温度在 35℃左右。开启氯气，经汽化器及干燥缓冲罐进入氯化反应釜，同时开启真空尾气回收吸收系统。控制氯气流量为 14~18m^3/h，温度在 60~70℃，氯化反应 4~6h。然后调整氯气流量为 8~12m^3/h，在 80~90℃ 下继续反应 4h，直至氯化猪油的含氯量达到 25%为止。开启空气压缩机，用干燥的空气对氯化猪油进行脱气 30min。

将脱气后的氯化猪油送入酯交换反应釜中，加入 125kg 99%的丁醇和少量碱性催化剂，控制酯交换温度在 120~125℃，反应 2h，取样分析，合格后降温，静置过夜。次日分出底层废渣。

将酯交换后的氯化猪油送入硫酸化反应釜，在搅拌下冷却降温，当物料温度在 20℃以下时，开始缓慢加入约 200kg 硫酸，控制温度在 22~28℃，硫酸加完后继续反应 2~3h。

将物料转入盐洗中和釜中，加入物料体积 1.5 倍的预先配制好的饱和食盐水(35~40℃)，充分搅拌 15~30min，静置 2~3h，分出下层盐水，再在同样的条件下进行二次盐水洗涤，静置 4~6h，分出下层盐水。然后，用氨水中和至 pH 值为 7.0~8.5，加入适量的水调制即为改性猪油加脂剂 CES。

6. 质量标准

外观	棕红色油状液体	含油值	≥75%
pH 值(1：9)	7.0~8.5	乳化稳定性(1：9)	24h 无浮油

7. 用途

适用于各种轻革的加脂，特别适用于服装革和软面革加脂。

8. 安全与储运

生产中使用氯气、浓硫酸，操作人员应穿戴劳保用品，车间应保持良好的通风状态。使用塑料桶或内衬塑料的铁桶包装，按一般化学品储运。

参 考 文 献

[1] 郑顺姬．改性猪油制备多功能皮革加脂剂的研究[J]．皮革与化工，2013，30(03)：6-9+13.
[2] 李卉，周华龙．猪油加脂剂生产综述[J]．中国皮革，1995，(05)：33-36.

2.5 改性菜籽油加脂剂

改性菜籽油加脂剂(modified colza oil fatliquor)又称科脂 1 号(fatliquor KZ-1)。主要成分为硫酸化菜籽油和菜籽油脂肪酸甲酯。

1. 性能

外观为红棕色油状液体，属阴离子型加脂剂。乳化性能和渗透性能均优良，含油量高。加脂革柔软、有弹性，油润感和丝光感也好，可使革明显增厚。

2. 生产原理

菜籽油与甲醇发生部分酯交换反应后，再与浓硫酸发生硫酸化反应。

菜籽油的主要成分为芥酸、油酸及亚油酸等脂肪酸的甘油酯，其中的不饱和双键可与硫酸发生硫酸化反应。

3. 工艺流程

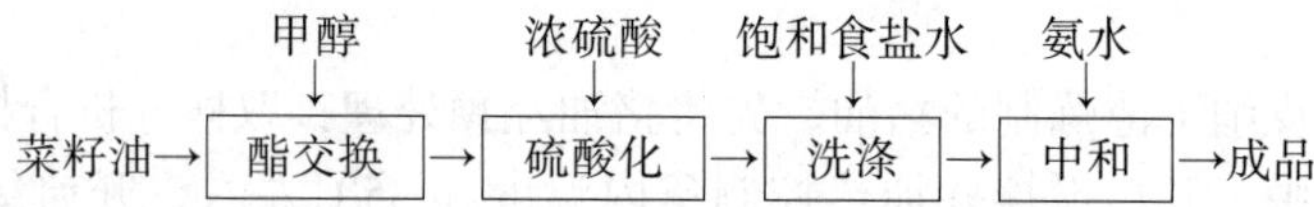

4. 主要原料(kg)

菜籽油(酸值≤4mgKOH/g)	100	浓硫酸	20~22
甲醇	6~8		

5. 生产工艺

菜籽油经预处理，使酸值≤4mgKOH/g，水分≤1%。分析合格后，将100kg菜籽油投入酯交换反应釜中，加入6~8kg甲醇和少量碱性催化剂，搅拌下，于100~120℃下酯交换反应3h。冷却，静置过夜，次日分出下层少量废液。

将酯交换物料加入硫酸化反应釜中，在搅拌下冷却至20℃以下，缓慢加入20~22kg硫酸，控制硫酸化温度在28~30℃。加完硫酸后继续在30~36℃下反应3h。

将硫酸化物料加入盐洗中和釜中，然后加入物料体积1.5倍的饱和食盐水，充分搅拌30min，静置3h后分出下层盐水，再在同样条件下进行第二次盐水洗涤，静置5~6h，分出下层盐水。然后用氨水中和至pH值为6.5~7.5，加入适量水调制即得到改性菜籽油加脂剂。

酯交换反应也可采用丁醇。

6. 质量标准

外观	红棕色油状液体	pH值(1∶9)	6.5~7.0
有效成分	≥80%	乳化稳定性(1∶9)	24h无浮油
水分	≤15%		

7. 用途

用于轻革和毛皮的加脂。也可通过混配一定比例的蓖麻油、机油(如7号机油)制成性能较好的复配型皮革加脂剂。

8. 安全与储运

生产中使用甲醇和浓硫酸，操作人员应穿戴劳保用品，车间内应保持良好的通风状态。使用塑料桶或内衬塑料的铁桶包装，按一般化学品储运。

参 考 文 献

[1] 吕斌．改性菜籽油/蒙脱土纳米复合加脂剂的合成及性能研究[D]．西安：陕西科技大学，2013.

[2] 姜华，潘向军，陈中元，等．有机硅改性菜油皮革加脂剂的合成[J]．中国皮革，2005，(17)：36-38.

2.6 加脂剂 L-2

加脂剂 L-2(fatliquor L-2)的主要成分为菜籽油和氯化猪油的氧化亚硫酸化物。

1. 性能

加脂剂 L-2 外观为棕红色油状液体，属于阴离子型复合加脂剂，是 L 系列加脂剂的一种。该系列产品采用氯化猪油、天然植物油为主要原料，经氧化、亚硫酸化等一系列化学反应，并添加合成酯及特种助剂精制而成。产品色泽淡，流动性好，在乳液加油过程中具有良好的耐酸稳定性，适应 pH 值范围广，渗透性好。成革具有柔软、丰满的手感，表面油润感、丝光感及蜡感强。

2. 生产原理

由于采用的油脂品种不同，L 系列加脂剂目前有 4 个系列产品，即 L-1(以菜籽油为主)、L-2(以菜籽油和氯化猪油为主)、L-3(以菜籽油、氯化猪油和豆油为主)与 L-4(以合成鲸蜡油为主)。先将各种油脂或混合脂进行氧化，将油脂酸中的双键氧化为环氧键，再与亚硫酸作用开环，得到邻羟基磺酸钠衍生物。

$$—CH{=}CH— \xrightarrow[\text{催化剂}]{O_2} —\underset{\diagdown\ O\ \diagup}{CH—CH}— \xrightarrow{Na_2SO_3} —\underset{OH}{CH}—\underset{SO_3Na}{CH}—$$

3. 工艺流程

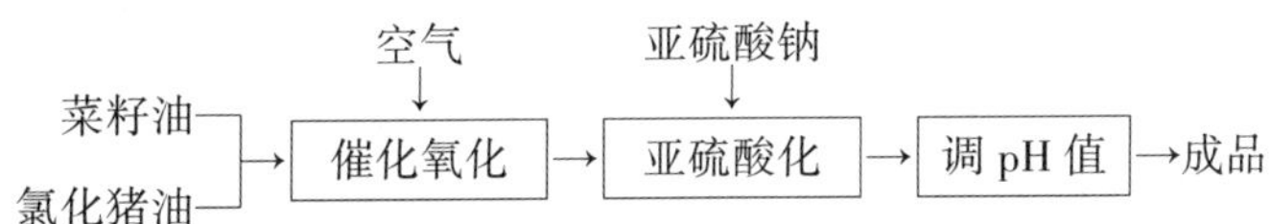

4. 主要原料(kg)

混合油脂	200	亚硫酸钠	3
环氧化催化剂	1.4	非离子型乳化剂	4
焦亚硫酸钠	18		

5. 生产工艺

将菜籽油和氯化猪油各 100kg 投入氧化反应塔中，加入 1.4kg 环氧化催化剂。开启压缩机，空气经过滤缓冲罐后进入氧化塔内，同时加热升温控制塔内反应温度在 75~80℃，空气流量一般控制在氧化塔反应液面似沸腾状态为宜。环氧化反应 6h 后，分析油脂氧化程度合格后，将氧化油送入亚硫酸化反应釜中，50℃时加入 4kg 非离子型乳化剂，并缓慢加入由 18kg 焦亚硫酸钠和 3kg 亚硫酸钠配制的亚硫酸盐水溶液，温度以不超过 60℃为宜。加完亚硫酸盐水溶液后升温至 70~80℃，保温搅拌反应 2~3h 后，降温，调整 pH 值至 6.5~7.5，调整水分含量，得到加脂剂 L-2。

6. 质量标准

外观	棕红色油状液体	pH 值(1∶9)	7.0~7.5
有效成分	≥80%	乳化稳定性(1∶9)	24h 无浮油，不分层

7. 用途

可单独用于各种革的加脂，也可与其他阴离子型加脂剂配合使用。

8. 安全与储运

使用塑料桶包装，按一般化学品储运。

参 考 文 献

李英，王坤余，陈静德，等 . L-2 型皮革加脂剂的研究[J]. 中国皮革，1990，(08)：30-37.

2.7 亚硫酸鱼油

亚硫酸鱼油(sulfited fish oil)属于阴离子型加脂剂，主要成分为鱼油的氧化亚硫酸化产物。

1. 性能

浅棕色至棕红色稠状液体，乳液稳定性好，pH 值在 2~10 范围内，对酸、碱、盐等电解质都稳定，渗透性能优良，能均匀分散入革内，使成革丰满，柔软富有弹性，增强丝光感。

2. 生产原理

海生动物油即鱼油在一定条件下，通入压缩空气发生催化环氧化反应，然后加入亚硫酸盐溶液进行亚硫酸化，得到亚硫酸化油脂，产品确切地应称为氧化亚硫酸化油。该反应较为复杂，鱼油中脂肪酸上的双键相邻的碳原子上，即 α 碳原子先生成相应的氢过氧化物，氢过氧化物发生分子重排并形成邻羟基的环氧化物，最后与 $NaHSO_3$ 发生开环反应，生成对应的磺酸钠。

3. 工艺流程

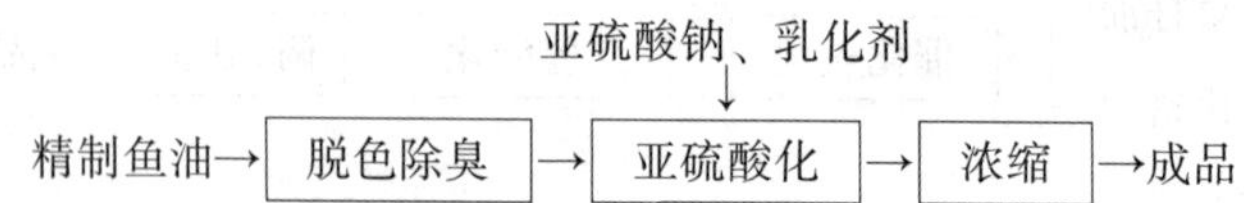

4. 主要原料(kg)

鱼油(酸值≤4mgKOH/g，碘值 140~170mgI_2/100g)	305
亚硫酸氢钠(SO_2 含量 64%)	75
环烷酸钴(含 Co 7.5%~8%)	0.6
十二烷基硫酸钠(总醇量≥59%)	6

5. 生产工艺

将 305kg 精制鱼油投入反应釜中，并加入 75kg 亚硫酸氢钠、0.6kg 环烷酸钴、6kg 十二烷基硫酸钠及 120L 水。在搅拌下开启压缩机，空气经压缩风过滤缓冲罐后再由流量计进入反应釜内，同时加热，控制反应温度为 75~80℃，空气流量一般控制在反应液面微有气泡为宜。当反应 25~30h 后，反应液由白色乳液转化成红棕色稠状液体时反应完成。调整水分含量和 pH 值，即得到亚硫酸化鱼油加脂剂。

说明：

① 亚硫酸化鱼油加脂剂的性能及质量取决于海生动物油即鱼油的质量。由于对海洋污染程度的加深，捕捞量的增大，造成我国近海海域渔业资源的剧减，加上药用高级鱼油量的增加，致使皮革工业所用鱼油量少、质次、价高，众多因素造成了我国鱼油加脂剂产品产量少、档次低。所以，提高鱼油品质是提高我国鱼油类加脂剂质量的关键。

② 上述生产工艺中采用的是传统的亚硫酸化鱼油生产工艺，即德国 Kuntzel 方法，此工艺仅适用于碘值在 140mgI_2/100g 以上的精制鱼油。其方法是：鱼油在一定温度条件下，经催化剂作用，乳化剂分散，再进行氧化与亚硫酸化反应，整个过程中氧化和亚硫酸化反应同步、同时、同浴进行，总反应时间在 25h 以上。这种方法简单，易于控制，但是产品中无机盐含量较多，生产周期长，而且对皮革有一定的浅色效应。另一种鱼油亚硫酸化新工艺方法是在氧化过程中使用一种新型的附载型催化剂。该方法不仅适应于高碘值的鱼油，而且也可以应用于碘值较低(120～140mgI_2/100g)的鱼油，扩大了鱼油原料的应用范围，同时此方法也可以完全推广应用于其他动植物油。该工艺方法是先氧化，再亚硫酸化，氧化与亚硫酸化反应分步进行，生产周期短，仅为 8～9h，产品中残余的无机盐含量很低。

6. 质量标准

外观	棕红色稠状液体	pH 值(10%乳液)	5.5～6.5
有效成分	>70%	乳化稳定性(1∶9)	24h 无浮油，不分层
含水量	20%～25%		

7. 用途

适用于软面革、服装革的加脂。由于其耐酸、耐铬等性能好，可在鞣前预加脂和鞣时同浴加脂，是通用型加脂剂，可以与其他阴离子型和非离子型加脂剂混合使用。

8. 安全与储运

使用涂料铁桶包装，按一般化学品储运。

参 考 文 献

张辉，强西怀，樊国栋．氧化亚硫酸化两步法制备亚硫酸化鱼油[J]．中国皮革，2006，(23)：28-31.

2.8 丰满猪油

丰满猪油(modified lard fatliquor)是一种硫酸化动物油加脂剂，主要成分为硫酸化猪油脂肪酸丁酯的钠盐或铵盐，其结构为：

$$\underset{\displaystyle\overset{|}{OSO_3Na(NH_4)}}{CH_3(CH_2)_7CH}—(CH_2)_8CO_2(CH_2)_3CH_3$$

1. 性能

本品是一种以硫酸化猪油脂肪酸丁酯为主要成分的阴离子型加脂剂。为红棕色油状液体，具有良好的乳化性和渗透力。鞣制的成革柔软、丰满、弹性好，久置不变硬。

2. 生产原理

将工业猪油用液碱进行皂化，再用稀硫酸水解，生成的猪油脂肪酸用丁醇酯化生成猪油脂肪酸丁酯，然后进行硫酸化反应生成硫酸化猪油脂肪酸丁酯，最后用氨水或碱中和得到丰满猪油。

$$\begin{array}{l} RCOO—CH_2 \\ \qquad\quad | \\ RCOO—CH + 3NaOH + 3H_2O \longrightarrow 3RCOONa + \\ \qquad\quad | \\ RCOO—CH_2 \end{array} \begin{array}{l} CH_2OH \\ | \\ CHOH \\ | \\ CH_2OH \end{array}$$

$$RCOONa+H_2SO_4 \longrightarrow RCOOH+Na_2SO_4$$

$$RCOOH+C_4H_9OH \longrightarrow RCOOC_4H_9+H_2O$$

$$CH_3(CH_2)_7CH{=}CH(CH_2)_7COOC_4H_9+H_2SO_4 \longrightarrow CH_3(CH_2)_7\underset{\displaystyle OSO_3H}{\underset{|}{CH}}{-}CH_2(CH_2)_7COOC_4H_9$$

$$CH_3(CH_2)_7\underset{\displaystyle OSO_3H}{\underset{|}{CH}}{-}CH_2(CH_2)_7COOC_4H_9+NH_3\cdot H_2O \longrightarrow CH_3(CH_2)_7\underset{\displaystyle OSO_3NH_4}{\underset{|}{CH}}{-}CH_2(CH_2)_7COOC_4H_9$$

式中，$R=CH_3(CH_2)_7CH{=}CH(CH_2)_7$。

3. 工艺流程

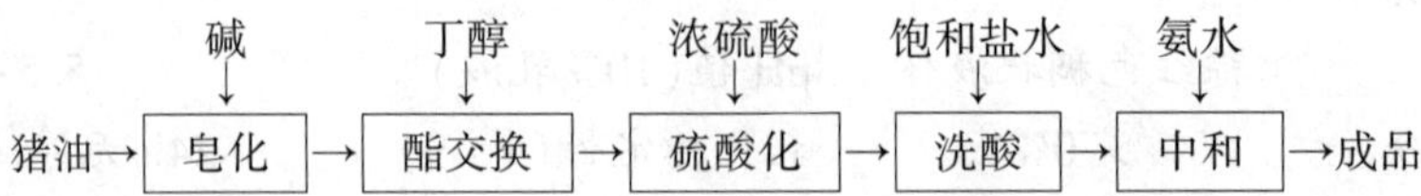

4. 主要原料(kg)

猪油(皂化值 193~203mgKOH/g)	575	硫酸(≥98%)	220
氢氧化钠(≥96%)	115	氨水(28%)	50
丁醇(沸点 117.7℃)	110		

5. 生产工艺

将 575kg 工业猪油加入皂化反应釜中，搅拌下加热至 60~70℃，缓慢加入由 115kg 氢氧化钠配成的碱液，保持皂化液沸腾，反应 4~6h，取样分析。皂化反应完成后，停止加热，趁热投入适量稀硫酸，充分搅拌 1~2h。静置后使猪油脂肪酸完全浮于上层，分去下层废液，得到猪油脂肪酸。

将猪油脂肪酸加入酯化反应釜中，升温并在抽真空的条件下除去猪油脂肪酸中的水分。稍降温后加入 110kg 丁醇和少量浓硫酸，升温至 105~110℃，反应 6h，取样分析。酯化反应完成后，降温至 40~60℃，静置 2~4h，分去下层水层，得到猪油脂肪丁酯。

将酯化物投入硫酸化反应釜中，搅拌并冷却降温，当釜内温度在 20℃ 以内时，开始缓慢加入浓硫酸，并维持反应温度在 20~25℃，在 3~4h 内加完硫酸，并保持温度不变继续反应 4h。

缓慢加入硫酸化油体积 1.5 倍的预先配制好的 35~40℃的饱和食盐水，充分搅拌 15~30min，静置 2~3h，分出下层盐水，再在同样的条件下进行二次盐水洗涤，静置 4~6h，分出下层盐水。然后用氨水中和至 pH 值为 6.5~7.5，加入适量的水调制即为丰满猪油。

6. 质量标准

外观	红棕色油状液体	pH 值(1∶9)	6.5~7.5
含油量	≥70%	乳化稳定性(1∶9)	24h 无浮油

7. 用途

适用于各种轻革的加脂。

8. 安全与储运

生产中使用丁醇、硫酸和氨水，操作人员应穿戴劳保用品，车间内应保持良好的通风状态。使用衬塑铁桶包装，按一般化学品储运。

参 考 文 献

[1] 吕亮，孙发群．猪油制备结合型皮革加脂剂研究[J]．皮革化工，2003，(01)：19-20.

[2] 柴淑玲，李书平．丁酯化猪油硫酸化反应的研究[J]．山东轻工业学院学报(自然科学版)，1995，(03)：46-51.

2.9 亚硫酸化蓖麻油 WF-10

亚硫酸化蓖麻油(sulfited castor oil WF-10)又称透明油。主要成分为亚硫酸化蓖麻醇顺丁烯二酸酯。

1. 性能

棕色黏稠透明液体，具有乳化稳定性好、在酸及盐溶液中稳定的特点。属阴离子型加脂剂，使用时渗透均匀，处理过的革手感柔软，部位差小，能将其他油脂带入皮革纤维内部，使成革长期保持柔软，避免油脂迁移。

2. 生产原理

蓖麻油是含有羟基的天然油脂，其羟基可与顺丁烯二酸酐发生酯化反应，再用亚硫酸盐与酯化改性产物进行磺化反应，中和后可制得亚硫酸化蓖麻油琥珀酸盐。

$$\text{顺丁烯二酸酐}\ (HC{=}CH\text{-}C(O)\text{-}O\text{-}C(O)) + \begin{matrix} RCO_2\text{—}CH_2 \\ | \\ RCO_2\text{—}CH \\ | \\ RCO_2\text{—}CH_2 \end{matrix} \xrightarrow{90℃} HO_2C\text{—}CH{=}CH\text{—}\overset{\overset{O}{\|}}{C}\text{—}\begin{matrix} R\text{—}CO_2\text{—}CH_2 \\ | \\ R\text{—}CO_2\text{—}CH \\ | \\ R\text{—}CO_2\text{—}CH_2 \end{matrix}$$

$$HO_2C\text{—}CH{=}CH\text{—}\overset{\overset{O}{\|}}{C}\text{—}\begin{matrix} RCO_2\text{—}CH_2 \\ | \\ RCO_2\text{—}CH \\ | \\ RCO_2\text{—}CH_2 \end{matrix} + NaHSO_3 \longrightarrow HO_2C\text{—}CH_2\underset{\underset{SO_3Na}{|}}{CH}\text{—}\overset{\overset{O}{\|}}{C}\text{—}\begin{matrix} RCO_2\text{—}CH_2 \\ | \\ RCO_2\text{—}CH \\ | \\ RCO_2\text{—}CH_2 \end{matrix}$$

式中，$R=\text{—}(CH_2)_7CH{=}CHCH_2(OH)CH(CH_2)CH_3$。一般情况下，每个 R 上的羟基都可以与顺酐发生酯化。

3. 工艺流程

顺丁烯二酸酐 → 酯化；亚硫酸氢钠 → 亚硫酸化

蓖麻油→ 酯化 → 亚硫酸化 → 中和 →成品

4. 主要原料(kg)

原料	用量	原料	用量
蓖麻油(工业级)	467.5	亚硫酸氢钠(≥97%)	90
顺丁烯二酸酐(≥98%)	90		

5. 生产工艺

将 467.5kg 蓖麻油投入酯化反应釜中，搅拌下升温。待釜内温度升至 70~75℃ 时，加入 90kg 顺丁烯二酸酐及少量对甲苯磺酸，在 100~120℃下反应 3h。降温至 50~60℃以下，用 20%的氢氧化钠溶液中和至 pH 值为 6，转入亚硫酸化工序。在亚硫酸化反应釜中，分次加入由 90kg 亚硫酸氢钠配成的水溶液，温度控制在 75~80℃，保温 2h。降温至 50~60℃，补足水量，调整 pH 值至6.0~7.0，取样检测，出料即得到加脂剂。

6. 质量标准

外观	淡黄色黏稠液体	pH 值(1∶9)	6.0~7.0
有效成分	≥70%	乳化稳定性(1∶9)	24h 无浮油

7. 用途

用于各种轻革的加脂。一般与其他加脂剂配合使用。

8. 安全与储运

操作人员应穿戴劳保用品。采用衬塑铁桶包装，按一般化学品储运。

参 考 文 献

[1] 赵丽华．硫酸和亚硫酸盐在制革工业中的应用——硫酸化油和亚硫酸化油[J]．硫磷设计与粉体工程，2000，(05)：35-37.

[2] 崔惠芳，朱靖，付经国，等．亚硫酸化蓖麻油皮革加脂剂的研制[J]．皮革化工，1996，(02)：34-36.

2.10 亚硫酸化植物油

亚硫酸化植物油(sulfited vegetable oil)的主要成分是氧化亚硫酸化植物油。

1. 性能

浅棕色油状液体。属于阴离子型加脂剂。耐酸、碱、铬液及栲胶，易与水形成乳液，pH 值在 3~10 范围内乳液稳定，所以可以在酸、盐及铬液中加脂用。结合性及渗透性好，耐光。加脂后的成革柔软、丰满、有弹性。

2. 生产原理

植物油(常用的植物油有菜籽油、豆油、棉籽油、米糠油、葵花油等)中的不饱和键的 α 位，经催化氧化后，再与焦亚硫酸钠反应，在脂肪酸的碳链上引入磺酸基。

3. 工艺流程

空气↓ 焦亚硫酸钠↓

植物油→ 氧化 → 亚硫酸化 → 调配 →成品

4. 主要原料(kg)

植物油(碘值≥90mgI_2/100g)	340	焦亚硫酸钠(SO_2 含量≥65%)	65

5. 生产工艺

将 340kg 植物油经计量槽计量后加入反应釜内，同时升温加入催化剂，于 80℃时通入空气，继续升温到 95~105℃，保温氧化反应 3h，检验碘值合格后降温。于 60℃下加入焦亚硫酸钠溶液(将 65kg 焦亚硫酸钠先在溶解槽中溶解制成溶液)，然后再升温到 75~80℃，反应 3h 后，取样做乳液试验。合格后调 pH 值至 5.0~6.5，加入适量水，得到亚硫酸化植物油。

6. 质量标准

外观	浅棕色油状液体	pH 值	5.5~6.5
有效成分	≥75%	稳定性(1∶9)	24h 无浮油，不分层

7. 用途

用于各种轻革加脂，使用时与其他加脂剂配合使用，可以促进其他加脂剂的分散与渗透。以猪正面服装革加脂为例(工艺条件参照常规方法)：

亚硫酸化植物油	5%~6%	羊毛脂加脂剂	4%
SCF(结合型加脂剂)	4%	CNS复合加脂剂	5%

转动60min后，加入0.5%的甲酸，转动10min左右，再加入2%~4%的丙烯酸树脂复鞣剂转动30min，最后加入0.5%~0.8%的甲酸、0.5%~1.0%的铬粉复鞣剂转动40min。后续工序照常规方法进行。

8. 安全与储运

操作人员穿戴劳保用品。使用大口径塑料桶包装，不得曝晒或冷冻，储存于5~40℃阴凉、干燥处，储存期≥1年。

参考文献

[1] 兰云军，谷雪贤．氧化亚硫酸化植物油的研制[J]．西部皮革，2003，(06)：39-41.

[2] 吕亮，段雪，何静．植物油改性制备结合型皮革加脂剂[J]．皮革化工，2003，(02)：19-21.

2.11 亚硫酸化羊毛脂

亚硫酸化羊毛脂(sulfited lanolin fatliquor)的主要成分为氧化亚硫酸化羊毛脂。

1. 性能

淡黄色稠状物，属于阴离子型加脂剂，具有良好的乳化分散能力，能增强皮革的防水性和耐旋光性，丝光感强，弹性好，填充性优异，加脂后能赋予皮革表面一定的滋润感，而且对皮革也有良好的保湿作用。

2. 生产原理

羊毛脂用过氧化氢氧化后，用焦亚硫酸钠进行亚硫酸化，然后用氨水中和，加入适量乳化剂，得到亚硫酸化羊毛脂加脂剂。

3. 工艺流程

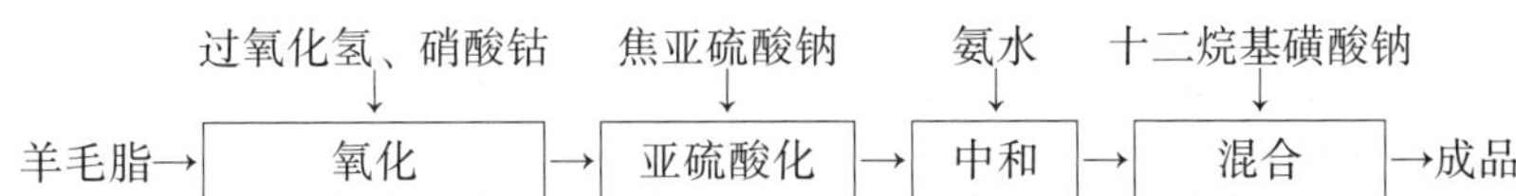

4. 主要原料(kg)

羊毛脂(水分≤1%，酸值≤3mgKOH/g)	220
菜籽油脂肪酸甲酯(酸值≤4mgKOH/g)	72
过氧化氢(35%)	28.8
漂白精(有效氯65%，氯化钙10%)	17.2
硝酸钴(≥98%)	0.6
焦亚硫酸钠	57.4
十二烷基硫酸钠	17.4
氨水(25%)	28.8

5. 生产工艺

在氧化反应釜中，先加入220kg熔化了的羊毛脂和72kg菜籽油脂肪酸甲酯，在搅拌下升温。待釜内温度升至70~75℃，从高位槽缓慢加入过氧化氢(速度以不发生暴沸为标准)，共加入28.8kg 35%的过氧化氢，大约需要40~50min。在75~80℃下继续反应3h。将0.6kg硝酸钴与17.2kg漂白精用水溶解后加入反应釜中，在75~80℃下再继续反应6h。

将氧化产物转入亚硫酸化反应釜中，然后将热水溶解的57.4kg焦亚硫酸钠和6kg十二烷基磺酸钠分次加入反应釜中。温度控制在75~80℃，保温3h。停止搅拌，取少量样品用氨水中和检验乳化性能，若有少量浮油，继续反应，保温延长30min。

降温至60~65℃时停止搅拌，静置4~5h，弃去下层水相，搅拌下缓慢加入氨水，中和pH值至7.0~8.0。加入11.4kg十二烷基磺酸钠，并补加一定量的热水，搅拌30~60min，混合均匀，取样检测，出料得到亚硫酸化羊毛脂加脂剂。

6. 质量标准

外观	淡黄色或白色浆状物	pH值(1∶9)	7.0~8.0
有效成分	50%~60%	乳化稳定性(1∶9)	24h无浮油

7. 用途

适用于各种革的加脂，尤其适用于服装革、手套和沙发革。一般用于主加脂工序，用量为4%~6%(削匀革重)。

8. 安全与储运

生产中使用过氧化氢，操作中应注意防爆，氧化反应加料应缓慢。车间内应保持良好的通风状态。使用塑料桶包装，在5~40℃的阴凉、干燥处储存，储存期≥1年。

参 考 文 献

[1] 郑顺姬，强西怀，章川波. 氧化亚硫酸化羊毛脂皮革加脂剂的制备[J]. 中国皮革，2004，(03)：6-8.

[2] 郑顺姬，强西怀，张景斌，等. 亚硫酸化羊毛脂皮革加脂剂的制备[J]. 日用化学工业，2003，(06)：363-365.

2.12 磷酸化加脂剂

磷酸化加脂剂(phosphated fatliquor)又称合成磷酸酯加脂剂，为复合型产品，由蓖麻油、高级脂肪醇等的磷酸化物组成。

1. 性能

浅黄色或橙色透明油状液体。可溶于乙醇、丙酮等有机溶剂，能与水以任意比例乳化。与铬鞣革具有良好的结合性能，也是一类结合型加脂剂，但含磷酸基的磷酸化油与皮革的结合率和加脂效果高于含羧基的加脂剂。渗透性好，耐酸，耐电解质，成革柔软丰满，有弹性，油润感强，结合性高，有一定的增厚效果。其中高级脂肪醇的磷酸酯加脂剂有较好的防水性能，而且有良好的助染作用。

2. 生产原理

带有羟基的具有一定长度的脂肪链物质(如蓖麻油、高级脂肪醇等)与五氧化二磷或磷酸以及其他磷酸化试剂发生磷酸化，引入磷酸酯基，然后用碱中和，得到磷酸化加脂剂。

3. 工艺流程

```
           五氧化二磷          碱
              ↓               ↓
蓖麻油或高级醇→ [磷酸化] → [中和] → [调 pH 值] →成品
```

4. 主要原料(kg)

蓖麻油(羟基化合物)	200	碱	适量
五氧化二磷	20		

5. 生产工艺

将 200kg 蓖麻油加入磷酸化反应釜中，加热升温至 45℃，在不断搅拌下加入 20kg 五氧化二磷，加完于 60℃下搅拌反应 1h，在 70℃下反应 1h，在 80℃下反应 1h，然后降温至 50℃，用液碱中和，再用乙醇胺调节 pH 值至 6.5~7.5，加适量水后，得到磷酸化蓖麻油。

用作加脂剂时，再与 70kg 合成酯、110kg 磺酸化油、60kg 40%的合成牛蹄油以及适量助剂混合。

6. 质量标准

外观	浅黄色油状液体
有效物	≥70%
pH 值(1∶9)	6.5~7.5
水分	≤30%
稳定性(1∶9)	加入 55~60℃的水以 1∶9 分散，24h 无浮油

7. 用途

用于各种轻革加脂，特别是绒面革、彩色革和软鞋面革。

8. 安全与储运

操作人员应穿戴劳保用品，使用塑料桶包装，储存在 5~40℃的阴凉干燥处。

参考文献

[1] 陈梦思．基于 FTE 的两性磷酸酯加脂剂的制备及性能研究[D]．西安：陕西科技大学，2019.

[2] 徐丽丽，陈中元，姜华．磷酸酯加脂剂研究进展[J]．化学工程与装备，2010，(07)：122-123.

[3] 张福莲，冷春丽，杨椰林，等．磷酸酯加脂剂的制备[J]．皮革化工，2005，(05)：21-23.

2.13 复合磷脂加脂剂

复合磷脂加脂剂(compounded phosphatide fatliquor)又称多功能复合磷脂加脂剂。主要组分有磷脂、磷酸酯、硫酸化植物油、合成油等。

1. 性能

浅黄色或橙色油状液体，属于阴离子型加脂剂，可以和皮胶原纤维结合，长久保持革身柔软。加脂革丰满，明显增厚，手感滋润，蜡感和防水性明显增强，分散渗透性好，填充效果明显。

2. 生产原理

高级脂肪醇与五氧化二磷反应，得到的磷酸酯用碱中和，再与硫酸化植物油、豆油磷脂、合成牛蹄油等复配而成。

制备磷酸酯的磷酸化试剂有五氧化二磷（P_2O_5）、焦磷酸（$H_3P_2O_7$）、三氯化磷（PCl_3）、三氯氧磷（$POCl_3$），工业上应用最普遍的磷化试剂是五氧化二磷。

五氧化二磷与羟基化合物反应一般在60~70℃为宜。温度太低酯化反应不完全，温度过高产品颜色较深，导致磷酸酯分解。

中和磷酸酯所用的碱有：三乙醇胺、二乙醇胺、氨水、氢氧化钠、氢氧化钾等。

3. 工艺流程

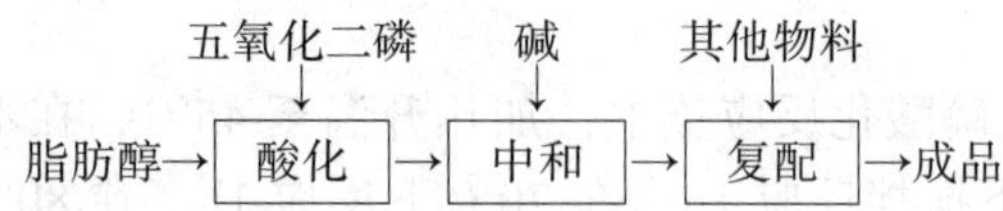

4. 主要原料(kg)

C_{16}~C_{18}脂肪醇	40	合成牛蹄油	200
五氧化二磷	2.2	豆油磷脂	70
烷基磺酰胺	100	硫酸化菜籽油脂肪酸甲酯	60
硫酸化蓖麻油	50		

5. 生产工艺

在酯化反应釜中投入40kg C_{16}~C_{18}的脂肪醇，加热熔化后，在65~70℃下，分次缓慢小心地加入五氧化二磷(用量为2.2kg)，加完之后，将温度控制在80~85℃，反应2h。降温，用液碱中和，然后用氨水调节pH值为7~8。

得到的脂肪醇磷酸酯盐与其余物料按配方量混合，调节pH值至6.5~7.5，复配制得复合磷酸酯加脂剂。

6. 质量标准

外观	浅黄色或棕色油状液体
有效物	≥60%
pH值(1∶9)	6.5~7.5
乳液稳定性(1∶9)	24h不分层，无浮油
储存期	室温下1年不分层，不变质

7. 用途

适于各种革的加脂，特别适用于软革加脂。可单独用于加脂，也可与其他阴离子型加脂剂配合使用。不宜与阳离子型加脂剂同浴使用。

应用示例(牛软鞋面革，以削匀后的蓝坯革重量计)：

液比	2~3	合成加脂剂	4%
温度	50℃	氧化亚硫酸鱼油	3.5%
复合磷脂加脂剂	4%~5%		

转动60min，加入甲酸0.8%，铬粉(Cr_2O_3含量24%)0.5%~1%，转动30min，漂洗，出鼓搭马。

8. 安全与储运

操作人员应穿戴劳保用品，使用大口径塑料桶包装，储存在5~40℃的阴凉、干燥处。

参　考　文　献

靳丽强，程宝箴，李彦春．复合磷脂加脂剂的制备[J]．皮革化工，2002，(06)：14-16.

2.14　结合型加脂剂 SCF

结合型加脂剂 SCF（fatliquoring agent SCF，complexing type）又称菜籽油结合型加脂剂，简称 SCF、JH、SC。相对分子质量为 500～940，主要结构式为：

$$R—CONH—C_2H_4—OOC—CH_2—\underset{\displaystyle SO_3Na}{\underset{|}{CH}}—CO_2Na$$

式中，$R=C_{17}H_{33}\sim C_{21}H_{41}$，或脂肪醇甘油双酯基等。

1. 性能

黄色浆状物，是一种阴离子型加脂剂，分子中含有能与铬鞣革纤维牢固结合的羧基、酰胺基等活性基团，因而用它加脂的皮革柔软、耐光、耐储存性能和穿着性能好。

2. 生产原理

菜籽油与乙醇胺类进行酰胺化反应，向油脂中引入酰胺基和羟基，然后再与多元酸进行酯化反应，从而引入羧基，最后与焦亚硫酸钠进行亚硫酸化反应，引入亲水磺酸基。由于引入了羧基、磺酸基、羟基等与革结合的活性基团，同时随着引入的活性基团使油脂碳链增长，既保证了产品具有足够好的结合性，又解决和减轻了油脂在皮革生产和储存过程中迁移和流失的问题，从而能获得较好的柔软效果，使加脂成革柔软丰满，丝光感强，并具有良好的耐水洗和耐干洗性能。

3. 工艺流程

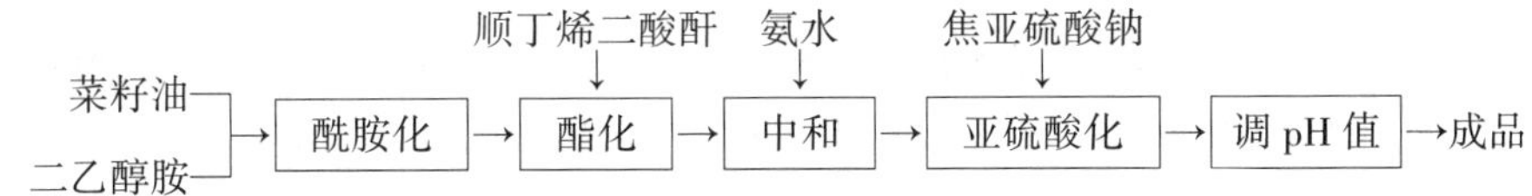

4. 主要原料(kg)

菜籽油（碘值 70～110mgI$_2$/100g，酸值≤4mgKOH/g）	380
二乙醇胺（≥98%）	60
顺丁烯二酸酐（≥99%）	95
焦亚硫酸钠（SO_2 含量≥64%）	80
氨水	过量

5. 生产工艺

将 380kg 酸值≤4mgKOH/g 的菜籽油和 60kg 二乙醇胺加入反应釜中，搅拌并升温。控制温度在 135～140℃，反应 2～3h 后，抽真空 30min，取样分析，当游离胺含量≤0.1%时，即完成酰胺化反应。降温至 70～80℃，加入 95kg 顺丁烯二酸酐，在 80～90℃下反应 2.5h，并在 120～125℃下反应 1h，然后抽真空 30min，取样分析合格后，酯化反应完成。降温，静置过夜，用氨水中和至 pH 值为 6。

将 80kg 焦亚硫酸钠用热水溶解，分次加入反应釜中。将温度控制在 85～90℃，保温 2～3h。降温至 50～60℃，调节 pH 值，补足水量，取样检测，出料得到结合型加脂剂 SCF。

6. 质量标准

外观	黄色浆状物	pH 值(1∶9)	6.5~7.5
有效成分	≥50%	乳化稳定性(1∶9)	24h 无浮油

7. 用途

适用于各种轻革加脂，特别是软面革、彩色革、不涂饰的绒面革以及水洗革的加脂。可与其他阴离子型加脂剂混合使用。

使用前，先用 40~50℃的热水乳化，加脂温度为 45~55℃，pH 值为 5.0~6.5，加脂结束时溶液 pH 值为 3.8~4.0。

应用示例(以猪正绒服装革加脂为例，计量以削匀蓝坯革增重 100%为基准)：

首次加脂：

SCF 加脂剂	3%	水温	55℃
SE 加脂剂	4%	液比	1.5~2.0

转 40min，流水洗 25min，然后干燥、甩软、磨绒、计量、染色。

第二次加脂：

SCF 加脂剂	5%~6%	PJ-4 加脂剂	4%
CNS 加脂剂	3%~4%	防霉剂	适量

染色液中补加热水或提高水温，液比 2.0~2.5。

转 60min，加入甲酸 1%~1.2%，再转 30min，水洗，出鼓，搭马。

8. 安全与储运

操作人员应穿戴劳保用品。使用塑料桶包装，储存在 5~40℃的阴凉、干燥处。

参 考 文 献

[1] 邹祥龙，兰云军，罗卫平．菜油结合型皮革加脂剂的性能研究[J]．皮革化工，2006，(01)：1-3+8.
[2] 栾寿亭．菜籽油结合型加脂剂生产技术[J]．皮革化工，2004，(01)：36-37.

2.15 复配型阳离子加脂剂

复配型阳离子加脂剂(compounded cationic fatliquoring agent)是由氯化石蜡、硬脂酸、石蜡、阳离子型表面活性剂、非离子型表面活性剂复配而成的阳离子型加脂剂。

1. 性能

乳白色浆状液体，属于阳离子型加脂剂，能改变皮革表面负电荷的特性，在皮革经阴离子型加脂剂染色加脂后，再使用本品加脂，能显著提高油脂的渗透性，并使油脂分布均匀，对染色革具有很好的助染性。加脂后的皮革不油腻，并对皮革起固色作用，使成革色泽鲜艳，绒面革有丝光感，并能降低废水中的油脂和染料含量。并有良好的杀菌、防霉作用。

2. 生产原理

先将油酸与三乙醇胺加热缩合反应，生成三乙醇胺单油酸酯，经甲酸中和制得甲酸三乙醇胺单油酸酯阳离子型表面活性剂。再将阳离子型表面活性剂、非离子型表面活性剂、中性油、液体石蜡、合成酯以及氯化石蜡等复合调配成乳白色浆状的阳离子型加脂剂产品。

$$C_{17}H_{35}COOH + N(CH_2CH_2OH)_3 \xrightarrow{\triangle} C_{17}H_{35}\overset{\overset{\displaystyle O}{\|}}{C}—OCH_2CH_2—N(CH_2CH_2OH)_2 + H_2O$$

$$C_{17}H_{35}\overset{\overset{\displaystyle O}{\|}}{C}—O—CH_2CH_2—N(CH_2CH_2OH)_2 + H\overset{\overset{\displaystyle O}{\|}}{C}OH \longrightarrow C_{17}H_{35}\overset{\overset{\displaystyle O}{\|}}{C}OCH_2CH_2—\overset{\oplus}{N}H(CH_2CH_2OH)_2 \cdot HCO_2^{\ominus}$$

常用的阳离子型表面活性剂还有十二烷基三甲基溴化铵(1231)、十六烷基三甲基溴化铵(1631)、十八烷基三甲基溴化铵(1831)或双长链烷基二甲基溴化铵，如双 1221、双 1621、双 1821，以及其他常用的阳离子型表面活性剂。

3. 工艺流程

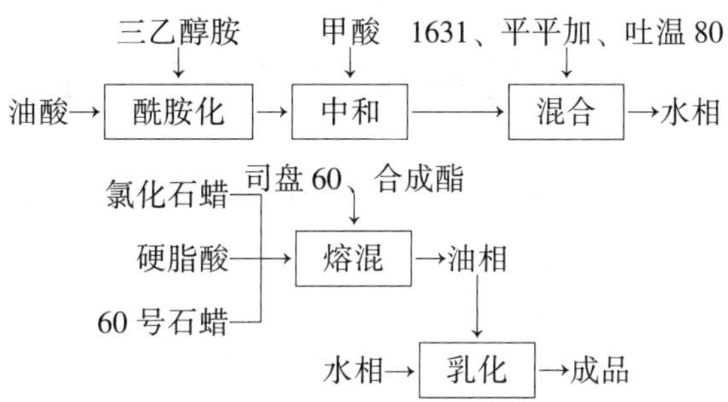

4. 生产工艺

将油酸加入反应釜中，在搅拌下加热升温。当釜内温度升至 80℃时，缓慢加入三乙醇胺，控制反应温度在 160~180℃，反应 4h，得到三乙醇胺单油酸酯。然后降温，用甲酸中和生成阳离子型表面活性剂。

油相液配制：将氯化液蜡、硬脂酸、60 号石蜡、合成酯和司盘 60 混合，加热至 70℃熔融。

水相液配制：将上述合成的阳离子型表面活性剂、1631 阳离子型表面活性剂、平平加、吐温 80 和水混合，加热至 65℃。

在不断搅拌下，将油相液体缓慢加至水相液体中，形成水包油型乳液，在搅拌下冷却至 40℃即得到成品。

说明：

实际生产中可根据需要调整配方，供参考配方如下(质量份)：

1631	30	司盘 80	15
平平加	25	硬脂酸	15
渗透剂 JFC	15	液体石蜡	550
司盘 60	25	水	325

5. 质量标准

外观	乳白色浆状液体	pH 值	4~6
油脂含量	≥60%	乳液稳定性	24h 无浮油(1∶10)
阳离子含量	≥5%		

6. 用途

适用于各种轻革和绒面革的加脂，主要用于皮革的表面加脂。用阴离子型加脂剂加脂后，同浴追加阳离子型加脂剂，可用冷、热水稀释，用量为1%~2%。对阴离子型加脂剂和染料有固定作用。

7. 安全与储运

生产中使用三乙醇胺、甲酸等，操作人员应穿戴劳保用品，车间内应保持良好的通风状态。使用大口径塑料桶或内衬塑料的铁桶包装。储存在5~35℃的阴凉、干燥处，储存期半年。

参 考 文 献

[1] 王全杰，赵凤艳，高龙．阳离子型皮革加脂剂的研究进展[J]．皮革与化工，2011，28(02)：26-28.

[2] 曹宁．阳离子加脂剂的制备[J]．中国皮革，2003，(13)：8-9.

2.16 阳离子型加脂剂PIF

阳离子型加脂剂PIF(cationic fatliquor PIF)是由牛蹄油、合成酯和阳离子型表面活性剂等乳化制得的阳离子型合成加脂剂。

1. 性能

白色或微黄色膏状物，由合成牛蹄油、合成酯为原料，用季铵型阳离子型表面活性剂等乳化而成。可以用冷、热水以任意比例稀释，形成细分散、稳定的乳液。渗透力好，耐光性良好。能在染色加脂浴中固定阴离子型染料和加脂剂，有一定的助染和固色作用，可以促使阴离子型油脂和阴离子型染料的吸收，显著提高绒面革的丝光与油润性能。在铬鞣前使用加脂剂PIF进行预处理，可以加速铬盐的渗透和吸收，使蓝皮革面细腻丰满。

2. 生产原理

天然蓖麻油与三乙醇胺发生酯交换，然后与乙酸作用发生季铵化，得到的阳离子型表面活性剂与牛蹄油、合成酯等进行复配而成。

$$\begin{array}{l} R—CO_2—CH_2 \\ \quad\quad\quad\quad | \\ R—CO_2—CH + N(CH_2CH_2OH)_3 \xrightarrow[\triangle]{OH^-} \\ \quad\quad\quad\quad | \\ R—CO_2—CH_2 \end{array}$$

$$R—CO_2—CH_2CH_2N(CH_2CH_2OH)_2 \xrightarrow{CH_3CO_2H} [R—CO_2—CH_2CH_2\overset{\oplus}{N}H(CH_2CH_2OH)_2]CH_3CO_2^{\ominus}$$

在复配时，为了提高产品的加脂效果，通常还另外加入适量其他阳离子型表面活性剂、阴离子型表面活性剂、非离子型表面活性剂以及其他中性油。

3. 工艺流程

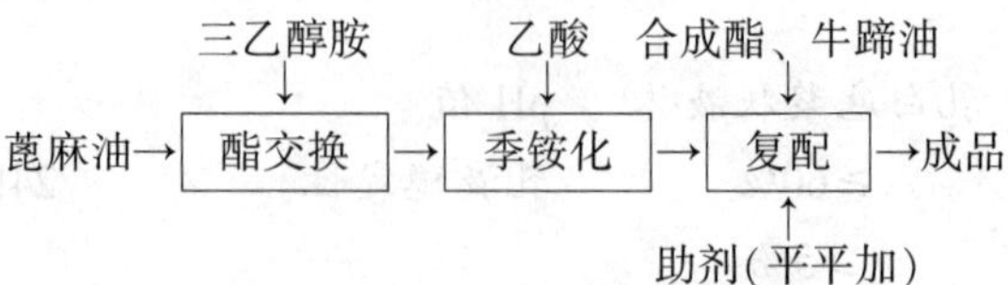

4. 主要原料(kg)

蓖麻油	200	中性油(牛蹄油等)	20~30
三乙醇胺	20~30	助剂(表面活性剂等)	5~10
乙酸	8~9		

5. 生产工艺

在酯交换反应釜中，加入 200kg 蓖麻油和 30kg 三乙醇胺以及少量碱作为催化剂，升温至 150~160℃，在氮气的保护下，保温反应 3~4h 后，降温至 50~60℃，加入稀乙酸溶液中和至 pH 值为 4±0.5，进行季铵化。然后再加入合成牛蹄油和 8kg 非离子型乳化剂平平加，经充分乳化得到阳离子型加脂剂。

6. 质量标准

外观	白色或微黄色膏状物	稳定性(1∶9)	24h 无浮油
有效成分	≥60%	储存期	≥1 年
pH 值(1∶9)	3.5±0.5		

7. 用途

主要用于各类轻革的加脂，特别适用于白色革、浅色革、服装革和绒面革加脂。在铬鞣浴或铬复鞣浴中加入皮重的 0.5%~2%，可以使铬盐渗透快，分布均匀，成革粒面细致、柔软。也用于表面加脂，在染色加脂后期，加入 0.8%甲酸调整溶液的 pH 值后，加入 1%~2%阳离子型加脂剂，转动 30min，可有效增加成革表面油感和绒面革丝光感。使用时不得与阴离子型物料同浴。

8. 安全与储运

操作人员应穿戴劳保用品，车间内应保持良好的通风状态。使用大口径塑料桶包装，储存于 5~40℃的阴凉、干燥处，不得曝晒或冷冻，在装桶前应作防霉处理。

参 考 文 献

[1] 赵永丽，丁秀云，崔元臣．一种新型阳离子蓖麻油加脂剂的合成及性能[J]．皮革化工，2005，(04)：11-13.

[2] 刘力，邵双喜．阳离子加脂剂的制备及应用[J]．中国皮革，2001，(11)：12-15.

2.17 复合加脂剂 CNS

复合加脂剂 CNS(compounded fatliquoring agent CNS)又称合成加脂剂-2，其中以烷基磺酸铵为主要活性分散材料，属阴离子型加脂剂。

1. 性能

红棕色至棕褐色油状液体，属于合成油与天然油及少量助剂复合而成的多组分阴离子型加脂剂，具有较好的乳化性、渗透性和分散性，与皮纤维结合能力较强。加脂后的成革柔软、丰满，具有弹性、蜡感，具有良好的耐光性和丝光效应，不产生油霜，不易产生霉点。

2. 生产原理

液蜡与二氧化硫和氯气进行氯磺酰化，再加入氨水生成烷基磺酸铵，然后与天然油及各种助剂、调节剂调配即成。

$$C_nH_{2n+2}+SO_2+Cl_2 \xrightarrow{h\nu} C_nH_{2n+1}SO_2Cl+HCl$$

$$C_nH_{2n+1}SO_2Cl+NH_3\cdot H_2O \longrightarrow C_nH_{2n+1}SO_3NH_4+HCl$$

式中，$n=12\sim18$。

3. 工艺流程

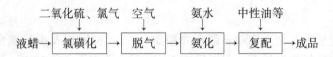

二氧化硫、氯气 → 氯磺化；空气 → 脱气；氨水 → 氨化；中性油等 → 复配

液蜡→ 氯磺化 → 脱气 → 氨化 → 复配 →成品

4. 主要原料(kg)

烷基磺酸铵	500	菜籽油	90
合成牛蹄油	150	硫酸化菜籽油脂肪酸甲酯	60
液体石蜡	50	硫酸化蓖麻油	50
油酸乙二醇双酯	100		

5. 生产工艺

将液体石蜡投入氯磺化反应釜中，在光照条件下，通入氯气和二氧化硫混合气体，反应放出的氯化氢气体经吸收塔吸收生成盐酸。反应完毕，物料在脱气塔中用空气进一步脱去氯化氢，将得到的烷基磺酰氯加入氨化反应釜中，经氨化生成烷基磺酸铵阴离子型表面活性剂。

将500kg烷基磺酸铵、150kg合成牛蹄油、50kg液体石蜡、100kg油酸乙二醇双酯、90kg菜籽油、60kg硫酸化菜籽油脂肪酸甲酯与50kg硫酸化蓖麻油投入配制釜中，加热、搅拌，复配制得复合加脂剂CNS。

6. 质量标准

外观	红棕色至棕褐色油状液体
有效成分	≥80%
pH值(1：9乳液)	7.0~8.0
稳定性(1：9乳液)	24h无浮油，不分层

7. 用途

可用于各种轻革的加脂，可与其他阴离子型加脂剂配合使用，特别适用于服装革等高档软革的加脂。

应用示例(以牛软革为例，按削匀皮计量)：

加脂：

CNS	5%	软革加脂剂	3%
氧化亚硫酸化鱼油	2%	转动	60min

中和复鞣按常规进行。

8. 安全与储运

操作人员应穿戴劳保用品，车间内应保持良好的通风状态。使用大口径塑料桶包装，储存于5~40℃的阴凉、干燥处。

参 考 文 献

[1] 段徐宾．琥珀酸酯磺酸化氢化蓖麻油/改性纳米TiO_2复合加脂剂的合成及性能[D]．西安：陕西科技大学，2015.

[2] 卢行芳，陈彩选. 多功能复合加脂剂的制备及性能研究[J]. 皮革与化工，2008，(01)：10-13.

2.18 加脂剂 SE

加脂剂 SE(fatliquor SE)又称合成加脂剂 SE，属于阴离子型加脂剂。主要由烷基磺酸铵、氯化石蜡、液体石蜡、油酸乙二醇双酯、乳化剂等组成。

1. 性能

为黄色油状液体，密度为 0.89~0.91g/cm^3。油脂含量高，加脂效果好，乳液稳定性优良，渗透性适中，有良好的耐光性及一定的抗金属盐性能。与皮革有较好的结合能力，成革手感丰满，革身特别柔软，革面有蜡感，绒面富有丝光效应，因此特别适用于各种软革加脂，不易产生霉点。

2. 生产原理

液体石蜡与二氧化硫、氯气发生氯磺化反应，得到的烷基磺酰氯经氨化制成具有优良乳化性、渗透性能的阴离子型表面活性剂，作为复合加脂剂的主要组分，再与氯化石蜡、液体石蜡、合成酯、表面活性剂、抗氧剂等组分复配而成。

$$RH+SO_2+Cl_2 \xrightarrow{h\nu} RSO_2Cl+HCl$$

$$RSO_2Cl+2NH_3 \cdot H_2O \longrightarrow RSO_3NH_4+NH_4Cl+H_2O$$

式中，$R=C_nH_{2n+1}$(其中 $n=16\sim18$)。

3. 工艺流程

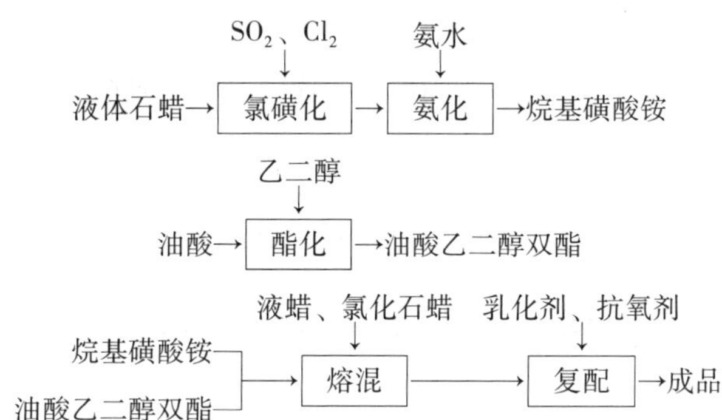

4. 主要原料(kg)

烷基磺酰氯(密度 0.88~0.9g/cm^3)	300
液体石蜡(密度 0.76~0.78g/cm^3)	100
氯化石蜡(氯含量 30%~40%)	25
油酸(酸值 190~200mgKOH/g)	40
乙二醇(≥98%)	10
氨水(25%)	130
乳化剂(司盘 80)	30
2,4-二叔丁基对甲苯酚(抗氧剂)	0.3

5. 生产工艺

将 300kg 烷基磺酰氯加入氨化反应釜内，控制氨化反应温度在 40~50℃，缓慢滴加氨水。当130kg 氨水加完后，继续保温反应2h，然后静置过夜，次日分去下层盐水，将产品转入中间储槽。

将40kg 酸值为190~200mgKOH/g 的油酸加入酯化反应釜中，加热至140~150℃，分批加入10kg 乙二醇，反应4h，取样分析。将得到的油酸乙二醇酯产品放入中间储槽。

将制得的烷基磺酸铵、油酸乙二醇酯、液蜡、氨化石蜡等加入调配反应釜中。再加入乳化剂、抗氧剂等，适当加热，搅拌均匀，即得到加脂剂SE。

说明：

氯化石蜡的制备方法是，向液体石蜡中通入氯气并在光照下进行氯化反应，生成氯化石蜡，温度为80~100℃，产物氯含量为30%~40%时即为终点。

6. 质量标准

外观	黄色油状液体	密度	0.89~0.91g/cm^3
有效成分	≥90%	乳化稳定性(油：水=1：9)	24h 无浮油，不分层
pH 值(1：9)	7.5~8.5		

7. 用途

适用于各种轻革加脂，如服装革、手套革、绒面革及其他软鞋面革的加脂。

应用示例(以山羊服装手套革为例，按削匀皮计量)：

加脂：

加脂剂 SE	7%	亚硫酸化鱼油	2%
两性皮革加脂剂	2%		

转动60min，后续工序按常规方法进行。

8. 安全与储运

使用塑料桶包装，储存于5~40℃的阴凉、干燥处，使用时搅匀。

参 考 文 献

刘显奎，王文琪，段力民．用油酸和乙二醇酯化合成加脂剂的研究[J]．中国皮革，2006，(13)：16-18.

2.19 两性加脂剂 XQ-F$_3$

两性加脂剂 XQ-F$_3$(amphoteric fatliquor XQ-F$_3$)中含有两性表面活性剂十一烷基咪唑啉，由两性表面活性剂、非离子型表面活性剂、中性油(合成牛蹄油、合成蜡、C_{16}~C_{18}高碳醇、氯化石蜡、矿物油、精甲酯等)组成。

1. 性能

两性加脂剂 XQ-F$_3$ 为浅色稠状物，属于两性离子型乳液加脂剂。其特点是既含有阴离子基，又含有阳离子基，可在较宽的范围内使用。成革柔软、丰满，绒毛丝光感强。染色后的革色泽均匀、鲜艳，并能防止脂斑和霉斑的出现。本品也具有耐酸、碱、盐的能力，可与其他阴离子、阳离子、非离子型物料同时同浴使用。

2. 生产原理

由十一烷基咪唑啉、非离子型表面活性剂、中性油等复配而成。具有灵活的调配方式，其中非离子型表面活性剂、中性油可根据配方设计使用不同类型的原料。

3. 主要原料(质量份)

咪唑啉表面活性剂 AIS	24
油溶性非离子型表面活性剂(司盘 60)	4.5
水溶性非离子型表面活性剂(平平加 OS-15)	6
合成牛蹄油	120
合成蜡	30
C_{16}~C_{18}高碳醇	6

4. 工艺流程

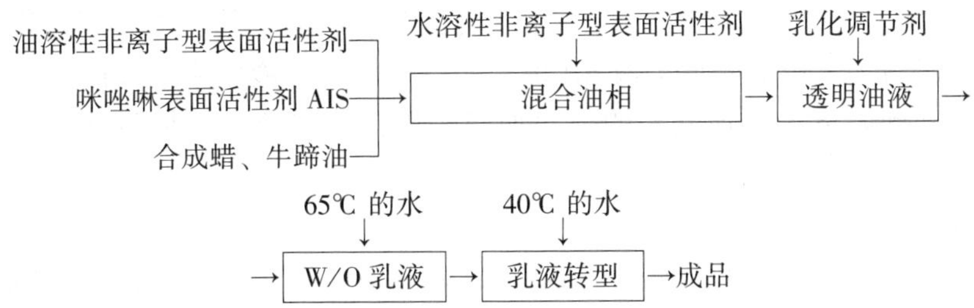

5. 生产工艺

先设计配方，然后按配方计量加入十一烷基咪唑啉两性表面活性剂、非离子型表面活性剂和各种油脂，升温至 80℃，充分搅拌，待油相混合均匀后，再加入高碳醇调和使油相变为透明，加入 65~70℃的热水稀释，得到 W/O 型乳液，再以细流状加入 40℃的热水进行乳液转型，体系将会由透明逐渐转变为乳白色浆状物即 O/W 型。使用均质机进行处理后出料，得到两性加脂剂 XQ-F_3。

6. 质量标准

外观	浅色稠状物	乳化稳定性(1∶9)	24h 无浮油
pH 值	6.5~7.5	有效成分	≥60%
定性反应	呈两性反应	两性物含量	5%±1%

7. 用途

适用于各种轻革的加脂。可在浸酸后期、铬鞣初期、中和、复鞣及染色、加脂中使用，也可与其他加脂剂复合加脂。

分步加脂一般用量为 2%~4%，复合加脂用量为 5%~8%。

8. 安全与储运

使用大口径塑料桶包装，储存于阴凉、干燥处。密封保存，以免表面结皮，储存期≥1 年。

参 考 文 献

[1] 王婉妮．丙烯酸类两性聚合物加脂剂的制备与应用性能研究[D]．西安：陕西科技大学，2022.

[2] 郑顺姬，刘立飞，马洪广．新型两性皮革加脂剂的合成研究[J]．皮革化工，2006，(04)：23-25.

2.20　两性加脂剂 DLF-5

两性加脂剂 DLF-5(amphoteric fatliquor DLF-5)含有十二烷基二甲基甜菜碱和十八烷基氨基丙酸钠两种两性表面活性剂。

该加脂剂由两性表面活性剂、非离子型表面活性剂、石蜡、合成酯、精甲酯组成，根据加脂生产需要，可设计成不同的配方。

1. 性能

乳白色至浅色浆状物，属于两性离子型乳液加脂剂，耐酸、碱、盐，具有良好的加脂、填充性能，又具有改善染色性能、防霉、拒水、耐老化等多功能的特性。加脂革面不油腻，手感柔软。这种加脂剂既含有阴离子基，又含有阳离子基，可通过调节 pH 值来控制渗透性与吸收性。在浸酸后期或铬鞣开始时使用本品，因为浴液 pH 值在 3 左右，乳液含阳离子基，能很好地渗透入皮的深处，同时也有分散铬鞣液的作用。在中和、染色加脂时使用本品，浴液 pH 值在 5 以上，由于乳液含有阴离子基，可发挥阴离子型加脂剂的作用，当加脂后加入甲酸降低浴液 pH 值至 4 以下时，浴液中未吸收的本品又变成阳离子型加脂剂，起到阳离子型加脂剂的表面加脂作用，使浴液中的加脂剂被吸收干净，减少了污染。

2. 生产原理

将两性表面活性剂、非离子型表面活性剂，以及中性油、液体石蜡、合成酯、精甲酯、氯化石蜡等复合调配，得到乳白色浆状的两性加脂剂产品。

其中两性表面活性剂十八烷基氨基丙酸钠的制备方法是，将十八烷基叔胺与丙烯腈进行反应，再用氢氧化钠水溶液皂化，生成十八烷基氨基丙酸钠两性表面活性剂。

3. 工艺流程

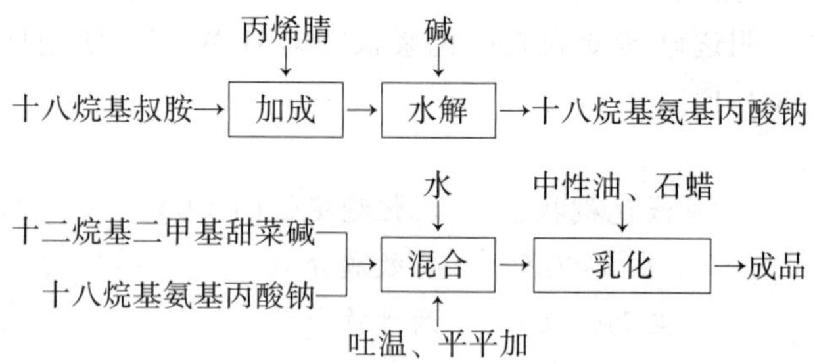

4. 主要原料(kg)

十二烷基二甲基甜菜碱(≥30%)	90~100	氯化石蜡(1.08~1.16g/cm^3)	200
十八烷基氨基丙酸钠	40~50	液体石蜡($C_{15\sim16}$)	150
平平加 OS-15(≥90%)	14~16	合成酯(皂化值 160mgKOH/g)	100
司盘 80	14~16	精甲酯(≥98%)	50
吐温 80	14~16	水	580

5. 生产工艺

在反应釜中先加入熔化的十八烷基叔胺，开启搅拌和冷凝器，加热升温。当釜内温度升至 60℃时，缓慢滴加丙烯腈，控制反应温度，加完后保温反应 4h，然后加入氢氧化钠水溶液，继续反应 1.5h，得到十八烷基氨基丙酸钠两性表面活性剂。

在调配釜中，加入 100kg 两性表面活性剂十八烷基氨基丙酸钠和 40kg 十二烷基二甲基甜菜碱、15kg 非离子表面活性剂司盘 80、15kg 吐温 80 及 15kg OS-15。然后按配方量加入液体石蜡、合成酯、精甲酯、氯化石蜡等，充分搅拌混合，再加入 580L 水，充分乳化生成乳白色浆状的两性加脂剂 DLF-5。

6. 质量标准

外观	乳白色至浅色浆状液体	pH 值(1∶9)	6~7
有效成分	≥60%	定性反应	两性
两性组分	≥5%	乳液稳定性(1∶9)	24h 无浮油，不分层

7. 用途

适用于鞣前、复鞣、中和、染色后的加脂。可用于各种中高档服装革、鞋面革、白色革的加脂，也用于与其他加脂剂复合加脂。一般用量为 2%~4%(分步加脂)，复合加脂用量为 5%~8%。

8. 安全与储运

生产中使用丙烯腈等，操作人员应穿戴劳保用品，车间内应保持良好的通风状态。采用大口径塑料桶或内衬防腐层的铁桶包装。储存于 5~40℃的阴凉、干燥处，储存期≥1 年。

参 考 文 献

[1] 吕生华．两性皮革加脂剂 LDF-Ⅱ的合成及应用研究[J]．皮革化工，2003，(02)：15-18.

[2] 张云书，杜爱琴．DLF-5 两性皮革加脂剂生产改进[J]．皮革化工，1994，(03)：13-14.

2.21 合成牛蹄油

合成牛蹄油(synthetic neat's foot oil)又称氯化石蜡。主要成分为氯代烷，分子式为 $C_nH_{2n+1}Cl$(n=16~18)。

1. 性能

浅黄色透明液体，密度为 1.08~1.126g/cm³，碘值<1.0mgI$_2$/100g。是一种非水溶性油脂，具有中等黏度，耐光性良好。由于具有极性结构，合成牛蹄油能与皮革纤维结合，不易迁移。与动植物油脂相比，合成牛蹄油不皂化，不产生油霜。相反，它能溶解由皮革内天然加脂剂所产生的固体脂肪酸，从而抑制油霜的产生。合成牛蹄油具有良好的加脂性能，加脂的成革柔软、丰满、不显油斑，具有良好的耐光性。

2. 生产原理

液体石蜡即烷烃与氯气在光的作用下进行氯化反应，生成氯代烷，经中和即成。

$$RH+Cl_2 \xrightarrow{h\nu} RCl+HCl \qquad R=C_nH_{2n+1}(n=16\sim18)$$

3. 工艺流程

液体石蜡→ 氯化(氯气) → 脱气(空气) → 中和(碱) → 过滤 →成品

4. 主要原料(质量份)

原料	质量份	原料	质量份
液体石蜡(密度 0.76~0.78g/cm³)	625	液碱(40%)	适量
液氯(≥99.5%)	1310		

5. 生产工艺

将馏程为 220~320℃的液体石蜡加入氯化反应釜中，开启反应器内的日光灯，打开液氯汽化器，然后开启氯气，保持一定流量，通过反应器内的冷却水控制氯化反应温度在 40~

60℃，反应生成的氯化氢经尾气吸收系统用水吸收生成盐酸。取样分析氯化产品的密度和氯含量，当氯含量达35%~45%，密度达1.08~1.16g/cm³时，停止通氯气，关闭冷却水和日光灯，将产物放入中间体储槽中。氯化产物在45~50℃温度下，用压缩空气脱气3~4h，将脱气后的氯化石蜡送入中和反应釜，升温至100℃左右，用40%的烧碱进行中和，使pH值为6~7，然后降温，过滤得到合成牛蹄油。

6. 质量标准

外观	浅黄色透明液体	pH值	6.0~7.0
氯含量	30%~45%	碘值	<1.0mgI_2/100g
密度	1.08~1.16g/cm³	有效成分	≥95%

7. 用途

在加脂剂生产中，与其他乳化油配合代替动、植物油。可与烷基磺酰胺类合成乳化剂按一定比例配合制成合成加脂剂。用于底革、衬里革及植鞣革的加脂，能与阳离子型、非离子型加脂剂配合使用，成革柔软、丰满而无油腻感。

植物鞣革加脂：将本品与动、植物油混合，然后涂于革的粒面或加入热风转鼓中，加热至60~65℃，转动60min。

铬鞣革加脂：本品不单独使用，需要与阴离子型或阳离子型加脂剂一起使用，一般用量为1%。

8. 安全与储运

生产中使用液氯、强碱等，操作人员应穿戴劳保用品，车间内应保持良好的通风状态。使用铁桶包装，储存于阴凉、通风处。

参 考 文 献

[1] 冯文坡，尚勇，汤克勇．亚硫酸化牛蹄油加脂剂的研究[J]．中国皮革，2010，39(09)：28-32.
[2] 唐果，周华龙．合成牛蹄油的催化合成新技术研究[J]．皮革科学与工程，2001，(01)：14-17.

2.22 合成加脂剂

合成加脂剂(synthetic fatliquor)由合成牛蹄油、烷基磺酸铵、油酸乙二醇双酯和非离子型表面活性剂组成。

1. 性能

合成加脂剂为浅红棕色透明油状液体，总含油量≥80%，为阴离子型皮革加脂剂，在弱碱、强酸介质中稳定，具有良好的乳化性、渗透性、耐光性和耐候性。在与动、植物油混合使用时，能帮助它们乳化渗透，使皮革柔软，粒面清晰。能渗入皮革的整个横断面，并有较好的结合能力，处理后的皮革革身特别柔软、丰满，革面有光滑的丝绸手感，可赋予绒面革丝光效应。

2. 生产原理

合成加脂剂主要以烷基磺酸铵、合成牛蹄油、油酸乙二醇双酯及助剂等复合而成。可根据实际需要调整各组分比例。

其中的烷基磺酸铵是阴离子型乳化剂，成本低，可代替烷基磺胺乙酸钠，具有较强的乳化能力、渗透能力、结合能力和助软能力，乳液稳定。常用于与其他合成油或天然油脂复配生产合成加脂剂或复合加脂剂。烷基磺酸铵是由烷基磺酰氯与氨水进行氨解经脱盐后得到的。产物是含有残余微量的烷基磺酰氯及烷基磺酸铵的混合物，其中烷基磺酸铵是主要组分。

3. 工艺流程

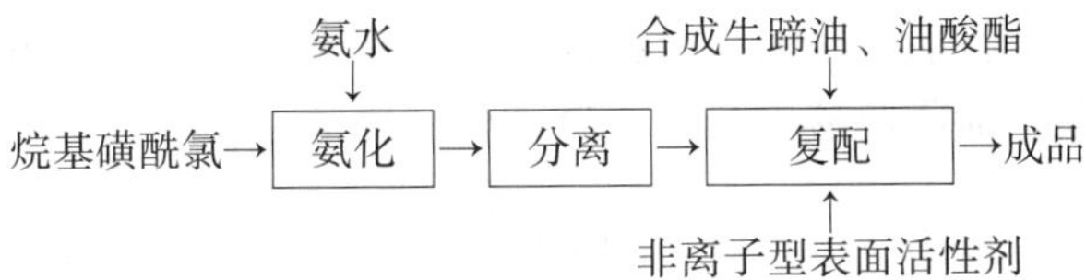

4. 主要原料(kg)

烷基磺酸铵(自制)	600	非离子型乳化剂	60
合成牛蹄油(氯含量30%~45%)	250	2,6-二叔丁基对甲苯酚	1~5
油酸乙二醇双酯	100		

5. 生产工艺

将450kg烷基磺酰氯加入氨化反应釜中，开启搅拌及夹套冷却水，维持反应温度在30~40℃。缓慢加入195kg 25%的氨水，约40~60min加完。注意控制加料速度，否则容易发生溢锅现象，加完氨水后再反应1~2h，然后静置过夜。次日分去下层盐水，上层淡棕色或红棕色油状物即为烷基磺酸铵。

将600kg上述制备的烷基磺酸铵、250kg合成牛蹄油和100kg油酸乙二醇双酯加入反应釜，开启搅拌，并再投入60kg非离子型乳化剂、3kg 2,6-二叔丁基对甲苯酚，适当加热，充分混合均匀即为成品。

6. 质量标准

外观	浅红棕色透明油状液体	pH值(1∶9)	7.0~8.5
有效成分	≥80%	乳化稳定性(1∶9)	24h无浮油，不分层

7. 用途

主要适用于各种软革的加脂，一般不单独用于加脂，可与其他加脂剂混合使用。与其他阴离子型加脂剂配合使用时，一般占加脂剂总量的30%。

8. 安全与储运

生产中使用烷基磺酰氯、氨水等，操作人员应穿戴劳保用品，车间应保持良好的通风状态。使用大口径塑料桶包装，储存于5~40℃的阴凉、干燥处。使用时应充分搅拌均匀。

参 考 文 献

[1] 淮让利，王梅．国产皮革化工的现状和趋势[J]．中国皮革，2023，52(06)：7-11.
[2] 刘显奎，王文琪，段力民．用油酸和乙二醇酯化合成加脂剂的研究[J]．中国皮革，2006，(13)：16-18.

2.23 加脂剂L-3

加脂剂L-3(fatliquor L-3)由氯化硫酸化猪油、硫酸化菜籽油脂肪酸甲酯、亚硫酸化植物油等组成。

1. 性能

橘红色半透明油状液体，密度为1.01g/cm^3，易与水形成乳液。1∶9的乳液，在pH=2

的条件下4h不浮油，在0℃以上具有流动性。

属阴离子型多功能复合加脂剂，具有良好的渗透性，耐酸碱，耐低温。加脂的成革柔软、丰满，具有良好的弹性和丝光感。

2. 生产原理

先将猪油部分氯化，将氯化猪油与植物油、矿物油混合后，进行氧化亚硫酸化。也可以根据需要添加硫酸化菜籽油脂肪酸甲酯、亚硫酸化植物油。

3. 工艺流程

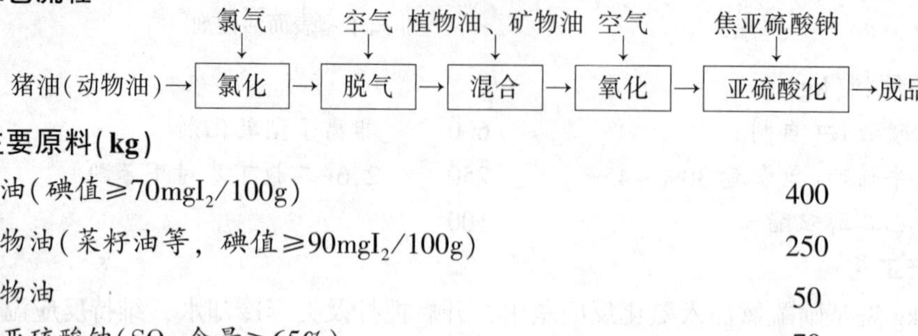

4. 主要原料(kg)

猪油(碘值≥70mgI_2/100g)	400
植物油(菜籽油等，碘值≥90mgI_2/100g)	250
矿物油	50
焦亚硫酸钠(SO_2 含量≥65%)	70
氧化催化剂(钴盐)	0.8
液氯(≥98%)	适量

5. 生产工艺

首先将400kg猪油投入氯化反应塔中，在氯化系统内进行氯化反应。然后，通入空气脱去未反应的氯气，将制得的氯化猪油和250kg植物油及50kg矿物油分别经计量槽计量后加入反应釜内。搅拌均匀后升温，当温度升至80℃时，加入0.8kg氧化催化剂，同时通入空气进行氧化反应。氧化结束后，降温至60℃，再加入由70kg焦亚硫酸钠配成的焦亚硫酸钠溶液，温度维持在65~70℃，搅拌反应2h，冷却出料得到加脂剂L-3。

6. 质量标准

外观	橘红色半透明油状液体
有效成分	≥80%
pH值(1∶9)	6.0~7.0
低温性能	0℃以上具有流动性
耐酸性(1∶9乳液)	pH值为2时，4h无浮油
乳化稳定性(1∶9乳液)	24h无浮油，不分层

7. 用途

适用于中、高档轻革的加脂，尤其适用于软革的加脂。可单独加脂，也可与其他加脂剂配合使用。

8. 安全与储运

生产中使用液氯，操作人员应穿戴劳保用品，车间内应保持良好的通风状态。使用大口径塑料桶或内衬塑料防腐层的铁桶包装。储存于5~40℃的阴凉、干燥处。

参考文献

[1] 兰云军，谷雪贤. 氧化亚硫酸化植物油的研制[J]. 西部皮革，2003，(06)：39-41.

[2] 吕亮，段雪，何静. 植物油改性制备结合型皮革加脂剂[J]. 皮革化工，2003，(02)：19-21.

2.24 皮革加脂剂 1 号

皮革加脂剂 1 号(fatliquoring agent No. 1)又称 1 号合成加脂剂、A-1 加脂剂，由氯化石蜡和烷基磺酰胺乙酸钠组成。

1. 性能

橙红色或棕红色油状液体，属阴离子型加脂剂，乳化能力强，渗透性好，在弱酸、碱介质中稳定。成革柔软丰满，不显油斑，可代替天然油脂加工产品。

2. 生产原理

液蜡(烷烃，$C_{12\sim20}H_{26\sim42}$)氯磺化后生成烷基磺酰氯，用氨水进行氨化，然后与氯乙酸发生乙羧化，生成烷基磺酰胺乙酸钠，再与氯化石蜡混合，得到皮革加脂剂 1 号。

$$C_nH_{2n+2}+SO_2+Cl_2 \xrightarrow{h\nu} C_nH_{2n+1}SO_2Cl+HCl$$

$$C_nH_{2n+1}SO_2Cl+NH_3 \cdot H_2O \longrightarrow C_nH_{2n+1}SO_2NH_2+NH_4Cl+H_2O$$

$$C_nH_{2n+1}SO_2NH_2+ClCH_2CO_2Na \longrightarrow C_nH_{2n+1}SO_2NHCH_2CO_2Na+HCl$$

$n=12\sim20$

3. 工艺流程

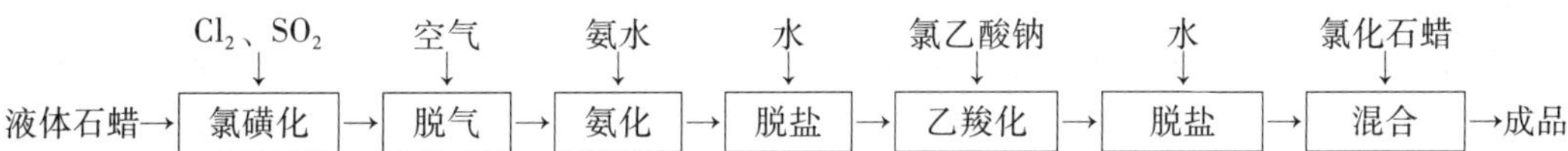

4. 主要原料(kg)

液体石蜡(馏程 220~320℃)	435	氯乙酸(≥95%)	126
液氯(≥99.5%)	246	氢氧化钠(≥96%)	126
二氧化硫	246	氯化石蜡(30%~45%)	250
氨气(≥99.5%)	168		

5. 生产工艺

(1) 烷基磺酰氯制备

将 435kg $C_{12\sim20}$的液体石蜡投入氯磺化反应器内，开启反应器内的日光灯、冷却系统及氯化氢尾气吸收系统，同时通入 246kg 氯气和 246kg 二氧化硫。氯气和二氧化硫气体经干燥缓冲罐、流量计进入混合器，混合后进入反应器。调节气体流量 $Cl_2:SO_2=1:1.1$，调节冷却水量，控制反应温度在 30~50℃。反应生成的尾气经吸收塔生成副产物盐酸。检测反应物的密度、水解氯含量及总氯量。当反应物密度达到 0.88~0.90g/cm³ 时，关闭氯气、二氧化硫、冷却水等。将得到的烷基磺酰氯用泵送入脱气塔顶，喷淋而下，压缩空气从脱气塔底部进入，逆流接触，除去物料中的氯化氢和没有反应的氯气和二氧化硫气体。脱气完成后即得到烷基磺酰氯，外观为黄色透明液体，可与皮革胶原反应，有较强的渗透性。

(2) 烷基磺酰胺乙酸钠的制备

将上述制得的 60kg 烷基磺酰氯用泵送入氨化反应釜中，开启搅拌和夹套盐水，维持反应温度在 10~20℃，通氨气进行氨化，控制氨气流量。在反应后期，经常取样分析反应物的 pH 值变化情况和乳化性能，当物料为白色浆状物，乳液稳定，呈碱性时即为反应终点。将反应物转入洗涤槽内，加入水，在 50~60℃下搅拌洗涤 0.5h，静置 4~6h，分去下层的氯化铵水溶液，将上层的烷基磺酰胺转入缩合反应釜中。开动搅拌器，加入由 126kg 氢氧化钠配成的烧碱溶液，加热，升温至 70℃，缓慢加入 126kg 氯乙酸，加完后升温至 100℃，乙羧化反应 2h。反应终了时，物料呈碱性，加入 50~60℃的食盐水洗涤，静置分层，分出下层盐水，将上层油状液用碱液调 pH 值至 6.5~7.5，即为烷基磺酰胺乙酸钠。外观呈棕黄色油状液体，不皂化物含量为 50%，有效成分含量为 30%，密度为 0.95~1.06g/cm^3，是一种阴离子型表面活性剂，可作为加脂剂使用，乳化能力强，渗透性好。

(3) 皮革加脂剂 1 号的制备

将 700kg 密度为 0.95~1.06g/cm^3 的烷基磺酰胺乙酸钠和 250kg 含氯 30%~45% 的氯化石蜡以及 50L 水加入调和反应釜中，开启搅拌，充分混合均匀，用适量的氨水调节 pH 值至 7.0~8.0，取样检验分析，合格即为皮革加脂剂 1 号。

6. 质量标准

外观	橙红色或棕红色油状液体	pH 值	7~8
有效物(油脂)	≥80%	相对密度(d_4^{20})	0.90~1.00
水分	≤10%	乳化稳定性(1:9 乳液)	24h 无浮油
盐分	≤3%		

7. 用途

适用于各种革的加脂，但一般不单独使用，而与其他阴离子型加脂剂配合使用。可代替天然油脂加工产品，并能与动植物油及矿物油混合使用。一般用量为皮重的 3%~6%。加脂方法与常规方法相同。

应用示例(以牛正软鞋面革加脂为例)：

加脂剂配方

皮革加脂剂 1 号	3%	氧化亚硫酸化鱼油	2%
加脂剂 SCF	4%	硫酸化蓖麻油	3%

转动 60min 后，加甲酸 0.8%~1.0%，破乳，固色，转动 20~30min，水洗，出鼓。

8. 安全与储运

生产中使用液氯、二氧化硫、氨气、氯乙酸，操作人员应穿戴劳保用品，严格遵守操作规程，车间内应保持良好的通风状态。使用大口径塑料桶或内衬塑料桶或内衬防腐层的铁桶包装，储存于 5~40℃的阴凉、干燥处，储存期≥1 年。

参 考 文 献

汪晓鹏．绿色皮革加脂剂的研发和展望[J]．西部皮革，2019，41(05)：60.

2.25 加脂剂 L-4

加脂剂 L-4(fatliquor L-4)又称合成鲸蜡油加脂剂，主要成分为合成鲸蜡油的亚硫酸化产物。

1. 性能

橘红色半透明油状液体，含油脂 75%以上，属阴离子型加脂剂，流动性、耐酸碱性及稳定性均好。加脂革柔软、丰满，油润感与丝光感强，有明显的增厚感和一定的蜡感。

2. 生产原理

合成鲸蜡油(其中可加入少量菜籽油)进行氧化亚硫酸化即得到加脂剂 L-4。

3. 工艺流程

```
          空气        焦亚硫酸钠
           ↓              ↓
合成鲸蜡油→[氧化]→[亚硫酸化]→[调 pH 值]→成品
```

4. 主要原料(kg)

合成鲸蜡油	110	焦亚硫酸钠	9
氧化催化剂	0.7	非离子型表面活性剂	2
亚硫酸钠	1		

5. 生产工艺

将 110kg 合成鲸蜡油(根据需要也可加入少量菜籽油)和 0.7kg 氧化催化剂投入氧化反应塔中，通过压缩机，经空气过滤缓冲罐向氧化反应塔中压入空气，加热，在 75~80℃下氧化反应 6h。控制空气流量以保持物料液面呈似沸腾状态。反应完毕，将氧化物料转入亚硫酸化反应釜中，于 50℃以下，加入 2kg 非离子型表面活性剂，搅拌，在 60℃以下缓慢加入由 9kg 焦亚硫酸钠和 1kg 亚硫酸钠配制成的水溶液，加料完毕，在 70~80℃下搅拌反应 2~3h。降温，调节 pH 值至 6.0~7.0，加适量水，搅拌出料，得到加脂剂 L-4。

6. 质量标准

外观	橘红色半透明油状液
pH 值(10%水乳液)	6.0~7.0
有效成分	≥70%
乳化稳定性(1∶9)	24h 无浮油
耐酸碱性	pH=2~10，4h 无浮油

7. 用途

适用于各类中、高档皮革的加脂。可单独用本品进行加脂，也可以本品为主与其他阴离子型加脂剂配合使用。

8. 安全与储运

操作人员应穿戴劳保用品。使用塑料桶包装，储存于 5~40℃的阴凉、干燥处，储存期≥1 年。

参 考 文 献

[1] 合成鲸蜡油皮革加脂剂[J]. 皮革化工，1987，(03)：42.

[2] 合成鲸蜡油的研制和应用[J]. 皮革化工，1985，(01)：1-6.

2.26 非离子型加脂剂

非离子型加脂剂(nonionic fatliquor)由油酸聚乙二醇酯、非离子型表面活性剂、脂肪酸酰胺酯、合成鲸蜡油、羊毛脂、液蜡等组成。

1. 性能

棕红色油状液体，具有很好的亲水乳化性，易于在冷、热水中乳化。自身有良好的蜡感效果，加脂后可以显示出较好的填充性。耐酸碱，耐电解质，渗透性极强。加脂后革身平滑柔软，但不显油腻。可与其他加脂剂混合使用，且能促进其他加脂剂的分散渗透。

2. 生产原理

油酸与聚乙二醇酯化，得到油酸聚乙二醇酯，然后与中性油混合，再与非离子型表面活性剂调配，得到非离子型加脂剂。

3. 工艺流程

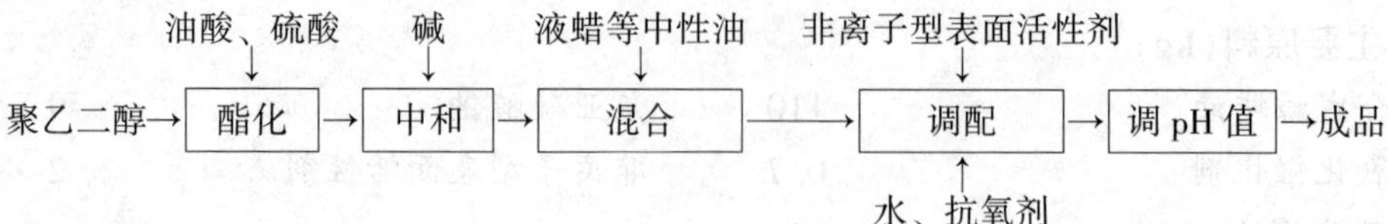

4. 主要原料(kg)

油酸	282	脂肪酸酰胺酯	80~100
聚乙二醇(M=400~600)	300	合成鲸蜡油	50~80
液蜡	100~180	平平加 O-25	适量
羊毛脂	30~40		

5. 生产工艺

(1) 油酸聚乙二醇酯的制备

将 282kg 油酸预热后用泵送入酯化反应釜内。开启反应釜搅拌和夹套加热，控制釜内温度在 110~130℃，脱除油酸中的水分。然后加入适量 98% 的浓硫酸并滴加 300kg 聚乙二醇，控制反应温度在 130~140℃，反应 1~2h，反应生成的水经分水器分离。再升温至 150~160℃继续反应。取样分析，当酸值小于 25mg/g 以下，停止加热，降温。当物料温度降至 120℃以下时，停止搅拌，即得到油酸聚乙二醇酯。

(2) 非离子型加脂剂的配制

在调配反应釜中，加入上述制得的油酸聚乙二醇酯、140kg 液蜡、35kg 羊毛脂、80kg 脂肪酸酰胺酯、65kg 合成鲸蜡油，搅拌加热混合，然后加入适量非离子型表面活性剂和抗氧剂(2,4-二叔丁基对甲苯酚)，调节 pH 值，加入适量水，均质后得到非离子型加脂剂。

6. 质量标准

外观	棕红色油状液体	电荷	非离子型
有效物	≥70%	稳定性(1∶9 乳液)	24h 无浮油
pH 值(1∶9 乳液)	6.0~7.0	储存期	≥1 年

7. 用途

适用于各种轻革的加脂，对于绒面革、毛皮和毛皮两用革的加脂尤为适用。一般浸酸预加脂用量为 1.0%~2.0%，鞣制时用量为 0.5%~1.5%。与其他加脂剂复合加脂用量为 3%~4%。作为主加脂剂时不宜过多使用，否则，染色加脂完毕，非离子型加脂剂不易被彻底吸收。

8. 安全与储运

操作人员应穿戴劳保用品。使用大口径塑料桶或内衬防腐层的塑料桶包装，储存于 5~40℃的阴凉、干燥处。

参 考 文 献

赵地顺，崔作民，张树林. FLA-Ⅰ型非离子皮革加脂剂的研制[J]. 精细化工，1991，(06)：27-32.

2.27　复合加脂剂 SQ-1

SQ-1 复合加脂剂(fatliquor SQ-1)是以动物油(猪皮渣油)、植物油(棉籽油和蓖麻油)、矿物油的硫酸化物复配而成。

1. 性能

红棕色油状液体，具有良好的亲水性和加脂性，加脂时渗透力强，可提高皮革的柔软性、丰满度、弹性等。

2. 生产原理

将猪皮渣油、棉籽油和蓖麻油分别进行硫酸化，再与矿物油复配，制得复合加脂剂 SQ-1。动植物油脂的硫酸化一般是在不饱和键处与硫酸发生加成反应生成硫酸酯。

硫酸化温度为 28℃。反应完成后，用盐水洗涤，最后用 30%的氢氧化钠水溶液中和至 pH 值为 6.5~7。中和后得到相应的具有亲水性的钠盐。

3. 工艺流程

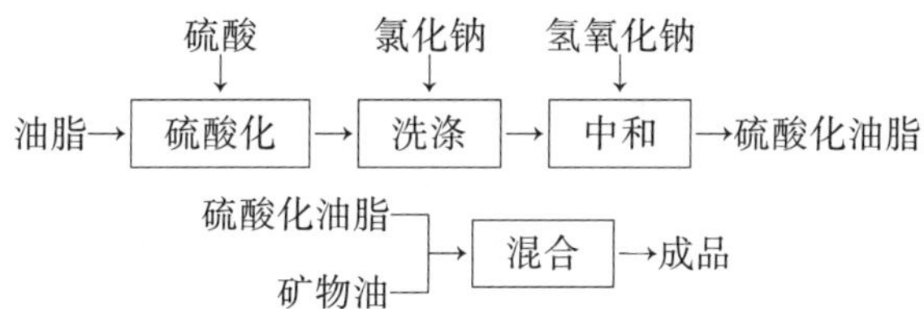

4. 生产工艺

(1) 硫酸化蓖麻油的制备

将 400kg 98%的蓖麻油加入反应釜中，在不断搅拌下，缓慢加入 76kg 98%的浓硫酸，温度逐渐升高，注意防止温度骤然升高，约 2h 加完硫酸，加完后于 43~44℃下保温搅拌反应 2h。加入 800kg 30~40℃ 20%的食盐水，搅拌 15~20min，然后静置 4~5h。将下层盐水分出后，上层再加入 800kg 30~40℃ 20%的盐水，搅拌 15min 后，静置 8h，分出下层盐水。上层物料用 60kg 20%的烧碱溶液进行中和，中和至 pH 值为 6.5~7.2(10%的乳液)，得到硫酸化蓖麻油。

(2) 硫酸化猪皮渣油的制备

将 20kg 猪皮渣油加入反应釜中，加入过量正丁醇和适量浓硫酸，升温至 105~115℃，在该温度下反应 2.5 h，降温分离，减压蒸馏回收未反应的正丁醇，然后进行硫酸化、盐析、中和得到硫酸化猪油丁酯。

(3) 硫酸化改性棉籽油的制备

将棉籽油加入反应釜中，加入适量甲醇钠-甲醇溶液，加热至 55~60℃，在该温度范围内反应 1h，降至常温，中和、分离后进行硫酸化，经盐析、中和后得到硫酸化改性棉籽油。

(4) 加脂剂 SQ-1 配制

将上述制得的三种硫酸化油与矿物油按一定比例混配，在 60℃下高速搅拌至充分混溶，得到加脂剂 SQ-1。

说明：

① 硫酸化蓖麻油是使用最普遍的一种传统加脂剂，它对皮革的柔软、丰富度、弹性以及革面油润感方面，均有较好的作用，但皮革存放一定时间后，身骨变硬。由于硫酸化蓖麻油溶解矿物油的能力较差，故在复合加脂剂组分中，它应占有较小的比例。

② 猪油加脂剂可赋予成革滋润、柔软而丰富的手感，它在革内稳定、持久。猪皮渣油来源丰富，价格低廉，但由于猪油中饱和脂肪酸含量较高，占脂肪酸总量的41.5%，故猪油加脂剂的渗透性较差，成革表面油腻感较重，操作不当，还会造成“白霜”。因此，采用酸性醇解法对猪油进行了改性，得到的改性猪油再经过硫酸化后，作为复合加脂剂的主要组分之一。

③ 棉籽油来源丰富，是一种重要的植物油，它的润滑作用虽不如菜籽油，但对皮革的柔软效果良好。单独加脂，革面略显干枯，但它能溶解硬脂酸，与可能发生油斑的动物油配合使用，可减少发生油斑的可能性。棉籽油中的饱和脂肪酸占脂肪酸总量的23.5%，因而凝固点较高(-5~5℃)，直接硫酸化时，产物呈硬膏状，盐析及中和处理十分困难。利用酯交换反应，使棉籽油与甲醇反应得到改性棉籽油，从而使改性油中含有甘油二酸酯和甘油一酸酯，羟基被引入油脂分子。再经正常的硫酸化，可得到改性的硫酸化棉籽油，作为复合加脂剂的另一种主要组分。

④ 矿物油是石油的分馏产物，以饱和烷烃为主，性质较稳定，不易氧化和分解，用它加脂的皮革具有一定的耐光性，它的渗透速度快，使革的柔软效果显著，是配制复合加脂剂必不可少的组分。

5. 质量标准

外观	红棕色油状液体	盐分	<3%
含油量	≥70%	pH值	6.5~8.0
水分	≤25%	稳定性(油：水=1：9)	在室温下24h无浮油

6. 用途

主要用于皮革的加脂，能提高皮革的抗张强度、延伸性、撕裂强度等物理机械性能，且能提高皮革的丰满度、柔软性等感观性能。

应用示例，用于黄牛软鞋革加脂剂(按削匀后蓝湿皮计)

加脂剂SQ-1	2.0%	加脂剂SCF	2.0%
亚硫酸化鱼油	4.0%	合成加脂剂	1.2%

温度50~55℃，转鼓转动60min后，加入甲酸0.4%~0.6%调节pH值，转动20~30min，pH值为3.8~4.2。

7. 安全与储运

硫酸化设备应密闭，车间内应加强通风。使用塑料桶或内衬防腐材料的铁桶包装，在5~40℃下储存，储存期一年。

参考文献

[1] 程宝箴，柴淑玲，徐兴国，等.SQ-1复合加脂剂的研究(Ⅰ)(合成制备部分)[J]. 中国皮革，1996，(02)：14-18.

[2] 程宝箴，柴淑玲，徐兴国，等.SQ-1复合加脂剂的研究(Ⅱ)(加脂应用部分)[J]. 中国皮革，1996，(04)：22-24.

2.28 乙二醇二油酸酯

乙二醇二油酸酯(ethylene glycol dioleate)又称油酸双酯，分子式为$C_{38}H_{70}O_4$，相对分子质量为590.97，结构式为：

$$\begin{array}{l} \qquad\qquad\qquad\qquad\qquad\qquad\qquad\qquad\qquad\qquad\quad O \\ \qquad\qquad\qquad\qquad\qquad\qquad\qquad\qquad\qquad\qquad\quad \| \\ CH_3(CH_2)_6CH_2—CH{=}CH—CH_2(CH_2)_6—C—O—CH_2 \\ \qquad\qquad\qquad\qquad\qquad\qquad\qquad\qquad\qquad\qquad\qquad\qquad\quad | \\ CH_3(CH_2)_6CH_2—CH{=}CH—CH_2(CH_2)_6—C—O—CH_2 \\ \qquad\qquad\qquad\qquad\qquad\qquad\qquad\qquad\qquad\qquad\quad \| \\ \qquad\qquad\qquad\qquad\qquad\qquad\qquad\qquad\qquad\qquad\quad O \end{array}$$

1. 性能

红棕色液体，对皮革纤维有很好的加脂润滑作用。

2. 生产原理

在对甲苯磺酸催化下，两分子的油酸与一分子乙二醇发生酯化反应，经分离得到乙二醇二油酸酯。

$$2CH_3(CH_2)_6CH_2—CH{=}CH—CH_2(CH_2)_6\overset{\overset{\displaystyle O}{\|}}{C}—OH + HO—CH_2—CH_2—OH \xrightarrow{H^+}$$

$$\begin{array}{l} \qquad\qquad\qquad\qquad\qquad\qquad\qquad\qquad\qquad\qquad\quad O \\ \qquad\qquad\qquad\qquad\qquad\qquad\qquad\qquad\qquad\qquad\quad \| \\ CH_3(CH_2)_6CH_2—CH{=}CH—CH_2(CH_2)_6—C—O—CH_2 \\ \qquad\qquad\qquad\qquad\qquad\qquad\qquad\qquad\qquad\qquad\qquad\qquad\quad | \\ CH_3(CH_2)_6CH_2—CH{=}CH—CH_2(CH_2)_6—C—O—CH_2 \\ \qquad\qquad\qquad\qquad\qquad\qquad\qquad\qquad\qquad\qquad\quad \| \\ \qquad\qquad\qquad\qquad\qquad\qquad\qquad\qquad\qquad\qquad\quad O \end{array}$$

3. 工艺流程

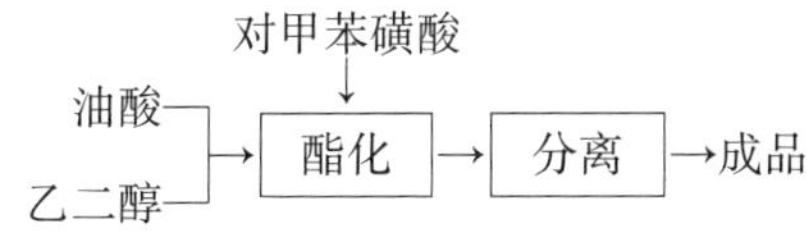

4. 主要原料(质量份)

油酸(工业级)	564.0	对甲苯磺酸	2.0~3.0
乙二醇(工业级)	75.0		

5. 生产工艺

在搪瓷反应釜中，加入油酸和乙二醇，并将用少许乙醇溶解的催化剂对甲苯磺酸加入反应釜中，开动搅拌，升温，待开始回流时，启动真空系统，控制反应温度在100~120℃，反应2h后，测定物料酸值。当反应产物酸值≤30mgKOH/g时，即可停止反应，降温，泄压，出料得到乙二醇二油酸酯。

说明：

① 酯化反应通常采用酸为催化剂，硫酸虽然催化效果好，价格低，但反应难以控制，易出现炭化，特别是对于不饱和酸，易使产物颜色变深，对甲苯磺酸与磷酸混合使用虽然炭化现象轻于硫酸催化，但产物色泽仍然较深。对甲苯磺酸催化效果较理想，基本上没有炭化现象，用量为反应物质量的0.2%~0.5%。

② 反应温度对酯化反应影响较大，反应温度低，反应进行缓慢，反应时间长。反应温度过高，虽然反应时间短，但产物颜色深，有炭化趋向。

由于油酸含有不饱和双键，在较高温度下极易发生氧化，故通常进行酯化反应时，采用氮气排除反应器中的氧气，减轻氧化程度。这里采用减压条件下酯化，反应温度控制在100~120℃。

③ 一般皮革加脂剂产品的质量标准，要求酸值在20mgKOH/g以下，当合成的乙二醇油

酸酯酸值在 30mgKOH/g 左右时，作为加脂剂的一个组分复配于其他加脂材料中，加脂剂酸值可降到 20mgKOH/g 以下，因此，产品的终点酸值控制在 30mgKOH/g 以下可满足使用要求。

6. 质量标准

外观	红棕色液体	pH 值	6.5~7.0
酸值	≤30mgKOH/g		

7. 用途

乙二醇二油酸酯是一种较好的加脂剂组分，润滑性能优良，单独加脂时可用适当的表面活性剂乳化。加脂成革手感柔软，粒面平整，绒面丝光感好。缺陷是丰满性稍差。因此用于复配，与填充性好的加脂材料搭配可获得较为理想的加脂效果。

8. 安全与储运

酯化反应在减压条件下进行，操作人员应严格遵守操作规程。车间内应保持良好的通风状态。产品使用塑料桶包装，储存于阴凉、通风处。

参 考 文 献

[1] 吴杰，翁世兵，鲍远志，等. 非催化条件下油酸乙二醇双酯的合成研究[J]. 合肥工业大学学报(自然科学版)，2013，36(07)：845-848.

[2] 钟鸣翔，葛赞，徐坤华，等. 油酸乙二醇双酯磺酸盐的结构与性能研究[J]. 皮革与化工，2016，33(01)：1-4.

第3章　皮革涂饰剂

3.1 概　　述

皮革涂饰剂是用于皮革表面涂饰保护和美化皮革的一类皮革助剂的统称，由成膜物质、着色材料、溶剂及助剂按照一定比例配制而成，其中成膜物质是皮革涂饰剂的基础。皮革涂饰是赋予皮革更加均匀美观的观感，改进成品革的耐磨性、抗水性、耐光性、耐曲折性等物理性能的重要工序。目前，皮革涂饰多半采用揩、刷、淋、喷等方式，把一种色浆涂在皮革表面上，形成一层薄膜，这种色浆通常称为涂饰剂。根据各种革对涂饰剂成膜性能的要求不同，还加入不同助剂，如光亮剂、固定剂、增塑剂、渗透剂、匀饰剂、稳定剂、熨平防黏剂、消光剂、交联剂、柔软剂、消泡剂、防霉剂等。

皮革涂饰剂的质量首先取决于成膜剂。当涂饰剂涂于革的表面后，涂饰剂中的溶剂逐渐蒸发，在革面形成一层连续均匀的薄膜，并与皮革表面牢固黏合，同时在薄膜内有限地容纳颜料、染料、增塑剂等，因此，在涂饰剂中最主要的成分是成膜剂。

皮革涂饰剂要求成膜剂应具有下列特性：首先，成膜材料形成的薄膜黏着力强，能牢固地黏附在皮革表面，以便薄膜在使用期间不致脱落；薄膜也应很牢固地黏着颜料颗粒和其他物质。其次，形成的薄膜的柔软性和延伸性及弹性应与皮革一致。皮革是一种具有一定延伸性的柔软材料，如果薄膜固定在革的表面但与皮革的性能不一致，皮革就会变硬，薄膜会破裂。同时薄膜应具有足以容纳其他物质，如颜料、增塑剂等的能力，在干燥或成膜期间，涂饰剂组成不应沉淀出来，增塑剂不应渗入革内，应留在薄膜内。成膜剂形成的薄膜应具有良好的光泽性，或在打光、熨平或擦光后应具有良好的光泽性。薄膜在长期的使用期间，应具有足够的耐摩擦性，而且薄膜应能紧密地固定有色物质，以便在用干布或湿布擦时，有色物质不致被擦掉。薄膜应具有良好的抗水性和透水气性，以便皮革和水接触时，水不能渗入革内，但应允许水气通过薄膜，这种性质对鞋面革是特别重要的。薄膜应能耐酸、耐碱、耐化学制剂。

大多数成膜剂不可能同时具备上述所有性质，有些成膜剂的光泽较好，但黏着力差；另一些成膜剂的光泽较好，黏着力也好，但不能容纳增塑剂。为了获得所希望的效果，通常把两种或三种成膜剂混合在一起，或者添加合适的助剂得到所要求的性能。

皮革涂饰常用的成膜剂包括蛋白质类、丙烯酸树脂类，聚氨酯类和纤维素类，还有丁二烯树脂、环氧树脂和合成聚酰胺树脂等。

蛋白质类成膜剂使用最广泛的是酪蛋白。酪蛋白形成的薄膜光泽柔和，真皮感强，而且耐有机溶剂，可以经受打光和熨烫，但在酸性或碱性介质中会因水解而降低黏着力，且膜较硬脆，延伸率小，易产生散光、裂浆等，不耐湿擦。故目前大多使用酪蛋白的改性产物。改性乳酪素成膜柔软，耐曲挠性和耐水性明显提高，可作为成膜剂，也可作为填料的成分之一。

丙烯酸树脂作为世界上使用量最大的一类皮革涂饰材料，从生产成本、工艺过程及综合性能等诸方面来看，其优点是成膜性良好，黏着力强，容纳力高，薄膜柔软而富有延伸性，耐光、耐干湿擦等，但缺点是“热黏冷脆”和缺乏自然光泽及天然触感。改性丙烯酸树脂大都是引入官能单体与丙烯酸单体进行多元共聚、接枝共聚或外加交联剂，使线型结构变为网状结构，从而提高涂膜的耐热、耐寒性能，如聚氨酯-丙烯酸树脂、有机硅-丙烯酸树脂、环氧树脂-丙烯酸树脂等，从不同角度来完善其综合性能。

聚氨酯类成膜剂的特点是成膜柔韧、有弹性，耐摩擦、耐寒、耐热、耐曲挠，黏着力强，并且具有良好的填充能力和遮盖伤残能力，但成膜光泽度低、耐水性差。目前正开发并实用化的有水性聚氨酯全粒面填充剂、黏着剂、抛光底涂剂、阳离子封底剂、通用中底层涂饰剂和顶层涂饰剂等。

聚硅氧烷修饰聚氨酯化合物能够有效地结合聚硅氧烷和聚氨酯的优异性能，其产品一般具有良好的耐磨性、高韧性、柔顺性、耐高低温性以及生物惰性等。一般来说，聚醚链段的引入能够提高聚合物分子软硬段的相容性，改善聚合物的性能，并且在保有聚硅氧烷修饰聚氨酯材料独特性能的基础上大幅地降低成本。

皮革涂饰剂根据成膜剂的来源和性质可分为若干类别：天然涂饰剂——酪素涂饰剂；人造涂饰剂——硝化纤维素涂饰剂；合成涂饰剂——丙烯酸树脂乳液涂饰剂、改性丙烯酸树脂乳液涂饰剂、聚氯乙烯涂饰剂、丁烯共聚涂饰剂、聚氨酯涂饰剂。

根据所用溶剂及在溶剂中的分散状态，还可分为水溶性涂饰剂、水乳液型涂饰剂、溶剂型涂饰剂。涂饰剂也可以根据涂饰用途，分为底层涂饰剂、中层涂饰剂、面层或顶层涂饰剂。

皮革涂饰剂中的着色剂是用来使涂饰剂显示各种颜色的材料。在酪素涂饰剂(揩光剂)和丙烯酸树脂涂饰用的颜色膏中，着色剂主要是各种颜色的颜料，有些还加入少量酸性染料；在苯胺革涂饰中使用的着色剂是金属络合染料。

颜料和染料虽然都是有色物质，但它们是有区别的。颜料是不溶于水或不溶于油的有色物质，它们对于被着色的固体不具有亲和力，必须借助于适当的成膜剂或黏合剂形成分散均匀的色浆，涂于物体表面，否则颜料不能固定在物体表面上。染料一般能直接溶于水或通过简单的化学处理而溶于水，对纤维有一定的亲和力，通过化学作用或物理化学作用固定在纤维上，使纤维呈现颜色。

皮革涂饰用的颜料要求颗粒细，遮盖力强，耐高温、耐熨、耐光。颜料的遮盖力就是涂饰物体时，颜料能遮盖物体的底色的能力。它通常是用每遮盖 $1m^2$ 的面积所需颜料的克数来表示。颜料遮盖力的强弱决定于颜料折射率与成膜剂的折射率之差，差值越大，遮盖力越强。颜料的遮盖力也取决于颜料对光的吸收能力。常用颜料的遮盖力：钛白为 $50g/m^2$，铬黄为 $50g/m^2$，氧化铁红为 $50g/m^2$。遮盖力强的颜料在配制涂饰剂时可相对地减少颜料与成膜剂的比例，或者涂层可以薄一些。

颜色的着色力就是该颜料与另一种颜料混合后所能显示其颜色强弱的能力。颜料的着色力取决于颜料的性质和分散度。颜料的分散度越大，它的着色力就越强，但当颗粒的分散度越大时，着色力的上升便缓慢下来，而不像遮盖力那样就立刻停止上升了。颜料的分散度对遮盖力和着色力都有很大的影响，同时细度的大小对涂层的机械强度也有影响。细度小，对涂层的机械强度影响很小；细度大，对涂层的机械强度影响很大。

各种颜料在质量相同时颗粒越细，则颗粒数越多，所需油料包裹量也越大，颜料吸油量也越大。颜料吸油量表示 100 份的颜料被油完全浸湿时所需的最小油量。几种常用颜料的吸油量：氧化铁红为 25g，铬黄为 10~15g，炭黑为 165g。在配制涂饰剂时必须参考各种颜料的吸油量来考虑颜料、油和成膜剂的配比，从而设计出合理的工艺配方。颜料的耐光性和耐热性直接影响皮革涂饰剂的质量。要求颜料具有良好的耐光性，不应见光逐渐褪色或变暗。

有些颜料耐光性差，其原因是发生了化学反应或者颜料本身的物理结构发生了变化。除此以外，还可能是颜料中的杂物所引起的。

由于涂饰后的皮革需要熨烫，有的还需要打光，这就要求颜料耐高温，在熨烫或打光时不变色。一般来说，无机颜料比有机颜料耐温性能好。

根据颜料的来源可分为天然颜料和合成颜料。根据颜料的化学组成可分为无机颜料和有机颜料。皮革涂饰剂常用的无机黄色颜料主要是铅铬黄，其他黄色颜色有镉黄、锶黄等。红色无机颜料有镉红、银朱、铁红等。蓝色颜料主要是铁蓝和群青。皮革常用的白色颜料是钛白，其次是锌白、锌钡白。炭黑是最常用的黑色颜料。

常用的有机颜料有：耐晒黄 G、立索尔红、甲苯胺红、大红粉、酞菁蓝。

皮革涂饰中常用的染料有：酸性络合蓝 GGN、酸性络合黑 WAN、CI 酸性黄 118、酸性红 B、直接耐晒黄 RS、碱性艳蓝 R、活性黄 X-R、耐晒醇溶黄 GR、耐晒醇溶蓝 HL。

皮革涂饰剂中光亮剂的作用是增加涂层的光泽，提高耐水性和耐摩擦性。目前皮革涂饰用的光亮剂有蛋白质光亮剂、硝化纤维素涂饰剂等。蛋白质光亮剂包括酪素、蛋白干、虫胶、蜡等。

在皮革涂饰剂中，由于酪素、蛋白干这类蛋白质能溶于水，使得涂层耐水性差。为了提高蛋白质涂层的耐水性，通常使用甲醛固定，但甲醛容易挥发，刺激性大，对人体健康有害。为了克服这一缺点，可用乙二醛来代替。乙二醛挥发性较慢，刺激性小，涂层固定后柔韧性较好。在黑色革涂饰时，除用醛固定外，还在固定剂中加入少量红矾和冰乙酸。

为了提高涂层的柔韧性，改善涂层的物理性能，在蛋白质涂饰剂或光亮剂中，通常适当加入硫酸化蓖麻油、甘油等增塑剂，使涂层柔韧，改善涂层的脆性和硬性，但用量不宜过多，否则涂层发黏或不耐湿擦。通常在涂饰剂中加入少量匀饰剂如酪素液、虫胶液以及表面活性剂，以增加涂饰剂的流平性。蜡乳液也是一种良好的匀饰剂，但用量不宜太多，否则涂层与革面黏着不牢，耐水性差。

皮革底层涂饰剂中应加入少量稳定剂，用以悬浮密度大的颜料。稳定剂的主要成分是丙烯酸类黏合剂或纤维素衍生物。加入渗透剂的作用是使填充性树脂或底层涂饰剂更好地润湿革面和向革内渗透，当用水溶性染料着色或底涂时，可加入少量能与水溶混的有机溶剂，以便于染料渗入坯革内。如果用有机溶剂溶解金属络合染料，其耐水性比水溶性染料好。

皮革的涂饰过程是多种助剂的综合作用过程。涂饰助剂对涂饰效果起着非常重要的作用。涂饰助剂包括填充剂(填料)、补伤剂、滑爽剂、流平剂、交联剂等，对填料、流平剂、交联剂以及适应不同风格的手感剂的产品开发仍是皮革涂饰剂提高质量的关键。而水溶性涂饰剂是皮革涂饰剂的发展方向。

虽然国内已在涂饰材料领域取得了很大进展，但主要问题是产品系列化不够，热黏冷脆性能仍显不足，品种质量不高，难以满足皮革质量不断提高的要求，有待进一步加大新产品的研究与开发力度。

参考文献

[1] 唐光辉，胡森森，徐龙，等. 功能型水性聚氨酯皮革涂饰剂的研究进展[J]. 辽宁化工，2023，52(09)：1370-1373.

[2] 张婧，鲍燕，蒋绪. 皮革涂饰剂改性研究进展[J]. 中国皮革，2022，51(08)：10-17.

[3] 唐演萍. 皮革涂饰剂主体材料的研究进展[J]. 广东化工，2018，45(01)：132.

[4] 尹逊达. 皮革涂饰剂的研究进展[J]. 西部皮革，2017，39(02)：9.

[5] 程继业. 皮革涂饰剂用聚硅氧烷聚醚嵌段聚氨酯丙烯酸酯低聚物的合成及性能研究[D]. 北京：北京化工大学，2015.

[6] 李硕琳，庞晓燕，涂龙萍，等. 纤维素纳米纤维改性水性聚氨酯树脂涂饰剂的制备及其应用性能研究[J]. 中国皮革，2024，(08)：1-5.

3.2 高细度颜料膏

高细度颜料膏(ultra-fine color paste)又称颜料膏、揩光浆，由颜料、酪素、硫化油和助剂组成。

1. 性能

大多数颜料是不溶于水且不溶于油的有色物质，它们与被着色的物体不具有亲和力，必须借助适当的成膜剂或黏合剂涂于物体表面，否则颜料不能固定在物体表面上。颜料部分来自天然物质，但大部分是人工合成的无机或有机颜料。颜料的特性主要包括遮盖力、着色力、分散度、吸油量和耐光性。

颜料不能直接加到成膜剂中，因为会引起凝聚。因此通常把颜料制成含黏合剂(保护胶体)和其他添加剂的糊状物——颜料膏使用。根据黏合剂的不同可分为含树脂的颜料膏和含蛋白质(酪素)的颜料膏。

2. 生产原理

颜料膏的制备是先配制好酪素溶液，然后在搅拌之下向适量的酪素溶液中加入硫酸化蓖麻油，再搅拌 2~3min 后加入各色颜料，经搅拌均匀后即可转至三滚机研磨。将搅拌研磨好的浆料加入在拌浆时剩余的酪素溶液中，补足损失的水分，移至搅拌机上搅拌，搅拌均匀后即可得到颜料膏成品。

3. 主要原料

高细度颜料膏的主要原料见表 3-1、表 3-2。

表 3-1　高细度颜料膏的主要原料　　质量份

原　料	大　红	金　黄	红　棕	白　光
硫化油(100%油)	6	5	5.5	3
酪素	9	9	8	8
氨水(25%)	1.5	1.5	1.5	1.3
苯酚	1	1	1	1
3172 甲苯胺紫红	0.35			
3132 大红粉	12			
103C 中铬黄		35		
3603 氧化铁红			30	
A-101 钛白粉				37.5
群青				0.1
原　料	**黑　色**	**钛　蓝**	**紫　红**	**新大红**
硫化油(100%油)	6	6	6	6
酪素	8	10	9	9
氨水(25%)	1.3	1.5	1.5	1
苯酚	1	1	1	1
A-101 钛白粉		2		
高色素炭黑	10			
粒子元青	2			
4303 稳定型酞菁蓝色 BS		12		
3165 立索尔紫红 2R			10	2.5

表 3-2　某颜料膏的组成　　质量份

原　料	黑　色	白　色	大　红	红　棕	深　棕	紫　红	金　黄	草　黄	绿　色
硫化油(100%)	8	8	5	8	8	5	8	5	5.4
氨水(25%~27%)	1	1	1.2	1	1	1.2	1.2	1	1.1
酪素	8	8	9	8	8	9.7	9	8	8.6
苯酚	1	1	1.1	1	1	1	1.1	1	1.1
炭黑	10				1.2				
粒子元青	2.5								
钛白粉		40							
808 大红粉			13						
氧化铁红				14	35				
1302 甲苯胺紫红			1			12			
铬黄					2		27		
1001 汉沙黄							4	13	
酞菁绿									12

4. 工艺流程

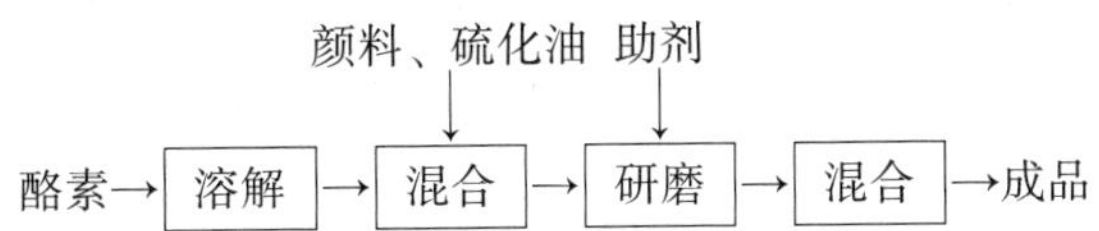

5. 生产工艺

含酪素颜料膏除加入一定量酪素外，还需加入其他助剂和颜料膏进行复配、研磨，聚集体粉状颜料在砂磨机内被玻璃砂研磨后还需要经过超声波处理，使颜料粒径达到 1μm 左右。

说明：

① 以酪素等蛋白质为黏合剂的颜料膏称为含酪素颜料膏。这类颜料膏易于用热水稀释，保证了涂层色浆工作的稳定性和着色均匀性。但这类颜料膏对细菌较为敏感，稳定性差，需加防腐剂。国外公司开发出了不含蛋白质的颜料膏，这类颜料膏遮盖性差，由于不含蛋白质等硬性成分，故涂层柔软，较适宜于各类软革的涂饰。含蛋白质和不含蛋白质颜料膏比较如下：

物性	含蛋白质颜料膏	不含蛋白质颜料膏
填充性	佳	差
成膜性	佳	差
耐热性	佳	差
耐光性	佳	佳，不易变黄
耐水洗性	差	佳
涂膜硬度	较硬	软
离板性	佳	差

现代涂饰着色用颜料膏均朝着高效、低成膜剂、无酪素和水乳化剂方向发展。

② 高细度黑色颜料膏的原料及配比(质量份)。

原料名称	用　量	原料名称	用　量
炭黑	10	粒子元青	2
酪素	8	硫酸化蓖麻油	6
氨水	1.8	EL 分散剂(聚氧乙烯蓖麻油)	0.5
苯酚	1	水	加水到 100

③ 高分散黑色浆的原料及配比(质量份)。

原料名称	用量
炭黑(色素或高级色素)	100
OP-10(工业品)	25
乙二醇(工业品，纯度95%以上)	20
硫酸化蓖麻油(30%用酸量，水溶液透明)	5
聚丙烯酰胺水溶液(1%)	500

高分散黑色浆的外观为均匀一致浆状体，颜料含量为14%~15%(按固形物计算)，pH值为6~7。

高分散色浆与改性聚氨酯水乳液共用，对提高皮革涂饰质量具有明显的效果。涂层光泽好，手感舒适，黏着力强，坚牢度高，易保养。

高分散色浆与高细度颜料膏的制备方法基本相同，但在材料配比上有所不同。高细度颜料膏仍用酪素作为保护胶体，硫酸化蓖麻油和聚氧乙烯蓖麻油作为分散剂。

聚集体粉状颜料在砂磨机内被研磨后还要经过超声波处理，使颜料的粒径达到1μm左右。

6. 质量标准

指标名称	黑色	白色	大红	紫红	金黄	蓝色	绿色	红棕	深棕
外观	颜色均匀一致黏稠液体								
细度	≤5.0								
固含量/%									
颜料膏	≥23	≥45	≥27	≥24	≥41	≥27	≥27	≥44	≥44
揩光浆	≥22	≥32	≥24	≥24	≥32	≥25	≥25	≥30	≥29

7. 用途

适用于修面革、服装革、箱包革、沙发革、鞋面革的涂饰着色。一般来说，过多使用颜料膏，均会降低涂层的物性，在满足涂层所必需的性能前提下，以减少用量为佳。具体实例(质量份)如下。

磨面革、修面革、多伤痕革涂饰剂配方(底涂)：

水	370	颜料膏	200
AM-70 树脂	250	酪素	50
AC-70 树脂	100	流平剂	30

牛粒面革底层涂饰剂配方：

EX-52701 阳离子型填料	150	水	150
EX-52739 阳离子酪素	80	EX-52702 阳离子型树脂	30
颜料膏	10~20	EX-52799 阳离子型树脂	30~40
EX-5383 助剂	5~10	EX-52740 非离子型树脂	20~30
LW-5344 水性光油	60		

操作流程：刷1次，喷1次，或滚涂2次。放置过夜，压平板80℃/200kg·3s，震软，喷1次。

8. 安全与储运

使用内衬塑料薄膜袋的圆桶密封包装，储存于5~30℃的通风、干燥处，储存期1年。

参 考 文 献

李运涛，陈均志. 新型无酪素颜料膏的制备[J]. 暨南大学学报(自然科学与医学版)，2006，(05)：729-733.

3.3 改性乳酪素

改性乳酪素(modified casein)又称改性酪素。

1. 性能

改性乳酪素为淡黄色黏稠液体，具有良好的黏着力、柔韧性和耐干湿擦性。改性乳酪素的成膜性能、软硬度、防腐性能、亲水性能等均比乳酪素有明显改善，除了能保留蛋白胶黏剂原有的优良性能外，产品还因改性剂的不同而赋予成革以耐挠曲性(己内酰胺改性)、蜡感(蜡改性)、油润感(油改性)、滑爽感(有机硅改性)等优良性能。

2. 生产原理

乳酪素作为水溶性皮革修饰材料广泛用于制革工业，但由于其所成薄膜脆硬、延伸性小、抗水性差、不耐湿擦、不耐腐败等缺点，影响了它的使用范围和应用效果。对乳酪素进行改性，可使乳酪素的成膜性、抗水性、耐挠曲性、抗腐败性明显提高，并保持其原有优点。目前有多种改性方法，对应的改性乳酪素产品已在制革工业上得到了广泛使用。

(1) GR改性乳酪素

GR改性乳酪素以己内酰胺为改性剂。己内酰胺为尼龙的单体，可在碱的作用下受热开环为ω-氨基己酸，产生的双官能团羧基和氨基，可分别与酪蛋白两性游离基团中相应的氨基和羧基作用，脱水缩合，从而向酪蛋白分子侧链上引入己内酰胺链。

(2) 有机硅改性

有机硅改性以八甲基环四硅氧烷(D_4硅油)为改性剂。乳酪素溶液用三乙醇胺分散后，加入十二烷基苯磺酸钠进行乳化，然后与八甲基环四硅氧烷(D_4硅油)进行接枝共聚，得到硅油改性的乳酪素。

(3) 乙烯基类单体改性

以乙烯基类单体或丙烯酸酯类单体为改性剂，在引发剂作用下，引发剂自由基可以夺取酪蛋白分子链中的活性氢原子，并在相应位置形成自由基，乙烯基类单体或丙烯酸酯类单体就在酪蛋白分子链上进行接枝共聚反应，得到改性产品，从而使酪素薄膜的耐湿擦性提高，柔软性、延伸性及耐挠曲性得到改善。用乙烯单体接枝改性得到的产品称为CA-1改性酪朊涂饰剂。乳酪素与乙烯基类单体及丙烯酸酯接枝共聚产品称为DSF-2#改性乳酪素。

(4) 复合共混改性

该改性方法是将乳酪素溶液和油类、蜡剂以及聚氨酯树脂和丙烯酸树脂等按一定的比例进行共混复合，以期提高乳酪素或改善乳酪素的物性。

3. 工艺流程

(1) GR改性乳酪素

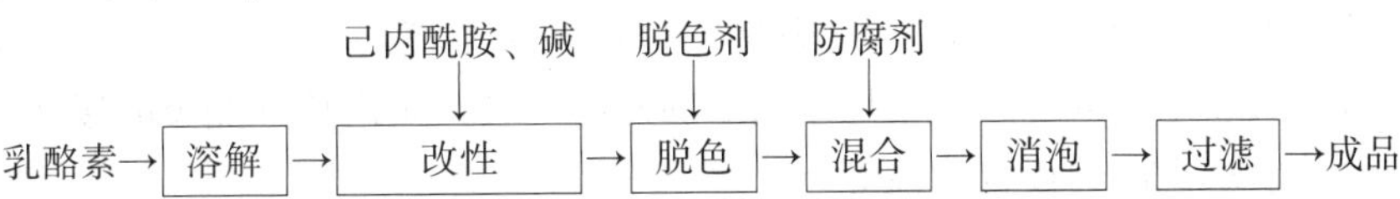

(2) 有机硅油改性

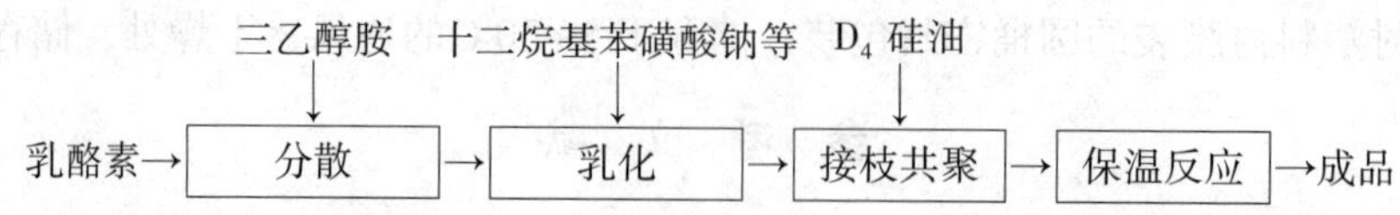

(3) 乙烯基类单体改性

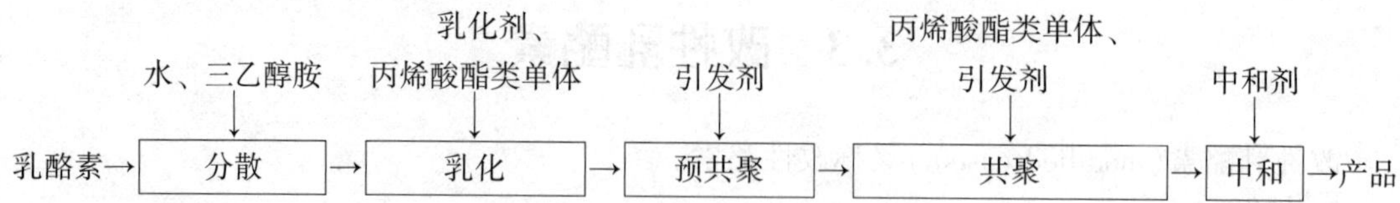

4. 生产工艺

(1) 有机硅油改性

将乳酪素用水溶解，得到的乳酪素溶液用分散剂三乙醇胺于50~60℃下分散，然后保温，加入十二烷基苯磺酸钠，于50~60℃下搅拌乳化。逐渐升温至80~85℃，在搅拌下滴加D_4硅油，于80~90℃下进行接枝共聚，加料完毕保温3~4h，冷却得到改性乳酪素。

(2) 乙烯基类单体改性

将乳酪素用水溶解后，于50~60℃下加入三乙醇胺，搅拌分散，再加入十二烷基苯磺酸钠和部分丙烯酸酯类单体，于50~60℃下搅拌乳化。升温至70~80℃，滴加引发剂开始预共聚，同时滴加引发剂和剩余的丙烯酸酯类单体，加完后，恒温反应2~3h，中和后得到改性乳酪素。

说明：

① 国产酪龙-WH涂饰剂以己内酰胺为改性剂，将乳酪素加入水、助溶剂和乳化剂溶解后，加入尼龙和引发剂、增塑剂、稳定剂等进行反应，反应数小时，待反应物经检测达到要求后，降温过滤即成产品。

酪龙-WH的产品质量指标如下：

外观	淡黄色半透明黏稠液体	pH值	7~8
固含量	20%~22%	耐寒性	-30℃
黏度	30~100Pa·s	热弯曲	>100℃

酪龙-WH用于轻革表面涂饰具有如下优点：成革平滑光亮，手感柔软、丰满，与革面黏着力强，易于打光，并保持了轻革成品的透气性和其他卫生性能；可以任意调整成膜的软硬度，增强成膜的延伸性；由于乳酪素分子链上接枝了尼龙单体，降低了吸水性，成革耐干、耐湿擦；成革的耐寒性、耐热性、抗溶剂性、防霉性和防腐性等均有显著改善。

② 乳酪素也可以通过加入增塑剂进行改性，常加入硫酸化蓖麻油、甘油、乙二醇、聚乙二醇、油酸三乙醇胺、硬脂酸三乙醇胺等优良增塑剂。甘油的增塑作用虽然比硫酸化蓖麻油好，但吸湿性大，影响涂层的光泽和耐湿擦性。

③ 化学方法改性是改进酪素薄膜脆性和提高其防腐性能的最好方法。较好的方法有己内酰胺与乳酪素的共聚改性，用这种方法改性的乳酪素涂膜柔软、透明，涂饰各层都可使用，成革具有滑爽、丰满的手感，增加了涂层的光泽。其次是丙烯酸酯类的接枝改性、环氧树脂的接枝改性、有机硅的接枝改性等。

5. 质量标准

(1) GR 改性乳酪素

外观	淡黄色或乳白色黏稠液体	pH 值	7~8
固含量	(20±2.0)%	黏度(20℃)	>100mPa·s

(2) CA-I 改性酪朊涂饰剂

外观	淡黄色黏稠液体	pH 值	7~8
固含量	>24%		

(3) DSF-2#改性乳酪素

外观	淡黄色黏稠液体	热稳定性(60℃)	48h 不凝聚,不分层
固含量	(20±1.0)%	pH 值	7.5±0.5
化学稳定性	无沉淀，不分层		

6. 用途

乳酪素经改性以后，其用途更加广泛。由于具有良好的成膜性能，可用作苯胺革或半苯胺革的涂饰；由于具有良好的打光、抛光性能，适宜于打光、抛光革的涂饰。另外，蜡、油脂、有机硅酮聚合物等可以提高涂层的耐湿擦性，增加涂层的柔软度，赋予涂层以舒适的触感，因此改性乳酪素满足了不同革坯(如猪、牛、羊革，服装、家具、箱包、鞋面革等)、不同涂层(如底、中、顶层等)对乳酪素不同性能的要求。GR 改性乳酪素适用于轻革的表面涂饰，特别适用于打光革的涂饰；CA-1 改性酪朊涂饰剂适用于各种革的底、中层涂饰，也可作为制备补伤剂的成分之一；DSF-2#改性乳酪素适用于各种轻革的涂饰。

7. 安全与储运

使用塑料桶或衬塑铁桶包装，储存于阴凉、干燥处，储存期 1 年。

参 考 文 献

[1] 乔滢寰，马建中，徐群娜，等. 无皂乳液聚合法制备改性酪素乳液的研究进展[J]. 现代化工，2013，33(02)：15-19.

[2] 李运涛，王廷平，杨军胜. 改性酪素涂饰剂的研制及应用表征[J]. 中国皮革，2007，(07)：37-39.

3.4 丙烯酸树脂涂饰剂 RAF

丙烯酸树脂涂饰剂 RAF(acrylic resin emulsion RAF)系列有三种型号的产品：RAF-Ⅰ、RAF-Ⅱ、RAF-Ⅲ，其主要成分为聚丙烯酸酯。

1. 性能

外观为乳白色泛蓝光乳液，可与水以任意比例互溶，和其他树脂、颜料膏、揩光浆、酪素液等混溶性好。不可用苯、二氯甲烷、四氯化碳、乙酸乙酯、汽油等有机溶剂稀释，但可与亲水性溶剂如乙醇、甘油、乙二醇甲醚、丙酮等部分互溶。丙烯酸树脂通常设计成软性和硬性两种，以满足皮革底层和中顶层的涂饰。软性树脂成膜柔软，具有极佳的耐寒冻裂性。硬性树脂应具有光亮、耐热压、耐水、耐有机溶剂、耐干湿擦等多种优良性能。丙烯酸树脂是最早和最普遍使用的一种树脂，制造树脂的原材料易得而丰富。丙烯酸树脂涂饰剂能赋予皮革良好的物理性能：中等的耐寒冻裂性，较好的黏着性，中等的填充性能，优良的耐曲折性能，良好的干湿擦性能，中等的压花成型性能，中等的遮盖力，优良的耐光、耐老化性能。

2. 生产原理

以水为介质，将丙烯酸酯、丙烯酸、丙烯腈、丙烯酰胺单体用表面活性剂进行乳化，在引发剂的作用下，发生乳液聚合生成高分子树脂聚合物乳状液，反应方程式如下：

$$nCH_2{=}CHCO_2C_2H_5+mCH_2{=}CHCO_2C_4H_9 \xrightarrow[\triangle]{\text{引发剂}} \left[CH_2-\underset{\displaystyle CO_2C_2H_5}{\underset{|}{CH}}\right]_n\left[CH_2-\underset{\displaystyle CO_2C_4H_9}{\underset{|}{CH}}\right]_m$$

3. 工艺流程

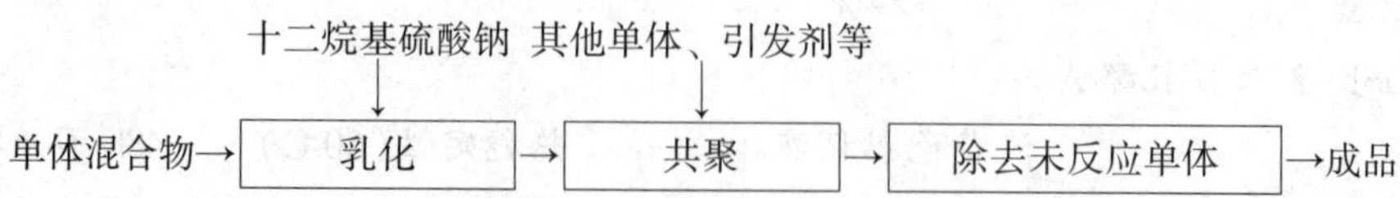

4. 主要原料

原料有丙烯酸酯类和乙烯基类单体、乳化剂、交联剂、引发剂。丙烯酸酯类单体有（甲基）丙烯酸甲酯（MMA、MA）、丙烯酸乙酯（EA）、丙烯酸丁酯（BA）、甲基丙烯酸丁酯（MBA）、丙烯酸辛酯、丙烯酸-β-羟乙酯或羟丙酯、甲基丙烯酸缩水甘油酯等。通常根据生产需要，加入的羧酸类不饱和单体有：丙烯酸、甲基丙烯酸、衣糠酸、马来酸酐等。

乙烯基类单体有：苯乙烯、丙烯腈、乙酸乙烯、丙烯酰胺等。

常用的乳化剂有：阴离子型乳化剂，如十二烷基硫酸钠、十二烷基苯磺酸钠；非离子型乳化剂，如 OP-10、吐温 80、司盘 80 等。

常见的内交联剂有：*N*-羟甲基丙烯酰胺、二乙烯苯、亚甲基双丙烯酰胺等。

5. 原料消耗（kg/tRAF）

	RAF-Ⅰ	RAF-Ⅱ	RAF-Ⅲ
丙烯酸乙酯	270	275	172
丙烯酸丁酯	112	115	150
丙烯酸	8.0	4.0	8.0
丙烯腈			40.0
丙烯酸钾	0.32	0.32	1.2
十二烷基硫酸钠	7.0	6.0	4.0
OS-15			4.0
甲醛			4.0
去离子水	600	600	585

6. 生产工艺

将去离子水、30%的乳化剂、混合单体加入反应釜中，升温至 40～45℃，乳化 20～30min，然后加入共聚反应釜中，加热至 75～85℃，滴加引发剂，反应 20～30min。当釜内物料变成蓝色后，开始滴加余下的单体、引发剂、乳化剂，1～2h 加完，保温熟化 3～4h，调节 pH 值。抽真空 0.5h 脱去未反应的单体，取样分析，合格后出料。

说明：

① 乳液聚合是制造丙烯酸树脂最有效的工业方法之一，采用这种工业方法的主要优点是经济，用水作聚合介质时操作安全，容易散热，反应温度容易控制，聚合速度快且安全。

② 丙烯酸树脂的种类很多，国内外化工厂有不同的生产配方，表 3-3 列举了几种国产商品的基本化学组成供参考。

表 3-3　几种国产丙烯酸树脂的参考配方　　%

商品名称 / 组成	软性 1#	软性 2#	中性 1#	5# 树脂	20# 树脂
丙烯酸甲酯	50	50	60	50	
丙烯酸丁酯	50	50	30	50	78
丙烯酸			2		
丙烯腈			8		17
丙烯酰胺					5
过硫酸钾	0.0793	0.0793	0.194	0.0699	
十二烷基硫酸钠	1	1	1	1	
渗透剂 JFC		2			

③ 因为极性羧基可以增加聚合物的亲水性从而提高乳液的稳定性，同时极性羧基还能增强乳液对颜料的润湿作用，并能增强聚合物的抗溶剂性，因此在丙烯酸树脂的乳液聚合时，常常加入未酯化的丙烯酸和甲基丙烯酸，其用量一般为 1%~2%。但是，丙烯酸或甲基丙烯酸的用量不能过大，当其用量为单体总量的 2%以内时，对乳液的耐碱性和抗水性都没有影响或影响甚微；但当用量大于 2%时，乳液的耐碱性变差，用氨水调节乳液的 pH 值时乳液会增稠，甚至出现结块，而所成薄膜的耐寒性、延伸性、抗水性都会降低。

④ 乳液聚合反应中所用乳化剂的种类及用量直接影响丙烯酸树脂乳液的稳定性。由阴离子型乳化剂如十二烷基硫酸钠等乳化的丙烯酸树脂乳液的聚合物颗粒较细小，乳液的机械稳定性好，不会因强烈振动、搅拌而破乳。但乳液的化学稳定性较差，不耐酸、碱、盐等化学试剂。而用非离子型乳化剂所制得的乳液，化学稳定性好，但机械稳定性较差，因为乳液聚合物颗粒粗大。所以制备丙烯酸树脂乳液时，应配合使用离子型和非离子型乳化剂。另外，乳化剂的种类和用量对乳液所成薄膜的抗水性也有影响。乳化剂的活性越高，在乳液中的含量越多，所成薄膜紧密度越小，吸水性越强，抗水性越差，反之亦然。

⑤ 丙烯酸树脂的性质取决于聚合物的平均聚合度。聚合物大分子单体相对分子质量越大，所成薄膜的抗张强度就越大，而伸长率就越小，耐寒性也越差。所以在生产丙烯酸树脂的过程中要注意控制聚合物的聚合度，并尽可能使聚合物的聚合度保持稳定一致。一般而言，聚合度控制在 100~200，相对分子质量为 1000~2000 比较合适。

7. 质量标准

指标名称	RAF-Ⅰ	RAF-Ⅱ	RA-Ⅲ
外观		白色或蓝色乳液	
固含量	(40±1)%	(40±1)%	(38±2)%
pH 值	6~8	6~8	6~8
残余单位含量	<1%	<1%	<1%
储存期	1 年	1 年	1 年

指标名称	软性 1#	软性 2#	软性 3#
外观	蓝白色乳液	蓝白色乳液	蓝白色乳液
固含量	≥38%	≥38%	≥38%
未反应单体	<1%	<1%	<1%
pH 值	6~7	6~7	6~7
黏度	≤16s	≤16s	≤16s

8. 用途

RAF 型丙烯酸树脂涂饰剂是具有反应活性的丙烯酸酯类涂饰剂，乳液稳定性好，乳粒细而均匀，胶膜具有优良的机械性能、耐热性能、低温性能以及耐溶剂性能。可赋予成革柔软、丰满及优良的柔曲性能和增色效果。与着色材料配合，可作为皮革的顶层、中层及底层的涂饰材料，也可作为着色材料的黏合剂。

软性 1#、软性 2#用于底、中层涂饰，中性 1#用于中、顶层涂饰，软性 2#可作为填充剂使用，但需要加入一定量的渗透剂加 JFC，用量可根据皮革松面程度而定。

丙烯酸树脂等成膜剂通常和着色剂（如颜料膏、染料）、稀释剂（如水等）和其他助剂（如补伤剂、渗透剂、蜡剂、填料等）按一定比例配制成色浆，然后采用揩、刷、淋、喷等方式，把该色浆涂在皮坯表面，形成一层薄膜。软性树脂多用于底层浆中，而中、硬性树脂多用于中、顶层浆中。树脂、着色剂、助剂的比例随革坯种类（如牛皮、猪皮、羊皮、二层革等）及气候等的变化而有差异。不同品种的革坯颜料膏和树脂的比例见表 3-4。

表 3-4 不同品种的革坯颜料膏和树脂的比例

皮革品种	颜料膏	树脂（固含量为 40%）	皮革品种	颜料膏	树脂（固含量为 40%）
鞋面革	1	2~4	皮件革	1	1.5~3.5
家具革	1	3~3	PU 二层革	1	1.5~3.5
服装革	1	1.5~1.5	内里革	1	1

鞋面革、家具革等对耐摩擦、耐冲击强度、耐水洗性能要求较高的皮革，树脂的用量相对要多一些；而像服装革、内里革，树脂的用量相对要减少。软、硬性树脂的搭配要能经受住气候的变化和加工过程中的机械作用。如应能经受住抛光、打光、压花等机械作用，在气候变化时应不出现涂层裂浆、散光、发黏等现象。

浆料配制好后不可久放，不可与带异性电荷的树脂或其他助剂混溶。

9. 安全与储运

使用塑料桶包装，储存于阴凉处，不可曝晒，储存温度不低于 4℃，储存期 1 年。

参 考 文 献

[1] 彭豪，魏欢，向均，等. 大粒径自消光核-壳丙烯酸树脂涂饰剂的合成与表征[J]. 功能材料，2022，53(03)：3001-3010+3019.

[2] 刘倩，贺丽蓉，潘姝言，等. 丙烯酸树脂涂饰剂的合成及明胶对其改性的研究[J]. 中国皮革，2008，(23)：19-23.

3.5 J_1 型丙烯酸树脂涂饰剂

J_1 型丙烯酸树脂涂饰剂（acrylic resin emulsion J_1）是以甲醛与丙烯酰胺为交联剂的改性丙烯酸树脂。

1. 性能

外观为半透明或白色发蓝乳液，具有优良的耐寒、耐热、耐水、耐溶剂性能。

2. 生产原理

由单纯的丙烯酸等单体所生产的树脂一般为线型聚合物，存在热黏冷脆、耐候性差的缺点。使用甲醛、丙烯酰胺为交联剂，使丙烯酸的线型结构经交联变成网络结构，可提高其物理性能。

甲醛与丙烯酰胺反应，生成 *N*-羟甲基丙烯酰胺，然后与丙烯酸酯类单体共聚，并发生链间缩合交联，得到 J_1 型改性丙烯酸树脂。

3. 工艺流程

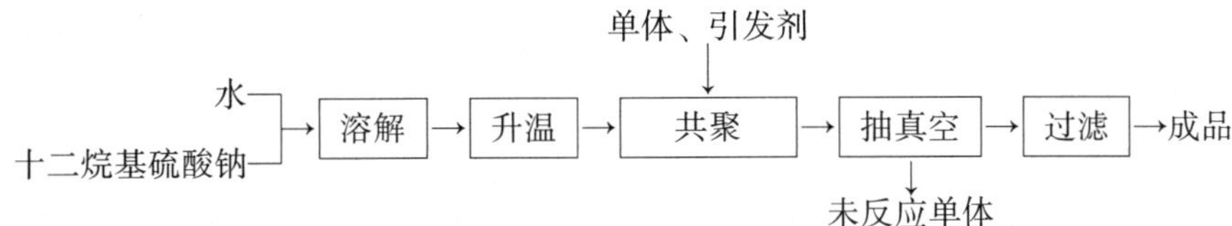

4. 主要原料(质量份)

配方一

丙烯酸丁酯	75	甲醛(37%)	3.7
丙烯腈	25	十二烷基硫酸钠	1.4
丙烯酸	1	过硫酸铵	0.36
丙烯酰胺	3.3	去离子水	230

配方二

丙烯酸丁酯	75	*N*-羟甲基丙烯酰胺	3
丙烯腈	20	十二烷基苯磺酸	1.4
丙烯酸甲酯	5	过硫酸钾	0.4
丙烯酸	1	去离子水	230

5. 生产工艺

工艺一

将十二烷基磺酸钠和水加入反应釜中，搅拌均匀。然后加热升温至 75~80℃，滴加引发剂溶液和丙烯酸丁酯、丙烯腈的混合单体。在滴加单体的同时，分别滴加丙烯酸以及甲醛和丙烯酰胺的混合液，引发剂应最后加完。加完引发剂后，继续于 85~88℃下反应 1.5~2h。真空脱去未反应的单体，降温至 30℃左右时，过滤出料，得到 J_1 型丙烯酸涂饰剂。

工艺二

将丙烯酸丁酯、丙烯腈和丙烯酸甲酯混合，另将丙烯酸、*N*-羟甲基丙烯酰胺以少量去离子水溶解。将乳化剂和水加入反应釜中，搅拌下升温至 75℃时，加入 1/3 的单体，保持体系温度在 80~85℃。分别滴加油溶性混合单体、水溶性混合单体和引发剂，在单体加完后约 15min 加完。于 80~85℃下保持搅拌，使聚合反应趋于完成，约 2h 后，减压抽除未反应单体，并且开始降温。于 30℃左右停止搅拌，过滤并出料得到 J_1 型丙烯酸涂饰剂。

6. 质量标准

外观	白色发蓝乳液	储存期	室温下储存半年不分层
pH 值	4±0.5	离心稳定性	≤1%
固含量	30%		

7. 用途

用于皮革的中层或面层涂饰。

用于牛皮修面革配方(kg)实例：

面浆配方：

黑色颜料膏	100	15%蜡乳液	35
10%粒子元青	80	J_1 型丙烯酸树脂	530
10%干酪素	250	水	270~300

光亮剂配方：

306 硅乳液	10	水	150
J_1 型丙烯酸树脂	100		

8. 安全与储运

聚合反应设备应密闭，车间内应保持良好的通风状态。使用塑料桶包装，储存期1 年。

参 考 文 献

[1] 任鹏飞，段宝荣，吴一钒，等. 皮革用丙烯酸涂饰剂的合成[J]. 中国皮革，2022，51(02)：69-75.

[2] 杨更须，高青雨，周惠，等. 自交联型丙烯酸树脂皮革涂饰剂的研制[J]. 中国皮革，1998，(08)：10-11.

3.6 皮革顶层涂饰漆

皮革顶层涂饰漆又称为丙烯酸皮革漆，其主要成膜材料为丙烯酸树脂，属于溶剂型清漆。

1. 性能

无色透明，微有乳光的液体，具有良好的光亮性和柔韧性。

2. 生产原理

由丙烯酸乙酯、甲基丙烯酸甲酯、丙烯酸、丙烯酸羟丙酯在溶剂中共聚，制得固含量不低于50%的丙烯酸树脂，再加溶剂和助剂调配成皮革顶层涂饰漆。

3. 工艺流程

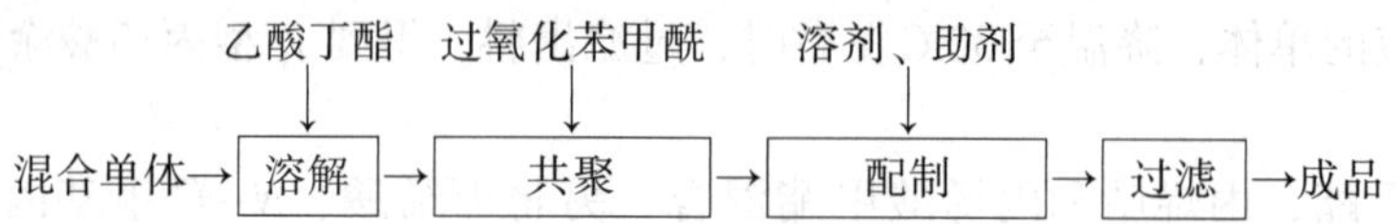

4. 主要原料(质量份)

(1) 丙烯酸树脂配方

A 组分

丙烯酸乙酯	60~120	丙烯酸羟丙酯	10~35
甲基丙烯酸甲酯	80~150	改性树脂(高分子纤维素)	5~15
丙烯酸	5~20	乙酸丁酯	100~250

B 组分

过氧化苯甲酰	2~10	乙酸丁酯	80~150

(2) 涂饰漆配方

丙烯酸树脂	30~40	丁醇	3~5
乙酸丁酯	20~25	硅油(1%的二甲苯溶液)	1~3
乙酸乙酯	2~6	硝化棉溶液	5~15
甲苯	20~30	增塑剂	适量

5. 生产工艺

在反应器上安装搅拌器、回流冷凝管，然后加入已称量的 A 组分，打开冷凝器的冷却水，开动搅拌器，转速约为 100r/min，加热，当温度升到 80℃时，通氮气约 5～10min，此时温度已升至 90～95℃，停止通氮气。然后加入约 1/4 的 B 组分，反应 1h，再加入剩余 B 组分的 1/2，反应 1h。加入剩余的全部 B 组分，继续反应 1h，停止加热，冷却后出料。所得树脂为微黄色透明液体，黏度为 1.7～2.2Pa·s，固含量不低于 50%，玻璃化转变温度为 21℃(计算值)。

在配制锅中，加入溶剂，然后加入丙烯酸树脂，在搅拌下加入硅油、硝化棉溶液和增塑料，搅拌均匀后过滤，得到皮革顶层涂饰漆。

6. 质量标准

外观	无色透明，微有乳光
黏度	15～20s(涂 4#杯测试)，喷涂性及流平性好，不拉丝
固含量	15%～23%

7. 用途

作为皮革顶层涂饰漆，可用于皮革罩面或上光。加入闪光颜料或金属颜料后可获得具有幻彩的闪光漆，加入其他颜料后，经研磨分散可制得颜色鲜艳的各种色漆。这是一种新型皮革顶涂剂。涂饰漆喷涂后 20min 可表干，一般 24h 后可完全固化。也可在表干后放入 100℃烘箱，20min 左右烘干。

8. 安全与储运

共聚反应釜应密闭，车间内应加强通气。使用塑料桶包装，储存于阴凉、干燥处，储存期 1 年。

参 考 文 献

邵双喜. 高性能皮革化工材料——第二代丙烯酸树脂顶层涂饰剂[J]. 西部皮革，1988，(00)：37-40.

3.7 阳离子丙烯酸树脂成膜剂

阳离子丙烯酸树脂成膜剂(cationic acrylic resin)又称阳离子型聚丙烯酸酯。结构为：

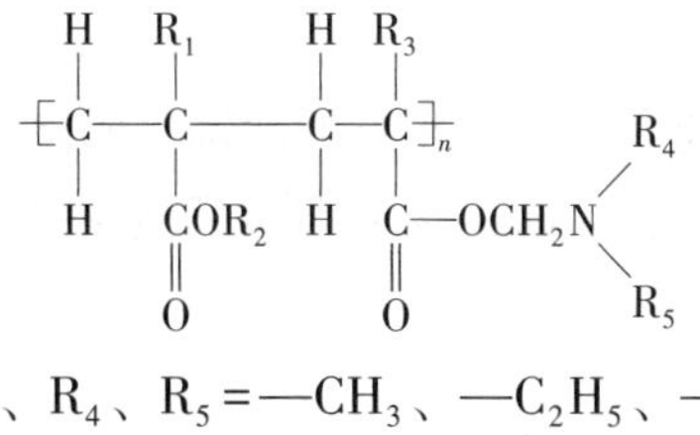

$$-\!\!\left[\begin{array}{c}H\\|\\C\\|\\H\end{array}-\begin{array}{c}R_1\\|\\C\\|\\COR_2\\\|\\O\end{array}-\begin{array}{c}H\\|\\C\\|\\H\end{array}-\begin{array}{c}R_3\\|\\C\\|\\C-OCH_2N\begin{array}{l}\diagup R_4\\ \diagdown R_5\end{array}\\\|\\O\end{array}\right]_n\!\!-$$

式中，R_1、R_3=H、—CH_3；R_2、R_4、R_5=—CH_3、—C_2H_5、—C_4H_9 等。

1. 性能

通常为乳白色泛蓝光乳液，可与水互溶，不可用苯、汽油等有机溶剂稀释。阳离子型丙烯酸树脂本身带有正电荷，它不仅对带静电(负电荷)表面有中和、吸附及黏合作用，而且还兼具杀菌、防腐和抗静电作用。阳离子电荷对于铬鞣剂、植物鞣剂及合成鞣剂鞣成的革具有较好的键合力。阳离子型树脂溶液的 pH 值接近于皮革的等电点，因此，浆液靠渗透压而被革吸收，不需要借渗透剂和溶剂就能产生渗透性和黏合性。具有良好的粘接力、耐曲折性、耐光性、耐老化性。可以改进纤维强度和拉力，同时又能使皮革面丰满、柔软，与其他颜料浆混溶性好。

2. 生产原理

以水为介质，使用非离子型表面活性剂或阳离子型表面活性剂为乳化剂。丙烯酸酯和带有季铵基的丙烯酸酯在过氧化氢或过氧乙酸和少量过硫酸盐组成的引发体系中发生共聚，得到阳离子丙烯酸树脂成膜剂。

说明：

① 可采用核/壳乳液聚合技术，其工艺流程为：

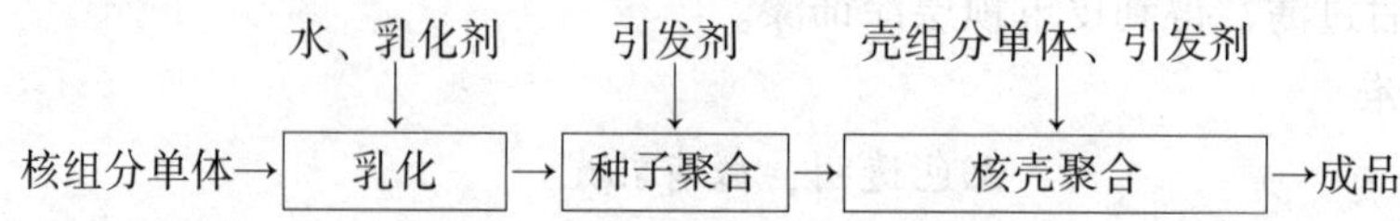

② 一般制备阴离子丙烯酸树脂的技术均可用于阳离子丙烯酸树脂的合成。不同之处在于原材料的差异。合成阳离子丙烯酸树脂的单体不可选用带—COO—的丙烯酸或甲基丙烯酸类，取而代之的是带季铵基的丙烯酸酯类单体，乳化剂也只能选用非离子型或阳离子型乳化剂(如 1631 等)。引发剂也不宜选用分解或溶于水后产生阴离子的过硫酸盐类，过氧化氢和少量过硫酸盐共同使用可组成阳离子丙烯酸树脂合成的引发系统。

③ 不可与阴离子型树脂或助剂共混。

3. 质量标准

指标名称	软性树脂	硬性树脂
外观	无机械杂质	无凝聚物的乳状液
总固含量	≥27%	≥27%
溴值	≤2. 5gBr_2/100g	≤3. 0gBr_2/100g
对 5%氨水稳定性	不破乳	不破乳
膜抗张强度		≥7. 0×10^6N/m^2
膜断裂伸长率		≥(450±100)%
膜永久变形		≤4%
膜脆折温度		≤-15℃

4. 用途

适于配制各类革坯的封底树脂和各类软革的涂饰。阳离子丙烯酸树脂因带正电荷而不能与阴离子型树脂及助剂复配使用，目前市场上阳离子型颜料膏等助剂缺少，故阳离子丙烯酸树脂多用作封底树脂。

5. 安全与储运

使用塑料桶包装，储存于阴凉、干燥处，储存期 1 年。

参 考 文 献

[1] 徐丽丽. 阳离子型聚丙烯酸酯乳液聚合的研究[D]. 青岛：青岛科技大学，2015.

[2] 薛强，强西怀，张辉，等. 新型阳离子聚丙烯酸酯无皂乳液的制备及涂膜性能[J]. 中国皮革，2014，43(11)：28-32.

3.8 RA-CS 丙烯酸树脂乳液

RA-CS 丙烯酸树脂乳液(acrylic resin emulsion RA-CS)又称 RA-CS 皮革涂饰用丙烯酸多元共聚乳液，由丙烯酸酯类、苯乙烯、丙烯腈等单体共聚得到。

1. 性能

白色微蓝色乳液，黏着力强，耐曲挠，耐寒性、耐热性好，其突出的特点是使用同一树脂，选用不同配方可以用于各种皮革的底、中、顶层涂饰。

2. 生产原理

通过共聚法对丙烯酸树脂进行改性。共聚法改性是选择不同性质的单体，调整配比，进行多元化共聚。一般采用均聚物玻璃化转变温度(T_g)低的丙烯酸酯类如丙烯酸丁酯或丙烯酸辛酯以提高共聚物的耐寒性和柔软性、手感性等，选用其他乙烯类单体如丙烯腈、苯乙烯、丁二烯、二乙烯苯以提高共聚物的物理机械性能，如坚韧性、黏着性、耐磨性、抗溶剂性等。RA-CS 丙烯酸树脂选用苯乙烯(改善黏着性)、丙烯腈(增强坚韧性)、二乙烯苯(提高抗溶剂性)、乙酸乙烯酯(提高黏附性)与丙烯酸酯类单体共聚。

3. 工艺流程

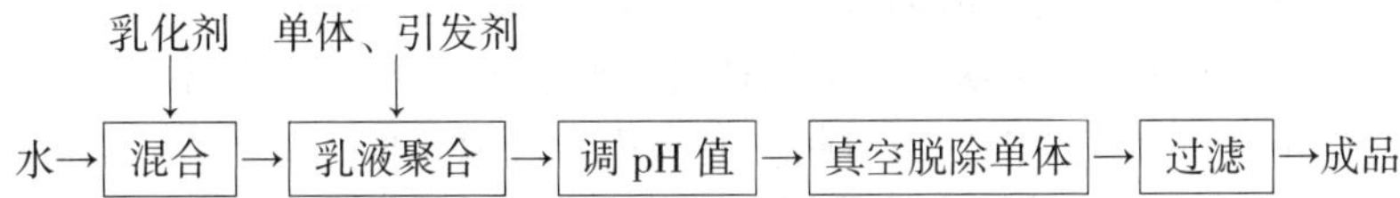

4. 生产工艺

向共聚反应釜中加入乳化剂和去离子水，搅拌形成乳液，同时升温，温度达到 75~80℃后，滴加单体混合物和引发剂溶液进行乳液共聚合，加料完毕，继续在 85~88℃下反应 2h，然后中和调节 pH 值，抽真空脱除未反应的单体。降温至 30℃左右，过滤，出料，得到 RA-CS 丙烯酸树脂乳液。

5. 质量标准

固含量	38%~40%	膜抗张强度	>10MPa
pH 值	6.5~7.0	膜伸长率	>60%
转化率	>98%	膜低温脆折温度	-35~-40℃
热稳定性(30~60℃)	一周不分层、不凝聚	膜邵氏硬度(A)	50~53

6. 用途

可用于猪、牛、羊软面革、服装革、修面革等的修饰。

7. 安全与储运

共聚反应釜应密闭，车间内应加强通风。使用塑料桶或内衬塑料的铁桶包装，储存期1 年。

参 考 文 献

[1] 郭鑫，刘晔，徐英男，等. 自交联疏水型丙烯酸树脂乳液的制备及性能[J]. 大连工业大学学报，2024，(01)：1-5.

[2] 董博震，周炳才，孙大庆. 室温自交联丙烯酸树脂乳液的制备与应用[J]. 皮革与化工，2014，31(03)：1-4.

3.9 改性丙烯酸树脂乳液

改性丙烯酸树脂乳液(modified acrylic resin emulsion)又称改性丙烯酸树脂成膜剂。

1. 性能

乳白色微蓝乳液。改性丙烯酸树脂成膜剂克服了丙烯酸树脂热黏冷脆的缺陷，并同时具有其他多种优异性能。成膜性能优良，遮盖力强，黏着力好，耐光性、耐候性、耐曲挠性、耐干擦和湿擦性优良。丙烯酸树脂经有机硅改性后，涂后手感平滑、舒适，耐寒性和耐热性得到明显改善。丙烯酸树脂经聚氨酯改性后，既保留了丙烯酸树脂的优良性能(如优良的耐曲折性能、良好的耐光性能和良好的遮盖性能等)，又呈现出聚氨酯的优良性能(如良好的耐寒性能、良好的压花成型性能等)。丙烯酸树脂经环氧树脂改性以后，涂层的耐溶剂性能和耐热压性能会显著提高。丙烯酸树脂经有机氟改性以后，涂层的防水、防油、防污性能得到极大改善。

2. 生产原理

改性丙烯酸树脂的制备原理因产品性能需要而异。丙烯酸树脂的改性方法主要有共混、共聚、交联、IPN(互相穿透聚合物网络交联技术)以及光固化改性等。

① 交联法改性丙烯酸树脂。借助交联剂的作用，使丙烯酸树脂形成网状交联结构，从而提高成膜的物理机械性能。交联改性法包括自交联、外交联和金属离子交联。

② 有机氟和环氧树脂改性丙烯酸树脂。通常用含环氧基的丙烯酸酯单体(如甲基丙烯酸缩水甘油酯)或含氟丙烯酸酯单体和其他丙烯酸酯或乙烯基类单体共聚而成。

③ 聚氨酯改性丙烯酸树脂。先制备聚氨酯乳液，然后在乳液中加入丙烯酸酯类单体进行接枝和共聚。该方法的缺点是聚氨酯乳液稳定的 pH 值范围较窄，聚合过程中有沉淀生成。另外，聚氨酯长时间在光、热作用下易变黄(吸收紫外线)，乳液颜色较深，不宜用于浅色革的涂饰。

④ 有机硅改性丙烯酸树脂。通常先制备 D_4 硅油(八甲基环四硅氧烷)开环聚合物或有机硅橡胶乳液，然后加入丙烯酸酯类单体进行接枝和共聚，得到有机硅改性丙烯酸树脂乳液。

⑤ IPN 法改性丙烯酸树脂。IPN 法是互相穿透聚合物网络交联法，又称为胶乳粒子结构设计改性。

3. 工艺流程

(1) 聚氨酯改性法

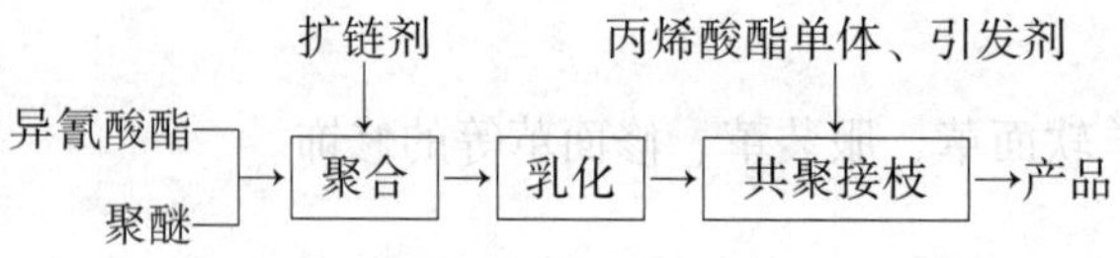

(2) 有机硅改性法

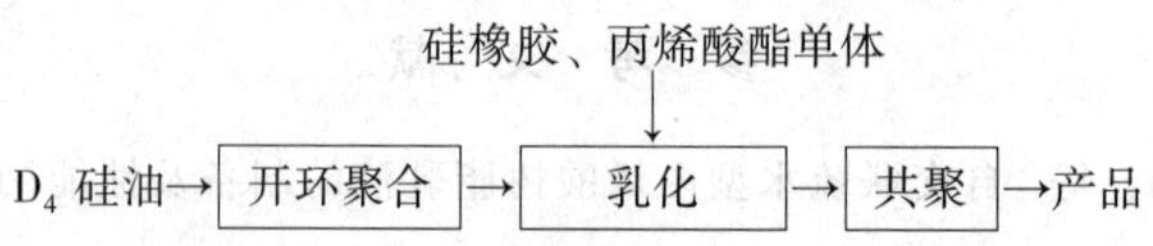

说明：

① 在共聚改性中，不同单体与丙烯酸酯共聚时对产品性能的影响：

单体名称	性能影响
丁二烯	改善耐磨性
丙烯腈、氯乙烯	增强坚韧性
丁二烯、苯乙烯、乙酸乙烯酯、聚氨酯	改善黏着性
丙烯腈、氯乙烯、苯乙烯	改善防水性
有机硅、丁二烯、聚氨酯	增强耐寒性
氯乙烯、偏氯乙烯、二乙烯苯	提高抗溶剂性
偏氯乙烯、丁二烯、氯乙烯	改善抗张和撕裂强度

② 聚氨酯改性也可先制备具有核/壳结构的丙烯酸乳液，并在丙烯酸树脂链上引入能和聚氨酯预聚体端基(—NCO)反应的活性氢原子，然后将聚氨酯预聚体分散在其中，端基和水反应扩链，与丙烯酸树脂链上的活性氢反应发生接枝或交联。在扩链过程中增长的聚氨酯链和丙烯酸树脂分子链相互交叉、相互渗透、相互缠结和交联形成互穿网络，既克服了上述方法的诸多弊端，又因互穿网络的形成大大改善了丙烯酸树脂的性能。

4. 质量标准

(1) 改性丙烯酸树脂涂饰剂 DC

固含量	(38±2)%	5%氨水稳定性	不破乳
pH 值	3~4	5%甲醛溶液稳定性	不破乳
溴值	(DG-2)≤2.5gBr_2/100g		

(2) SB 丙烯酸树脂(苯乙烯共聚改性)

外观	蓝白色乳液	pH 值	6~7
离心稳定性	≤1%	未反应单体	≤3%
固含量	≥38%		

(3) 丙烯酸树脂 A 系列(环氧树脂改性)

指标名称	AB-1	AM-1	AT-1
外观		蓝白色乳液	
固含量	≥38%	≥38%	≥38%
黏度	15~35s	15~35s	15~35s
pH 值	6~7	8~9	8~9
膜拉伸强度		≥6MPa	≥10MPa
膜脆折温度	(-60±5)℃	(-50±5)℃	(-40±5)℃

5. 用途

用于皮革涂饰。

6. 安全与储运

聚合设备应密闭，车间内应加强通风。使用塑料桶包装，储存于阴凉处，储存期 1 年。

参 考 文 献

[1] 郭能民，安秋凤，黄良仙，等. 有机硅改性丙烯酸树脂乳液的制备及应用性能[J]. 精细石油化工，2012，29(01)：66-70.

[2] 赵维，齐署华，周文英. 有机硅改性丙烯酸树脂乳液的合成及性能研究[J]. 化工新型材料，2006，(10)：55-57.

3.10 丙烯酸树脂填充乳液 SCC

丙烯酸树脂填充乳液 SCC（acrylic resin filling emulsion SCC）是以丙烯酸酯单体为原料，经乳液聚合得到的阴离子型丙烯酸树脂共聚物乳液。

1. 性能

乳白色略带蓝色液体。具有优良的耐候性、耐摩擦性、保色性等。乳液粒细而均匀，填充性能优良，能很好地渗入粒面与皮革纤维结合，对改善松面有明显效果，可使成革柔软、丰满，改善成革的耐候性、耐擦性、耐挠曲性。

2. 生产原理

以过硫酸钾为引发剂，用十二烷基硫酸钠作为乳化剂，丙烯酸酯、乙酸乙烯酯等单体在水中进行乳液聚合反应，生成高分子丙烯酸树脂共聚物乳液。反应方程式如下：

$$nCH_2{=}CH{-}CO_2R + mCH_2{=}\underset{\substack{|\\ OCOCH_3}}{CH} + lCH_2{=}\underset{\substack{|\\ CN}}{CH} \rightarrow {\left[CH_2-\underset{\substack{|\\ CO_2R}}{CH}\right]}_n {\left[CH_2-\underset{\substack{|\\ OCOCH_3}}{CH}\right]}_m {\left[CH_2-\underset{\substack{|\\ CN}}{CH}\right]}_l$$

式中，R=H，$-CH_3$，$-CH_2CH_3$。

3. 工艺流程

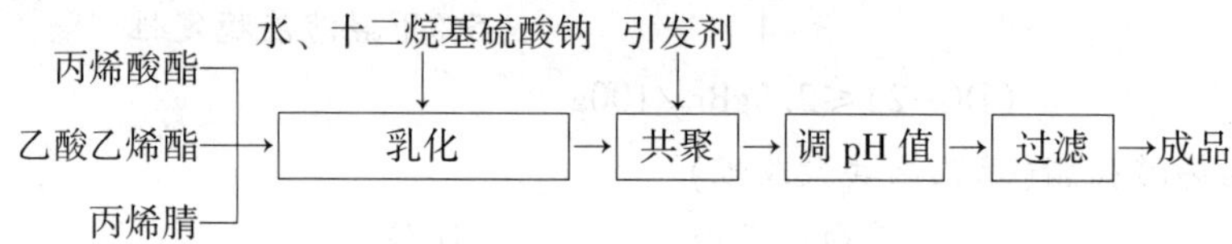

4. 主要原料(kg)

原料	用量	原料	用量
丙烯酸甲酯(98.5%)	40	平平加 OS-15(90.0%)	25
丙烯酸乙酯(98.0%)	280	过硫酸钾(98.0%)	1.2
乙酸乙烯酯(98.5%)	15	十二烷基硫酸钠(98.5%)	6
丙烯酸(95.0%)	40	去离子水	560
丙烯腈(99.0%)	40		

5. 生产工艺

将 560kg 去离子水加入乳化锅中，再加入 25kg 平平加 OS-15 和 6kg 十二烷基硫酸钠。开动搅拌器，缓慢加热，控制温度不超过 50℃。将 40kg 丙烯酸甲酯、280kg 丙烯酸乙酯、15kg 乙酸乙烯酯、40kg 丙烯酸和 40kg 丙烯腈单体等加入乳化锅中，充分搅拌，完全乳化后，将物料加入聚合反应釜中并加热升温至 60℃，开始滴加引发剂(预先溶解好压入高位计量槽)。

保持聚合反应温度在 85~90℃，引发剂加完后，继续保持温度反应 2.0~2.5h。然后降温，调节产品 pH 值，取样分析合格后过滤，得到丙烯酸树脂填充乳液 SCC。

6. 质量标准

项目	指标	项目	指标
外观	乳白色略带蓝色液体	pH 值	4~6
固含量	38%	机械稳定性	≤1.3%
游离单体	≤1.5gBr_2/100g		

7. 用途

适用于各种牛皮、猪皮、羊皮的填充。填充乳液与染料溶液混合时，应先用水将填充乳液稀释，然后在搅拌下将稀释的填充乳液缓慢加入染料溶液中，以防结块。

8. 安全与储运

乳化和共聚设备应密闭，车间内应加强通风。产品使用塑料桶包装，储存于阴凉、干燥处，储存期 1 年。

参 考 文 献

[1] 张静，涂伟萍，夏正斌. 丙烯酸树脂填充乳液的分子量及其分布研究[J]. 皮革化工，2005，(03)：1-4.

[2] 朱明辉，代杰. 填充性丙烯酸树脂乳液的制备[J]. 皮革化工，2004，(06)：27-28.

3.11　丙烯酸底层涂饰树脂

丙烯酸底层涂饰树脂主要成分为丙烯酸乙酯、丙烯酸和甲基丙烯酸甲酯的共聚物，结构式为：

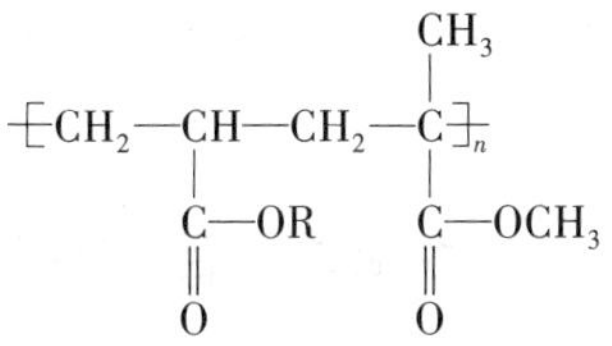

$$\left[CH_2-\underset{\underset{\underset{O}{\|}}{C-OR}}{CH}-CH_2-\overset{CH_3}{\underset{\underset{\underset{O}{\|}}{C-OCH_3}}{C}} \right]_n$$

式中，R=H，$-CH_2CH_3$。

1. 性能

乳白色带浅蓝色乳液。具有良好的黏结性和填充性。成膜均匀，耐磨、耐挠曲。

2. 生产原理

在引发剂存在下，丙烯酸乙酯、丙烯酸和甲基丙烯酸甲酯在水中发生乳液共聚，得到丙烯酸底层涂饰树脂。反应方程式为：

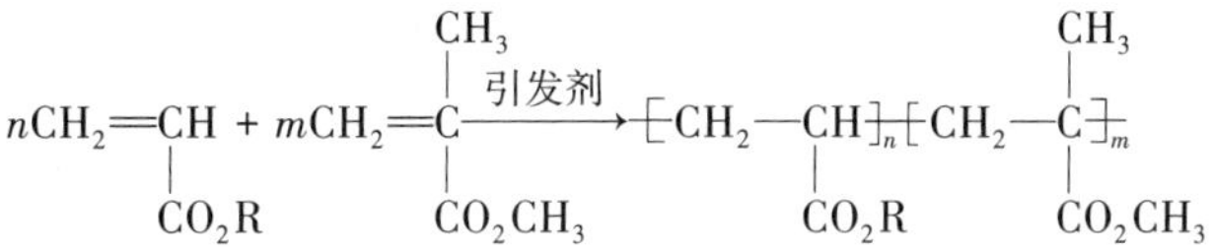

$$nCH_2=\underset{CO_2R}{CH} + mCH_2=\overset{CH_3}{\underset{CO_2CH_3}{C}} \xrightarrow{\text{引发剂}} \left[CH_2-\underset{CO_2R}{CH}\right]_n\left[CH_2-\overset{CH_3}{\underset{CO_2CH_3}{C}}\right]_m$$

3. 工艺流程

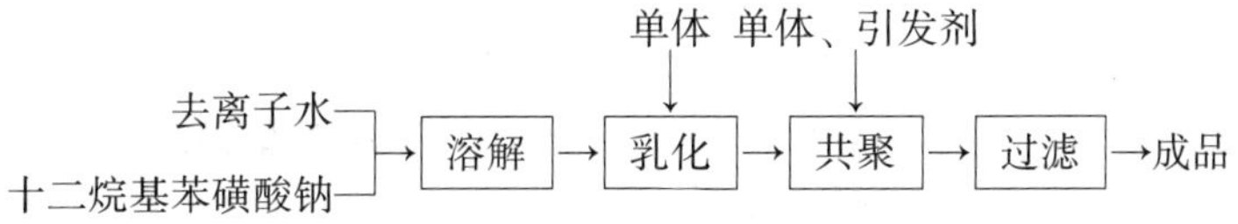

去离子水、十二烷基苯磺酸钠→溶解→乳化（单体）→共聚（单体、引发剂）→过滤→成品

4. 主要原料(kg)

原料	用量	原料	用量
丙烯酸乙酯	138.6	十二烷基苯磺酸钠	1.6
甲基丙烯酸甲酯	30.6	过硫酸钠	8.0
丙烯酸	3.6		

5. 生产工艺

将 442.4L 去离子水和 1.6kg 乳化剂加入反应釜中，搅拌下加入 1/3 的单体，然后升温到 80℃，分别同时滴加引发剂和混合单体，约 0.5h 加完，在 80～85℃保温，进行乳液共聚 2～3h。降温至 30℃，过滤后得到丙烯酸底层涂饰树脂。

6. 质量标准

外观	乳白色液体	固含量	30%
pH 值	3~4	稳定性	室温下储存半年不分层

7. 用途

适用于各种革的底层涂层。例如用于黑色牛皮修面革底层涂饰配方(质量份)：

丙烯酸底层涂饰树脂	145	黑色颜料膏	50
10%粒子元青	40	去离子水	50~75

8. 安全与储运

生产设备应密闭，车间内应加强通风。使用塑料桶包装，储存于阴凉、干燥处，储存期1年。

参 考 文 献

[1] 王艳姣. 室温自交联丙烯酸树脂乳液制备及涂膜性能[D]. 西安：陕西科技大学，2012.

[2] 高晨，李新跃，曹桐，等. 细乳液共聚合制备超疏水丙烯酸酯共聚物[J]. 四川理工学院学报(自然科学版)，2019，32(01)：1-7.

3.12 丙烯酸上层涂饰树脂

丙烯酸上层涂饰树脂为丙烯酸酯共聚树脂。

1. 性能

乳白色微蓝液体，具有良好的耐水性和耐溶剂性，耐折、耐干擦性好。

2. 生产原理

丙烯酸酯等单体在引发剂作用下发生乳液聚合。因对应的单体配比不同，可获得性能不同的产品。

3. 工艺流程

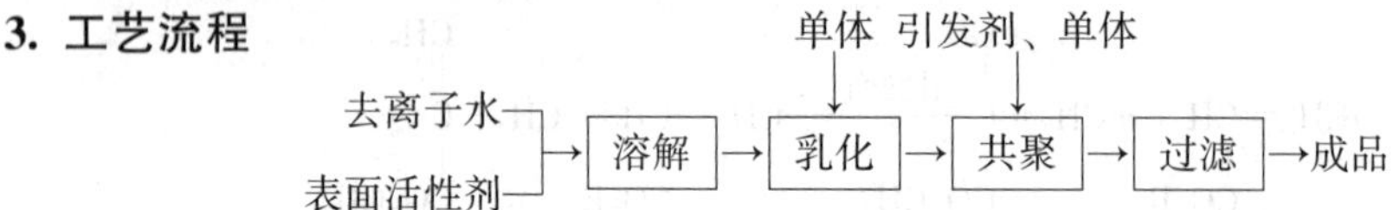

4. 生产工艺

(1) 丙烯酸上层涂饰树脂配方一(质量份)

丙烯酸甲酯	20	甲醛	适量
丙烯酸丁酯	80	十二烷基硫酸钠(K_{12})	适量
过硫酸铵	0.5~1.5	丙烯腈	适量
丙烯酸	适量	去离子水	适量
丙烯酰胺	2~4	聚乙烯醇	适量

将去离子水和K_{12}加入带有搅拌器的反应器中，逐渐升温溶解，75℃时将部分丙烯酸酯、丙烯腈、丙烯酰胺、甲醛和过硫酸铵同时滴入反应器中，反应温度控制在90℃以下，预聚合一段时间，降温至60~65℃，然后将已溶于水的聚乙烯醇、余下的丙烯酸丁酯、丙烯酸一次加入预聚合物料中，接枝共聚3h，再分两次滴加过硫酸铵，反应结束后过滤即得。

本品为乳白色，固含量22%，pH值为3.8左右，特别耐低温(-40℃)，具有较好的耐溶剂性和耐水性，涂层不散光、不裂浆、手感好，耐折、耐干擦，熨平压花不粘板。

（2）丙烯酸上层涂饰树脂配方二（质量份）

丙烯酸丁酯	50~70	过硫酸钾	0.1~1.0
丙烯腈	10~20	十二烷基硫酸钠（K_{12}）	0.1~1.0
丙烯酰胺	1~5	去离子水	200~300

将去离子水、K_{12}、丙烯酰胺、丙烯酸丁酯、丙烯腈依次加入乳化锅中，在室温下乳化30~40min，乳化后将物料抽至聚合反应釜内。升温至80℃时，滴加过硫酸钾溶液，在20~30min内加完全量的2/3，温度保持在81℃以下，然后在10min内滴完余下的1/3过硫酸钾溶液，保温1~2.5h，减压除去未反应的游离单体，降温至35~40℃，出料、过滤即得丙烯酸上层涂饰树脂。

本品为微蓝的乳白色乳液，固含量24%。pH值为5~6，最大特点是具有较高的耐寒性，可达-35℃以上，抗老化性能和耐热性能良好，成膜快、弹性好、手感柔软，用作上层涂饰剂，尤其适合北方冬季使用。

（3）丙烯酸上层涂饰树脂配方三（质量份）

丙烯酸丁酯	60~80	甲醛（37%）	10~15
丙烯腈	50~80	引发剂	1~5
丙烯酰胺	10~30	乳化剂	1~5
丙烯酸	1~5	去离子水	适量
苯乙烯	1~5		

操作工艺与配方（2）类似。本品为微蓝的乳白色乳液，固含量38%~40%，pH值为5~6，膜层热变形温度大于180℃，脆折温度在-30℃以下，拉伸强度好，延伸率高，用于皮革上层涂饰。

5. 用途

用于配制各种皮革的上层涂饰剂。

6. 安全与储运

共聚反应设备应密闭，车间内应加强通风。产品使用塑料桶包装，储存于阴凉、干燥处，储存期1年。

参 考 文 献

[1] 陈瑞虎. 超拉伸聚丙烯酸酯弹性体的制备及皮革涂层性能研究[D]. 济南：齐鲁工业大学，2023.

[2] 任鹏飞，段宝荣，吴一钒，等. 皮革用丙烯酸涂饰剂的合成[J]. 中国皮革，2022，51(02)：69-75.

3.13 改性丙烯酸树脂填充剂

改性丙烯酸树脂填充剂（modified acrylic resin filling agent）的主要成分为改性丙烯酸树脂。

1. 性能

乳白色微蓝乳液，胶乳粒度小。具有良好的皮革填充和涂饰效果，具有耐折、耐寒、耐热、涂层牢固、耐干湿擦、不裂浆、丰满、有弹性等特点，而且具有很好的流平性、机械稳定性和成膜性。

2. 生产原理

以水为介质，在过硫酸钾引发剂存在下，丙烯酸丁酯、甲基丙烯酸甲酯、丙烯腈和丙烯酰胺发生乳液共聚，得到改性丙烯酸树脂填充剂。

该反应主要单体为丙烯酸丁酯，加入甲基丙烯酸甲酯、丙烯腈、丙烯酰胺、甲醛等进行共聚，使树脂的性能得以完善。聚合后主链上连有几种极性不同的基团，能与皮革胶原纤维的活泼氢相互作用，容易为革所吸收，增加黏着力。丙烯酰胺与甲醛的加入，使树脂形成一定程度的交联网状结构；甲基丙烯酸甲酯的加入克服了丙烯酸丁酯均聚物的"热黏"弱点；丙烯腈链段又具有毛感，软硬性质的相互补充，增加了皮革的弹性和强度，以及耐寒、耐热性能。

3. 工艺流程

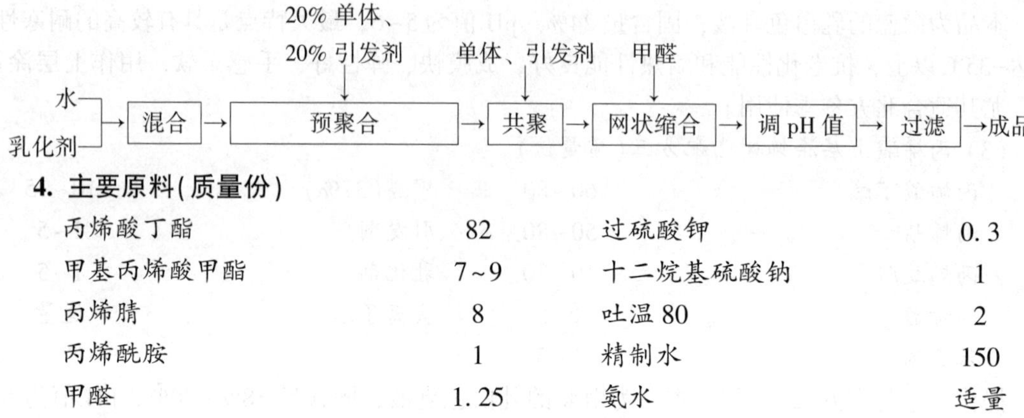

4. 主要原料(质量份)

丙烯酸丁酯	82	过硫酸钾	0.3
甲基丙烯酸甲酯	7~9	十二烷基硫酸钠	1
丙烯腈	8	吐温 80	2
丙烯酰胺	1	精制水	150
甲醛	1.25	氨水	适量

5. 生产工艺

先将精制水、乳化剂加入反应釜中，搅拌均匀，再加入 25%的混合单体，进行高速乳化 15~30min 后，温度升至 60℃时，先加入 20%的引发剂，慢慢加入剩余的混合单体。然后再缓慢滴加剩余的引发剂，剩余的混合单体和引发剂约 1h 加完。将温度控制在 85℃左右，继续反应 1h，减压蒸出未反应的单体，冷却降温至 45℃，用氨水调节 pH 值，过滤得到改性丙烯酸树脂填充剂。

说明：

① 丙烯酸丁酯为主要单体，根据其使用性能，加入甲基丙烯酸甲酯、丙烯腈、丙烯酰胺及甲醛等进行改性，以提高产品的使用质量，其配比对产品的质量影响很大。甲醛的加入，主要起网状交联作用，若加入太多，交联度过大，会影响涂饰性能。甲基丙烯酸甲酯若加入过量，虽然克服了"热黏"问题，但又会出现"冷脆"现象，所以不同的单体配比，对产品的质量至关重要。

② 乳液聚合反应中的加料方式直接影响共聚接枝方式、反应速度、相对分子质量、黏度等。一次性加料几乎得不到理想的产品，原因可能是局部产生爆聚现象，使颗粒分布不均匀。一般采用多次加料或两次投料。第一次加入混合单体总量的 20%~30%，充分搅拌乳化。剩余的单体置于高位槽中，慢慢滴加，约 45~60min 滴完。最后滴加甲醛，引发剂先投入 1/5，剩余的也采用滴加方法，使反应平稳，即可得到颗粒均匀的理想产品。

③ 由于皮革助剂多为阴离子型，所以在乳液共聚中，多采用阴离子型表面活性剂或非离子型表面活性剂。也可以采用阴离子型表面活性剂与非离子型表面活性剂配合。乳化剂用量过多，乳液颗粒粗，树脂薄膜吸水性强，光亮度差，也影响了树脂的稳定性。因此，乳化

剂用量不宜过多。

6. 质量标准

外观	乳白色微蓝乳液	pH 值	6~7
固含量	36%~40%	机械稳定性	<1%
未反应单体	<3.0%	溴值	<1gBr_2/100g

7. 用途

用作皮革填充剂。适用于猪皮、牛皮修面革的干填充和猪皮、牛皮正面革的湿填充，也可用作皮革的底涂材料。

干填充法：将本填充剂、渗透剂 JFC 和水混合，刷涂于皮面上，平放静置后，进入下一道工序。

湿填充法：将本填充剂、渗透剂 JFC 加入转鼓中，在常温下转鼓转动 30~50min，出鼓晾干即可整理涂饰。

8. 安全与储运

生产设备应密闭，车间应加强通风。使用塑料桶或内衬塑料的铁桶包装，储存于阴凉、干燥处，储存期 1 年。

参 考 文 献

[1] 张静，涂伟萍，夏正斌. 丙烯酸填充树脂乳液的改性方法[J]. 中国皮革，2004，(01)：10-14.

[2] 王漓江，张存信. 皮革填充剂改性丙烯酸树脂的制备[J]. 皮革化工，1997，(01)：15-17.

3.14 皮革涂饰剂 DUA

皮革涂饰剂 DUA(leather finish agent DUA)又称聚氨酯改性丙烯酸皮革涂饰剂。

1. 性能

乳白色微带蓝色乳液，具有优良的成膜性。耐寒性、耐溶剂性、接着性、遮伤性、填充性、耐曲折性优良，是一种优良的皮革涂饰材料。

2. 生产原理

皮革用涂饰材料中广泛使用的丙烯酸树脂，其胶膜“热黏”“冷脆”，机械强度低，耐溶剂性能差，多用于中低档皮革的涂饰，而聚氨酯树脂具有优良的耐溶剂性、耐磨性和手感滑爽性。因此聚氨酯改性的丙烯酸树脂是优良的皮革涂饰材料。

将聚氨酯的大分子链段引入丙烯酸树脂的大分子中有多种方法。可以将丙烯酸树脂分子中的羰基进行亚胺化而生成腙类化合物，这种反应很容易发生，只要向聚氨酯的分子链段中引入氨的衍生物，则该氨的衍生物与丙烯酸树脂分子中的羰基发生化学反应，从而生成稳定的带有聚氨酯链段和丙烯酸树脂链段的大分子腙类化合物。

3. 生产工艺

在反应釜中加入聚酯、聚醚、扩链剂等，在 50~80℃下，分步加入甲苯二异氰酸酯(TDI)和交联剂，反应约 7h，取样测黏度，当黏度达到要求时，加入接枝扩链剂、成盐剂，得到聚氨酯的含氨基衍生物，再加入预先制备的含羰基的丙烯酸树脂，并用去离子水乳化，制成聚氨酯改性丙烯酸树脂乳液。

说明：

① 聚氨酯改性丙烯酸树脂皮革涂饰剂 DUA 合成的关键步骤是聚氨酯预聚物的合成。在原材料及其配比、反应条件不变的情况下，聚氨酯预聚物的黏度随着—NCO 含量降低而增大，通过测定预聚物的黏度可以控制聚氨酯预聚物的反应程度。用黏度法进行中间控制，快捷容易。

② 随着 DUA 聚氨酯改性丙烯酸树脂中—NHCOO—基团的增加，树脂胶膜的耐甲苯溶剂性能增加。DUA 聚氨酯改性丙烯酸树脂中—NHCOO—基团与丙烯酸酯单体的比值在 0.3 以上，其耐甲苯溶剂性能明显提高。聚氨酯改性丙烯酸树脂胶膜的耐水性能，随着亲水基团的增加而降低。

4. 质量标准

外观	乳白色微带蓝色乳液	溴值	$\leqslant 2.5gBr_2/100g$
总固含量	$\geqslant 25\%$		

5. 用途

用作皮革涂饰剂。用于全粒面牛软面革、猪服装革的涂饰，该产品具有一定的补残作用(因为 DUA 产品为亚光性材料)，尤其用于全粒面革涂饰时，涂层薄，粒纹清晰，能充分显示出全粒面革天然的花纹，手感舒适，光泽自然、柔和，耐干湿擦、耐挠曲等综合性能良好，是用于全粒面革涂饰的理想材料。

6. 安全与储运

生产设备应密闭，车间内应加强通风。使用塑料桶包装，储存于阴凉、干燥处，储存期 1 年。

参 考 文 献

[1] 唐丽，李向伟，孙纪昌，等. 水溶性聚氨酯改性丙烯酸树脂皮革涂饰剂的合成研究[J]. 皮革与化工，2008，(02)：11-12.

[2] 金勇. 论聚氨酯改性丙烯酸树脂涂饰剂技术[J]. 西部皮革，1999，(04)：36-38.

3.15 PUL 聚氨酯乳液

PUL 聚氨酯乳液(polyurethane emulsion PUL)的主要成分为阴离子型聚氨酯乳液。其基本结构为：

$$HO-CH_2-\underset{CO_2NH(CH_2CH_3)_3}{\overset{CH_3}{\overset{|}{\underset{|}{C}}}}-CH_2\left[O-\overset{O}{\overset{\|}{C}}-NH-R_1-NH-\overset{O}{\overset{\|}{C}}-O-CH_2-\underset{CO_2NH(CH_2CH_3)_3}{\overset{CH_3}{\overset{|}{\underset{|}{C}}}}\right]_x O-\overset{O}{\overset{\|}{C}}-NHR_1-NCO$$

R_1 为：

$$-R\left[NH-\overset{O}{\overset{\|}{C}}-O\left(CH_2\right)_4O-\overset{O}{\overset{\|}{C}}-NH\right]_m R-$$

R 为：

$$\text{(}CH_3C_6H_3\text{)}-NH-\underset{O}{\underset{\|}{C}}-O-\overset{CH_3}{\overset{|}{CH}}-CH_2\left[O-\overset{CH_3}{\overset{|}{CH}}-CH_2\right]_n O-\overset{CH_3}{\overset{|}{CH}}-CH_2-O-\overset{O}{\overset{\|}{C}}-NH-\text{(}C_6H_3CH_3\text{)}$$

1. 性能

半透明或呈荧光乳液。成膜手感好，黏着力强，膜耐热黏、冷脆性优于丙烯酸酯乳液膜。膜耐划痕，真皮感强，具有优良的回弹性和拉伸强度。膜具有优良的耐干湿擦性。

聚氨酯乳液涂饰剂具有优异的耐寒冻裂性、接着性、填充性、耐曲折性、耐干湿擦性，优良的遮伤性、耐磨耗性、压花成型性，但耐光性不及丙烯酸树脂。与丙烯酸树脂相似，聚氨酯稳定的 pH 值范围相对较窄，不可用疏水性溶剂稀释，可以用水稀释，也可以添加适量亲水性助剂以改善其性能。不宜与阳离子型树脂或助剂同浴使用。

2. 生产原理

聚醚多元醇等带有活性羟基、氨基的化合物与异氰酸酯反应，得到链结构上带多个氨基甲酸酯基结构的化合物，即通常所谓的聚氨酯。同时在上述结构中通过与羧酸反应引入亲水性的阴离子基团，再与三乙胺发生中和，最终与水形成稳定的分散液。

聚氨酯水乳液的制备方法有成盐后乳化法(内乳化法)和直接乳化法(乳化法)。

(1) 成盐后乳化法

在制备聚氨酯预聚体时，加入二羟基羧酸(如酒石酸、二羟甲基丙酸)或磺酸基化合物，使聚氨酯链上带上可成盐的官能团，成盐后加水自身乳化，形成阴离子型水乳液。

制成聚氨酯聚合物后，用甲醛和亚硫酸氢钠进行交联和磺酸化，从而得到不含溶剂的聚氨酯水乳液。

由于聚氨酯分子链本身含有亲水基团，中和成盐后不需要外加乳化剂，在常规乳化器中乳化而成乳液。故成盐后乳化(内乳化法)可节省大量乳化剂，对乳化设备要求低，能耗少，工艺平稳，但由于分子本身含有亲水基团，会降低涂层的湿摩擦性。

(2) 直接乳化法

先将聚酯或聚醚与二异氰酸酯反应，生成聚氨酯预聚物，加入少量溶剂稀释，然后加入阴离子型或非离子型表面活性剂在乳化器中乳化，得到阴离子型或非离子型聚氨酯乳液。由于分子本身不含亲水基团，直接乳化法是在外加乳化剂的情况下经高速剪切、乳化而成乳液，对乳化设备要求较高。

在乳化时加入链增长剂，如二元胺，使乳胶粒中的分子链增长，这样可以得到相对分子质量较大的聚氨酯乳液。以聚氧乙烯二醇为链增长剂，使聚氨酯带上亲水基团，更易于乳化。

用含羟基的天然油、缩水甘油、醇酸树脂等与含—NCO 的预聚物反应，加乳化剂乳化后，添加催干剂，使其干燥成膜。

用脂肪族的 *N*-烷基酰胺将—NCO 保护起来，再加入表面活性剂进行乳化，可以得到后期交联的产品。

3. 工艺流程

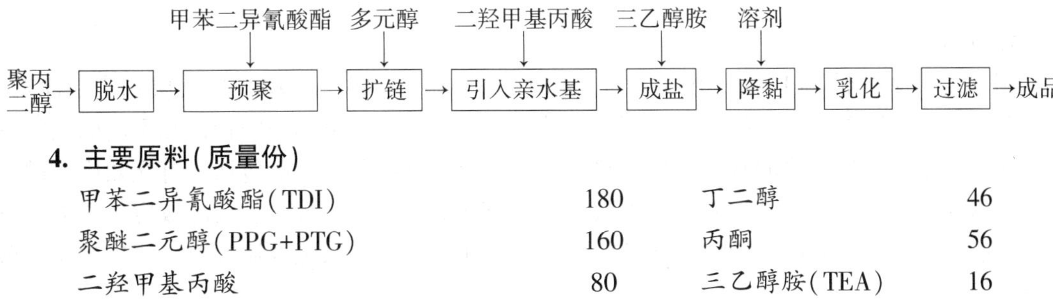

4. 主要原料(质量份)

原料	质量份	原料	质量份
甲苯二异氰酸酯(TDI)	180	丁二醇	46
聚醚二元醇(PPG+PTG)	160	丙酮	56
二羟甲基丙酸	80	三乙醇胺(TEA)	16

5. 生产工艺

工艺一

在氮气保护下，将聚醚二元醇和甲苯二异氰酸酯加入反应器中，在80~90℃反应2~3h，冷却至40℃，加入二羟甲基丙酸及二丁基二月桂酸锡，在丙酮溶剂中于60~70℃下反应4~6h，即得到浅黄色透明液体异氰酸酯端基聚氨酯预聚体(PPU)。然后将PPU冷却至40℃以下，转入乳化锅内。在800r/min转速下加入TEA得到乳液。

工艺二

在脱水釜中，将聚醚多元醇(或者是用聚酯多元醇)进行脱水处理，压力小于0.01Pa，温度120~125℃，时间3h左右，水分含量小于0.05%。冷却后加入反应釜中，在N_2保护下升温至75~80℃，此时平缓加入甲苯二异氰酸酯，反应1~1.5h，控制温度波动≤5℃，测定—NCO含量是否达到理论值。合格则加入扩链剂丁二醇(以及部分交联剂)扩链，此时温度≤60℃，同时加入适量溶剂降低物料黏度，反应1h左右。最后加入三乙醇胺溶液中和，在30min内滴加完，根据最后物料的黏度适当加入丙酮降黏。冷却到40℃以下时，就可以把聚合物以平缓细流状加入正在高速搅拌(转速≥1050r/min)的去离子水中，加完料继续搅拌30~60min即可过滤，得到PUL聚氨酯乳液。

说明：

原料中，聚醚二元醇为活性羟基物，甲苯二异氰酸酯和羟基酸为反应性物料，丙酮为溶剂，二丁基二月桂酸锡为引发剂，三乙醇胺为中和剂，用于中和成盐。反应生成聚氨酯的相对分子质量直接影响到皮革涂饰剂的使用性能。相对分子质量太小，坯革手感明显偏松，回弹性差；相对分子质量增大，坯革弹性增大，抗张强度也增大，但渗透性降低。因为聚氨酯作为填充树脂，不是由于它本身的成膜，而是由于其主链上的活性基团氨基甲酸酯基与胶原纤维中所含物质如氨基酸的性质相近，易结合而造成的，所以要求聚氨酯具有一定的渗透深度，且具有很好的弹性和抗张强度，合适的相对分子质量范围为4000~6000。

6. 质量标准

指标名称	PUL-02补伤剂	PUL-03底涂剂	PUL-04中涂剂
外观	半透明或呈荧光乳液		
固含量	(30±2)%	(23±2)%	(23±2)%
pH值	6.5~9.5	6.5~9.5	6.5~9.5
黏度	5~50mPa·s	<10mPa·s	<10mPa·s
耐热稳定性(60℃)	72h	120h	120h
膜拉伸强度	>2.5MPa	>1.5MPa	>1.5MPa
膜断裂伸长率	>700%	>700%	>400%

7. 用途

用作皮革涂饰剂。PUL-02用于点补，PUL-03、PUL-04用于皮革的底层和中层涂饰。聚氨酯是主要成膜剂之一，配以着色剂和其他助剂，可以赋予革不同的物性和不同的视觉效果，从而使革具有更悦目的观赏价值以符合市场需求。这些美学效应包括：打光效应、抛光效应、压花双色效应、擦色效应、仿古效应、斑点状效应、金属效应、碾碎效应、角裂纹效应、石磨效应、磨砂效应、油或蜡变色效应、滚筒印刷效应、水洗内流效应、漆皮效应、抛光变色效应等。

8. 安全与储运

聚合反应设备应密闭，车间内应加强通风，注意防火，操作人员应穿戴劳保用品。使用塑料桶包装，储存于阴凉干燥处，储存期 1 年。

参 考 文 献

[1] 李睿. 阴离子型单组分水性聚氨酯的合成与性能研究[J]. 新技术新工艺，2020，(03)：5-7.

[2] 谭美军，王正祥. 阴离子型聚氨酯乳液的合成[J]. 合成材料老化与应用，2004，(04)：18-20.

3.16 PU-1 聚氨酯乳液涂饰剂

PU-1 聚氨酯乳液涂饰剂(polyurethane emulsion finishes PU-1)由线型和支化聚酯与甲苯二异氰酸酯形成的聚氨酯引入亲水基生成的聚合物。

1. 性能

白色至浅黄色乳液。具有良好的耐寒性、耐热性、耐溶剂性和耐干湿擦性。涂饰后的皮革光泽好、手感舒适，可明显提高皮革等级。

2. 生产原理

在二丁基二月桂酸锡催化下，以己二酸、乙二醇制得的线型聚酯和己二酸、一缩二乙二醇、甘油制备的支化聚酯，与甲苯二异氰酸酯反应生成预聚体，再用一缩二乙二醇为扩链剂，酒石酸为成盐亲水组分，三乙胺为中和剂制成水乳型涂饰剂，其乳液是结构较为复杂的高分子聚合物。

3. 工艺流程

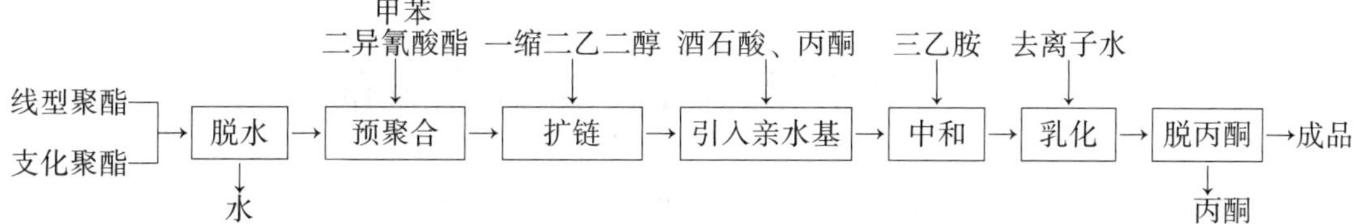

4. 主要原料(质量份)

线型聚酯(羟值 62.1mgKOH/g，酸值 0.24mgKOH/g)	429.5
支化聚酯(羟值 60.4mgKOH/g，酸值 0.41mgKOH/g)	223.1
二丁基二月桂酸锡	2.4
甲苯二异氰酸酯(≥98%)	219.6
一缩二乙二醇	51.0
三乙胺(工业二级)	31.33
酒石酸(≥98%)	45.52
去离子水	适量
丙酮(≥98%)	3454L(可回收)

5. 生产工艺

将线型和支化聚酯加入聚合反应釜中，升温，待物料溶化后开动搅拌器。当反应物温度升至 120℃时，开始真空脱水，在真空度为$(8.5\sim9.2)\times10^{4}$Pa 下，脱水 0.5h。然后降温至 80℃，加入二丁基二月桂酸锡，继续搅拌降温至 60℃，缓缓加入甲苯二异氰酸酯。控制温度在100℃以下，加完后，恒温80℃反应1h，制成预聚物。

将一缩二乙二醇加入上述预聚物中，在搅拌下降温至50℃，加入酒石酸与丙酮配制的溶液，加完后，升温至55~60℃，在回流状态下保温反应1h，然后用丙酮稀释。

在室温下，向上述缩聚物中缓慢加入三乙胺与丙酮配制的溶液，搅拌进行中和反应。在室温条件下，强烈搅拌中和反应物，并缓慢加入去离子水。开始时，树脂透明，然后转变成白色糊状物，最后逐渐变稀，成为乳状液。将树脂加入蒸馏釜中，搅拌升温至50~65℃，开始抽真空至真空度为$(3.3\sim3.9)\times10^4$Pa，蒸出丙酮，回收循环使用。蒸馏1.5h后，测pH值合格后过滤，即得到PU-1聚氨酯乳液涂饰剂。

6. 质量标准

外观	白色至浅黄色乳液	黏度(25℃)	0.005~0.06Pa·s
固含量	(25±2)%	膜性	软
pH值	7.0±0.5	耐寒性	-20~30℃

7. 用途

适用于各种服装革、鞋面革的底层涂饰。

8. 安全与储运

生产设备应密闭，车间内应加强通风，注意防火。产品用塑料桶或铁塑桶包装，储存于通风、阴凉处，储存期1年。

参 考 文 献

[1] 李宁. 聚氨酯型高分子皮革涂饰剂的研究[J]. 中国皮革，2022，51(02)：64-68.

[2] 黄涛，朱泉，郭璐瑶，等. 支化型水性聚氨酯人造革涂饰剂的制备与应用[J]. 中国皮革，2015，44(13)：38-41.

3.17 溶剂型聚氨酯涂饰光亮剂

溶剂型聚氨酯涂饰光亮剂(solvent based polyurethane seasoning agent)的主要成分是由聚醚、蓖麻油和硝化棉的羟基和异氰酸酯生成的交联型嵌段聚合物。

1. 性能

浅黄色透明液体，具有聚氨酯硝化棉的性质，属于溶剂型产品。成膜干燥时间短，光亮度好，有防水性，膜耐干湿擦性和黏着性比纯硝化棉光亮剂好，手感平滑，不用甲醛固定。自身稳定性好，防冻性好，在-20℃时也呈液体状，但有泛黄性。

2. 生产原理

甲苯二异氰酸酯与聚醚(聚丙二醇和聚丙三醇)预聚，得到的预聚物与1,4-丁二醇发生扩链反应，再与含有羟基的硝化棉、蓖麻油反应，得到的交联型嵌段聚合物用混合溶剂[由乙酸丁酯、乙酸辛酯、乙酸乙酯和二甲苯按5∶1∶(2~3)∶(5~6)组成的混合溶剂]稀释，得到溶剂型聚氨酯涂饰光亮剂。

3. 工艺流程

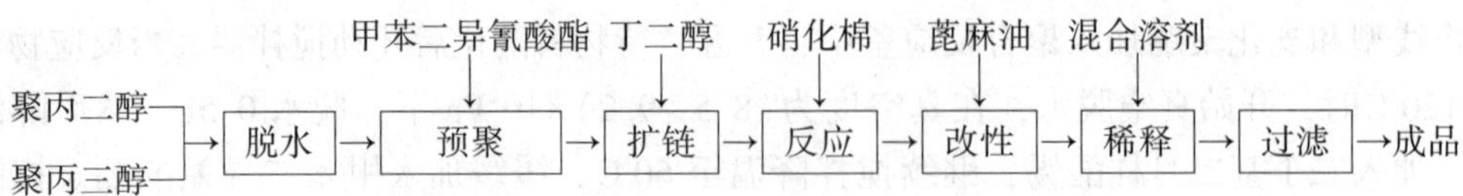

4. 主要原料(质量份)

甲苯二异氰酸酯(TDI，质量比 80/20)	70
聚丙二醇(PPG，M=400、1000)	36
1,4-丁二醇(工业品)	14
蓖麻油(工业品)	7
聚丙三醇(PTG，M=300)	1
硝化棉(含氮 11.5%~12.7%)	25~30g/100g 预聚体

5. 生产工艺

将聚丙二醇和聚丙三醇加入脱水釜中，在真空下脱水。将经脱水处理的聚醚加入反应釜中，在搅拌下加热至 70~80℃，加入甲苯二异氰酸酯(TDI)进行预聚。反应 1~1.5h，测—NCO含量，达到理论值时，加入丁二醇扩链 0.5~1h，得到扩链的预聚体。将脱醇处理的硝化棉用乙酸乙酯和乙酸丁酯溶解成 20%的溶液，加入扩链的预聚体中，反应 1h 左右，加入蓖麻油以及适量聚丙三醇(PTG)，继续反应 2h。在反应后期，根据反应放热情况，应适当冷却控制反应速度。反应完毕，加入混合溶剂，稀释冷却，搅拌 30~60min，过滤得到溶剂型聚氨酯涂饰剂。

6. 质量标准

外观	浅黄色透明液体	pH 值	5±1
固含量	12%~15%	稳定性	>1 年

7. 用途

用于高亮皮革皮件顶层涂饰。用于皮革皮件涂饰时可用喷枪喷一遍，干燥后即可。本品易燃，使用时严禁明火。

8. 安全与储运

预聚合、扩链等反应设备和稀释设备应密闭，车间内应加强通风，注意防火。产品用塑料桶包装，储存在阴凉、通风处，储存期 1 年。

参 考 文 献

[1] 王小君，蒋文佳，余冬梅，等. 一种水性聚氨酯皮革涂饰剂的制备[J]. 皮革科学与工程，2014，24(03)：44-48.

[2] 吴雄虎，杨承杰，丁绍兰. 阴离子水性聚氨酯皮革光亮剂的研制[J]. 中国皮革，2005，(23)：21-23.

3.18 阳离子型聚氨酯涂饰剂

阳离子型聚氨酯涂饰剂(cationic polyurethane finishes)的主要成分是含有季铵盐的聚氨酯。

1. 性能

白色或浅黄色乳液，可用水稀释。成膜柔软，黏着力强，耐寒性好，耐挠曲。与染料有较强的亲和力，中底层涂饰有利于提高彩色皮的着色效果。涂饰真皮感强，手感好。有黄变性，不宜用于白色革涂饰。属于阳离子型涂饰剂，不能同阴离子型树脂同浴配料使用。

2. 生产原理

聚醚与甲苯二异氰酸酯进行预聚合后，用二甘醇扩链，扩链的预聚体与含有叔氮原子的二醇反应，然后用乙酸中和成含有季铵盐的聚氨酯(阳离子型嵌段聚合物)，最后与水混合乳化得到阳离子型聚氨酯皮革涂饰剂。

3. 工艺流程

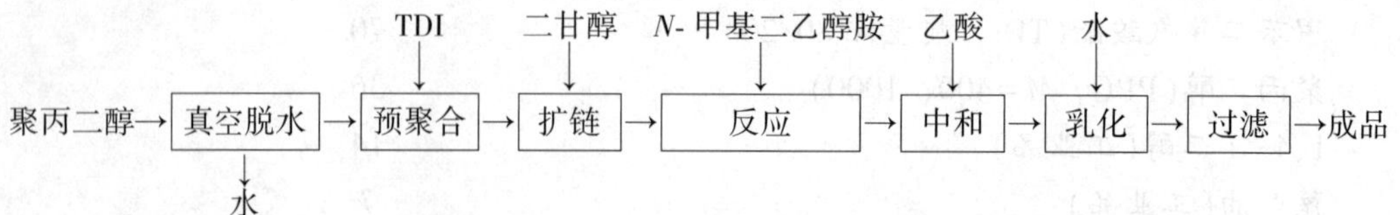

4. 主要原料(mol)

甲苯二异氰酸酯(TDI，质量比 80/20，98%)	1.5~2.0
聚丙二醇(PPG，*M*=400，1000，2000)	1.0~1.2
二甘醇(98%)	0.3~0.5
N-甲基二乙醇胺(95%)	≥0.1
丙酮(>98%)	10~15g/100g 聚合体

5. 生产工艺

将聚丙二醇加入脱水釜中，真空脱水，然后将已脱水的聚丙二醇加入聚合反应釜中。缓缓升温到 80℃，加入甲苯二异氰酸酯，控制温度为(80±2)℃，反应 1h，测—NCO 含量，达到要求值则加入二甘醇进行扩链反应。在搅拌下反应 30min，测—NCO 含量，达到理论值后，加入 *N*-甲基二乙醇胺以引入叔胺基，控制温度<50℃，并适当加入丙酮降低黏度。反应 1h 左右，检查试样在乙酸水溶液中的分散状态。将已引入叔胺基的聚合物呈细流状地加入高速搅拌(转速≥150r/min)的乙酸水溶液中进行中和。加完料后，搅拌 1h，然后过滤，即得到阳离子型聚氨酯皮革涂饰剂。

6. 质量标准

外观	白色或浅黄色乳液	pH 值	4~5
固含量	≥20%	稳定性	1 年

7. 用途

阳离子型聚氨酯可用作封底树脂，也可作为顶涂树脂用于各类革坯的涂饰。不可与阴离子型树脂及助剂混用。由于阳离子型着色剂和助剂目前国内市场较少，故阳离子型树脂多用于封底、底涂和顶层涂饰(即“三明治”式涂饰方法)，中间层用阴离子型树脂涂饰。

8. 安全与储运

反应设备应密闭，车间内应加强通风，注意防火。使用塑料桶包装，储存于阴凉、干燥处，储存期 1 年。

参 考 文 献

[1] 张琦，赵凤艳，王全杰. 阳离子水性聚氨酯涂饰剂的研究进展[J]. 皮革与化工，2011，28(06)：27-30.

[2] 曾俊，王武生，阮德礼，等. 阳离子水乳型聚氨酯皮革涂饰剂的研究[J]. 中国皮革，1999，(17)：8-9.

3.19 蓖麻油改性聚氨酯涂饰剂

蓖麻油改性聚氨酯涂饰剂(modified polyurethane resin by caster oil)是由线型聚酯、蓖麻油与甲苯二异氰酸酯形成的预聚物经扩链后引入亲水基的聚合物组成的乳液型涂饰剂。

1. 性能

白色至浅黄色乳液，属于阴离子型涂饰剂，可用水稀释。皮革经本涂饰剂涂饰后，可保持天然外观和手感，耐磨性、耐寒性、耐化学品性及弹性、柔软性等综合性能优良。

2. 生产原理

线型聚酯、蓖麻油与甲苯二异氰酸酯预聚后，用一缩二乙二醇扩链，然后与酒石酸反应引入亲水基，再用三乙胺中和成盐。用含氨水的蒸馏水乳化，减压回收溶剂后，得到蓖麻油改性聚氨酯涂饰剂。

3. 工艺流程

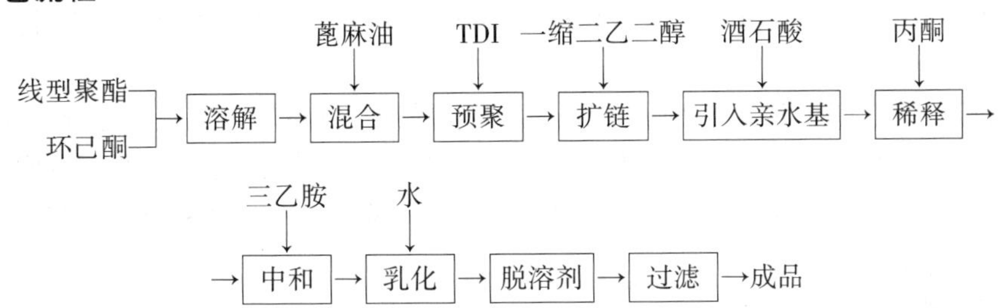

4. 主要原料(kg)

线型聚酯(羟基质量分数 0.023~0.032)	500~700
环己酮(工业级)	500~700
蓖麻油(羟基质量分数 0.046~0.05)	192~210
TDI-80(工业级)	480.6
一缩二乙二醇(工业级)	106.6
酒石酸(98%)	80.25
丙酮(98%)	2550
三乙胺(95%)(或三乙醇胺)	70.7(230)
氨水(25%，工业级)	57

5. 生产工艺

将环己酮加入溶解锅中，在搅拌下加入 600kg 聚酯，配制成 50% 的聚酯-环己酮溶液。然后将配制的 50% 的聚酯-环己酮溶液、200kg 蓖麻油加入反应锅，升温至 40℃ 缓慢加入 480.6kg 甲苯二异氰酸酯。待放热完毕，再升温至(72±2)℃反应 1h，加入 106.6kg 一缩二乙二醇，在 74℃ 下保温反应 3h，降温至 60℃ 以下，加入由 80.25kg 酒石酸和 2000kg 丙酮制得的溶液，在 56~58℃ 回流反应 2h，反应结束后，降温至室温并用 400kg 丙酮稀释，再加入 70.7kg 三乙胺和 150kg 丙酮将制得的溶液中和。中和后加入含氨水的蒸馏水乳化，乳化完毕，减压蒸馏回收丙酮，过滤即得蓖麻油改性聚氨酯涂饰剂。

6. 质量标准

外观	白色至浅黄色乳液	pH 值	6.5~7.5
固含量	25%		

7. 用途

适用于各类皮革的涂饰。

8. 安全与储运

生产设备应密闭，车间内应加强通风，注意防火。使用塑料桶包装，储存于阴凉、干燥处，储存期 1 年。

参考文献

[1] 单久航. 蓖麻油改性水性聚氨酯的制备及性能研究[D]. 长春：长春工业大学，2019.

[2] 范浩军，石碧，何有节，等. 蓖麻油改性聚氨酯皮革涂饰剂的研究[J]. 精细化工，1996，(06)：32-34.

3.20 SC系列聚氨酯涂饰剂

SC系列聚氨酯涂饰剂(SC series polyurethane finishes)由阴离子型聚氨酯水乳液组成。

1. 性能

白色微黄乳液，属于阴离子型涂饰剂，可用水稀释。乳液均匀细腻，储存稳定性好。成膜能力强，黏着力高，涂层耐折、耐晒、耐磨、柔韧并有弹性，真皮感强，粒面细腻滑爽，手感舒适。SC-9311具有修补填充性，使用后能显著提高皮革等级；SC-9312为皮革底涂剂；SC-9313为皮革中涂剂。

2. 生产原理

聚醚与甲苯二异氰酸酯预聚后，用二甘醇等扩链剂扩链，然后与成盐剂反应引入亲水基，最后用碱中和成盐，用水乳化得到SC系列聚氨酯涂饰剂。

3. 工艺流程

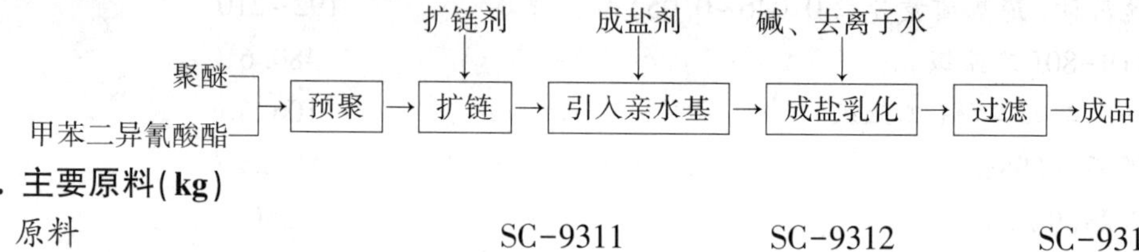

4. 主要原料(kg)

原料	SC-9311	SC-9312	SC-9313
甲苯二异氰酸酯	170	156	232
聚醚	510	450	425
扩链剂(工业级)			
成盐剂(工业级)			
碱(工业级)			

5. 生产工艺

将聚醚加入脱水釜中，开动真空泵进行减压脱水，得到脱水聚醚。在预聚合反应釜中加入甲苯二异氰酸酯，同时加入脱水聚醚，在搅拌下升温到(80±2)℃，进行反应，得到预聚体。然后加入扩链剂进行扩链，扩链反应完毕，加入成盐剂进行反应，引入亲水基。

在乳化釜中加入碱和去离子水形成碱的水溶液，在搅拌下加入上述引入亲水基的预聚物进行乳化，过滤后，得到聚氨酯涂饰剂成品。

6. 质量标准

指标名称	SC-9311	SC-9312	SC-9313
外观	白色微黄乳液	白色微黄乳液	白色微黄乳液
电荷	负	负	负
固含量	(30±2)%	(23±2)%	(23±2)%
pH值	6~8	6~8	6~8
膜拉伸强度	≥3MPa	≥3MPa	≥8MPa
膜断裂伸长率	≥700%	600%~700%	≥400%
冻融稳定性	冻后解冻不破乳	冻后解冻不破乳	冻后解冻不破乳

7. 用途

SC-9311 为补伤剂，可视皮革伤残情况进行点补或面补。SC-9312 和 SC-9313 分别为底、中层涂饰剂，特别适宜高档服装革和高档沙发革等软革的涂饰。

8. 安全与储运

生产设备应密闭，车间内应加强通风。成品使用塑料桶或衬塑铁桶包装，储存于阴凉、通风处，储存期 1 年。

参 考 文 献

［1］曾鹏，操江飞，邓海冬，等. 阴离子水性聚氨酯乳液的制备及应用研究［J］. 安徽化工，2018，44（05）：42-44.

［2］吕伟，石元昌，吴佑实，等. 脂肪族阴离子型聚氨酯水乳液的制备及流变性能［J］. 山东大学学报（工学版），2003，（02）：104-106.

3.21 聚氨酯防水光亮剂 NS-01

聚氨酯防水光亮剂 NS-01（polyurethane water-proof luster NS-01）的主要成分为有机硅改性阳离子型聚氨酯乳液。

1. 性能

白色或略带黄色乳液。乳液稳定，不怕冻，解冻后不破乳。用于皮革顶层涂饰，具有光亮、色泽自然、清爽、手感舒适、防水、透气性好等优良性能。使用本品可不用甲醛固定，耐湿擦性可达 4~4.5 级。水滴在革面停留 0.5h 革面不鼓泡、不透水，干燥后可恢复至原来的色泽。

2. 生产原理

聚醚经真空脱水后与甲苯二异氰酸酯预聚，用多元醇扩链后，与有机硅共聚，并引入亲水基，然后乳化水解，过滤得到聚氨酯防水光亮剂 NS-01。

3. 工艺流程

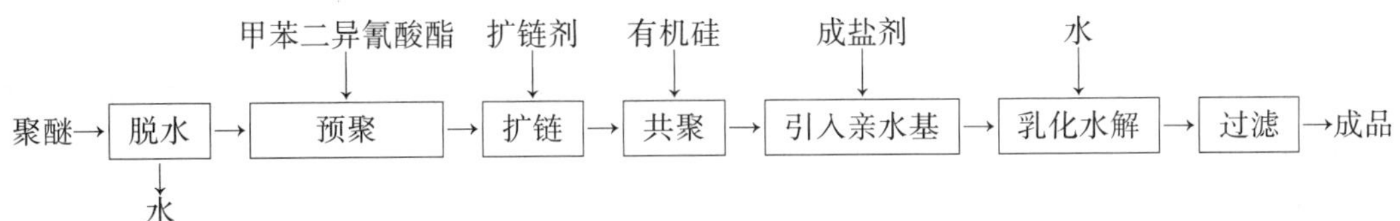

4. 主要原料（kg）

甲苯二异氰酸酯（TDI）（工业级）	80	冰乙酸（99%）	适量
聚醚（工业级）	84	扩链剂	适量
有机硅（工业级）	47	成盐剂	适量
丙酮（工业级）	85		

5. 生产工艺

将聚醚加入真空釜中，开启真空系统，减压脱水。待真空度达到 0.06MPa 时，开动搅拌器，同时通蒸汽加热，使温度升至 120~130℃，脱水 1~1.5h，然后降温，出料，装入经干燥的铁桶里，封闭保存。

将 84kg 经脱水处理的聚醚加入带搅拌器、冷凝器等的预聚反应釜中，然后升温至 50℃左右，加入 80kg TDI，加完后升温到 80℃左右反应 2h，加入催化剂，再反应约 1h，降温，加入扩链剂扩链反应 0.5h，加入丙酮稀释，调节至固含量 80%左右，冷却后转入共聚工序。

将共聚反应釜内温度升到 40℃，缓慢加入 47kg 有机硅，反应 0.5~1h，加入丙酮稀释，然后加入亲水化合物，再反应 0.5h，得到有机硅改性聚氨酯。

将适量自来水加入乳化水解釜中，升温到 30℃，开动搅拌器，调速到 300r/min 以上。然后将上述有机硅改性聚氨酯迅速加入乳化水解釜中乳化水解，搅拌反应 0.5h 后，停止搅拌，冷却，检验合格后，过滤，得到聚氨酯防水光亮剂 NS-01。

6. 质量标准

外观	白色或略带黄色乳液	乳液稳定性	不怕冻，解冻不破乳
pH 值	5~6	膜拉伸强度	≥4MPa
固含量	20%	膜断裂伸长率	≥200%

7. 用途

主要用于皮革的顶层涂饰。喷涂、揩涂皆可，涂层固化条件：60℃、5min。此外，还可用于建筑用石膏压花板表面防潮涂饰、纸张表面防潮涂饰，能提高纸张拉伸强度。

8. 安全与储运

生产设备应密闭，车间内应加强通风，注意防火。产品使用塑料桶包装，储存期 1 年。

参 考 文 献

[1] 曾国屏，张军，杨一兵，等. 有机硅改性阳离子水性聚氨酯合成与性能[J]. 江西科学，2014，32(05)：582-586.

[2] 李仲谨，李小瑞，王海花. 阳离子自交联羟基硅油/聚氨酯皮革涂饰剂的合成及应用[J]. 中国皮革，2007，(23)：47-50.

[3] 王少强，邱化玉. 有机硅改性聚氨酯在皮革中的应用现状及研究进展[J]. 皮革化工，2006，(04)：18-22.

3.22 有机氟改性聚氨酯涂饰剂

有机氟改性聚氨酯涂饰剂(modified polyurethane resin by organo-fluorine)是有机氟醇改性的聚氨酯乳液。

1. 性能

乳白色或略带黄色乳液。黏结性好，具有良好的抗油性、抗水性、防污性。涂层耐溶剂，耐干湿擦。

2. 生产原理

聚醚经脱水后，与甲苯二异氰酸酯预聚，经扩链剂扩链后，再与有机氟醇进行聚合改性，然后与成盐剂反应，乳化后得到成品。

3. 工艺流程

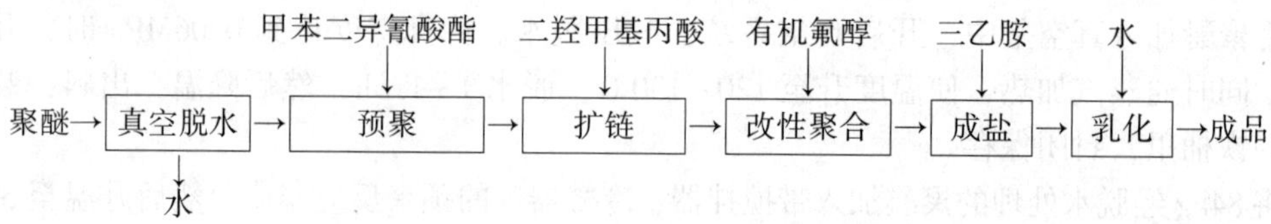

4. 主要原料

甲苯二异氰酸酯(质量比 80/20)	有机氟醇(工业级)
聚丙二醇(PPG210)	三乙胺(≥98.5%)
二羟甲基丙酸(≥98%)	

5. 生产工艺

将聚醚(PPG210 或 330)投入减压脱水釜中,开启真空系统,在 0.06MPa、120~130℃下脱水 1~1.5h。将脱水聚醚加入预聚反应釜中,加入甲苯二异氰酸酯,搅拌,在 80℃下反应 2h,加入二羟甲基丙酸进行扩链反应,反应 0.5h,然后与有机氟醇发生共聚改性,最后与三乙胺反应成盐,再加入去离子水进行乳化,过滤,得到有机氟改性聚氨酯涂饰剂。

6. 质量标准

外观	乳白色或略带黄色乳液	pH 值	6.5~7.0
固含量	≥20%		

7. 用途

用于皮革表层涂饰。

8. 安全与储运

生产设备应密闭,车间内应加强通风。产品使用塑料桶包装,储存于阴凉、干燥处,储存期 1 年。

参 考 文 献

[1] 赵恒,张杰,鲍俊杰,等. 有机氟改性水性聚氨酯的制备及性能研究[J]. 中国皮革,2020,49(07):56-60+62.

[2] 张明月,徐汉青. 有机氟改性水性聚氨酯的研究进展[J]. 有机氟工业,2011,(03):22-24.

3.23 丁二烯树脂成膜剂

丁二烯树脂成膜剂(polybutadiene resin binder)主要成分为聚丁二烯。结构式为:

$$\left[CH_2-CH=\underset{\displaystyle R}{\underset{|}{C}}-CH_2\right]_n$$

式中,R 为烃基。

1. 性能

具有优良的遮盖性和填充性能,耐寒冻裂性、耐干湿摩擦性、压花成型性优良,具有中等的耐曲折性及耐磨性。但接着性及耐光性较差。

2. 生产原理

采用乳液聚合法制得聚丁二烯乳液,所用的单体除丁二烯外,还可加入苯乙烯、丙烯腈等进行共聚改性。

3. 工艺流程

4. 用途

用作皮革涂饰剂的成膜剂。与丙烯酸树脂相比,丁二烯树脂有发黄的可能,故不适合用于白色及浅色革涂饰。丁二烯树脂与其他丙烯酸树脂、聚氨酯并用，可改良被覆性、耐溶剂性，与其他黏合剂的配比在50%以下。使用时，还必须考虑丁二烯与颜料中的重金属盐反应。丁二烯树脂与颜料的反应情况可分为三种：与任何丁二烯树脂不能相混的颜料有紫红、紫罗兰、铁锈红、深棕及氧化黑。混合后会产生裂面以外各种反应的有：白色颜料会明显发黄，深蓝色颜料会显青铜色。混合后会产生各种不同反应的颜料有：铁锈棕、浅棕、土耳其红。故选用丁二烯树脂以前，最好用下列方法对所用颜料/丁二烯混合物作预试：取一块皮革样，涂上该混合液，然后放在烘箱里，温度100℃，温度会加速老化，5天后再检查样品的开裂情况。

5. 安全与储运

使用塑料桶包装，储存于阴凉、干燥处。

参 考 文 献

林大材. 丁二烯树脂在猪修饰面革上的应用[J]. 皮革科技，1989，(05)：40.

3.24 光亮剂776号

光亮剂776号(seasoning agent No. 776)是溶剂型硝化棉光亮剂，主要成分为硝化纤维素，分子式为$[C_6H_7O_2(ONO_2)_3]_n$。

硝化纤维素是纤维素与硝酸酯化反应的产物，根据纤维素的结构，每个葡萄糖环上最多只能引入3个硝酸酯基团。引入硝酸酯基团的多少决定了硝化纤维素的性质和用途。含氮量在13%以上的称为强棉，可用于制造火药；含氮量为8%~12%的称为弱棉，可用于制造电影胶片、赛璐珞和硝基清漆等。皮革行业利用着色的硝化纤维素制造漆革已有上百年历史。自20世纪50年代开发出乳液型硝化纤维素，硝化纤维素的应用范围进一步扩大，目前，已发展成为皮革涂饰剂中的重要组成部分。

1. 性能

硝化纤维素为白色纤维状聚合物，不溶于水，耐稀酸、耐弱碱和各种油类，可溶于酮类及酯类溶剂。它是用硝酸和硫酸的混合酸处理脱脂的短绒棉制成的，根据含氮量的不同，可分为胶棉和火棉两种。含氮量大于12.2%以上的称为火棉，仅溶于丙酮，主要用于无烟火药及其他烈性爆炸物。含氮量低的硝化纤维素只能溶于乙醇，而且由于其薄膜的机械强度低，不适合作为成膜物。对于皮革涂饰剂来说，硝化棉的含氮量应在11.8%~12.3%。硝化棉的黏度对涂膜性能有很大影响，低黏度硝化棉丰满，光泽好，但弹性差；高黏度硝化棉则相反，光泽性和丰满度较差，弹性及耐磨性能较好。用于皮革涂饰的硝化棉，其黏度在0.5~40s范围内，采用低黏度硝化纤维，黏度为0.5s的硝化纤维素适用于各类面革的光亮层涂饰。对于服装革的涂饰，采用高黏度硝化纤维素较为适宜。硝化棉涂饰的特点：光亮、美观、耐酸、耐油、耐干湿擦；缺点是不耐老化和耐寒性差，易发黄变脆，溶剂性产品易燃，溶剂挥发造成环境污染，且价格昂贵，透气性差。硝化棉漆在长期使用中发展了许多适应美学效果的新品种，如溶剂型硝化棉漆，只需改变溶剂、稀释剂、增塑剂以及各种添加剂，仅用搅拌混合就能得到具有各种特性的产品，例如高光的、暗光的、打光的、熨平的、抛光的、有丝绸感的、蜡感的、无色的、带色的、透明的、不透明的产品等。

光亮剂776号是由硝化纤维素、溶剂、增塑剂复配成的透明液体，属于溶剂型涂饰剂，不溶于水，成膜光亮，易燃。

2. 生产原理

制备硝化纤维的主要原料是纤维素，工业上一般用棉花，故又称硝化棉。皮革光亮剂使用含氮量为11.8%~12.3%的硝化纤维素，用有机溶剂溶解后，加入增塑剂复配得到成品。

3. 工艺流程

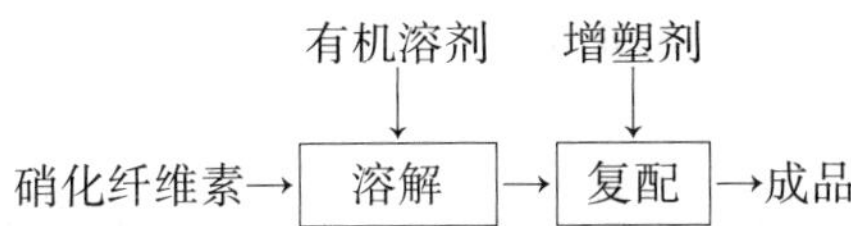

4. 主要原料(质量份)

硝化纤维素(含氮量11.8%~12.3%)	100	乙醇	100
乙酸戊酯	150	石脑油	200
乙酸乙酯	150	亚麻油	100
丁醇	200		

5. 生产工艺

将溶剂乙酸戊酯、乙酸乙酯以及助溶剂丁醇、乙醇加入配制锅中，加入硝化纤维素，搅拌溶解，然后加入石脑油、亚麻油，充分混合，得到光亮剂776号。

说明：

① 用于制备光亮剂776号的溶剂很多，根据溶剂对硝化纤维素的溶解性能可分为真溶剂、助溶剂、稀释剂。对硝化纤维素具备溶解能力的称为真溶剂，常用的主要有乙酸酯类，如甲酯、乙酯、异丙酯、丁酯、戊酯、辛酯、苄酯、乙基乙二醇乙酸酯、丁基乙二醇乙酸酯、无水乙醇、丙酮、环己酮、二异丁基丁酮等。

助溶剂单独使用不能使硝化纤维素溶解，但在溶剂中少量加入可增加溶剂的溶解能力，如丁醇、乙醇、乙醚等。

稀释剂也不能溶解硝化纤维素，与溶剂、助溶剂混合使用时可起稀释作用，可降低成本，但使用量超过一定限度，则会使硝化纤维素沉淀。常用的稀释剂有苯、甲苯、混合二甲苯、乙醇、丙醇、正丁醇、异丁醇等。

在溶剂型硝化棉光亮剂的制备中，溶剂及稀释剂的选择，对硝化纤维素分散液的性能影响很大，一般用低沸点的溶剂制得的硝化纤维素溶液黏度低，固含量可以较高，但其挥发速度快，影响涂层的流平性，难以形成均匀光亮的薄膜；而高沸点的溶剂形成薄膜干燥缓慢，影响工效。要获得良好的涂饰效果并降低成本，应根据不同溶剂的溶解性、沸点、相对挥发度、毒性等按适当比例配成混合溶剂。对混合溶剂的要求是，既能配成有合适固含量的硝化纤维素分散液，又具有合适的干燥速度。设计混合溶剂配方应遵循以下基本原则：助溶剂、稀释剂的沸点应低于真溶剂沸点，而真溶剂的蒸发速度应比水慢。

② 配方中增塑剂的作用是使硝化纤维素薄膜变得比较柔软，有的硝化纤维素虽然经过柔软改性，也要添加一定量增塑剂。增塑剂的品种较多，其中以邻苯二甲酸二辛酯和蓖麻油配合效果较好，若以邻苯二甲酸二丁酯代替邻苯二甲酸二辛酯则可以获得更好的光泽。其他增塑剂如菜籽油、亚麻油、樟脑等，由于具有较高的沸点，不易挥发，可赋予涂层较好的耐老化性。为了获得良好的增塑效果，通常将几种增塑剂配合使用。

③ 硝化纤维素类光亮剂分为无色硝化纤维素光亮剂和有色硝化纤维素光亮剂，都是溶剂型硝化纤维分散液。

有色硝化纤维素光亮剂，可用配好的硝化纤维素增塑剂溶液与所需颜色的颜料膏混配研磨均匀即可用作皮革涂饰剂(光亮剂)。

④ 硝化纤维素光亮剂含有大量易燃、挥发性溶剂，故应储存于阴凉处，远离热源、光源，切勿接近明火，使用时应注意加强通风，注意安全。

6. 质量标准

外观	透明液体	固含量	9.0%~10.0%

7. 用途

主要用作皮鞋、皮革整饰的光亮剂，本品为易燃品，使用时，严禁明火作业。用于皮鞋、皮革整饰时可用喷枪喷一遍，干燥后即可。使用时，如挥发溶剂过多，液体变稠，可加入乙酸乙酯稀释后再用。

8. 安全与储运

生产中使用大量易燃有机溶剂，设备应密闭，车间内应加强通风，注意防火。产品使用塑料桶或铁桶包装，储存于阴凉、干燥处，远离火源，储存期1年。

参 考 文 献

史红月，戚玉良. 水性硝化棉光亮剂的研制[J]. 中国皮革，2006，(23)：25-27.

3.25 水乳型改性硝化棉光亮剂

水乳型改性硝化棉光亮剂(water-based modified nitrocellulose seasoning agent)由硝化棉、改性醇酸树脂、增塑剂、乳化剂、溶剂、水等组成。

1. 性能

白色或略带浅黄色乳液，成膜薄而光亮，手感平滑，具有一定的防水性能，用于皮革涂饰可以不用甲醛固定。具有良好的耐寒、耐折、耐干湿擦性能。与硅乳液、蜡乳液及其他顶层涂饰树脂配套用于光亮涂饰，膜的相容性较好，能提高涂层的综合性能。硝化棉成膜后有黄变现象，其美观效应及物化性能均不及溶剂型产品。

2. 生产原理

将硝化棉、改性醇酸树脂、增塑剂等溶于有机溶剂，将乳化剂溶于水中，然后将水相加入油相进行乳化得到成品。

乳化剂是乳液型硝化棉分散液的关键组分，乳化剂除应对硝化棉、增塑剂及溶剂有良好的乳化能力外，还必须与在成膜过程中溶剂和水分挥发后的剩余物质有很好的相容性，以保持薄膜的透明度。生产上阴离子型和非离子型乳化剂应用较多，例如十二烷基硫酸钠、磺化矿物油是较好的阴离子型乳化剂，常用的非离子型乳化剂有脂肪醇聚氧乙烯醚(AEO系列)、烷基酚聚氧乙烯醚(OP系列)、司盘、吐温及聚氧乙烯羧酸酯类乳化剂。

3. 工艺流程

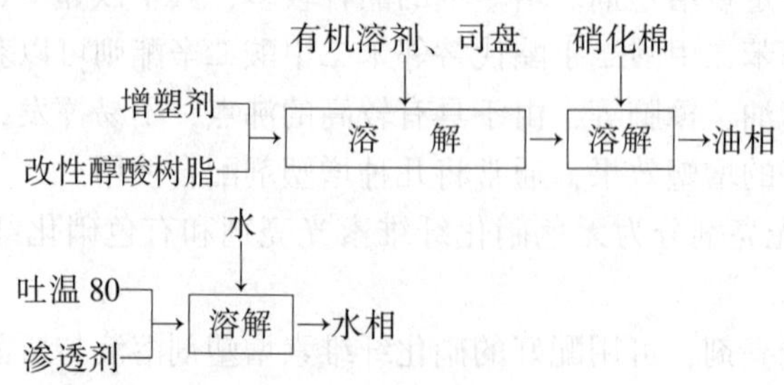

4. 主要原料(质量份)

(1) 油相

原料	质量份
硝化棉(氮含量 11.5%~12.7%)	45.5
蓖麻油改性醇酸树脂 349(工业级)	40.0
松香蓖麻油改性醇酸树脂 3139	54.5
邻苯二甲酸二辛酯(DOP)	3.4
磷酸三苯酯(TPP)	11.0
乙酸苄酯	153.0
乙酸丁酯	264.0
硬脂酸丁酯	0.73
单硬脂酸甘油酯	1.45
甲苯	54.0
司盘 80	0.54

(2) 水相

原料	质量份	原料	质量份
渗透剂 T(工业级)	7.3	去离子水	363.0
吐温 80	1.8		

5. 生产工艺

(1) 油相的配制

先将有机溶剂加入油相配制釜，开动搅拌，再加入醇酸类树脂、增塑剂 DOP、TPP、硬脂酸丁酯以及单硬脂酸甘油酯、司盘 80，控制温度为 30~35℃，搅拌 2h 左右，充分溶解。然后将硝化棉加入釜中，搅拌溶解 3~4h，使其混匀，充分溶解，最后加入甲苯，搅拌均匀，静置 24h，得到浅黄色透明清亮的液体，测定黏度(25℃)约为 20s。

(2) 水相的配制

将去离子水加入水相配制釜中，同时开动搅拌，升温，分别将吐温 80 和渗透剂 T 加入釜中分散，控制温度在 45~50℃，搅拌 1h，完全溶化分散后得到水相。

(3) 乳液制备

将水相缓慢滴加至油相中。保持高速搅拌，温度为 25~30℃，加完料后继续搅拌 1h，最后以胶体磨或超声波振荡器粉碎 5~10min 后，过滤得到水乳型改性硝化棉光亮剂。

6. 质量标准

项目	指标	项目	指标
外观	白色或略带浅黄色乳液	闪点	28~30℃
固含量	≥14%	着火点	38~40℃
pH 值	6.0~6.5	稳定性	≥半年不分层
密度	0.97~0.99g/cm^3		

7. 用途

主要用于修面革、粒面革的光亮涂饰，及皮件成品的光亮涂饰。应用示例(质量份)如下。

(1) 绵羊粒面革顶层涂饰

LW-5325 高光水性光油	50
LW-5344 水乳型硝化棉光亮剂	50
BI-1370 干酪素溶液	20
KS-3121 手感剂	5
水	75

(2) 猪粒面革阳离子型涂饰

物　料	第一层	第二层	第三层
阳离子型填料	150		125
阳离子型干酪素	50~80		
阳离子型颜料膏	10~20		
助剂	5~10		
水乳型硝化棉	50~60	100	25
水	150	30	200
EX-52702 阳离子型树脂	20~30		
EX-52779 阳离子型树脂	20~30		
EX-52740 非离子型树脂	10~20		

涂饰工艺(喷 1~2 次)：

喷 1 次，放置过夜，震软，喷 1 次；

喷 1 次，压平板(80~90℃/100~150kg · 3s)，鼓软 6~8h；

喷 1 次，轻压(90℃)。

8. 安全与储运

车间内应加强通风，注意防火。使用塑料桶包装，储存于阴凉、干燥处。

参　考　文　献

[1] 胡婷婷. 硝化纤维素的化学改性实验研究[D]. 太原：中北大学，2020.

[2] 李小瑞. 聚氨酯改性硝化棉光亮剂乳液的制备[J]. 中国皮革，2000，(17)：19-21.

3.26 乳液型硝化棉光亮剂

乳液型硝化棉光亮剂(nitrocellulose seasoning agent，emulsion)由硝化棉、增塑剂、溶剂、表面活性剂和水组成。

1. 性能

白色略带黄色乳液，具有较好的成膜性，具有较优良的耐候性和耐光性，不易发脆。

2. 生产原理

将硝化棉、增塑剂溶于有机溶剂得到油相，将表面活性剂溶于水得到水相。将油相与水相混合乳化得到乳液型硝化棉光亮剂。

3. 工艺流程

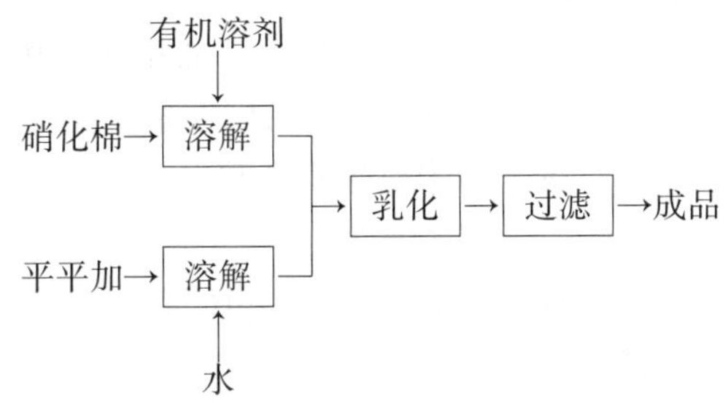

4. 主要原料(kg)

油相	
硝化棉(含氮量 11.5%~12.7%)	63
乙酸辛酯(工业级)	53.2
乙酸丁酯(工业级)	117
正丁醇	26.4
邻苯二甲酸二丁酯(工业级)	44
癸二酸二辛酯(工业级)	26.4
水相	
平平加 AEO-15(工业级)	12
磷酸酯 OP-10(工业级)	6
蒸馏水	252

5. 生产工艺

将 63kg 含氮量 11.5%~12.7%的硝化棉及溶剂 53.2kg 乙酸辛酯、117kg 乙酸丁酯、26.4kg 正丁醇等加入油相配制釜内，在搅拌下使硝化棉全部溶解。最后加入增塑剂 44kg 邻苯二甲酸二丁酯和 26.4kg 癸二酸二辛酯。搅拌均匀，使其充分溶解后即为油相，将油相泵入高位槽内备用。

将 12kg 平平加、6kg 磷酸酯和 252kg 蒸馏水加入水相配制釜内，加热至 40~50℃，搅拌 1h，使其充分溶解，然后降温至 30℃即为水相。

将水相转入乳化釜中，开动快速搅拌器并将水相物料加热至 39℃，打开油相高位槽的放料阀门，缓慢滴加油相，在 1~1.5h 内加完。油相全部加完后，继续搅拌 0.5h，停止搅拌。放料，过滤后即为乳液型硝化棉光亮剂。

说明：

① 加入增塑剂是对硝化棉的一种有效的改性方法，使光亮剂成膜后不易发脆。常见的增塑剂有：邻苯二甲酸二丁酯、邻苯二甲酸二辛酯、己二酸酯、磷酸三甲酚酯、磷酸三辛酯等。由于上述增塑剂能溶解硝化棉，所以增塑剂能与硝化棉形成均匀的溶液，当挥发组分挥发后形成固态，能耐热和耐压，故又称为胶化增塑剂。

另一类增塑剂如蓖麻油、氧化蓖麻油、亚麻油、硬脂酸丁酯等不能和硝化纤维互溶，而是分散成很细的油粒子分布在硝化棉的空隙内，使薄膜不会变硬而又柔软，这类增塑剂又称为非胶化增塑剂。

为了防止增塑剂的迁移，近年来采用树脂增塑剂如醇酸树脂、聚丙烯酸酯、聚醚、聚酯、聚氨酯等，这类特殊聚合物相对分子质量比较大，迁移作用小。

② 乳液型硝化棉分散液中还含有水和乳液稳定剂。水量多少对硝化棉乳液的性能也有

很大影响。制备O/W型乳状液，水相多对乳化有利，但固含量低，涂饰剂不能达到应有的光亮性；反之，油相过多，乳化困难，乳液稳定性差。油相和水相的比例一般在1∶(0.5~0.7)较为合适。为了提高硝化纤维乳液的稳定性，往往还要加入一些乳液稳定剂，常用于硝化纤维乳液的稳定剂有羧甲基纤维素、聚乙烯醇乳酪素。

6. 质量标准

外观	白色或略带浅黄色乳液	pH值	6.0~7.5
固含量	(20±1)%		

7. 用途

用于皮革顶层涂饰。使用前如有分层现象，搅拌均匀后使用不影响质量。

8. 安全与储运

生产中使用有机溶剂，车间内应加强通风，注意防火。产品使用塑料桶包装，储存于阴凉、通风处，储存期半年。

参考文献

[1] 史红月，戚玉良. 水性硝化棉光亮剂的研制[J]. 中国皮革，2006，(23)：25-27.

3.27 溶剂型改性硝化棉光亮剂

溶剂型改性硝化棉光亮剂(solvent-based modified nitrocellulose seasoning agent)，采用蓖麻油改性聚氨酯和邻苯二甲酸二辛酯对硝化棉进行增塑改性，从而获得性能良好的溶剂型光亮涂饰剂。

1. 性能

浅黄色透明液体，属于溶剂型涂饰剂，易燃。硝化棉经增塑改性后，具有较好的成膜能力，不易发脆，其耐候性和耐光性得到明显改善。涂饰层光亮，耐干湿擦，不用甲醛固定，干燥快，储存性好，密封条件好，可储放一年以上不变质。耐冻，涂层有良好的耐热性。有黄变性，用于白色革涂饰时不宜涂重。有较好的耐磨性和防水性。

2. 生产原理

硝化棉的增塑改性通常有两种方法，即内增塑改性和外增塑改性。内增塑是指改性剂(增塑剂)组分与硝化棉之间存在化学键合作用(接枝或交联)，其增塑作用不因时间的推移而消失，又称永久性增塑。外增塑多采用共溶共混法。本产品是将蓖麻油改性聚氨酯和邻苯二甲酸二辛酯与硝化棉共混共溶，达到增塑改性的目的。

3. 主要原料(kg)

硝化棉(含氮量11.5%~12.7%，折成干基)	100
邻苯二甲酸二辛酯(工业级)	100
乙酸辛酯(工业级)	40
乙酸丁酯(工业级)	65
乙酸乙酯(工业级)	270
甲苯(工业级)	270
丁醇(工业级)	60

4. 生产工艺

将 40kg 乙酸辛酯、270kg 乙酸乙酯、65kg 乙酸丁酯、270kg 甲苯和 60kg 丁醇投入配制釜中，在搅拌下加入增塑剂邻苯二甲酸二辛酯，在 30℃下混合均匀。

然后将 100kg(折成干基计)硝化棉加入混合溶剂中，溶解混匀，搅拌 3~4h，成为完全均匀透明的浅黄色液体。最后加入 100kg 50%的蓖麻油改性的聚氨酯溶液搅拌 1h，混匀，然后过滤得到溶剂型改性硝化棉光亮剂。

说明：

溶剂型改性硝化棉光亮剂因使用增塑剂不同，有多种配方。下列配方(质量份)采用氧化蓖麻油、聚丙烯酸乙酯、邻苯二甲酸二辛酯为增塑剂：

硝化棉(含氮量 11.5%~12.7%)	12	丁醇	20
蓖麻油(氧化)	3	乙醇	7
聚丙烯酸乙酯	8	乙酸丁酯	20
邻苯二甲酸二辛酯	5	乙酸乙酯	15
苯甲醇	10		

将上述物料混合搅拌至呈浅黄色透明溶液。

5. 质量标准

外观	浅黄色透明液体	pH 值	4~5
固含量	≥15%	黏度(25℃，4#涂料杯)	约 10s
密度	0.80~0.86g/cm³	稳定性	>1 年

6. 用途

用于皮革的光亮层涂饰。按生产厂家提供的使用配方加入适当的稀释剂进行稀释，充分搅拌，黏度适宜，喷 1~2 次，充分干燥，必要时在 80~100℃下熨平一次。

7. 安全与储运

生产中使用大量有机溶剂，车间内应加强通风，注意防火。产品采用塑料桶包装，储存于阴凉、干燥处。储存期 1 年。

参 考 文 献

[1] 李小瑞. 聚氨酯改性硝化棉光亮剂乳液的制备[J]. 中国皮革，2000，(17)：19-21.

[2] 孙静，刘宗惠，魏德卿. 我国硝化棉光亮剂的研究现状及展望[J]. 皮革化工，1998，(06)：14-15.

3.28 皮革消光补伤剂 XG-461

皮革消光补伤剂 XG-461(scar-repairing and matting agent XG-461)是皮革消光补伤剂 XG 系列品种之一，由聚丙烯酰胺和消光剂组成。

1. 性能

浅黄色黏稠液体。用其补伤后，补伤部位无亮斑及色差，皮革手感柔软，纹路清晰，光泽柔和，使服装选皮率提高 5 倍，成革平均提高两个等级。

2. 生产原理

成膜材料与消光材料复配，得到消光补伤剂乳液。当皮革消光补伤剂涂膜在逐步失水干燥过程中，随着含水量的降低，在水中溶解度较小的组分逐渐从液相中析出，形成具有一定相界面的体积极小的膜相，并各自独立分布于涂膜的整个三维空间之中，其体积取决于析出的该物质的量，其形状则取决于当时的环境，如干燥速度、其他组分析出的状况等。由于各组分的互溶性不同及在配方中的含量不等，各独立膜相可能是单一组分，也可能是多组分的固溶体。上述过程是一个渐进而复杂的过程，这一过程的最终结果，导致由各独立的、大小形状各异的、组成千差万别的膜相，杂乱而又不失自然地形成具有复杂结构的消光涂膜。消光涂膜具有微观不平整的表面和极大的相界面。同时，消光涂膜是一个结构复杂的非均相体系，膜内大量存在的微粒及不同成膜物质所形成的复杂膜相，导致了消光涂膜的“光学不均匀性”，对光波的强烈散射、漫反射和散射综合作用结果便产生了消光效果。

3. 生产流程

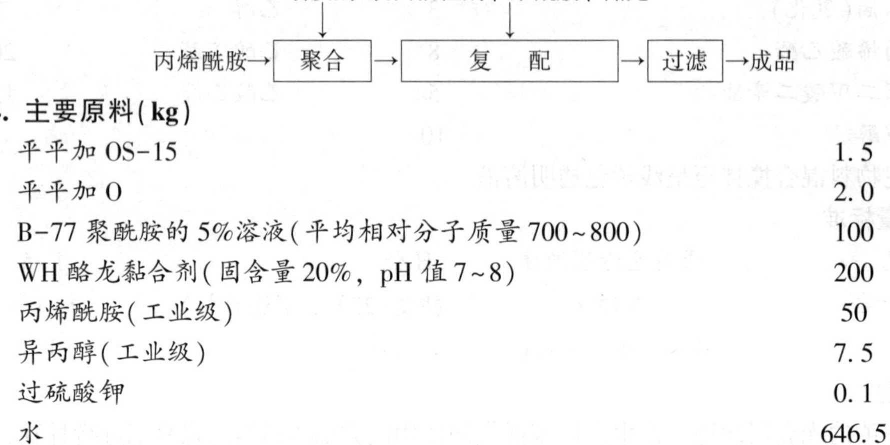

4. 主要原料(kg)

原料	kg
平平加 OS-15	1.5
平平加 O	2.0
B-77 聚酰胺的 5%溶液(平均相对分子质量 700~800)	100
WH 酪龙黏合剂(固含量 20%，pH 值 7~8)	200
丙烯酰胺(工业级)	50
异丙醇(工业级)	7.5
过硫酸钾	0.1
水	646.5

5. 生产工艺

在配制锅中，将 2.0kg 平平加 O、1.5kg 平平加 OS-15 和 46.5kg 水均匀混合，制得表面活性剂混合液。另将 450kg 水加入反应釜中，并加入 50kg 丙烯酰胺，开始搅拌并加热。在15~20min 内升温到 68℃后，加入 7.5kg 异丙醇和用温水溶解的 0.1kg 过硫酸钾。在搅拌下升温至 75℃，恒温反应 15min。然后加热升温，使反应温度保持在 76℃，在该温度下反应 60min。停止反应，先加入 75kg 水，搅拌 15min 后调到 55℃。加入上述配制的平平加 O、平平加OS-15混合液、B－77、WH 酪龙，再于 55℃下反应 45min。加入 75kg 水，搅拌 30min，过滤，得到 XG-461 成品。

说明：

① 聚酰胺、改性蛋白、聚氨酯类具有黏合、成膜、填充等多种功能，是较理想的补伤材料。通常消光补伤剂是多种消光材料和多种补伤材料的复合体。下面是一种典型的消光补伤剂配方。

物　料	配比/质量份	功　能
聚丙烯酰胺(10%)	15	消光、黏合
硬脂酸衍生物(10%)	12	消光、滑感
硅溶胶(15%)	25	消光
改性酪素(15%)	15	补伤、黏合、成膜
聚氨酯(30%)	25	补伤、成膜
消光蜡(15%)	8	消光、手感

将上述物料用均质机或胶体磨混合均匀即可。

② 聚合物的折射率对消光性能的影响很大，其光泽随聚合物折射率的降低而降低，聚合物的主链结构对折射率的影响依基团不同而异。原子或原子团越容易极化，受光的扰动越大，则折射率升高。所以在消光剂中应尽可能避免引入芳环、—Cl、—Br 和异构烃基等。丙烯酰胺类聚合物有较强的消光作用，但它的水溶性较强，用它作消光剂时会降低涂层的耐湿擦性。另一种较好的消光材料是硅溶胶，它的缺点是常常会降低涂层的机械力学性能。将这两种消光材料复合后与改性酪素复合黏合剂复配，是一种理想的多元复合消光剂。

③ 常见的消光材料有硅溶胶（SiO_2）、水溶性丙烯酰胺类聚合物、硬脂酸及其衍生物、蜡剂、二氧化钛（TiO_2）、硝化纤维素等。

6. 质量标准

外观	浅黄色黏稠液体
固含量	8%~10%
pH 值	8~10
储存期	1 年，如出现分层，摇匀后照常使用

7. 用途

用于伤残坏革的刷涂补伤和消光。消光补伤剂多为亲水性物质，故多用于中、底层中，如若调整顶层光泽，可选用消光性蜡和手感剂等，以免影响整个涂层的物性。消光补伤剂用量在 10%~15%（固含量以 15%计）。

8. 安全与储运

使用塑料桶包装，密封保存于 5~30℃下，储存期 1 年。

参 考 文 献

[1] 荆春贵，孙大庆. 热膨胀性中空微球皮革消光补伤剂的研制[J]. 皮革化工，2002，(06)：20-22.

[2] 赵忠岩. DSF-6#消光补伤剂在皮革生产中的应用[J]. 皮革化工，1996，(04)：28-29.

3.29 蜡 乳 液

蜡乳液（wax emulsion）又称蜂蜡乳液、石蜡乳液。其中蜂蜡和石蜡的分子式分别为 $C_{15}H_{31}COOC_{30}H_{61}$、$C_{25}H_{51}COOC_{26}H_{53}$，相对分子质量分别为 676.4、760.24。

1. 性能

乳白色水分散体，具有填充、防黏、滑爽、防水等多种功能。涂饰后使皮革手感柔软，涂面光泽自然，粒面细致，提高了耐干湿擦能力。根据原料蜡的硬度及熔点，所得蜡乳液又可分为硬性、中硬、软性蜡乳液；根据表面活性剂种类的不同又可分为阴离子型蜡乳液、非离子型蜡乳液、阳离子型蜡乳液等。

2. 生产原理

天然蜡或合成蜡经熔化后用乳化剂乳化，得到蜡乳液。

3. 工艺流程

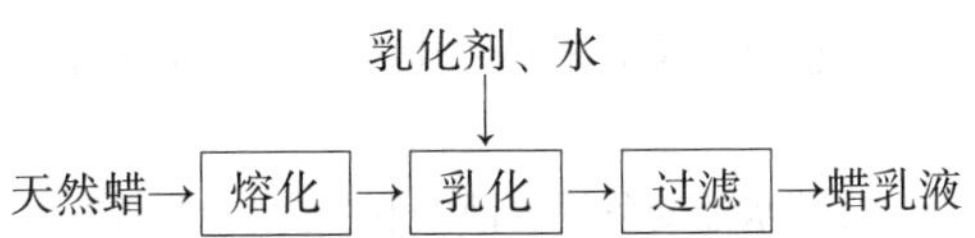

4. 白蜡乳液配方(质量份)

白蜡乳液配方采用油酸与吗啉生成的铵盐为表面活性剂：

巴西棕榈蜡	11.2	油酸	2.4
吗啉	2.2	水	67

5. 生产工艺

将蜡和油酸一起加热，加温至90℃，加吗啉并搅拌至清亮，边搅拌边加入沸水，得到黏稠混合物，进一步加水得到白色稳定蜡乳液。

6. 质量标准

外观	乳白色稠状液体	蜡含量	9.5%~10.0%
固含量	13%~15%	pH 值	6.0~7.5

7. 用途

用于皮革涂饰。蜡乳液在涂层中，可以改善堆积时的黏性及离板性。压平板或压花时的温度大概在60~100℃，而这些蜡剂在这样的温度下就会变成流体而防止可塑性树脂粘在花板上。

蜡乳液能改善革的手感及调节革面的光泽。涂饰后能有效掩盖粒面的伤残及粗糙现象。蜡剂用量应适度，否则会带来流平性不佳及接着性不良等问题。

蜡剂一般多用于底层或顶层或手感层中。其用量较少，一般为总浆量的5%左右。

(1) 蜡乳液用于底涂配方(质量份)

颜料膏	1.5	消光补伤剂	1.0
软性聚氨酯	2.0	蜡乳液	0.5
中硬性聚氨酯	1.0	水	3.0
中硬性丙烯酸	1.0		

涂饰工艺为：揩1次，自然晾干，再揩1次。

(2) 蜡乳液用于光亮层和手感层配方(质量份)

	光亮层	手感层
聚氨酯光亮剂 PU-401	2.0	
蜡乳液	0.5	0.5~1.0
滑爽剂	0.5	0.5~0.8
甲醛	1.0	
水	6.0	8.2~9.0

涂饰工艺：

喷1次，晾干再喷1次，摔软0.5h，喷手感剂1~2次，自然干燥。

蜡乳液不可与异性电荷物质共混，其用量不可过大。

8. 安全与储运

采用内衬塑料的铁桶包装，储存于阴凉处，储运温度为0~30℃。

参 考 文 献

[1] 王小荣，李莉，宇文娣，等. 水性蜡乳液的制备及其应用性能研究[J]. 皮革与化工，2023，40(05)：18-21.

[2] 李珺，李闻欣，韩会娟，等. 皮革水性变色蜡乳液的制备[J]. 皮革与化工，2015，32(03)：7-9.

3.30 GMA-L 有机硅微乳滑爽剂

GMA-L 有机硅微乳滑爽剂(GMA-L microemulsion silicone smoothing agent)又称有机硅氧烷聚合物乳液。其有效成分为有机硅氧烷聚合物，结构式为：

$$HO\left[\begin{array}{c}CH_3\\|\\Si-O\\|\\CH_3\end{array}\right]_n H$$

1. 性能

半透明乳液，属于阴离子型涂饰剂。可与水以任意比例混合。乳液粒子极小，可很好地渗透到皮革纤维内部，滑爽感耐久。含有氨基、环氧基等活性基团，能形成透气的连续膜，滑爽感明显。

2. 生产原理

八甲基环四硅氧烷(D_4)用乳化剂、水进行乳化，然后在催化剂作用下，在 80℃下开环聚合，最后制成水乳液。得到平均相对分子质量为 2×10^5 的有机硅聚合物乳液。

3. 工艺流程

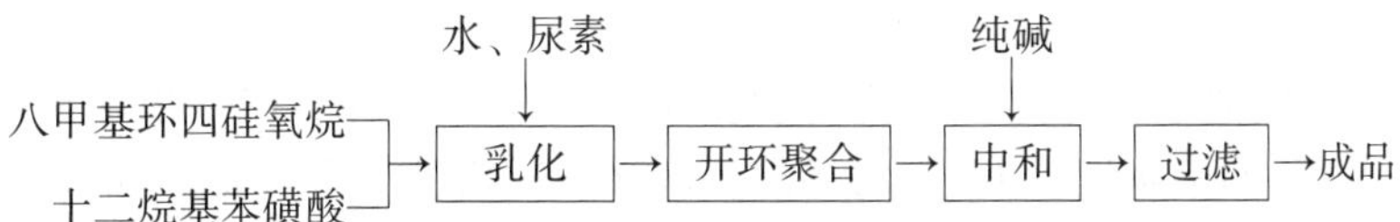

4. 主要原料(kg)

八甲基环四硅氧烷(D_4，工业级)	160	水	1200
十二烷基苯磺酸(工业级)	6~10	纯碱	适量
尿素(工业级)	40		

5. 生产工艺

在带加热夹套和搅拌器的乳化聚合反应釜中，加入 160kg 八甲基环四硅氧烷、1200L 水、8kg 十二烷基苯磺酸和 40kg 尿素。搅拌进行乳化。乳化完全后，加热升温至 80℃，搅拌保温反应 2h，进行开环聚合。然后冷却至室温，继续搅拌反应 6h 左右，以提高硅树脂的相对分子质量。平均相对分子质量达到 2×10^5 时，终止反应。在搅拌下加入 20%的纯碱溶液中和至 pH 值为 6.5~7.0。过滤，得到 GMA-L 有机硅微乳滑爽剂。

说明：

制备有机硅滑爽剂时，一般情况下，有机硅、偶联剂与溶剂三者比例大约为：偶联剂为硅橡胶质量的 2%~5%，溶剂为硅橡胶质量的 2 倍。若将有机硅滑爽剂与硝化纤维素清漆一起混合即成为光滑剂。二者混配成皮革光滑剂喷涂皮革效果较好，由于硝化纤维素清漆光亮、成膜好，可克服有机硅固化慢的缺点。硝化纤维素光亮剂虽然成膜好，但不够滑爽，久放后还易发生散光、裂浆等现象。有机硅组分滑爽性能好，但成膜慢，二者混合使用后有互补作用。但二者比例要适当，一般有机硅滑爽剂用量为硝化纤维素清漆质量的 2%~5%较为适宜。

6. 质量标准

外观	半透明乳液	pH 值	6.0~7.5
固含量	12%~15%		

7. 用途

用作皮革手感滑爽剂，可单独使用，也可与其他皮革涂饰剂混合使用。

有机硅微乳滑爽剂与皮革光亮剂混合后得到皮革光滑剂，皮革光滑剂使用时喷涂压力最好在0.4~0.5MPa，压力太低，光滑剂不能形成雾状，液滴过大影响涂层平滑性。压力过大，溶剂汽化程度高，固体物质易析出呈现白点。压缩空气要经过滤器过滤，以免涂层泛白。

8. 安全与储运

成品采用塑料桶包装，储存于阴凉、通风处。

参 考 文 献

[1] 来水利，李秋菊，杜经武. 微波辐射下阴离子有机硅皮革滑爽剂的制备[J]. 中国皮革，2010，39(07)：38-40.

[2] 王晓航，贾宏春. 有机硅皮革滑爽剂的制备[J]. 皮革化工，2000，(05)：26-27.

3.31 皮革滑爽剂 HF

皮革滑爽剂 HF(leather slipping agent HF)为有机硅氧烷聚合物水乳液。其主要成分为有机硅氧烷聚合物。

1. 性能

白色乳液，为阴离子型涂饰剂。无有机溶剂，可用水稀释。用于顶层滑爽、光亮涂饰时，能与树脂乳液(如聚氨酯乳液)、丙烯酸酯乳液、蜡乳液等多种常见涂饰材料配合使用。可赋予革制品舒适滑爽的手感，能改善皮革的耐磨性。以水作为分散连续相，对环境基本无污染。使用安全，喷涂无异味。

2. 生产原理

将八甲基环四硅氧烷(D_4)用表面活性剂分散于水中，然后在有机酸催化下开环，得到四聚体，进一步缩合，得到有机硅氧烷聚合物。

这里以十二烷基苯磺酸为酸性催化剂，用十二烷基苯磺酸钠盐与非离子型乳化剂 OP 配合作为复合乳化剂，在水中开环聚合。

3. 工艺流程

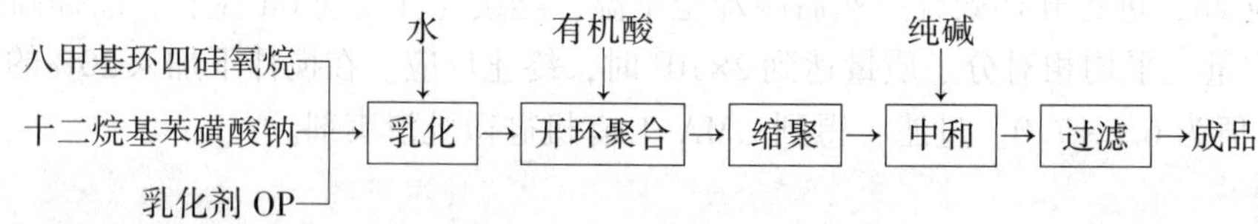

4. 主要原料(kg)

原料	用量
八甲基环四硅氧烷(工业聚合级)	200
十二烷基苯磺酸(工业级)	50~60
十二烷基苯磺酸钠	25~30
乳化剂 OP(*HLB*=12)	15~20
去离子水	700~720
纯碱	适量

5. 生产工艺

将710L 去离子水、28kg 十二烷基苯磺酸钠和17.5kg 的乳化剂 OP 加入反应釜中，搅拌升温到50℃左右，使乳化剂充分分散，然后加入55kg十二烷基苯磺酸作为催化剂。将温度稳定在50℃以上缓慢加入200kg D_4，30min左右加完，再将反应温度均匀缓慢地升到(80±2)℃，反应8~10h，然后降温，冷却到40℃左右，加入40%的纯碱溶液缓慢调节pH≥7，最后冷却到室温，过滤，即得到皮革滑爽剂HF。

说明：

十二烷基苯磺酸是具有表面活性的有机酸，有乳化分散功能，同时作为有机酸，对 D_4 开环起催化作用。聚合完成后，用纯碱中和成为阴离子型表面活性剂。

6. 质量标准

外观	白色乳液	pH值	6~8
固含量	18%~22%	稳定性(不分层)	≥半年

7. 用途

主要用作皮革顶层的涂饰，可提高顶层的手感质量。还可以用在纺织、造纸行业，增加滑爽和防水功能。用作皮革滑爽剂，适用于猪、牛、羊皮服装革、正面革、修面革、家具革、手套革的顶层处理。还可用作毛皮的整理剂，增强光滑性、洁净性和弹性，防止毛皮结毛。当用于皮革顶层涂饰时，可加3~4倍水稀释后单独使用。喷涂后自然晾干或置于30~40℃下干燥。经处理后的革面细腻而柔软，手感舒适，有较强的丝绸感及滑爽性，还可以改善革的耐磨性。将稀释后的HF乳液均匀喷涂在革涂层上，可防止涂层发黏。

用于铬鞣绵羊正面服装革顶层涂饰剂配方(质量份)：

有机硅滑爽剂HF	14.0	虫胶液(10%)	4.0
PUL-04	16.0	蒙旦蜡乳液(10%)	16.0
RF树脂	16.0	水	80.0
酪龙-U	20.6		

8. 安全与储存

产品采用塑料桶或内衬塑料的铁桶包装，储存于阴凉、通风处。非危险品。

参考文献

[1] 来水利，李秋菊，杜经武. 微波辐射下阴离子有机硅皮革滑爽剂的制备[J]. 中国皮革，2010，39(07)：38-40.

[2] 高怀德，黄程雪，牛剑英，等. HF型滑爽剂的研究[J]. 中国皮革，1990，(07)：16-17.

3.32 阳离子型有机硅滑爽剂

阳离子型有机硅滑爽剂(cationic silicone slipping agent)是以阳离子型表面活性剂分散的有机硅氧烷聚合物乳液。其主要成分为有机硅氧烷聚合物。

1. 性能

白色乳液。以阳离子型表面活性剂作为乳化剂，水作为连续相，无异味。用作涂饰剂具有良好的滑爽效果，处理后革面细腻而柔软，有较强的丝绸感及滑爽性。可赋予成革舒适的手感。不宜与阴离子型涂饰剂同浴使用，否则会产生沉淀。

2. 生产原理

将八甲基环四硅氧烷(D_4)用阳离子型表面活性剂作乳化剂，分散于水介质中，碱催化开环得到四聚物，进一步缩聚，得到阳离子型有机硅滑爽剂乳液。

3. 工艺流程

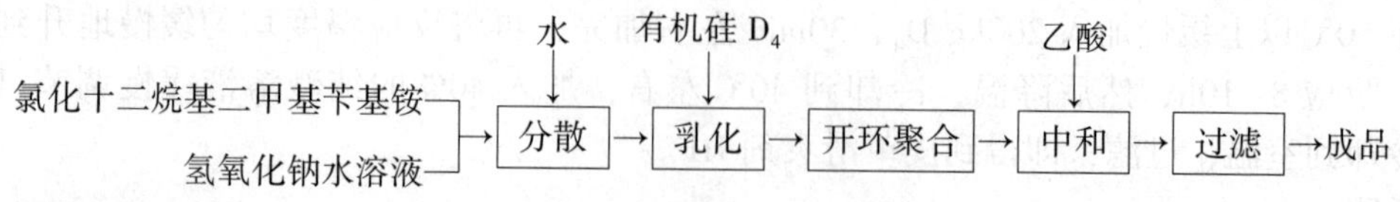

4. 主要原料(kg)

八甲基环四硅氧烷(工业聚合级)	≥200
氯化十二烷基二甲基苄基铵(45%)	≥20
NaOH 溶液(40%)	8~12
去离子水	768
冰乙酸	适量

5. 生产工艺

将768L去离子水、11kg 40%的液碱和20kg 氯化十二烷基二甲基苄基铵加入乳化反应釜中，在50℃搅拌下分散均匀。然后在搅拌条件下缓慢加入200kg工业聚合级八甲基环四硅氧烷，乳化分散30min左右。均匀乳化后逐步升温到(80±2)℃，控制此温度反应8~10h。然后加入冰乙酸，调整pH≥7。过滤，出料，得到阳离子型有机硅滑爽剂。

说明：

用作乳化剂的阳离子型表面活性剂也可以是其他季铵盐或季鏻盐。例如RSO-I光滑剂采用十六烷基三甲基溴化铵和匀染剂TAN为乳化剂：

将230kg去离子水、0.5kg氢氧化钾、4.8kg匀染剂TAN(折合为100%)、80kg有机硅 D_4 加入搪玻璃反应釜中，在搅拌下升温至76~80℃，维持20min，进行聚合引发。再在1h内将40kg有机硅 D_4 和2kg表面活性剂1631(十六烷基三甲基溴化铵)、2.1kg匀染剂TAL加入反应釜中，保温78℃左右进行聚合反应5h。冷却，加入冰乙酸水溶液，调节pH值为7，过滤得到阳离子型有机硅乳液即RSO-I光滑剂。

6. 质量标准

外观	白色乳液	密度	约 $1g/cm^3$
含油量	>20%	稳定性(不分层)	≥半年
pH 值	≥7		

7. 用途

主要用于黏面革、修面革的光亮和滑爽效果的涂饰，也可以用于纺织、造纸行业。用作皮革滑爽剂时，通常与光亮剂混合使用。

用于铬鞣猪正面服装革手感层配方(质量份)：

有机硅滑爽剂	0.5	水	150
硝化棉乳液	100		

其中有机硅滑爽剂可赋予涂层滑爽感，硝化棉为成膜光亮剂。

8. 安全与储运

使用塑料桶或内衬塑料的铁桶包装，储存于阴凉、通风处。

参考文献

[1] 谢昌志，田育斌. 阳离子型皮革滑爽剂AX-Ⅰ的合成及应用[J]. 皮革与化工，2008，(02)：18-22.
[2] 赵玉梅. 阳离子型皮革滑爽剂的合成及应用[J]. 甘肃科技，2003，(08)：31-32.

第4章 制浆化学助剂

4.1 概 述

造纸工业是以纤维为主要原料的化学加工工业，通常需要经过制浆和抄纸两大工序以及赋予纸张特殊性能的后加工工序。在制浆、抄纸和纸的加工过程中，需要加入多种化学品，除常用的大宗化工原料(如氢氧化钠、亚硫酸钠、硫化钠、氯、硫酸铝、滑石粉、高岭土等)外，还需要加入一些专用化学助剂(如蒸煮助剂、脱墨剂、助留剂、助滤剂、增强剂、施胶剂、分散剂、涂布助剂等)，这些专用化学添加剂统称造纸化学助剂(或称造纸化学添加剂、造纸化学品)。造纸化学添加剂的添加量约占纸张总量的2%，它对纸张质量和造纸生产的经济性能及造纸工业的生态环境效益起着决定性的作用。

造纸工业的制浆过程就是通过化学方法、机械方法或化学与机械相结合的方法去除和克服植物纤维细胞间的黏结作用，使构成植物纤维中的各种不同类型细胞彼此分离而成为纸浆。化学制浆工序包括蒸煮以及对纸浆进行洗涤、筛选和漂白。制浆化学助剂主要包括蒸煮助剂、消泡剂、防腐剂和脱墨剂。其中蒸煮剂的主要品种(或组分)有蒽醌及醌类衍生物、表面活性剂；消泡剂主要有有机硅高分子(硅油)、聚醚类、聚酯类、醇类以及乳化煤油等；防腐剂主要包括有机溴类化合物、苯并异噻唑酮等；脱墨剂主要由表面活性剂、助洗剂、分散剂、防油墨再沉积剂等组成。

蒸煮助剂是在制纸浆过程中，能辅助蒸煮剂提高蒸煮效率的化学药品。蒸煮助剂的主要成分一般为起氧化还原催化作用的缓和有机氧化剂，主要有蒽醌、二氢二羟基蒽二钠盐、醌等。蒸煮助剂可将植物纤维中碳水化合物的还原性末端氧化为羧基，并且在蒸煮体系中可重复循环发生氧化作用。蒸煮助剂可缩短蒸煮时间，提高纸浆得率，促进木素降解，改善植物纤维的亲水性，降低筛渣率。当蒽醌及其衍生物在纸中的含量达25mg/kg时，则不能用于食品包装。一种高分子型、不含致癌物质、可生物降解、不造成环境污染的新型蒸煮助剂绿氧，具有细浆得率较高、可漂性好的特点，目前已被国内一些草浆厂采用。

乳化煤油等烃类制浆消泡剂仍将大量使用，但聚醚型、聚酯型，尤其是有机硅高分子消泡剂由于在抑泡、消泡方面的优良效果，将受到重视，这一领域的开发研究也极为活跃。

防腐剂不仅用于制浆工序，在抄纸和加工纸生产过程中，同样也离不开防腐剂。由于纸浆中含有丰富的供细菌生长的碳水化合物和蛋白质等，在适宜的条件下，细菌会迅速繁殖，在制浆的各种设备和管路系统中，各种细菌极易繁殖形成腐浆，影响正常生产。防腐剂的作用主要是通过抑制和杀灭细菌或使其丧失繁殖能力，来防止浆料的腐败变质。防腐剂的研制开发方向是：高效、快速、广谱、低毒、无污染。

随着造纸工业的发展，造纸用增强助剂在造纸工业中的作用也变得越来越重要。寻求新型、环保、节能的造纸增强剂成为造纸助剂研究热点之一。带有不饱和碳碳双键的环氧树脂，由于不饱和双键通过自由基聚合在纤维间形成疏水网络结构，以限制纤维的吸水润胀，从而能有效提高纸张强度。

废纸回收作为再生纤维资源用于制浆造纸，可有效节约森林资源、改善生态平衡，减少制浆污染、保护环境、节约能源、降低生产成本。近年来，废纸制浆发展迅速。利用废纸制浆的关键是解决脱墨问题。脱墨就是脱除废纸中的印刷油墨以及纤维上的色料、污物和附着杂质等。脱墨剂是能使废纸纤维和油墨分离的化学品或生物制品，主要作用是破坏油墨对纸纤维的黏附力，使油墨从纤维上剥离并分散于水中，以增加脱墨纸浆的白度。脱墨剂对纸上油墨起着润湿、渗透、乳化、分散、增溶、洗涤等一系列作用，一般是几种表面活性剂的复配综合作用。脱墨剂是由多种成分复配而成的，根据废纸品种、印刷油墨以及脱墨方式的不同，使用的脱墨剂的成分也不同。加快油墨解离、有效地防止再沉积、提高浆料白度、减少环境污染，是开发新型脱墨剂的方向。

参 考 文 献

[1] 苏耀恩. 探讨造纸化学助剂的使用原则[J]. 建材与装饰，2017，(33)：149-150.

[2] 邱振权. 造纸湿部助剂应用技术的优化[D]. 广州：华南理工大学，2015.

[3] 董和滨，张美云，魏晓芬. 壳聚糖及其衍生物在造纸工业中的应用[J]. 纸和造纸，2010，29(08)：42-46.

[4] 王亮. 采用化学助剂提高生产效率和灵活性[J]. 造纸化学品，2010，22(01)：65-67.

[5] 张权，韩卿. 化学助剂及预处理方法在打浆过程中的应用[J]. 中国造纸，2009，28(05)：64-67.

[6] 朱勇强. 中(碱)性造纸及其湿部化学助剂的发展趋势[J]. 上海造纸，2009，40(02)：1-7.

[7] 孙跟德. 化学助剂在造纸过程中的应用[J]. 造纸化学品，2006，(S1)：37-41.

[8] 李建文，詹怀宇. 造纸化学助剂的应用进展[J]. 西南造纸，2006，(04)：17-19.

[9] 宋岳华，王村，吴少河. 环保型造纸助剂在制浆造纸过程中的应用[J]. 网印工业，2024，(05)：27-29.

4.2 蒽 醌

蒽醌(anthraquinone)的分子式为 $C_{14}H_8O_2$，相对分子质量为 208.22，结构式为：

1. 性能

稍带淡黄色或灰绿色斜方晶系针状结晶或粉状物。熔点 286℃，可升华，微溶于水、乙醇、乙醚、氯仿和苯，溶于热苯、浓硫酸、热四氯化碳。性质稳定，不易被氧化，也不易被还原剂还原。闪点 185℃，低毒，可引起过敏性湿疹、鼻炎、支气管哮喘。

2. 生产原理

(1) 苯酐法

在无水三氯化铝催化下，苯酐与苯发生酰化反应，得到苯甲酰苯甲酸盐，经水解酸化后，以浓硫酸脱水环化生成蒽醌。

$$\xrightarrow{AlCl_3} \xrightarrow[H_2O]{HCl}$$

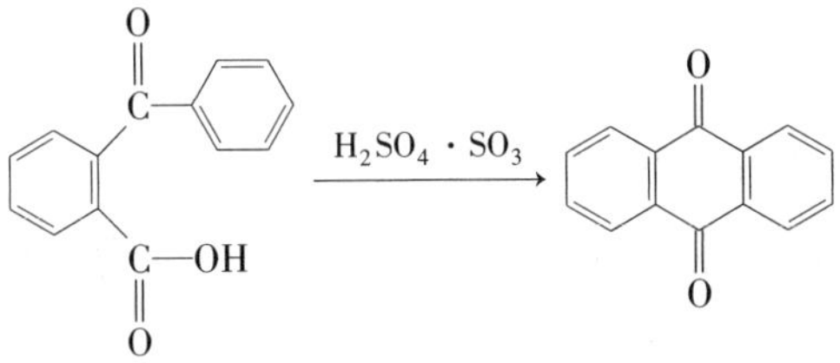

$\xrightarrow{H_2SO_4 \cdot SO_3}$

(2) 气相催化氧化法

精蒽在五氧化二钒催化下，在365℃下用空气氧化，得到蒽醌。

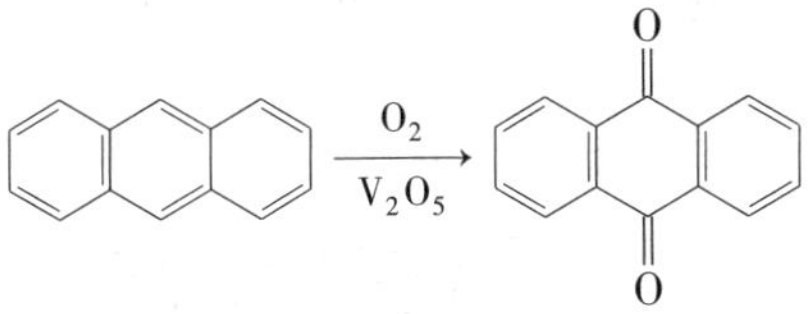

$\xrightarrow[V_2O_5]{O_2}$

(3) 液相氧化法

精蒽与重铬酸钠、硫酸发生氧化反应，得到蒽醌。

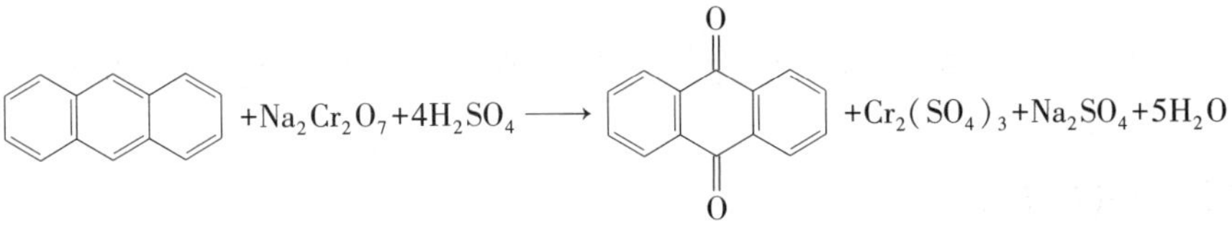

$+Na_2Cr_2O_7+4H_2SO_4 \longrightarrow$ $+Cr_2(SO_4)_3+Na_2SO_4+5H_2O$

(4) 萘醌法

萘醌与丁二烯发生 Dies-Alder 环加成反应，得到四氢蒽醌，经脱氢得到蒽醌。该法亦称为拜耳法。

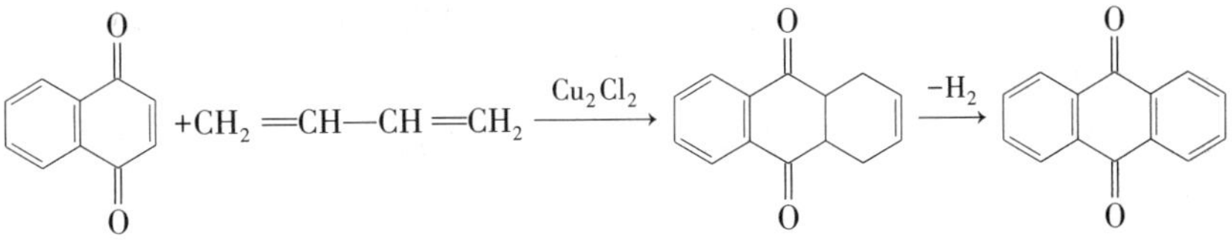

$+CH_2=CH-CH=CH_2 \xrightarrow{Cu_2Cl_2}$ $\xrightarrow{-H_2}$

(5) 苯乙烯法

苯乙烯二聚得到1-甲基-3-苯基二氢茚，氧化后得到邻苯甲酰苯甲酸，经环合得到蒽醌。该法原料易得，无污染，但反应条件苛刻，技术要求高。

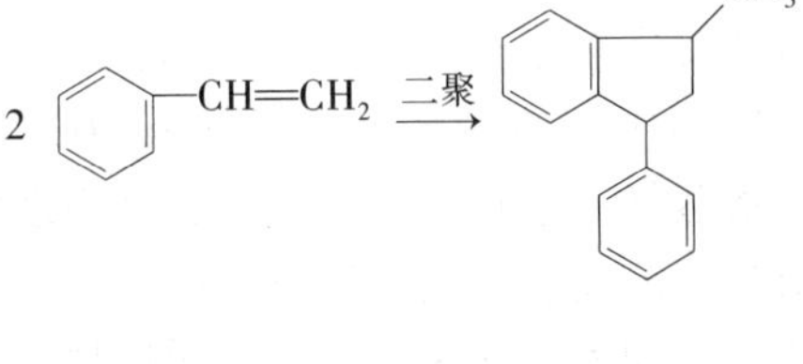

2 $-CH=CH_2 \xrightarrow{二聚}$ CH_3

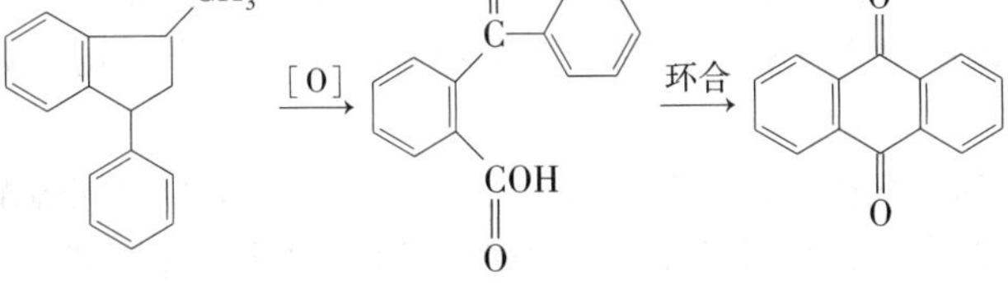

CH_3 $\xrightarrow{[O]}$ COH $\xrightarrow{环合}$

3. 工艺流程

（1）苯酐法

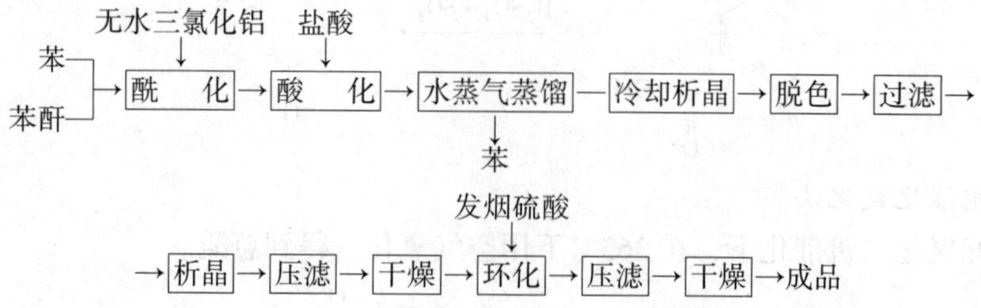

（2）气相催化氧化法

空气、V_2O_5 ↓

蒽→熔化→固定床氧化→冷凝→干燥→成品

（3）液相氧化法

蒽、硫酸、水（重铬酸钠）→氧化→过滤→水洗→干燥→重结晶（硝基苯）→抽滤（↓硝基苯）→干燥→成品

4. 主要原料(质量份)

(1)苯酐法

苯酐(≥99%)	737	盐酸(30%)	1500
无水三氯化铝(≥98.5%)	1540	发烟硫酸(104.5%)	2000
苯(工业级)	620	碳酸钠(908%)	400

（2）气相催化氧化法

精蒽(≥86%)	1149	五氧化二钒	适量

（3）液相氧化法

蒽(≥94%)	1300	重铬酸钠(≥95%)	495
硫酸(98%)	2500		

5. 生产工艺

（1）苯酐法

将苯酐和纯苯投入酰化反应釜中，在迅速搅拌下分 4 次加入无水三氯化铝。待三氯化铝加完后，在 60~70℃下加热搅拌反应至不再有氯化氢气体放出。

将反应物料转入水蒸气蒸馏釜中，在冷却下缓慢加入 10%的盐酸进行酸解，待铝盐溶解后，加热，向反应釜中导入水蒸气，进行水蒸气蒸馏，蒸出多余的苯。苯蒸完后，将反应液立即放入沉淀槽，冷却、结晶。沉淀物为粗苯甲酰苯甲酸。

将上述制得的粗苯甲酰苯甲酸加入碱化脱色釜中，缓慢加入硫酸钠溶液，搅拌，至溶液呈碱性。然后加入一定量活性炭，加热煮沸 30min，稍冷后进入压滤机。将滤液转入沉淀槽，加盐酸酸化至 pH 值为 3 左右，析晶。沉淀物经压滤、洗涤，送干燥箱干燥，得到中间产物苯甲酰苯甲酸。

将干燥的苯甲酰苯甲酸投入环化反应釜中，加入 104.5%的发烟硫酸，搅拌，待环化反应完成后，加入冰水混合物，搅拌析晶，洗涤沉淀物至中性，经压滤、干燥、粉碎即得到蒽醌，收率为 95%。产品可通过减压蒸馏或重结晶进行精制。

（2）气相催化氧化法

将精蒽投入熔化锅中，加热至260~280℃，使精蒽熔化，并于265~280℃下保温。熔化的蒽经过滤器滤去杂质，由计量泵控制流量送入汽化器使蒽汽化。蒽蒸气和热空气混合后，进入固定床催化氧化反应器内，催化剂为五氧化二矾，以硫酸钾、三氧化二铁为助催化剂，载体用浮石或硅胶，反应温度控制在363~367℃，蒽在 V_2O_5 催化剂的催化下发生氧化反应，生成蒽醌。

氧化反应生成的蒽醌蒸气，进入薄壁冷凝器，冷凝后，即得到产品。收率为91%，含量为97%。

（3）液相氧化法

在耐酸氧化反应釜中（内衬耐酸砖，装有衬铅搅拌器和衬铅蛇形加热管），加入4500mL水和5100kg 48%的硫酸；在搅拌下加入1300kg 94%的蒽和1175kg 20%的重铬酸钠溶液。在搅拌下，在6h内将物料加热至100℃，保温至氧化反应完成。将物料过滤、洗涤、干燥得到含量为95%的蒽醌。

将1500kg 95%的蒽醌投入到4500kg干燥的硝基苯中，加热至140℃，然后冷却至30℃，吸滤，用150kg硝基苯洗涤两次，抽干、干燥，得到含量为99%的蒽醌纯品。

说明：

① 氧化滤液为含有硫酸铬、硫酸钠的深绿色溶液，可回收得到成本低廉的副产物硫酸铬。

② 在氧化反应缓慢加热升温过程中，操作时应避免物料生成泡沫。

6. 质量标准

指标名称	优等品	一等品	合格品
外观	黄色或浅灰至灰绿色结晶		
初熔点	≥284.2℃	≥283.0℃	≥280.0℃
纯度	≥99.0%	≥98.5%	≥97.0%
灰分	≤0.2%	≤0.5%	≤0.5%
干燥减量	≤0.2%	≤0.5%	≤0.5%

7. 用途

用作造纸工业制浆蒸煮助剂，用量约为0.02%~0.05%。其优点是无臭，环境污染小，制浆速度快，能耗小，碱和漂白化学品用量小，纤维得率高。但该法抄造的纸和纸板不能用于食品用纸和纸板。此外本品还大量用作染料中间体，在化肥工业中用于制造脱硫酸剂。蒽醌二磺酸钠在印染工业中用作拔染助剂。

8. 安全与储运

操作人员应穿戴劳保用品，车间内应保持良好的通风状态。本品低毒，对眼睛、皮肤、黏膜有刺激性。

参 考 文 献

[1] 林能镖. 超细蒽醌的制备表征及其在桉木硫酸盐法制浆中应用研究[D]. 广州:：华南理工大学，2013.

[2] 李佩燚，张美云，董浩，等. 新型蒽醌类蒸煮助剂的制备及应用[J]. 纸和造纸，2013，32(05)：35-38.

[3] 贾建民，郭睿，翟文举，等. 蒸煮助剂蒽醌的制备及在制浆中的应用[J]. 湖北造纸，2009，(01)：22-24.

4.3 2-氨基蒽醌

2-氨基蒽醌(2-aminoanthraquinone)又称β-氨基蒽醌。分子式为$C_{14}H_9NO_2$，相对分子质量为223.23，结构式为：

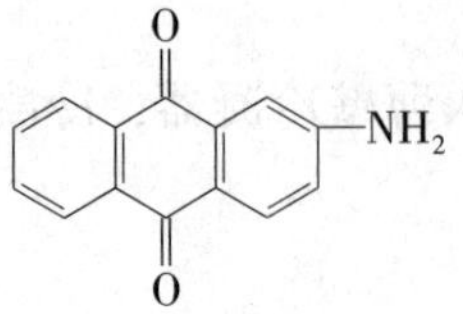

1. 性能

红色或橙棕色针状结晶，熔点303~306℃。溶于乙醇、氯仿、苯和丙酮，不溶于水。加热升华，有毒。

2. 生产原理

(1) 2-氯蒽醌法

2-氯蒽醌和氨水在催化剂硫酸铜的悬浮物中经高温高压反应，制得2-氨基蒽醌。

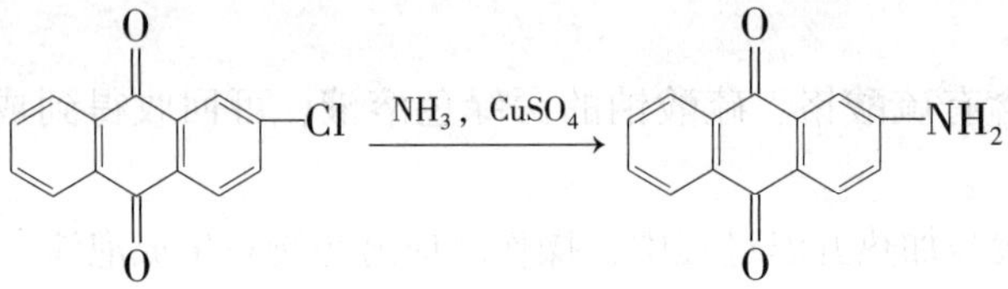

$$\text{2-氯蒽醌(Cl)} \xrightarrow{NH_3,\ CuSO_4} \text{2-氨基蒽醌}(NH_2)$$

(2) 蒽醌-2-磺酸盐法

在间硝基苯磺酸钠存在下，蒽醌-2-磺酸铵与氨水在高温高压下反应得到2-氨基蒽醌。

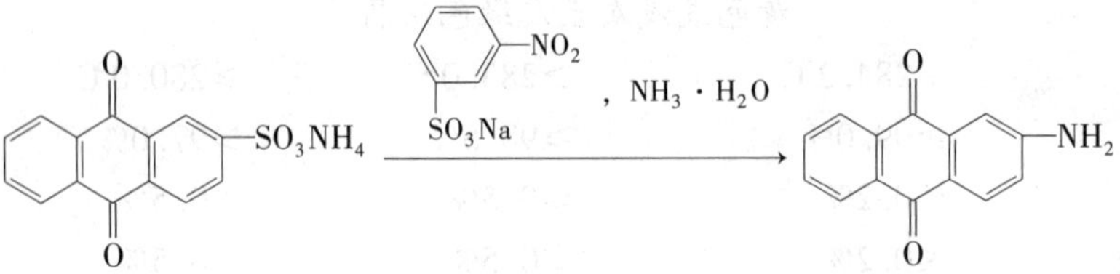

$$\text{蒽醌-2-}SO_3NH_4 \xrightarrow{\text{间硝基苯磺酸钠}(NO_2,\ SO_3Na),\ NH_3\cdot H_2O} \text{2-氨基蒽醌}(NH_2)$$

3. 工艺流程

(1) 2-氯蒽醌法

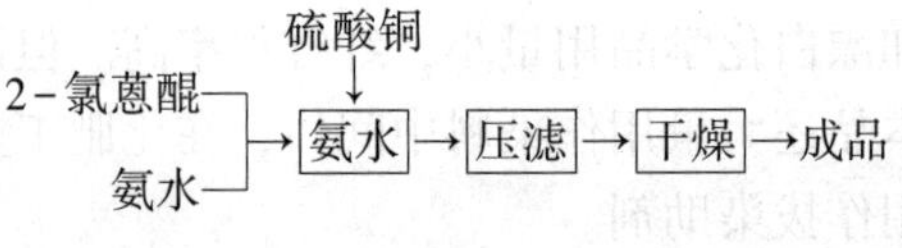

2-氯蒽醌、氨水 → 氨水（加硫酸铜）→ 压滤 → 干燥 → 成品

(2) 蒽醌-2-磺酸盐法

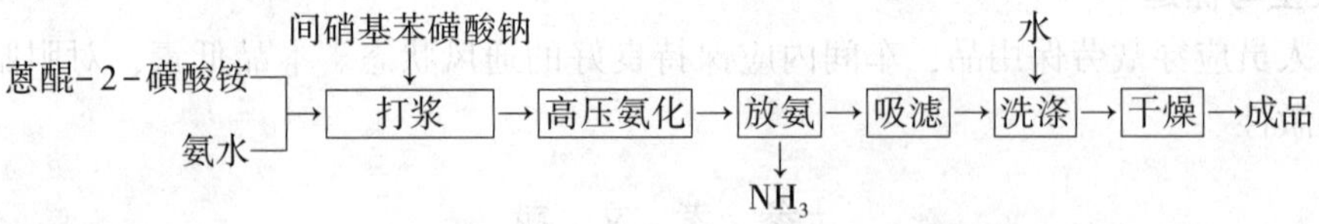

蒽醌-2-磺酸铵、氨水 → 打浆（加间硝基苯磺酸钠）→ 高压氨化 → 放氨（放出NH_3）→ 吸滤 → 洗涤（加水）→ 干燥 → 成品

4. 主要原料(kg)

(1) 2-氯蒽醌法

2-氯蒽醌(96%)	115	硫酸铜(96%)	9
氨水(95%)	160		

(2) 蒽醌-2-磺酸盐法

蒽醌-2-磺酸铵	240	氨水(25%)	685
间硝基苯磺酸钠	70		

5. 生产工艺

(1) 2-氯蒽醌法

先将 115kg 2-氯蒽醌、9kg 硫酸铜、160kg 氨水打浆，充分混合后压入氨化高压釜中，升温至 213~215℃，在 5.0~5.39MPa 压力下反应 5h，放压回收余氨。将反应产物压入过滤器，经过滤、水洗、干燥得到成品。

(2) 蒽醌-2-磺酸铵法

将 240kg 蒽醌-2-磺酸铵盐、70kg 间硝基苯磺酸钠(防染盐 S)及 685kg 25%的氨水打浆，压入高压釜。加热至 184~188℃，压力为 3.73~3.92MPa(表压)，保温保压反应 10h。然后，边冷却、边放氨。冷却至 80℃，将物料压入脱氨锅，在 80℃下脱氨 2h。升温至 100℃，吸滤，用 3000L 100℃的热水洗涤。将滤饼烘干，得到 2-氨基蒽醌。

(3) 实验室制法

在装有搅拌器的 5L 不锈钢高压反应釜中，加入 1100g 蒽醌-2-磺酸钠、345g 五氧化二砷和 2.5L 25%的氨水。搅拌并在 2h 内升温至 180℃，保温反应 30h，釜内压力升到 2.8~3.2MPa。停止加热，冷却至 50℃，泄压，打开高压釜。将反应物料过滤、水洗。将滤饼移至 15L 搪瓷锅中，加入 10L 水。用盐酸酸化至对刚果红试纸呈酸性(蓝色)，加热至 85℃，趁热抽滤，将沉淀用水洗涤，在 100℃下干燥得到 500~600g 粗品。用苯胺(1∶5)重结晶得到精品。

6. 质量标准

外观	红褐色结晶	含量	86%~92%
水分	≤1%	细度(通过 60 目筛)	≥95%

7. 质量检验

准确称取 1g 干燥试样，置于 500mL 烧杯中，加入 20mL 浓硫酸，在沸水浴上加热至试样完全溶解。冷却后，缓慢加入 150mL 50%的乙酸，冷却至 20℃以下，用 0.1mol/L 的亚硝酸钠溶液滴定。终点是取一滴试液于碘化钾淀粉试纸上呈现紫色斑点，并在 5min 后做同样试验仍能出现紫色斑点。在相同条件下做空白试验。

$$含量(\%) = \frac{C(V_1 - V_2) \times 0.2232}{G} \times 100$$

式中 C——亚硝酸钠标准溶液摩尔浓度，mol/L；

V_1——样品消耗亚硝酸钠标准溶液的体积，mL；

V_2——空白试验消耗亚硝酸钠标准溶液的体积，mL；

G——试样质量，g。

8. 用途

在造纸工业中可用作催化剂以节约烧碱。用作还原染料的中间体，用于制造还原蓝 RSN、还原黄 G、还原黄 8G 和 1-氯-2-氨基蒽醌染料。

9. 安全与储运

原料蒽醌和产品 2-氨基蒽醌等有毒或有刺激性，操作人员应穿戴劳保用品，车间内应加强通风。氨化反应釜必须符合耐压要求，操作人员应严格执行操作规程。

使用内衬塑料袋的铁桶包装，储存于阴凉、干燥处，防晒、防潮，按有毒化学品规定储运。

4.4　亚氯酸钠

亚氯酸钠(sodium chlorite)分子式为 $NaClO_2$，相对分子质量为 90.44。有无水亚氯酸钠和三水合亚氯酸钠两种形态，其转化温度为 38℃。

1. 性能

白色结晶或结晶粉末，稍有吸湿性，易溶于水。无水物加热至 350℃时不分解，一般产品因含有水分，加热至 180~200℃即分解。碱性水溶液对光稳定，酸性水溶液受光则发生爆炸性分解，放出二氧化氯。属于强氧化剂，其氧化能力为漂白粉的 4~5 倍。与可燃性有机物接触或混合能引起爆炸，属于二级无机氧化剂。

2. 生产原理

(1) 电解法

氯酸钠与硫酸组成的混酸与二氧化硫反应产生二氧化氯，将二氧化氯连续通入电解槽的阴极室，阴极室连续加入盐水进行电解。生成的亚氯酸钠溶液(含量 20%)经除杂后，喷雾干燥，得到成品。

$$2NaClO_3+H_2SO_4+SO_2 \longrightarrow 2ClO_2+2NaHSO_4$$

$$ClO_2+e \longrightarrow ClO_2^-$$

$$2Cl^- -2e \longrightarrow Cl_2\uparrow$$

$$Na^+ +ClO_2^- \longrightarrow NaClO_2$$

(2) 过氧化氢法

将氯酸钠用水溶解后，在硫酸存在下与二氧化硫反应生成二氧化氯，二氧化氯进一步与过氧化氢作用得到亚氯酸钠溶液，蒸发结晶后干燥，得到成品。

$$2NaClO_3+SO_2+H_2SO_4 \longrightarrow 2ClO_2+2NaHSO_4$$

$$2NaOH+2ClO_2+H_2O_2 \longrightarrow 2NaClO_2+2H_2O+O_2$$

3. 主要原料(kg/t)

氯酸钠(98%)	1270	过氧化氢(28%~30%)	504
硫酸(92.5%)	740	氢氧化钠(98%)	480

4. 工艺流程

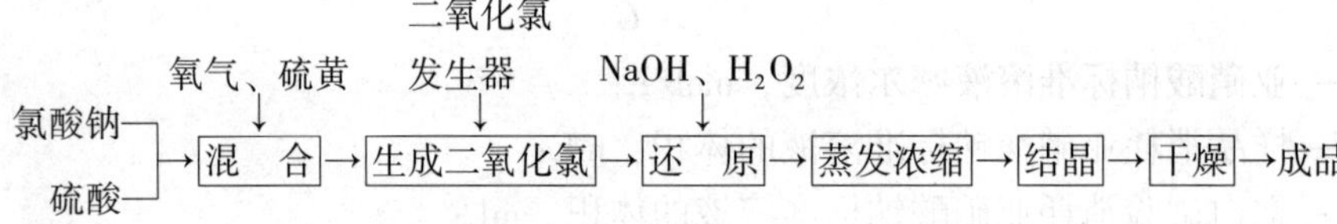

5. 生产工艺

将氯酸钠和氯化钠的混合水溶液按 106.5∶61.4(质量比)送入二氧化氯发生器中，加入 92.5%的硫酸进行反应。反应温度控制在 35~55℃。空气经流量计和调节阀后，通过设置在发生器底部的气体分散板进入二氧化氯发生器中，从而将反应生成的 ClO_2 和 Cl_2 驱出。

反应物料浓度：

$NaClO_3$	3mol/L	硫酸	反应中维持在 5.25mol/L
NaCl	3.15mol/L		

反应结束后产生的废液硫酸浓度约为 4.5mol/L 左右，将其冷却至 0℃以下，结晶出 Na_2SO_4，滤出 Na_2SO_4 后，酸液可以循环使用。

还原反应可在 3 个串联的聚氯乙烯鼓泡吸收器内进行，吸收器内设有聚四氟乙烯蛇形冷却器。上述由空气吹出的二氧化氯(被空气稀释至 10%)，经除氯后通入还原反应吸收器中，吸收器内盛有浓度为 160g/L 的氢氧化钠和 28%~30%的过氧化氢。反应温度控制在 0~5℃，维持反应液颜色不变(褐色)。ClO_2-空气混合物($200g/m^3$)以 135kg/h 的流量通入吸收器底部。反应终了得到含 $NaClO_2$ 140~160g/L、NaCl 15~20g/L、Na_2CO_3 30~40g/L、$H_2O_2$0.5~1g/L 的反应混合液，经过滤后，置于搪瓷蒸发器内进行真空蒸发(110×133.3Pa、55℃)，至 $NaClO_2$ 浓度为 350~400g/L 时，将母液移至结晶器，冷却至-5~-10℃，析晶，真空吸滤，将吸出的母液打回到生产循环中去。得到的粗品用水重结晶。

分离出重结晶的 $NaClO_2$，于 70℃以下在空气干燥器中干燥，得到亚氯酸钠成品。

6. 工艺控制

① 制造二氧化氯时反应宜控制在 35~55℃，温度高则反应收率高，但温度太高会发生 ClO_2 爆炸性分解，应避免温度过高。

② 吸收(还原反应)的温度应控制在 0~5℃。温度过高，过氧化氢会分解；温度太低(<0℃)，反应液中有 $NaClO_2 \cdot 3H_2O$ 析出，使反应液浑浊，影响反应进行，降低收率。

③ 真空蒸发温度不宜太高，当温度超过 60℃时，$NaClO_2$ 会发生分解，生成 $NaClO_3$ 和 NaCl，降低收率。在 55℃以下蒸发，$NaClO_2$ 的分解率只有 0.5%以下。

④ 还原反应可以通过测定反应液的 pH 值及氧化还原电位来调节碱及 H_2O_2 的量。当氧化还原电位在-100~250mV 时，表明碱和 H_2O_2 同时存在，而当电位偏离这一范围时，说明可能有一种原料缺乏，可通过调节达到反应正常。

7. 质量标准

指标名称	一等品	合格品	美国	日本
次氯酸钠($NaClO_2$)	≥82%	≥80%	≥78%	≥70%
氯酸钠($NaClO_3$)	3.5%	≤4.0%		
氯化钠(NaCl)	≤13.5%	≤15%	≤17.0%	
砷(As)			≤0.0003%	≤0.0001%
水分	≤1.0%	≤1.0%		
重金属(以 Pb 计)				≤0.002%
硫酸钠(Na_2SO_4)			≤3.0%	
碳酸钠(Na_2CO_3)			≤3.0%	

8. 用途

可用作高效漂白剂和氧化剂，其漂白能力是漂粉精的 2~3 倍。主要用于棉、麻、黏胶纤维及织物的漂白，还广泛用于造纸工业、皮革工业、食品工业、污水处理、饮水净化等的漂白、杀菌。还可用作阴丹士林染色的拔染剂。

在漂白纤维材料时，具有比次氯酸盐更独特的优点。如用次氯酸盐漂白，则同时也氧化了纤维素，从而降低了纤维的强度，因此漂白操作必须非常小心，以使纤维受损程度最小。而用亚氯酸钠进行纤维漂白，不会降低纤维强度。

参 考 文 献

[1] 蔡秀萍，张世其，苏庆珍. 稳定性亚氯酸钠溶液的制备及稳定性研究[J]. 精细与专用化学品，2013，21(05)：49-53.

[2] 文竹，阎世媚，杨文渊，等. 过氧化氢法制备亚氯酸钠的吸收工艺条件研究[J]. 酿酒科技，2010，(09)：43-45.

4.5 三氯异氰尿酸

三氯异氰尿酸(trichloroisocyanuric acid)分子式为 $C_3N_3Cl_3O$，相对分子质量为 232.41，结构式为：

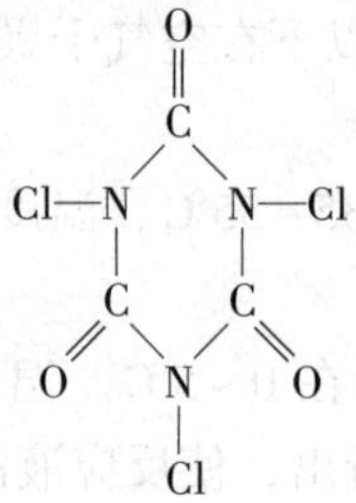

O
‖
C
Cl—N　N—Cl
C　C
O　N　O
|
Cl

1. 性能

白色结晶。熔点为 225~230℃。在水中的溶解度为 1.2(25℃)，易溶于丙酮。1%水溶液的 pH 值为 2.7~3.3。在水中发生水解，游离出次氯酸，具有漂白、杀菌和氯化作用。稳定性好，杀菌效果好，作用时间长。

2. 生产原理

异氰尿酸在氢氧化钠中与氯气作用，经后处理得到三氯异氰尿酸。反应式如下：

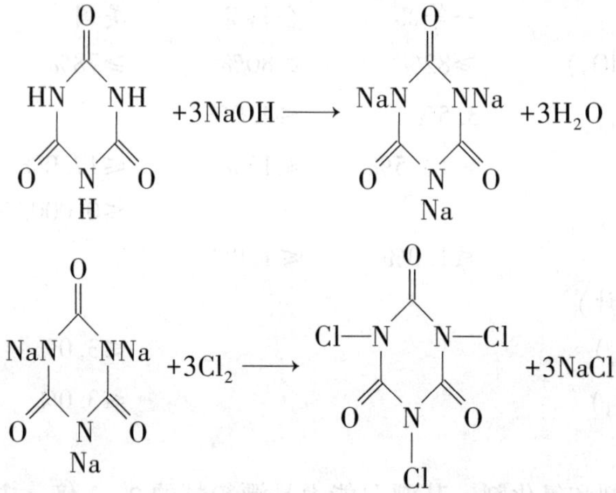

(异氰尿酸) + 3NaOH ⟶ (异氰尿酸三钠) + $3H_2O$

(异氰尿酸三钠) + $3Cl_2$ ⟶ (三氯异氰尿酸) + 3NaCl

3. 工艺流程

氢氧化钠 ↓（成盐）；氯气 ↓（氯化）

异氰尿酸→成盐→降温→氯化→压滤→洗涤→干燥→粉碎→成品

4. 主要原料(kg)

异氰尿酸(>99%)	163.3	氢氧化钠(98%)	152.5
氯气(工业级)	270		

5. 生产工艺

将 152.5kg 氢氧化钠加入氯化反应釜中，加入 1370L 水，搅拌配成 10%的氢氧化钠水溶液。然后加入 163.3kg 异氰尿酸，充分搅拌使之溶解。异氰尿酸全部溶解后，向氯化釜夹层中通入冰盐水，将反应物料的温度降至 10℃以下。在搅拌下向氯化釜中缓慢通入氯气，并保持反应温度在 10℃以下，270kg 氯气通完后，再在 10℃下继续搅拌氯化反应 1~2h。

将反应混合液送入压滤机压滤，用清水洗涤滤饼 3 次，压干，滤饼经干燥、粉碎后即为三氯异氰尿酸。

6. 产品标准(优级品)

外观	白色结晶	水分	≤0.5%
有效氯	≥90%	pH 值(1%的水溶液)	2.7~3.3

7. 用途

造纸工业中用作漂白剂和纸浆防腐剂、杀菌剂。也用作水池消毒剂、食品器械消毒剂、家用洗衣漂白剂。

8. 安全与储运

生产中使用氯气和强碱，操作人员应穿戴劳保用品，车间内应保持良好的通风状态。

参 考 文 献

[1] 王旭峰，靳鹏，张遵. 三氯异氰尿酸生产合成及应用进展[J]. 中国氯碱，2018，(06)：19-23.
[2] 王宏波，张亨. 三氯异氰尿酸的安全生产和污染治理[J]. 盐业与化工，2013，42(09)：48-51.
[3] 钟瑛，袁向前，宋宏宇. 管道化制备三氯异氰尿酸工艺研究[J]. 中国氯碱，2013，(03)：19-21.

4.6 过碳酸钠

过碳酸钠(sodium percarbonate)是过氧化氢与碳酸钠的加成化合物，被认为是一种固体形式的过氧化氢，又称过氧化碳酸钠。分子式为 $2Na_2CO_3 \cdot 3H_2O_2$，相对分子质量为 314.02。

1. 性能

白色松散的颗粒状结晶，表观密度为 0.5~0.7g/cm^3，有吸湿性，易溶于水(20℃，14g/100mL水)，水溶液呈碱性，稳定性较差。100℃时直接分解放出氧气，活性氧含量约为 14%。无味，无毒，具有氧化性，在低温下有漂白作用。

2. 生产原理

碳酸钠与过氧化氢反应生成加成化合物。

$$2Na_2CO_3+3H_2O_2 \longrightarrow 2Na_2CO_3 \cdot 3H_2O_2$$

具体操作有干法和湿法两种。干法是将过氧化氢直接喷雾到无水碳酸钠固体上经干燥后得到。湿法是饱和碳酸钠溶液与 30%的过氧化氢在低温下反应制得。

3. 主要原料(kg/t，湿法)

配方一

过氧化氢(27.5%)	1000	碳酸钠(98%)	873

配方二

过氧化氢(35%)	1000	碳酸钠(98%)	740

4. 工艺流程

```
            硅酸镁     Na2CO3
               ↓          ↓
过氧化氢→[稳定化]→[ 加  合 ]→[离心分离]→[气流干燥]→成品
               ↑
            硅酸钠
```

5. 生产工艺

（1）湿法

在30%的过氧化氢水溶液中加入少量硅酸镁和硅酸钠作稳定剂，冷却至0℃，加入无水碳酸钠，使物料在0~5℃下反应，析出过氧化碳酸钠结晶。经离心分离后，气流干燥，得到过碳酸钠。

（2）干法

将过氧化氢喷雾到无水碳酸钠固体上，加合反应后通过流态床移去水分得到干燥的过碳酸钠。

6. 工艺控制

① 在湿法生产中，必须加入稳定剂，以减少活性氧的损失。通常所用的稳定剂有：可溶性的镁盐和硅酸钠，缩合磷酸盐如六偏磷酸钠、焦磷酸钠等，非离子表面活性剂，有机螯合剂。

② 干法中采用不锈钢和聚四氟乙烯等耐腐蚀塑料作为生产设备的材料。这种方法由于过碳酸钠易形成糊状物，且易造成活性氧损失，故产品质量不高。

7. 质量标准

指标名称	参考指标	日本标准
活性氧(O)	>13%	>13%
pH 值(3%的水溶液)	10~11	10~11
铁	≤0.0025%	≤0.002%
表观密度	0.70~0.85g/cm^3	0.5~0.7g/cm^3
水分		≤2.0%
粒度(12~80 目)	>80%	
储存稳定性(2 年后活性氧)	≥10%	

8. 用途

广泛用作织物漂白剂、还原染料和硫化染料显色剂以及造纸工业、合成洗涤剂的助剂。还用作医用消毒剂、水果蔬菜保鲜剂、除味剂、金属表面处理剂等。

参 考 文 献

[1] 杨盟飞，白立光，冯彬，等. 过碳酸钠研究进展[J]. 化学推进剂与高分子材料，2023，21(03)：24-30.

[2] 金东，燕丰. 过碳酸钠的合成及应用研究进展[J]. 精细与专用化学品，2017，25(02)：47-49.

4.7 氨基磺酸

氨基磺酸(sulfamic acid)分子式为 NH_2SO_3H，相对分子质量为97.02，结构式为：

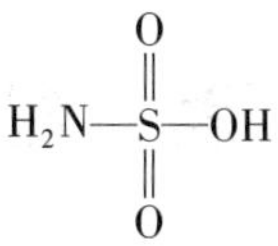

1. 性能

无色无臭结晶(斜方晶系片状结晶)，无毒。相对密度为2.126，熔点为205℃。260℃下的分解产物是二氧化硫、氮气和水等。氨基磺酸不挥发、不吸湿，在空气中稳定。可溶于水和液氨，微溶于甲醇，不溶于乙醇、乙醚和烃类。在硫酸或硫酸钠存在下，在水中的溶解度降低。10%水溶液的 pH 值为0.5~1.5。水溶液加热时，水解成硫酸氢铵。在100g 水中的溶解度：20℃时为21.3g，80℃时为47.1g。

2. 生产原理

过量的发烟硫酸与尿素反应，得到氨基磺酸。

$$(NH_2)_2CO+SO_3+H_2SO_4 \longrightarrow 2NH_2SO_3H+CO_2$$

3. 工艺流程

尿素、发烟硫酸 → 反应 → 冷却析晶 → 离心 → 精制 → 成品

4. 主要原料(kg)

尿素(氮含量≥46.3%)	420	硫酸钠(≥98%)	600
发烟硫酸(SO_3 含量≥25%)	1500	乙醇(≥95%)	400

5. 生产工艺

将210kg 尿素加入反应釜中，慢慢加入750kg 发烟硫酸，搅拌，注意控制反应温度不要高于80℃。直至发烟硫酸加完，反应液均相，且无二氧化碳气体放出时即为反应终点。将反应物料慢慢转入盛有硫酸钠水溶液并通冰盐水冷却的结晶罐中，充分冷却析晶。结晶物经离心分离后，得到粗氨基磺酸。

将上述制得的粗氨基磺酸加入溶解罐中，加入两倍量的水，在80℃下加热搅拌，使结晶溶解。全部溶解后，将溶液转入结晶罐中，加入200kg 工业乙醇，冷却，充分结晶，离心分离后，干燥得到氨基磺酸。

6. 质量标准

外观	无色无臭结晶	熔点	204~206℃
含量	≥98.5%	硫酸盐	≤0.8%

7. 用途

用作纸浆漂白助剂，在蒸煮过程中用作防剥皮剂，能减少纤维断链降解。也可用作纸张柔软剂。还可用作除草剂、防火剂、织物柔软剂、金属清洁剂等。

8. 安全与储运

生产中使用发烟硫酸，操作人员应穿戴劳保用品，车间内应保持良好的通风状态。使用塑料袋外套编织袋包装，储存于阴凉、干燥处。

参 考 文 献

[1] 费望东. 氨基磺酸生产技术进展和优化提升[J]. 硫酸工业，2022，(08)：19-22.

[2] 费望东. 尿素法生产氨基磺酸工艺及提质降耗措施[J]. 硫酸工业，2017，(10)：14-20.

4.8 消 泡 剂

消泡剂(defoaming agent)用于制浆、抄纸和涂布等不同工序。制浆消泡剂主要采用烃类消泡剂，其中含有烃类油、疏水性颗粒和油溶性表面活性剂，大多为 W/O 型乳液。生产配方如下(质量份)。

配方一

石蜡油	20	磷酸辛酯	1.0
液体烃	61.5	次乙基双硬脂酸酰胺	10
壬基苯	7.5		

将石蜡油、次乙基双硬脂酸酰胺与壬基苯混合，加热至 130~150℃，搅拌均匀。然后，冷却至 70℃，加入液体烃和磷酸辛酯，溶解完全后即得到消泡剂。硫酸盐造纸黑液中，加入量达 1~15μL/L 时，可有效抑制泡沫的形成。

配方二

石蜡油	115.6	二氧化硅	5
次乙基双硬脂酸酰胺	7	乙二醇(15%)	70
二甲基硅氧烷	1	山梨糖醇酐油酸酯	1.4

将石蜡油和次乙基双硬脂酸酰胺投入配制釜中，加热至 150~160℃，然后冷却至 50℃，加入二甲基硅氧烷、二氧化硅等其他物料，混合后进行研磨，在真空条件下进行脱气处理，即可制得造纸黑液消泡剂。

配方三

石蜡油	81.5	壬基苯	7.5
次乙基双硬脂酸酰胺	10.0	磷酸辛酯	1.0

将石蜡油、次乙基双硬脂酸酰胺和壬基苯混合加热至 130~150℃，溶解均匀后，冷却至 60℃以下，加入磷酸辛酯，慢速搅拌均匀。本消泡剂用于硫酸盐纸浆黑液中，消泡效果好。

配方四

脂肪烃	14.0	硬脂酸丙二醇酯	10.0
硬脂酸	22.0	氢氧化钾(45%的水溶液)	2.0
异丙醇	68.0	水	60
卵磷脂	24.0		

本消泡剂可用于新闻纸浆和纸袋纸浆的消泡，用量为 0.5g/kg 纸浆。

配方五

煤油	40	司盘 80	1
硬脂酸	1~5	平平加 O-20	24
次乙基双硬脂酸酰胺	3	水	47~52

该配方为 W/O 型乳液，产品呈膏状乳液，pH 值为 7±0.5，用量为纸浆的 0.04%~0.05%。

配方六

矿物油	174	硬脂酰胺	4
脂肪醇	16	环氧乙烷-环氧丙烷共聚物	6

将各物料混合均匀得到纸浆消泡剂。其中环氧乙烷-环氧丙烷为聚醚型消泡剂，由环氧乙烷、环氧丙烷在一定温度和压力下共聚制得，其酸值<0. 3mgKOH/g，表面张力(20℃)<0. 03N/m，黏度(40℃)<0. 1Pa · s。

参 考 文 献

[1] 董勇，伍锦秀，徐媚，等. 制浆造纸工业用消泡剂的开发及应用进展[J]. 精细化工，2021，38(05)：898-906.

[2] 徐媚. 丁炔二醇醚改性有机硅消泡剂的制备及性能表征[J]. 中国造纸，2023，42(10)：69-77.

4.9 纸浆漂白剂

经化学蒸煮或机械研磨等方法制得的纸浆，均带有一定颜色，为了满足使用需求，纸浆必须通过漂白来提高白度。通常漂白剂有氧化型(如 NaOCl、O_2、ClO_2、H_2O_2)和还原型(如 $NaSO_3$、$Na_2S_2O_4$ 等)两种。一般纸浆漂白剂由氧化剂(或还原剂)和助漂剂组成。生产配方如下(质量份)。

配方一

次氯酸钠	60	氢氧化钾	10
亚氯酸钠	130	硫酸铜	适量

将各种物料常温混合 2h，存放 1~21 天。在 50%的纸浆中加入 0. 8%(体积比)的漂白剂，于 pH=3. 5、80℃下漂白 2h，可得到白度为 81%(存放 1 天)和 80%(存放 21 天)的纸浆。

配方二

过氧乙酸	10	氢氧化钠	10
过氧化氢	2. 56	二亚乙基三胺五乙酸	1. 0

该配方为氧化型纸浆漂白剂。其中二亚乙基三胺五乙酸在复配过程转变为钠盐，是过氧化氢分解抑制剂，由氯乙酸钠与二亚乙基三胺发生缩合反应制得，为淡黄色透明液体，强碱性，固含量为 15%。浆料浓度为 15%时，用该漂白剂在 70℃下漂白 2h，最终纸浆白度可达 80%。

配方三

亚氯酸钠(25%)	1. 0	过氧化焦磷酸钠	1. 0

将 25%的亚氯酸钠与过氧化焦磷酸钠以 1：1 混合，并在 30℃下反应 1~2h，即得到糊状产物，经干燥得到粉状漂白剂。在 10%~15%的纸浆中加入 5%的该漂白剂，于 pH=3. 5、80℃下漂白 3h，纸浆白度可由 40%提高到 81%。

配方四

连二亚硫酸钠	18	乌洛托品	1
亚硫酸钠	1	三聚磷酸钠	1

该配方为还原型漂白剂，其中乌洛托品和三聚磷酸钠为缓蚀剂。将各物料混合均匀得到纸浆漂白剂。

参 考 文 献

[1] 杨仁党，陈克复. 无污染新型纸浆漂白剂——过氧碳酸钠[J]. 西南造纸，2002，(01)：32.

[2] 陈均志，唐宏科. 新型纸浆漂白剂——甲脒亚磺酸的制备[J]. 西北轻工业学院学报，2001，(01)：34-37.

4.10 废纸脱墨剂

废纸脱墨剂(deinking agent for waste paper)是能使废纸纤维和油墨分离的化学品或生物制品。主要作用是破坏油墨对纸纤维的黏附力，使油墨从纤维上剥离并分散于水中。脱墨剂对纸上油墨起着润湿、渗透、乳化、分散、增溶、洗涤等一系列作用，一般是几种表面活性剂的复配综合作用。根据组成可分为水基型脱墨剂和乳液型脱墨剂。脱墨剂主要由表面活性剂及分散剂、螯合剂、漂白剂和防油墨再沉积剂等组成。用于脱墨剂的表面活性剂有阴离子型、非离子型、两性离子型、阳离子型。常用的分散剂有磷酸盐、聚硅酸盐、木素磺酸钠、干酪素、非离子型表面活性剂等。常用的螯合剂有硅酸钠、EDTA、亚氨基三乙酸钠、羟乙基乙二胺三乙酸钠等。漂白剂常用过氧化氢。防油墨再沉积剂又称浮选剂，其作用是使油墨浮于液体表面而不沉积于纸浆纤维上，一般用长链脂肪酸盐，也可用含有羧基的聚合物，如羧甲基纤维素、马来酸酐丙烯酸共聚物。

脱墨剂产品，根据脱墨方法的不同以及废纸中油墨的不同，有多种不同的配方。生产配方如下(质量份)。

配方一

烷基酚聚氧乙烯醚	34	硅酸钠	108
烷基苯磺酸钠	10	羧甲基纤维素	6
皂料(脂肪酸钠)	42		

将 28kg 该脱墨剂溶于 18000L 水中，投入 1000kg 废纸浆，混合脱墨，过滤，用水稀释纸浆至浓度为 3.5%，过滤后得到白度良好的纸浆。

配方二

十二烷基聚氧丙烯醚硫酸钠	7.5	硅酸钠	75
过氧化氢(30%)	75	氢氧化钠	25

将各物料混合均匀即得到脱墨剂。每千克新闻纸用该脱墨剂约 90g。废纸浆浓度为 4% 时，用该脱墨剂脱墨、过滤、水洗，所得纸浆用于造纸，白度为 64%左右。

配方三

十二烷基苯磺酸	2	非离子型表面活性剂(OP-10)	2
油酸钾	2	氢氧化钠	4
硅酸钠	2		

其中，十二烷基苯磺酸也可以用十二烷基磷酸酯与十二烷基苯磺酸以 7∶3 的混合物代替，其脱墨效果更好。将各物料混合，用氢氧化钠水溶液调节 pH 值为 7~8。该脱墨剂适用于浮选法脱墨，用量为废纸的 3%。

配方四

油酸钠	8	硅酸钠	28
乳化剂	1	氯化钙	10
过氧化氢	40	氢氧化钙	24

用该脱墨剂处理废纸浆，脱墨率可达 7.5%。

配方五

硬脂酸聚氧乙烯(10)醚	3	氢氧化钠	15
过氧化氢	6		

该脱墨剂为浮选法脱墨剂，用量为废纸的9.5%。

配方六

脂肪酸	40	二亚乙基三胺五乙酸钠	20
氢氧化钠	40	二连亚硫酸钠	40
烷基苯聚氧乙烯醚	4		

该脱墨剂用量为废纸的4.5%。

配方七

脂肪酸钠(妥尔油脂肪酸钠)	50	过氧化氢	50
氢氧化钠	150	硅酸钠	100

用量为废纸的7%。用浮选法脱墨，纸浆浓度为6%，温度为40℃，所得纸浆白度为55%~63%。

配方八

硬脂酸聚氧乙烯(5)醚	50	三乙醇胺	30
十二醇聚氧乙烯(9)醚磷酸单酯	50	十二烷基苯磺酸钠	20
平平加(OP-10)	50	水	750
聚丙烯酸马来酸酐共聚物	50		

将各物料分散于水中，得到浮选法脱墨剂。

配方九

脂肪醇聚氧乙烯醚硫酸钠	0.1~0.2	硅酸钠	5
聚氧乙烯山梨糖醇单硬脂酸酯	0.5~1.0	氢氧化钠	1.5
脂肪酸钾	0.5~1.0		

该配方为旧报纸脱墨剂。

配方十

烷基苯磺酸钠	3~4	氢氧化钠	0.5~1.0
聚氧乙烯山梨糖醇单硬脂酸酯	0.6~1.2	水	1500~1800
偏硅酸钠	4.5~5.5		

在处理池中加入水，然后加入各物料，搅拌均匀后，升温至50~60℃，将废纸投入池中，浸泡脱墨3~4h。脱墨后的浆料采用洗涤法，经圆网浓缩机洗涤3~5次除去油墨。

配方十一

十二烷基苯磺酸	50	焦磷酸钠	25
过氧化氢	5	氢氧化钠	4.5
TX-10	50	水	350.5
硅酸钠	15		

将各物料溶解分散于水中，得到洗涤法脱墨剂。

配方十二

十二烷基苯磺酸	18	硅酸钠	30
吐温60	6	二乙醇胺	12

将十二烷基苯磺酸与硅酸钠、二乙醇胺混合，然后加入吐温60，混合均匀得到浮选法脱墨剂，用量为废纸的11%。

参 考 文 献

[1] 贾路航，王子千. 废纸脱墨剂的复配与中性脱墨工艺研究[J]. 造纸科学与技术，2013，32(05)：19-22.

[2] 贾路航，王子千. 表面活性剂的筛选与废纸脱墨剂配方的优化[J]. 华东纸业，2013，44(02)：49-54.

4.11 二硬脂酰乙二胺

二硬脂酰乙二胺[*N*,*N*′-ethylenebis(stearamide)]简称 EBS，分子式为 $C_{38}H_{76}N_2O_2$，相对分子质量为 593.02，结构式为：

$$C_{17}H_{35}—CONHCH_2—CH_2NHOC—C_{17}H_{35}$$

1. 性能

黄色固体，熔点为 115℃，是一种疏水性很强的蜡状固体，不溶于大多数有机溶剂。在实际应用中，只要直接在矿物油中重结晶即可将其分散于油中。

2. 生产原理

乙二胺与硬脂酸发生胺化，得到二硬脂酰乙二胺。

$$2C_{17}H_{35}CO_2H+H_2NCH_2CH_2NH_2 \longrightarrow C_{17}H_{35}CONHCH_2CH_2NHOCC_{17}H_{35}+2H_2O$$

3. 工艺流程

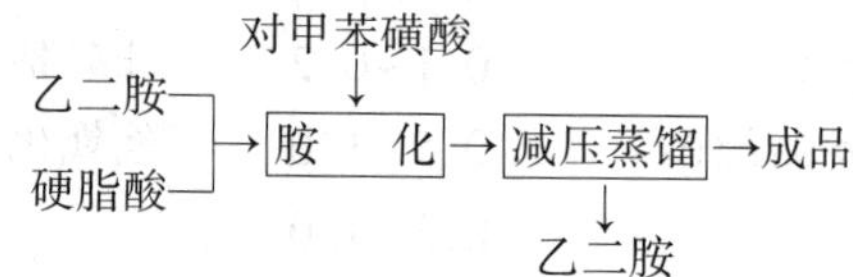

4. 主要原料(kg)

乙二胺(按 100%计)	66
硬脂酸(90%)	542
对甲苯磺酸(催化剂)	适量

5. 生产工艺

在装有分水器的反应釜中，加入 542kg 90%的硬脂酸和 66kg 乙二胺(按 100%计)，加热至 130~140℃，熔化后，加入微量对甲苯磺酸作催化剂，搅拌并保温反应 2~3h，当分水器中分出的水量接近理论值时，反应达到终点。减压蒸馏脱去未反应的乙二胺，得到二硬脂酰乙二胺。

6. 产品标准

外观	黄色固体	含量	≥95%
熔点	113~116℃		

7. 用途

二硬脂酰乙二胺具有很强的疏水性，用于配制造纸消泡剂(用作疏水颗粒，一般加入量为 10%)，可有效提高消泡效果。也用作增稠剂和柔软剂。还是一种效果很好的中性施胶剂，不需要硫酸铝作为留着剂，可直接和纤维结合。

8. 安全与储运

生产中使用乙二胺，设备应密闭，操作人员应穿戴劳保用品，车间内应保持良好的通风状态。

参 考 文 献

金朝辉，高华晶，李春华，等. 酰氯化法合成乙撑双硬脂酰胺的工艺研究[J]. 吉林化工学院学报，2011，28(11)：14-16.

4.12 DTPA 螯合剂

DTPA 螯合剂(chelating agent DTPA)化学名称为二亚乙基三胺五乙酸。工业上使用其钠盐，其结构式为：

$$(NaO_2CCH_2)_2NCH_2CH_2\underset{\displaystyle CH_2CO_2Na}{\underset{|}{N}}CH_2CH_2N(CH_2CO_2Na)_2$$

1. 性能

白色结晶粉末，可溶于水，饱和水溶液 pH 值为 2.0~2.5。对金属离子尤其是高价金属离子具有很强的螯合能力，以碳酸钙计，螯合值为 230mg/g。

2. 生产原理

氯乙酸与氢氧化钠中和成盐，得到的氯乙酸钠在低温下与二亚乙基三胺反应，生成 DTPA。

$$ClCH_2COOH+NaOH \longrightarrow ClCH_2COONa+H_2O$$

$$5ClCH_2COONa+NH_2CH_2CH_2NHCH_2CH_2NH_2 \longrightarrow$$

$$\begin{matrix} NaOOCCH_2 & & & & CH_2COONa \\ & \diagdown & & & \diagup \\ & & NCH_2CH_2\underset{}{\overset{\displaystyle CH_2COONa}{\overset{|}{N}}}CH_2CH_2N & & \\ & \diagup & & & \diagdown \\ NaOCOCH_2 & & & & CH_2COONa \end{matrix}$$

3. 工艺流程

4. 主要原料(质量份)

氯乙酸(95%)	497	氢氧化钠(96%)	208
二亚乙基三胺(95%)	108	盐酸	适量

5. 生产工艺

将 208 份氢氧化钠加入盛有 500 份水的溶解锅中，配制氢氧化钠水溶液。在反应釜内加入 497 份 95%的氯乙酸，加入上述配制的氢氧化钠溶液，然后恒压滴入 108 份二亚乙基三胺和适量浓盐酸。滴加过程可用冰水混合物降温，控制温度不高于 65℃，强烈搅拌。滴加完后，用浓盐酸酸化使 pH 值为 2.3 左右，保温在 30℃以下，反应过夜，离心分离，重结晶后洗涤过滤，烘干得到成品 DTPA。

说明：

二亚乙基三胺可通过蒸馏法提纯，收集 204~208℃的馏分。氯乙酸中的杂质一般为二氯乙酸，在碱性条件下一般会水解为羟基乙酸和二羟基化合物。二羟基化合物对 DTPA 的合成很不利，必须除去。首先把氯乙酸固体溶解为溶液，采用静态自然过滤，除去机械杂质，用 731 树脂通过离子交换法除去二氯乙酸。

6. 质量标准

外观	白色结晶粉末	燃烧残留物	≤0.1%
纯度	99%	挥发物(105℃)	≤1.0%
螯合值(以 $CaCO_3$ 计)	230mg/g		

7. 用途

是一种重要的金属离子螯合剂。在造纸业中有着重要的应用，主要用作过氧化氢稳定剂以及用于提高纸浆白度。

8. 安全与储运

生产中使用氯乙酸和二亚乙基三胺等，设备应密闭，车间内应加强通风，操作人员应穿戴劳保用品。用内衬塑料的编织袋包装，储存于阴凉、通风、干燥处。

参 考 文 献

林祖君. DTPA 螯合剂及其制造[J]. 纸和造纸，2005，(03)：63-64.

4.13 连二亚硫酸钠

连二亚硫酸钠(sodium hydrosulfite)俗称保险粉。分子式为 $Na_2S_2O_4$，相对分子质量为174.11。

1. 性能

无水物为细粒状白色或灰白色粉末，二水合物为淡黄色粉末。易溶于水，微溶于乙醇。在水溶液中不稳定，通常在碱性介质中比在中性介质中稳定。二水合物比无水物更不稳定，受潮则分解发热并易引起燃烧。75℃时分解，放出二氧化硫和大量的热，250℃时能自燃。具有强还原性，在空气中能被氧化成亚硫酸氢钠和硫酸氢钠。

2. 生产原理

连二亚硫酸钠的生产方法有锌粉法、甲酸钠法等。

(1) 锌粉法

将锌粉调成锌浆，通入二氧化硫，反应生成连二亚硫酸锌，再加入氢氧化钠进行复分解反应，然后经盐析脱水、过滤、干燥得到连二亚硫酸钠。

$$2SO_2+Zn \longrightarrow ZnS_2O_4$$

$$ZnS_2O_4 \longrightarrow 2NaOH \longrightarrow Na_2S_2O_4+Zn(OH)_2\downarrow$$

(2) 甲酸钠法

以甲醇或乙醇为反应介质，甲酸钠在碳酸钠存在下与二氧化硫发生氧化还原反应，得到连二亚硫酸钠。

$$2HCO_2Na+Na_2CO_3+4SO_2 \longrightarrow 2Na_2S_2O_4+3CO_2+H_2O$$

在75℃下反应4h，在45~55℃下出料，过滤、醇洗，经120~140℃热风干燥得到成品。

这里详细介绍锌粉法。

3. 工艺流程

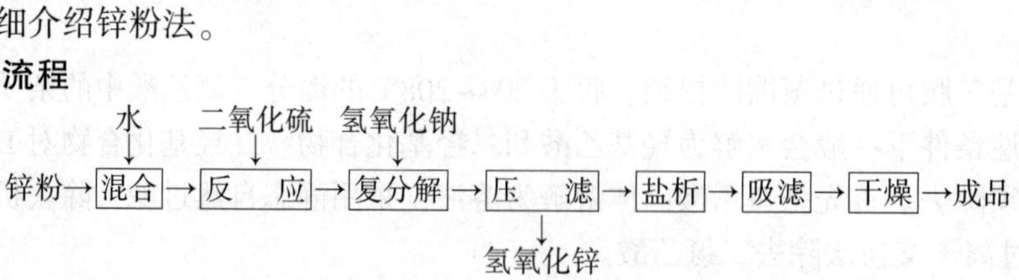

水→混合；二氧化硫→反应；氢氧化钠→复分解

锌粉→混合→反　应→复分解→压　滤→盐析→吸滤→干燥→成品

压滤→氢氧化锌

4. 主要原料(质量份)

	锌粉法	甲酸钠法
锌粉(按100%计)	500	
氢氧化钠(96%)	1040	542
二氧化硫(100%)	1050	870
氯化钠(98%)	1837	
乙醇(95%)	160	
甲醇		150
碳酸钠(98%)	20	15
碳酸钠(85%)		700

5. 生产工艺

将118kg 85%的锌粉投入打浆槽中，加入470L水，搅拌制成锌浆。将锌浆压入列管式反应器，开循环泵通入冷却水，控制温度在35~45℃，使锌浆循环吸收二氧化硫进行反应，制成连二亚硫酸锌。终点时，物料pH值为3~3.5，含量约为460g/L。

在复分解反应釜中，加入700kg密度为1.19~1.21g/cm^{3}的液碱，边搅拌边缓慢加入上述制得的连二亚硫酸锌溶液，通循环水冷却，控制温度在28~35℃。复分解反应达到终点时，物料pH值为12~13，含碱5~20g/L。将连二亚硫酸钠和氢氧化锌悬浮液送入压滤机压滤。滤饼为氢氧化锌，用水洗涤后回收。将滤液及一次洗涤水合并，送入预先盛有110kg 30%液碱的盐析釜内，搅拌并冷却。当连二亚硫酸钠滤液倾入1/3时，即开始加入450kg精盐，控制温度低于20℃，加完后继续搅拌20min。关闭冷却水，将物料静置沉淀30~40min，抽去上层清液，脱水，使二水合物变成无水物。将物料趁热放入过滤器中吸滤，滤饼用乙醇洗涤3~4次，再送入热风气流干燥器，在120~140℃的热风气流中干燥，即得到成品保险粉。将洗后的乙醇送去蒸馏，循环使用。盐析后吸滤出的盐液可回收NaCl，重复使用。

说明：

生产过程中也可以用氮气代替乙醇，将脱水后的连二亚硫酸钠物料冷却至40~50℃，放入立式离心机，抽出上层脱水的热母液，并通入少量氮气，驱尽离心机内的空气后加盖密封，在氮气保护下离心脱水，得到含水量为2%~5%的连二亚硫酸钠晶体，在氮气保护下干燥(保持出口气流温度为100~105℃)，得到连二亚硫酸钠。

6. 质量标准

指标名称	优级品	一级品	食品级
外观		白色结晶粉末	
含量	≥90.0%	≥85.0%	≥90%
水不溶物	≤0.2%	≤0.4%	≤0.10%
锌(Zn)含量			≤0.008%
重金属(以Pb计)			≤0.002%
砷(As)含量			≤0.0001%

7. 用途

广泛用于造纸工业、医药工业和印染工业。在造纸工业中用作漂白剂，在印染工业中用作棉织物助染剂、印花布拔染剂以及丝毛织物的漂白剂等，食品级产品用作糖汁、饴糖的漂白剂，还用作防腐剂、抗氧化剂等。

8. 安全与储运

生产中使用二氧化碳、乙醇，车间内应加强通风，操作人员应穿戴劳保用品。本产品属于二级遇水燃烧物品，使用内衬塑料袋、封口严密加盖的铁桶包装，储存于阴凉、通风、干燥的库房中，防潮湿，防日光直接照射，远离热源，不得与水或水蒸气接触，不得与氧化剂或其他易燃物品共储、混运。失火时，不得用水灭火，需采用砂土、二氧化碳灭火。

参 考 文 献

[1] 孙凌，陈文雅，赵姝，等. 连二亚硫酸钠合成、应用及其污废水处理进展[J]. 应用化工，2018，47(10)：2242-2247+2253.

[2] 蒋巍. 连二亚硫酸钠现场制备及分析方法[D]. 天津：天津大学，2009.

4.14 羟甲基次磷酸钠

羟甲基次磷酸钠(hydroxymethyl sodium hypophosphite)的分子式为 CH_4O_3PNa，相对分子质量为 118.00，结构式为：

$$\mathrm{H{-}\overset{\overset{\displaystyle O}{\|}}{\underset{\underset{\displaystyle CH_2OH}{|}}{P}}{-}ONa}$$

1. 性能

无色无味晶体，溶于水，在空气中稳定，是一种新型的浆料返黄抑制剂。

2. 生产原理

次磷酸与甲醛发生加成反应，得到的羟甲基次磷酸与氢氧化钠反应，得到羟甲基次磷酸钠。

$$\mathrm{H{-}\overset{\overset{\displaystyle H}{|}}{\underset{\underset{\displaystyle O}{\|}}{P}}{-}OH + H\overset{\overset{\displaystyle O}{\|}}{C}H \longrightarrow H{-}\overset{\overset{\displaystyle CH_2OH}{|}}{\underset{\underset{\displaystyle O}{\|}}{P}}{-}OH}$$

$$\mathrm{H{-}\overset{\overset{\displaystyle CH_2OH}{|}}{\underset{\underset{\displaystyle O}{\|}}{P}}{-}OH + NaOH \longrightarrow H{-}\overset{\overset{\displaystyle CH_2OH}{|}}{\underset{\underset{\displaystyle O}{\|}}{P}}{-}ONa + H_2O}$$

3. 工艺流程

甲醛 氢氧化钠

次磷酸→浓缩→加成→中和→分离→成品

4. 主要原料(质量份)

次磷酸(50%)	236	氢氧化钠(96%)	42
甲醛(36%)	96	氮气	适量

5. 生产工艺

将 236 份 50%的次磷酸加入装有搅拌器的蒸发釜中，在 50℃下浓缩到 90%。将浓缩液转移到反应釜中，并加入 96 份 36%的甲醛溶液。在 60℃的氮气中搅拌。为了提高羟甲基次磷酸钠的产率，把副产品双羟甲基次磷酸的含量降到最小，可适当提高甲醛与次磷酸的比例

(1.1∶1)。在50~60℃下反应96h。反应完成后，将产品在蒸发器中于50℃下脱去未反应的甲醛，然后用氢氧化钠溶液进行中和，经分离得到固体羟甲基次磷酸钠。

6. 质量标准

外观　　无色晶体　　含量　　≥95%

7. 用途

用作纸浆浆料返黄抑制剂。高收率木浆，如热机械磨木浆、热化学磨木浆在紫外线或太阳光照射下，浆料中的木素发生光氧化和光分解，形成一些新的发色基团，导致浆料返黄，白度下降。羟甲基次磷酸钠对含木素的浆料具有明显的返黄抑制作用。使用时可以进行纸张表面喷施，也可以加入浆中。应注意，羟甲基次磷酸钠对与醌有关的返黄化合物的形成没有明显的抑制作用。

8. 安全与储运

生产中使用甲醛、次磷酸、液碱，车间内应加强通风，操作人员应穿戴劳保用品。使用内衬塑料袋的铁桶包装，储存于阴凉、干燥、通风处。

参考文献

何林华. 返黄抑制剂羟甲基次磷酸钠[J]. 造纸化学品，1996，(03)：30-31.

4.15　二氧化氯

二氧化氯(chlorine dioxide)分子式为 ClO_2，相对分子质量为67.45。

1. 性能

在常温常压下，二氧化氯为黄绿色气体，沸点11℃，凝固点-59℃，气态密度为3.09kg/m^3(11℃)，在水中的溶解度为2.9g/L(20℃，4kPa)。在水中，二氧化氯不与有机物结合，不生成三氯甲烷致癌物质，也不与氨反应。有类似氯和臭氧混合物的刺激性辛辣味，毒性与氯相似。

二氧化氯的有效氯含量为26.3%，氧化电位在较宽的pH值范围内保持不变，是高效漂白剂和强氧化剂。二氧化氯不稳定，高浓度、光照或与有机物质接触都会引起爆炸分解(一般情况下，现制现用)。常压下当用空气或水蒸气稀释至12%(体积)以下较稳定。二氧化氯有极强的氧化腐蚀性，能够腐蚀除铂、钽和钛之外的所有金属。

2. 生产原理

(1) 氯酸钠法

在硫酸存在下，氯酸钠与氯化钠发生氧化还原反应，得到二氧化氯和氯气的混合气体，二氧化氯被水吸收从而与氯分离。

$$2NaClO_3+2NaCl+2H_2SO_4 \longrightarrow ClO_2+Cl_2+2Na_2SO_4+2H_2O$$

氯酸钠法是氯酸钠在高酸性介质中与还原剂作用制取二氧化氯。除了氯化钠作还原剂外，盐酸、二氧化硫、甲醇、过氧化氢等均可用作还原剂。由于所用还原剂不同，形成了不同的二氧化氯生产工艺，包括盐酸法工艺：以盐酸作还原剂，用盐酸调节酸度；硫酸法工艺：以氯化钠作还原剂，用 H_2SO_4 调节酸度；二氧化硫法工艺：以 SO_2 作还原剂，用 H_2SO_4 调节酸度；甲醇法工艺：以甲醇作还原剂，用 H_2SO_4 调节酸度；过氧化氢法工艺：以过氧化氢作还原剂，在常压下操作的发生器中使用过氧化氢的主要优点是可以在较低的酸性条件下得到较高的二氧化氯收率，这可以大大减少中和废水中产生的盐，从而降低成本，提高生产效率。

$$2NaClO_3+4HCl \longrightarrow 2ClO_3+Cl_2+2NaCl+2H_2O$$

$$2NaClO_3+H_2O_2+H_2SO_4 \longrightarrow 2ClO_2+2H_2O+Na_2SO_4+O_2$$

（2）亚氯酸钠法

亚氯酸钠法有两种，即亚氯酸钠的氧化法和亚氯酸钠的酸分解法。国外采用亚氯酸钠氧化法的比较多。这种方法采用亚氯酸钠溶液与氧化剂进行反应，产生二氧化氯，亚氯酸钠酸分解就是采用亚氯酸钠与一定浓度的酸溶液反应生成 ClO_2。亚氯酸钠法制取的二氧化氯纯度高，副产品少，纯度接近 100%，产率达 80%以上。但是，由于反应原料亚氯酸钠价格昂贵，所以这种二氧化氯发生器技术成本较高，亚氯酸钠法适用于小规模制备。反应式如下：

$$2NaClO_2+H_2O_2+2HCl \longrightarrow 2ClO_2+2H_2O+2NaCl$$

$$2NaClO_2+1/2O_2+2HCl \longrightarrow 2ClO_2+2NaCl+H_2O$$

亚氯酸钠分解法也可以在有机溶剂中进行，也称非水溶液法，是利用二氧化氯在一些与水不互溶也不与二氧化氯反应的有机溶剂（如苯、四氯化碳、环已烷等）中的溶解度大于在水中的溶解度的原理，与水不互溶的有机溶剂可以把产生的大部分二氧化氯气体提取出来，从而得到二氧化氯非水溶液。非水溶液在与以过碳酸钠为主的稳定剂互混时，非水相中的二氧化氯起稳定剂作用，生成极性的 ClO_2 而转移到含稳定剂的水相中，分离相即可得到稳定的二氧化氯溶液。

一般操作工艺是将亚氯酸钠和苯加入反应器中，再加入盐酸（18%），室温反应，生成 ClO_2。混合搅拌均匀，将二氧化氯转入苯中，反应物、副产物和其他杂质留于水中，静置分离，得到二氧化氯的非水溶液。加入稳定剂过碳酸钠溶液，充分搅拌混合。非水相中的 ClO_2 与水相中的过碳酸钠反应，ClO_2 转入水相中。静置，两相分层，分离即可得到稳定的二氧化氯溶液。

3. 工艺流程（亚氯酸钠法）

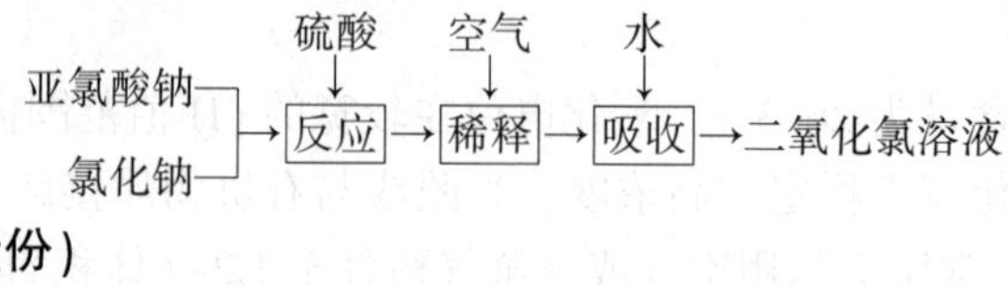

硫酸　空气　水

亚氯酸钠、氯化钠 → 反应 → 稀释 → 吸收 → 二氧化氯溶液

4. 主要原料（质量份）

氯酸钠（98.5%）	1650	硫酸（98%）	5000
氯化钠（≥97%）	1017		

5. 生产工艺

工艺一

将 98.5%的氯酸钠投入溶解槽中，用水溶解制得氯酸钠浓度为 340g/L 的溶液。将氯化钠配成浓度为 195g/L 的水溶液。

将 340g/L 的氯酸钠溶液、195g/L 的氯化钠溶液加入二氧化氯发生器内，在搅拌下加入 98%的硫酸，在 25~40℃下反应产生二氧化氯，残液经气提塔排出。在反应过程中，连续从发生器和气提塔底部压入空气，将反应产生的二氧化氯和氯气的混合气体吹出，并稀释至二氧化氯浓度为 10%左右。稀释的二氧化氯气体在二氧化氯吸收塔内与水逆流接触，得到含二氧化氯 8g/L 的水溶液即为产品。

未被水吸收的氯气经氯气吸收塔用碱溶液吸收得到次氯酸钠副产品。从气提塔排出的废液中含有硫酸钠、氯酸钠等，经蒸发浓缩，析出硫酸钠结晶，母液返回溶解槽循环使用。

工艺二

用硫酸作为酸化剂，以甲醇作为还原剂将氯酸钠还原，得到没有氯气的二氧化氯气体，用冷水吸收二氧化氯及其水溶液。

$$4NaClO_3+CH_3OH+2H_2SO_4 \longrightarrow 4ClO_2+HCO_2H+3H_2O+2Na_2SO_4$$

6. 质量标准

二氧化氯溶液中

二氧化氯含量	≥8g/L	氯气含量	≤5%

7. 用途

二氧化氯是优良的漂白剂，广泛用于用纸浆、织物漂白，也用于自来水、食品、油脂净化剂，是合成亚氯酸盐的主要原料。二氧化氯漂白剂本身是强氧化剂，具有优良的漂白性能。经二氧化氯漂白的纸浆白度高，纸浆细。桉木硫酸盐浆可漂至90%的白度(SBD)。在氯气、二氧化氯漂白中，都能形成氯化有机化合物。但是与氯气漂白相比，二氧化氯漂白废水中，有机氯可减少90%。这是因为在纸浆漂白中，氯气通过加成反应与木素形成有机氯化物，而二氧化氯与木素反应时，则降解木素分子。在二氧化氯漂白中，二噁英和氯化程度较高的有机化合物含量大大减少。因此，选用二氧化氯是减少纸浆漂白污染较为可行的方法。

参 考 文 献

[1] 陶李园. 二氧化氯发生与投加设备间喷淋系统设计优化方案[J]. 低碳世界，2023，13(06)：97-99.

[2] 翁述贤，薄采颖，贾普友，等. 二氧化氯的制备及应用进展[J]. 纤维素科学与技术，2022，30(03)：62-71.

[3] 刘良青，黄丙贵. 二氧化氯生产常用工艺的特点及其适用性评述[J]. 中华纸业，2022，43(12)：13-19.

4.16 漂 白 粉

漂白粉(bleaching powder)的分子式为 $Ca(ClO)_2 \cdot CaCl_2 \cdot 2H_2O$，相对分子质量为289.97。

1. 性能

白色粉末，有氯臭味。化学性质不稳定，暴露于空气中易分解，遇水或乙醇分解，遇空气中的水或无机酸分解为次氯酸，产生新生态氧，有漂白作用。与有机物、易燃液体混合能燃烧。受高热会发生爆炸。属于强氧化剂，有毒。

2. 生产原理

氯气与氢氧化钙(消石灰)反应制得。

$$2Cl_2+2Ca(OH)_2 \longrightarrow Ca(ClO)_2 \cdot CaCl_2 \cdot 2H_2O$$

3. 工艺流程

水 → 消化；氯气 → 氯化

氧化钙(生石灰)→ 消化 → 风选 → 氯化 → 漂白粉

氯化 → 尾气处理

4. 主要原料(质量份)

生石灰(≥85%)	460	氯气(≥90%)	330

5. 生产工艺

将氧化钙(生石灰)用提升机加入回转消化器中，与水反应生成氢氧化钙(即消石灰)，粉碎成粉末状。将消石灰在储斗内存放数天使反应完全。将消石灰经螺旋输送机送入风选器中，将大颗粒选出。细粉经旋风分离器分出后，送入氯化塔第一段，由搅拌器带动，慢慢向下移动至第二、三、四段，并与最下段(四段)来的氯气逆流接触氯化。当移动到最下段时，基本完成了氯化过程，成为漂白粉。经储斗由包装绞龙移走。将排出的尾气用送风机送入串联的两个吸收塔中。用石灰水喷淋吸收含氯尾气，Cl_2 含量降到 0.05%以下便可排空。石灰水循环吸收，当含氯量达到一定浓度时，可作漂白液使用。

6. 质量标准

有效氯	≥32%	游离水	≤5%
总氯量与有效氯之差	≤3%		

7. 用途

主要用于纸浆、纤维及棉布等漂白，也用于自来水、下水道、环境卫生、养蚕等的消毒。

8. 安全与储运

生产中使用氯气，产品漂白粉属于无机腐蚀物品，操作人员应穿戴劳保用品，产品误接触皮肤，应用清水洗净，车间内应保持良好的通风状态。用铁桶或木桶包装，内衬防潮纸袋，封口严密。储存于 30℃以下通风干燥处，与有机物、易燃物、还原剂、酸隔离存放。

参 考 文 献

[1] 钟宏梅. 漂白粉的生产方法和技术经济分析[J]. 化工设计通讯，2016，42(03)：78-79.

[2] 王欣荣. 漂白粉及其生产技术[J]. 氯碱工业，2003，(03)：31-33.

4.17 甲脒亚磺酸

甲脒亚磺酸(formamidine sulphinic acid)又名二氧化硫脲，分子式为 $CH_4N_2O_2S$，相对分子质量为 108.09，结构式为：

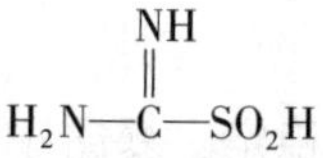

$$H_2N—\overset{\overset{\displaystyle NH}{\|}}{C}—SO_2H$$

1. 性能

甲脒亚磺酸为白色晶体，易溶于水，新配制的水溶液接近中性，但放置一段时间后呈酸性，pH 值为 3~5。在沸水中易分解并具有还原性。在碱性溶液中，会分解同时生成强还原性的不稳定次硫酸盐(SO_2^{2-})，其分解反应如下：

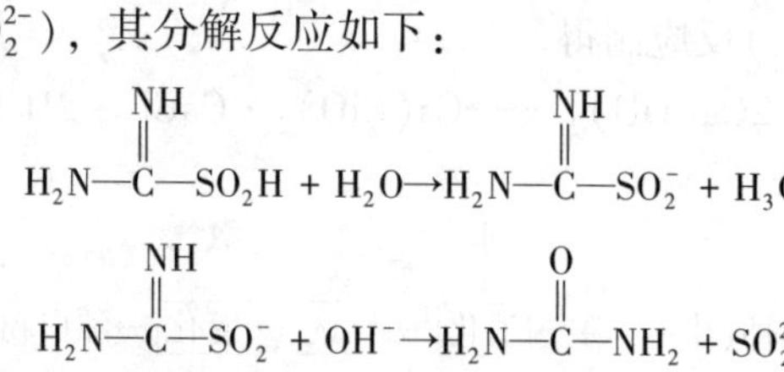

$$H_2N—\overset{\overset{\displaystyle NH}{\|}}{C}—SO_2H + H_2O \rightarrow H_2N—\overset{\overset{\displaystyle NH}{\|}}{C}—SO_2^- + H_3O^+$$

$$H_2N—\overset{\overset{\displaystyle NH}{\|}}{C}—SO_2^- + OH^- \rightarrow H_2N—\overset{\overset{\displaystyle O}{\|}}{C}—NH_2 + SO_2^{2-}$$

在弱酸性溶液中，甲脒亚磺酸很容易被氧化成甲脒磺酸。100℃时缓慢分解，110℃时快速分解，放出二氧化硫，具有较强的还原性。

2. 生产原理

硫脲用过氧化氢氧化，得到甲脒亚磺酸。

$$CS(NH_2)_2+2H_2O_2 \longrightarrow H_2N-\overset{\overset{\displaystyle NH}{\|}}{C}-SO_2H$$

3. 工艺流程

硫脲、过氧化氢→氧化→离心→干燥→成品

4. 生产工艺

工艺一

将蒸馏水加入反应釜中，反应釜外夹套通冷冻盐水，降温至8~10℃，在搅拌下开始边加硫脲边滴过氧化氢，控制加料速度，以保持料液温度低于20℃。当pH值在3~5以后，可反复投料，投料速度约为25kg/h。反应接近完成时，可适量加水直至反应温度不上升为止。当pH值接近2~3时，将料液冷却至5℃，析晶，离心后烘干得到甲脒亚磺酸。

工艺二

将15g研细的硫脲缓慢加到230mL 6%的H_2O_2水溶液中，反应在冰浴中进行。硫脲溶解，1h后，甲脒亚磺酸以无色针状结晶析出。过滤，用沸腾的乙醇抽提未反应的硫脲，在有浓硫酸的真空干燥器中干燥得到产品。

5. 质量标准

外观	白色粉末	硫脲	≤2.0%
含量	≥95%	铁	0.003%~0.005%

6. 用途

用作脱色剂、聚乙烯稳定剂、照相乳液敏化剂。在造纸业中，用于废纸浆和填料高岭土的漂白。对废纸脱墨浆漂白，次氯酸钙白度增值ISO为0.3%，甲脒亚磺酸白度增值ISO为3.2%~4.0%。

参 考 文 献

[1] 王海毅，冀亚超. 甲脒亚磺酸用于纸浆漂白的工艺及研究现状[J]. 纸和造纸，2008，(06)：43-46.

[2] 赵年珍，王海毅，谭湘云，等. 脱墨浆甲脒亚磺酸漂白及酸化处理[J]. 中国造纸，2004，(12)：31-33.

4.18 消泡剂MPO

消泡剂MPO(defoaming agent MPO)是聚醚型消泡剂，主要成分为聚氧丙烯-氧乙烯脂肪醇醚。结构式为：

$$RO(C_3H_6O)_m(CH_2CH_2O)_nH$$

1. 性能

棕黄色流动液体，属于非离子型表面活性剂。表面张力(20℃)<3×10^{-4}N/cm，黏度(40℃)<0.1Pa·s，相对密度(d_{20}^{20})0.95。具有良好的抑泡性。

2. 生产原理

在氢氧化钾催化下，脂肪醇与环氧丙烷、环氧乙烷发生开环聚合得到消泡剂 MPO。

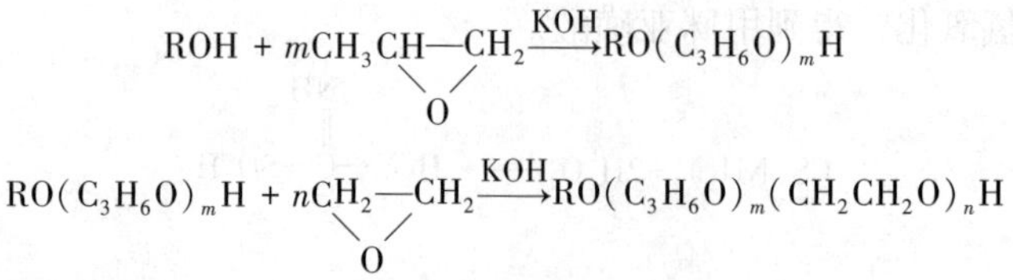

$$ROH + mCH_3CH\underset{\diagdown O \diagup}{—}CH_2 \xrightarrow{KOH} RO(C_3H_6O)_mH$$

$$RO(C_3H_6O)_mH + nCH_2\underset{\diagdown O \diagup}{—}CH_2 \xrightarrow{KOH} RO(C_3H_6O)_m(CH_2CH_2O)_nH$$

因为环氧烷易燃易爆，所以反应必须在氮气氛下进行。

3. 工艺流程

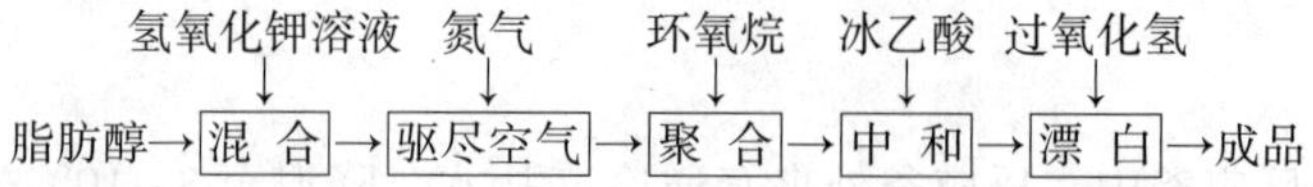

脂肪醇→混合（←氢氧化钾溶液）→驱尽空气（←氮气）→聚合（←环氧烷）→中和（←冰乙酸）→漂白（←过氧化氢）→成品

4. 主要原料

脂肪醇(羟值 236~320mgKOH/g，酸值≤1mgKOH/g)	氢氧化钾(≥95%)
环氧乙烷(≥97%)	环氧丙烷(≥97%)
冰乙酸(≥99%)	过氧化氢(30%)

5. 生产工艺

将脂肪醇(月桂醇或硬脂醇)和 50%的氢氧化钾溶液加入不锈钢聚合反应釜中，在搅拌下加热升温，抽真空脱除水分和空气，升温至 120℃，反应釜视镜玻璃上无水汽水滴时，脱水完成。通入氮气，驱尽空气。升温到 150℃，通入环氧烷，保持 0.1~0.2MPa 的压力，在 160~180℃下反应。反应完成后，冷却至 80~90℃，加入冰乙酸中和至 pH 值为 5~7。然后加入适量过氧化氢进行漂白，继续搅拌。减压浓缩后出料得到消泡剂 MPO。

说明：

在聚合过程中，对原料的纯度要求严格，特别是环氧丙烷和环氧乙烷中的醛含量和水含量不能太高，醛是阻聚剂，醛含量增加，会使聚合速度变慢，有时甚至不聚合。原料中有微量水存在，会与环氧丙烷生成丙二醇，与环氧乙烷生成乙二醇，影响产品聚合度，使聚合物相对分子质量降低。因此，在聚合前，必须脱除原料单体中的醛和水分。

6. 质量标准

外观	棕黄色易流动液体	酸值	<0.3mgKOH/g
密度(20℃)	>0.95g/cm³	溶解度	不溶于水
黏度(40℃)	<0.1Pa·s	表面张力	<3×10⁻⁴N/cm
黏度(20℃)	<0.2Pa·s		

7. 用途

用作制浆造纸及纸板生产过程中的消泡剂，可消除机械泡沫和化学泡沫。消泡能力是柴油消泡剂的 10 倍以上。用量为 0.044~0.11kg/t。由于 MPO 消泡剂是一种不溶于水的化合物，如单独使用，则由于其分散不良而不能充分发挥其消泡作用。因此，必须选用适当的溶剂使聚醚溶解。一般将一定量的 MPO 聚醚与一定量的溶剂加入配制锅，升温至 60~80℃，搅拌 0.5h，滤去杂质，即得到 MPO 消泡剂成品。

8. 安全与储运

生产中使用的环氧烷易燃易爆，设备应密闭，反应必须在氮气氛(无氧)条件下进行，加强防火防爆，车间内应保持良好的通风状态。使用塑料桶包装，储存于阴凉、干燥处。

参 考 文 献

[1] 徐弦，徐文远，胡亚飞. 新型改性聚醚消泡剂的合成及其性能研究[J]. 广州化工，2023，51(14)：73-76.

[2] 李文珍. MPO 消泡剂的使用情况[J]. 纸和造纸，1989，(01)：31-32.

4.19 消泡剂 OTD

消泡剂 OTD(defoaming agent OTD)是以脂肪酸二酰胺为主体的分散油基型消泡剂。由亚乙基双硬脂酰胺、一缩二乙二醇油酸单酯(分散剂)、白油和液蜡等组成。白油和液蜡本身具有一定的消泡作用，又是该分散型消泡剂的载体。其中主体成分是亚乙基双硬脂酰胺。

1. 性能

淡黄色悬浮液体，抑泡度≥65%，黏度(25℃)160～320Pa·s，闪点≥130℃。在以麦草为原料的纸浆中，其消泡能力为煤油的 20 倍以上。该消泡剂也可用于其他含水体系的消泡，如在预制感光版(PS)显影剂中使用也能满足工艺要求。

2. 生产原理

硬脂酸与乙二胺反应得到亚乙基双硬脂酰胺。

$$2C_{17}H_{35}COOH+H_2NCH_2CH_2NH_2 \longrightarrow C_{17}H_{35}COHNCH_2CH_2NHCOC_{17}H_{35}+2H_2O$$

一缩二乙二醇油酸单酯由一缩二乙二醇与油酸酯化得到。

$$HOCH_2CH_2OCH_2CH_2OH+RCO_2H \longrightarrow RCO_2CH_2CH_2OCH_2CH_2OH$$

然后将亚乙基双硬脂酰胺、一缩二乙二醇油酸单酯、白油和液蜡按比例复配制得消泡剂 OTD。

3. 主要原料

硬脂酸　乙二胺　一缩二乙二醇　油酸　白油　液蜡

4. 生产工艺

2mol 硬脂酸与 1.1mol 乙二胺反应，脱去未反应的乙二胺，得到熔点为 142～144℃、酸值≤7.5mgKOH/g 的亚乙基双硬脂酰胺。一缩二乙二醇与油酸反应，得到一缩二乙二醇油酸单酯。

将亚乙基双硬酯酰胺、一缩二乙二醇油酸单酯和白油按一定比例置于熔化釜中，搅拌，加热。趁热压入预先装有液蜡的配制釜中，高速搅拌，冷却至室温，停止搅拌，即得到消泡剂 OTD 成品。

5. 质量标准

外观	淡黄色悬浮液体，具有流动性	抑泡度(FP)	≥65%
闪点	≥130℃	泡沫不稳定度(FP)	≥75%
黏度(25℃)	160～320Pa·s		

6. 用途

适用于造纸生产过程中一切含水体系的消泡。可使纸浆洗涤干净，上网均匀，提高过滤速度，改善纸浆质量，减少纸浆流失，降低成本。

7. 安全与储运

酰胺化反应中使用乙二胺，设备应密闭，车间内应加强通风，操作人员应穿戴劳保用品。使用塑料桶包装，储存于阴凉、通风处。

参 考 文 献

李世彤，周国伟，韩金梅. 高效复配消泡剂在造纸工业中的应用[J]. 中国造纸，2005，(11)：53-55.

4.20 异噻唑啉酮

异噻唑啉酮(isothiazolinone)，商品名为凯松(Kathon)。是由5-氯-2-甲基异噻唑啉-3-酮和2-甲基异噻唑啉-3-酮组成的混合物，结构式为：

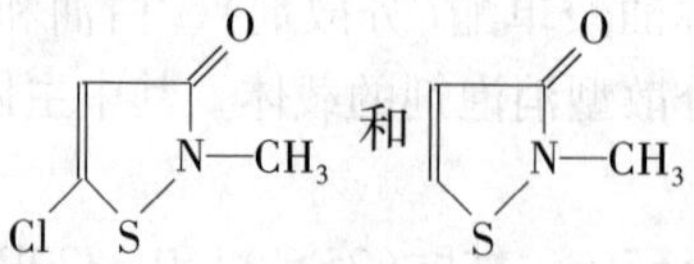

（5-氯-2-甲基异噻唑啉-3-酮结构式）和（2-甲基异噻唑啉-3-酮结构式）

1. 性能

本品为两组分组成的混合物，纯品为白色固体，易溶于水、低碳醇、乙二醇及极性有机溶剂。5-氯-2-甲基异噻唑啉-3-酮熔点为54~55℃，2-甲基异噻唑啉-3-酮熔点为48~50℃。凯松CG和凯松WT外观为淡黄色至黄绿色液体，没有或略带气味，相对密度(d_4^{20})1.030±0.002。对多种细菌、霉菌、酵母菌及藻类有优异的抗菌效果，且低浓度就有效。可与大部分阴离子、阳离子、非离子型表面活性剂及无机物、有机物混配。常温下稳定，有效pH值范围3.5~9.5。

2. 生产原理

由二硫代二丙酸二甲酯与甲胺进行氨解反应制得N,N'-二甲基二硫代二丙酰胺，再在乙酸乙酯存在下与氯气反应，制得异噻唑啉酮。

$$\begin{matrix} S—CH_2CH_2CO_2CH_3 \\ | \\ S—CH_2CH_2CO_2CH_3 \end{matrix} + 2CH_3NH_2 \xrightarrow{HCl} \begin{matrix} S—CH_2CH_2CONHCH_3 \\ | \\ S—CH_2CH_2CONHCH_3 \end{matrix} + 2CH_3OH$$

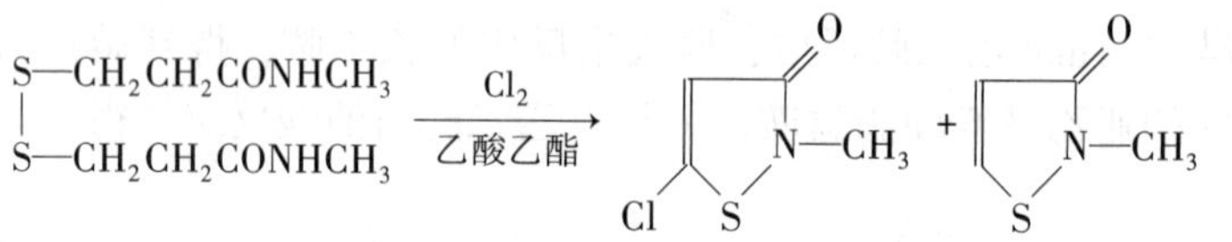

$$\begin{matrix} S—CH_2CH_2CONHCH_3 \\ | \\ S—CH_2CH_2CONHCH_3 \end{matrix} \xrightarrow[\text{乙酸乙酯}]{Cl_2} \text{（5-氯-2-甲基异噻唑啉-3-酮）} + \text{（2-甲基异噻唑啉-3-酮）}$$

3. 工艺流程

二硫代二丙酸二甲酯→[氨解(甲胺)]→[结晶]→[洗涤]→[干燥]→[氯化，成环(氯气、乙酸乙酯)]→[过滤]→[洗涤]→[真空干燥]→成品

4. 主要原料(质量份)

二硫代二丙酸二甲酯	1023	液氯	314
甲胺(25%)	532		

5. 生产工艺

在氨解反应釜内加入二硫代二丙酸二甲酯，向反应釜夹套内通冷冻盐水。搅拌物料，使釜内温度降至0℃。继续搅拌，并缓缓加入25%的甲胺溶液及0.3%的稀盐酸，控制釜内温度为5℃，氨解反应3h。反应完成后，将物料转入结晶釜内，于室温下放置析晶，得到

N,N'-二甲基二硫代二丙酰胺白色结晶。过滤后，用少量水洗涤晶体，再将晶体置于干燥器内，于 108~110℃ 下烘干。将干燥好的 N,N'-二甲基二硫代二丙酰胺晶体送入氯化反应器内，再加入乙酸乙酯溶液，夹套内通冷冻盐水，将物料温度降至 0℃，启动搅拌器，在搅拌下缓慢通入配比量的氯气，保温反应约 1h。待氯化、环化反应完成后，将物料温度升至室温，离心过滤，滤饼用少量乙酸乙酯洗涤。洗涤完成后，将过滤所得母液及洗涤液合并，送入蒸馏塔，加热蒸馏回收乙酸乙酯。将滤饼送入真空干燥器进行干燥，即制得 5-氯-2-甲基异噻唑啉-3-酮和 2-甲基异噻唑啉-3-酮混合物盐酸盐。产品中 5-氯-2-甲基异噻唑啉-3-酮含量为 76%~77%，2-甲基异噻唑啉-3-酮含量为 23%~24%。市售成品通常为上述混合物配制的水溶液，并加入硝酸镁或氯化镁作稳定剂。

（1）凯松 CG 的配制比(质量份)

5-氯-2-甲基异噻唑啉-3-酮	≥1.16
2-甲基噻唑啉-3-酮	≥0.36
硝酸镁或氯化镁、水等	≤98.5

（2）凯松 WT 的配制比(质量份)

5-氯-2-甲基异噻唑啉-3-酮	≥8.6
2-甲基异噻唑啉-3-酮	≥2.6
硝酸镁或氯化镁、水等	≤88.8

6. 质量标准(水溶液)

外观	淡黄色至黄绿色液体	pH 值(1%的水溶液)	3.5~5.0
活性物含量	≥1.5%	相对密度(d_4^{20})	1.030±0.002

7. 用途

异噻唑啉酮是广谱、高效非氧化性杀菌剂、防霉剂，可用于工业循环冷却水系统、空气洗涤器、酿造厂、造纸工业用水、油田注水、金属加工油等的杀菌、防霉及灭藻黏泥的防止剂。还可用作涂料、胶乳、黏合剂、皮革及织物的防霉剂、防腐剂，化妆品的防腐剂等。使用量一般为 0.01%~0.05%。

8. 安全与储运

氯气具有窒息性气味，吸入人体能引起严重中毒，有强烈刺激臭和腐蚀性。日光照射下，与其他易燃气体混合时可发生燃烧和爆炸。生产设备应密闭，严防泄漏。原料甲胺为一级易燃液体，具有较强的碱性，生产场地要严格隔离火源，操作人员应穿戴防护用具。

产品低毒，但对皮肤有腐蚀性。使用时应戴橡皮手套和防护眼镜。若溅及皮肤或眼睛中应立即用大量水冲洗。产品采用聚乙烯塑料桶或衬塑铁桶包装。密闭储存，储存期 6 个月。

参 考 文 献

[1] 周静，闫林林，薛超，等. 新型异噻唑啉酮衍生物抑菌活性及作用机制研究[J]. 化学与生物工程，2023，40(09)：46-50+64.

[2] 李世昌，张龚敏，敖晓娟，等. 异噻唑啉酮化合物的合成研究进展[J]. 合成材料老化与应用，2018，47(04)：120-123.

[3] 徐卫国，陈勇. 2-甲基-4-异噻唑啉-3-酮及其衍生物 5-氯-2-甲基-4-异噻唑啉-3-酮的合成[J]. 浙江化工，2001，(02)：57-59.

第5章 抄纸化学助剂

5.1 概 述

抄纸是将纸浆制成纸张的工艺过程。现代造纸业中抄纸在造纸机上连续进行，即将适合于纸张质量的纸浆在造纸机的网部初步脱水，形成湿的纸页。抄纸化学助剂包括浆内施胶剂、助留剂和助滤剂、干强剂、湿强剂、浆内消泡剂、柔软剂、分散剂、色料、表面施胶剂和表面增加剂等。其中以改善成形过程效率为主的添加剂如助留剂、助滤剂、浆内消泡剂、防腐剂等又称为过程助剂，为获得纸张的各种特殊性能而添加的化学品如干强剂、湿强剂、施胶剂、染料(增白剂)、柔软剂、填料等则称为功能助剂。

施胶剂是一种造纸添加剂，主要分为浆内施胶剂和表面施胶剂。在纸上施胶可提高纸张抗水、抗油、抗印刷油墨等性能，同时可提高光滑性、憎水性、印刷适应性。浆内施胶剂包括松香胶、强化松香胶、乳液型松香胶、阳离子型松香胶、反应型施胶剂。松香乳液特别是乳胶颗粒粒径≤0.3cm 的细微乳液仍然是目前的研究热点。大多数纸厂采用松香加明矾的基本方法进行内部施胶，但反应型施胶剂(如烷基双烯酮 AKD、链烯基丁二酸酰 ASA 和异氰酸酯等)的使用已越来越普通，这些反应型施胶剂活性高，乳液储存期短，对其改性以提高施胶效果和乳液稳定性的研究值得关注。在特种纸行业飞速发展且造纸行业向节能、环保、绿色方向发展的大背景下，既要提高纸张的耐水防油性、表面强度、耐折度，改善纸张表面光滑度等物理性能，又要做到生产环节环保清洁，这对特种纸的施胶剂提出了更高的要求，而异氰酸酯聚合物表面施胶剂则因其优异的表面施胶效果而备受关注。

助留剂和助滤剂主要有明矾、聚乙烯亚胺、聚丙烯酰胺、聚甘露糖半乳糖、阳离子型淀粉、壳聚糖及改性物等。造纸工业中应用的助留系统主要有一元助留系统、双元助留系统以及微粒子/高分子助留系统等。相比较而言，微粒子系统具有比较好的留着效果，而且助滤的效果也要好于一般的高分子助留剂，它们更符合相反电荷粒子多相团聚的絮凝机理。助留剂的作用是使纸浆中的细小组分通过胶体聚集，促进细小组分与纤维之间的絮聚，从而截留细小组分。助滤剂是在抄纸过程中用于改善纸页脱水的化学助剂。一般用作助留剂和电荷中和剂的所有助剂都有助滤作用。各类改性淀粉和聚丙烯酰胺仍为助留剂和助滤剂的主要品种。两性淀粉、两性聚丙烯酰胺、聚乙烯亚胺、聚酰胺接枝淀粉、改性纤维素、甲壳素衍生物的使用正日益广泛。助留剂和助滤剂的发展趋势是向性能优良的水溶性高分子、阳离子型聚合电解质和微粒助留系统方向发展。

纸张增强剂在抄纸过程中可以改善压缩以及抗张强度，还有脱水以及保留促进的附加效果。纸张增强剂有浆内增强剂和表面增强剂两大类。浆内增强剂又分为增干强剂和增湿强剂。增干强剂和增湿强剂的作用就是利用它们与纤维之间的化学和物理结合，加强纤维层与层之间的作用和各种粒子之间的吸附，从而提高纸的强度。

增干强剂简称干强剂，包括淀粉及各种改性淀粉、改性纤维素、动植物胶及改性物、聚丙烯酰胺及其衍生物。其中淀粉衍生物是应用最广泛的干强剂，占90%以上。性能好、适应绿色环保理念和造纸工业循环经济要求的纸张增干强剂是研究开发的重点。增湿强剂简称湿强剂，能有效提高纸的湿强度的添加剂一般为极性较高的合成树脂，包括氨基树脂类、改性聚丙烯酰胺、聚酰胺环氧树脂、双醛淀粉等。其中聚酰胺多胺环氧氯丙烷树脂因其增湿强效果好且拥有较宽的 pH 值适用范围而被广泛应用。近年来，用作湿强剂的树脂已经得到长足的发展，经济高效的湿强树脂在造纸工业中已得到广泛应用，它们对人类健康和环境的影响已从技术上得到控制。

参 考 文 献

[1] 苏耀恩. 探讨造纸化学助剂的使用原则[J]. 建材与装饰，2017，(33)：149-150.

[2] 高喜盈，王啸，蔡杰，等. 造纸增强剂发展概述[J]. 造纸装备及材料，2019，48(04)：26-27.

[3] 张桂锋. 助剂对抄纸湿部助留助滤性能的影响[J]. 纸和造纸，2012，31(05)：24-28.

[4] 刘萍. 我国造纸助剂的开发与发展[J]. 黑龙江造纸，2008，(02)：43-44+46.

[5] 张琦. 环保型酰胺共聚物纸张增湿强剂的制备及性能研究[D]. 南京：南京林业大学，2023.

[6] 刘士亮. 助留剂在造纸中的应用[J]. 黑龙江造纸，2014，42(02)：19-20.

[7] 段业睿. 水分散型封闭异氰酸酯表面施胶剂对特种纸的作用效果研究[D]. 西安：陕西科技大学，2022.

[8] 王海杰. 增强型表面施胶剂的制备与应用研究[D]. 济南：齐鲁工业大学，2018.

5.2 BD-01 阴离子淀粉

BD-01 阴离子淀粉(anionic starch BD-01)的主要成分为淀粉磷酸单酯。结构式为：

$$\mathrm{St{-}O{-}\overset{\overset{\displaystyle O}{\|}}{\underset{\underset{\displaystyle OH}{|}}{P}}{-}OH}$$

St—OH 代表淀粉。

1. 性能

白色粉末或白色颗粒，无味，在冷水中分散性良好，糊化温度 50~60℃，4%糊液的 pH 值为 6，25℃时 4%糊液的黏度为 0.05Pa·s。

2. 生产原理

淀粉与磷酸盐发生酯化，经过处理得到阴离子淀粉。具体制备方法有湿法和干法两种。湿法是将正、焦、偏或三聚磷酸盐溶于水后，将淀粉加入并悬浮于其中，在 pH 值为 4~6.5、温度为 50~60℃的条件下反应，10~30min 后，过滤，干燥至含水量为 5%~10%时再加热反应，温度在 140~160℃，反应时间 2~4h，得到含结合磷 0.2%~0.4%的磷酸单酯淀粉。干法是将磷酸盐溶于水后，喷淋到淀粉上，混合均匀后，加热至 120~130℃，反应 1h 后得到磷酸单酯淀粉，即阴离子淀粉。

$$\mathrm{St{-}OH + H_3PO_4 \longrightarrow St{-}O{-}\overset{\overset{\displaystyle O}{\|}}{\underset{\underset{\displaystyle OH}{|}}{P}}{-}OH + H_2O}$$

3. 工艺流程

水 → 溶解；玉米淀粉 → 捏合

磷酸二氢钠→溶解→捏合→压滤→干燥→

去离子水

→烘焙→洗涤→压滤→干燥→粉碎→过筛→成品

4. 主要原料(kg)

淀粉(玉米淀粉)	1050	去离子水	5000
一水合磷酸二氢钠($NaH_2PO_4 \cdot H_2O$)	290		

5. 生产工艺

将290kg 95%的一水合磷酸二氢钠投入溶解槽中，加入2560L去离子水溶解搅拌，配制成8.4%的磷酸二氢钠水溶液，备用。

将1050kg玉米淀粉加入捏合机中，然后加入1700L 8.4%的磷酸二氢钠水溶液，捏合2h后，转入压滤机压滤。将压滤后的滤饼散碎后，送干燥室，干燥至含水量为5.7%。

将含水量为5.7%的产物送入烘箱，在不断搅动下，在160℃下烘焙0.5h，冷却。用二倍体积的去离子水洗涤3次，经压滤、干燥、粉碎、过筛即得到阴离子淀粉。

说明：

① 用三聚磷酸钠与玉米淀粉进行磷酸化反应，也能制得阴离子淀粉。三聚磷酸钠的加入量约为淀粉量的5%，pH值为8.5，将淀粉悬浮在三聚磷酸钠溶液中，将混合物搅拌反应0.5h。过滤，将滤饼在40~45℃下干燥至含水10%以下，然后再加热反应。在反应过程中，温度不能超过60℃，防止淀粉溶液发生糊化。

② 由磷酸氢二钠、磷酸二氢钠和尿素作为磷酸化试剂，可以制得高取代、低黏度的磷酸单酯淀粉。取一定量的磷酸氢二钠和磷酸二氢钠及尿素，加入蒸馏水使之溶解，用稀乙酸调节pH值为5.5~5.6，在搅拌下加入的木薯淀粉，在40℃下反应1h，使酯化剂在淀粉中充分渗透，滤去多余的水分，将淀粉混合物于110~160℃下进行酯化反应，将得到的粗产品用乙醇洗涤，过滤、烘干后即为磷酸单酯淀粉。

6. 质量标准

外观	白色粉状固体	黏度(4%糊液，25℃)	$>50\times10^{-3}$Pa·s
白度	>80%	pH值(4%糊液)	6
磷含量	>0.3%		

7. 用途

用作造纸湿部添加剂，用以提高浆料的助留、助滤作用，降低白水的BDO及COD值。应用于胶版印刷纸可以提高纸张的耐折度、挺度、拉毛速度、平滑度、网目清晰性，明显改进纸张的适印性。用于牛皮纸浆中可以提高纸张的耐破度、抗张强度和拉伸率，降低松香胶及明矾用量。用于瓦楞纸板生产中可取代硅酸钠。还可用作纸张的表面施胶剂和涂布胶黏剂。也用于纺织业的经纱上浆，选矿中用作矿砂沉降剂。

8. 安全与储运

基本无毒，但不能食用。使用衬塑编织袋包装，储存于阴凉、干燥处。

参考文献

[1] 李耀，王志杰，王建. 阴离子淀粉及其在造纸中的应用[J]. 造纸科学与技术，2015，34(05)：52-55+60.

[2] 何禄. 阴离子淀粉的制备与应用性能研究[D]. 大连：大连理工大学，2008.

[3] 蔡文祥. 阴离子淀粉及其在纸袋纸中的应用[J]. 黑龙江造纸，2000，(03)：16.

5.3 复配型助留剂

助留剂可以增加细小纤维、填料等在纸中的留着率。复配型助留剂具有优良的使用性能和应用效果。生产配方如下(质量份)。

配方一

聚丙烯酰胺	8	聚乙烯醇	2

用作助留剂，对白土、钛白粉等填料具有良好的吸附性。用量为加工纸质量的0.05%。

配方二

聚丙烯酰胺(15%)	711.0
次氯酸钠(12%)	25.35
二甲胺-环氧氯丙烷-二羟基乙胺共聚物(5%)	15.0
氢氧化钠(50%)	5.05
亚硫酸钠	17.0

将15%的聚丙烯酰胺溶液用12%的次氯酸钠和50%的氢氧化钠混合溶液处理，然后加入50%的二甲胺-环氧氯丙烷-二羟基乙胺共聚物，搅拌反应。在20℃下加入亚硫酸钠，用盐酸调节pH值为4.9，最后用水稀释至固含量为10%，即得到复配型助留剂。

配方三

丙烯酰胺	110	引发剂[$(NH_4)_2S_2O_8$]	0.725
丙烯酸	86.5	EDTA	0.245
叔辛基丙烯酰胺	137.5	水	1202
氯化二甲乙二烯胺(62.5%)	388		

将丙烯酰胺、丙烯酸、叔辛基丙烯酰胺等单体在水中以$(NH_4)_2S_2O_8$为引发剂，进行共聚得到共聚物乳液，用水稀释得到复配型助留剂。在纤维素纸浆中用量为0.03%。加入明矾11%，钛白填料10%，钛白留着率可达72.5%。

配方四

木质素硫酸盐	137.7	聚乙二醇	1.98

该助留剂可以有效增加细小纤维、填料和颜料在纸中的留着率。

配方五

丙烯酰胺-丙烯酸-二甲基氨丙基丙烯酰胺共聚物(90∶3∶7)	8
氧化铝	4
碳酸钙	4

用作造纸助留剂，填料留着率为82.2%。

配方六

丙烯酰胺∶二甲基氨丙基丙烯酰胺(9∶1)共聚物	10
聚酰胺-聚胺(25%)	8.8
水	402

将各物料分散于水中，调节pH值至6.4，得到造纸助留剂。

参 考 文 献

[1] 陈夫山，刘庆云. 聚丙烯酰胺的合成及其在造纸中的应用[J]. 湖南造纸，2015，(02)：36-38.
[2] 刘士亮. 助留剂在造纸中的应用[J]. 黑龙江造纸，2014，42(02)：19-20.

5.4 阳离子淀粉醚

阳离子淀粉醚(cationic starch ether)的主要成分为硫酸氢化(2-羟丙基-*N*,*N*,*N*-三甲氨基)淀粉，结构式为：

$$[\mathrm{St{-}O{-}CH_2\underset{\displaystyle\overset{|}{OH}}{C}HCH_2N(CH_3)_3}]^{\oplus}\ \mathrm{HSO_4^{\ominus}}$$

1. 性能

白色粉末，糊化温度50~55℃，含氮量0.35%~0.38%。

2. 生产原理

三甲胺硫酸盐与环氧氯丙烷发生季铵化，得到3-氯-2-羟丙基三甲基硫酸氢化铵醚化剂，醚化剂与淀粉作用，得到阳离子淀粉醚。

3. 工艺流程

三甲胺硫酸盐、环氧氯丙烷→季铵化→提纯→醚化（加入淀粉）→过滤→真空干燥→成品

4. 生产工艺

将三甲胺硫酸盐和环氧氯丙烷等物质的量投入季铵化反应釜中，加入5倍的水，搅拌反应3h，然后提纯得到醚化剂。

在醚化反应中，加入乙醇碱溶液，然后加入醚化剂和淀粉，在搅拌下，于50℃下恒温反应3~4h。然后压滤，回收母液，将滤饼真空干燥，即得到阳离子淀粉醚。

说明：

① 在醚化剂制备反应过程中，除生成3-氯-2-羟丙基氯化铵外，还会生成少量副产物如1,3-二氯丙醇等。这些副产物和少量未反应的醚化剂等，需要在反应结束后经提纯除去，否则在下步反应中会引起交联，从而降低阳离子淀粉醚的分散性和有效性，甚至使淀粉不溶解。提纯方法是在30℃高真空度下进行减压蒸馏，使不溶于水的残留有机物挥发而除去。

② 醚化反应在乙醇碱溶液中进行，使用85%的工业乙醇，乙醇与淀粉的体积比为4.5∶4.8。醚化剂用量为干淀粉质量的5%，碱的物质的量为醚化剂的2.8倍，反应温度以50℃为宜。

5. 质量标准

外观	白色粉末	氮含量	0.35%~0.38%
取代度	0.040%~0.045%	细度(100目筛通过率)	>98%

6. 用途

用于抄纸湿部添加，可以提高纤维及填料的留着率，提高纸张强度。在涂布加工纸中作为涂布胶黏剂，可以促进颜料与纤维的结合，提高涂布染色效果。用于胶印书刊纸，可以提高纸张表面强度，改善印刷性能。

7. 安全与储运

生产中使用环氧氯丙烷，操作人员应穿戴劳保用品，车间内应保持良好的通风状态。使用内衬塑料的编织袋包装，储存于阴凉、干燥处。

参　考　文　献

[1] 沈忠武. 阳离子淀粉醚的研究[J]. 山西化工，2004，(02)：58-59.

[2] 李绵贵，王春梅，谭忠文. 新型阳离子淀粉醚化剂的制备及其性能[J]. 造纸化学品，1996，(02)：30-31.

5.5　阳离子淀粉

阳离子淀粉(cationic starch)的主要成分为叔胺与淀粉形成的季铵盐，结构式为：

$$St—O—CH_2CH_2CH_2\overset{\oplus}{N}H(CH_2CH_3)_2Cl^{\ominus}$$

1. 性能

外观为白色粉末，带正电荷，能与纸浆中的填料、纤维、颜料等许多带负电荷的物质反应生成化学键，可以提高细小纤维的留着率和滤水性，提高松香施胶效果，同时也能提高纸机的抄造速度。

2. 生产原理

氯乙基二乙基胺与淀粉发生醚化反应，经盐酸处理，得到阳离子淀粉。

$$ClCH_2CH_2N(CH_2CH_3)_2+St—OH \xrightarrow{OH^-} St—O—CH_2CH_2N(CH_2CH_3)_2 \xrightarrow{HCl} St—O—CH_2CH_2\overset{\oplus}{N}H(CH_2CH_3)_2Cl^{\ominus}$$

3. 工艺流程

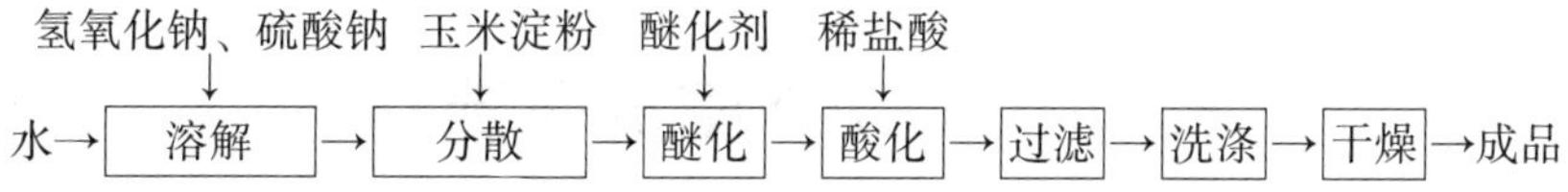

4. 主要原料(kg)

玉米淀粉	90	氢氧化钠(98%)	3.6
氯乙基二乙基胺盐酸盐	3.6	硫酸钠	45

5. 生产工艺

在溶解锅中，先将 3.6kg 氯乙基二乙基胺盐酸盐溶于 22.4L 水中，备用。在反应釜中加入 134L 水、3.6kg 氢氧化钠和 45kg 硫酸钠，搅拌溶解后，加入 90kg 玉米淀粉，分散均匀后，再加入氯乙基二乙基胺盐酸盐溶液，搅拌 24h，再加入足够的稀盐酸，将 pH 值调到 3 左右。过滤，并用水充分洗涤、干燥。制得的淀粉醚分散到水中，浓度为 1%，然后不断搅拌，于 90℃下加热 20min，进行糊化后的淀粉醚即可添加到纸浆中，用作助留助滤剂和增强剂。在未漂硫酸盐纸浆中加入 1%的阳离子淀粉，搅拌均匀后抄片，与未加阳离子淀粉的纸样相比，耐破度提高 12%。

说明：

① 在醚化反应体系中加入硫酸钠，是为了防止凝胶，使阳离子化试剂可以充分运动，扩散到淀粉分子链上，使得改性程度提高。

② 醚化反应可以在乙醇溶剂中进行。一般使用 85%的工业乙醇。具体工艺：向醚化反应釜中加入 200kg 玉米淀粉，再加入淀粉体积 4.5 倍的乙醇和 NaOH 水溶液，在搅拌下升温

至50℃，保持该温度并在约1h内缓慢加入季铵盐醚化剂水溶液，加完后继续反应3~4h。冷却到室温，用适量的浓盐酸中和反应液，调节pH值至3。离心过滤，将母液送至分馏塔中分馏以回收乙醇。将淀粉用水洗涤数次，经离心滤干、烘干、粉碎、过筛、包装后即为阳离子淀粉。

6. 质量标准

外观	白色粉末	细度(100目筛通过率)	≥98%
白度	≥85%	水分	≤13.5%
取代度	≥0.03%		

7. 用途

用作造纸抄造过程的助留剂、助滤剂和增强剂。是酸性和中性条件下造纸用优良湿部添加剂。使用以助留为主，可与填料混合后加在高位箱；若以增强为主，助留为辅，可以加入调浆池中，使用量为0.8%~2%(对绝干浆)。

8. 安全与储运

使用乙醇为溶剂进行醚化时，应保持车间内良好的通风状态，注意防火。使用复合塑料编织袋包装，储存于阴凉、干燥处。

参 考 文 献

[1] 张新东，轩少云，武玉民. 表面施胶用高取代度阳离子淀粉的合成及其应用[J]. 纸和造纸，2018，37(04)：24-26.

[2] 任红锐，李双晓，王少光，等. 不同取代度阳离子淀粉的制备及生产应用[J]. 中华纸业，2018，39(12)：23-26.

5.6 CT-700 阳离子淀粉

CT-700阳离子淀粉(cationic starch CT-700)为氯化(2-羟丙基-*N*,*N*,*N*-三甲基铵)淀粉醚，结构式为：

$$\left[\ \mathrm{St{-}O{-}CH_2\underset{\displaystyle OH}{\underset{|}{C}}HCH_2N(CH_3)_3}\ \right]^{\oplus} \mathrm{Cl}^{\ominus}$$

1. 性能

白色粉末，糊化温度50~55℃，能促进细小组分与纤维之间的絮聚。

2. 生产原理

三甲铵盐酸盐与环氧氯丙烷反应生成氯化3-氯-2-羟丙基三甲基铵，在碱性条件下，脱去氯化氢转变为氯化环氧丙基三甲基铵。

淀粉与醚化剂氯化环氧丙基三甲基铵发生醚化反应，生成阳离子淀粉醚。根据反应条件不同，醚化剂用量不同，所得产品的取代度不同。取代度是指平均每个葡萄糖单元上的羟基被醚化的数目。造纸业使用的阳离子淀粉的取代度一般为0.02~0.03。

$$\mathrm{(CH_3)_3N^{\oplus}HCl^{\ominus}+ClCH_2{-}\underset{\diagdown O \diagup}{CH{-}CH_2}} \rightarrow \left[\ \mathrm{(CH_3)_3N^{\oplus}\ CH_2{-}\underset{\displaystyle OH}{\underset{|}{CH}}{-}\underset{\displaystyle Cl}{\underset{|}{CH_2}}}\ \right]\mathrm{Cl}^{\ominus}$$

$$\left[(CH_3)_3N^{\oplus}\,CH_2\underset{OH}{\underset{|}{C}H}\text{—}\underset{Cl}{\underset{|}{C}H_2}\right]Cl^{\ominus}\xrightarrow{OH^-}\left[(CH_3)_3N^{\oplus}\,CH_2\underset{\diagdown O \diagup}{CH\text{—}CH_2}\right]Cl^{\ominus}$$

$$St\text{—}OH+\left[(CH_3)_3N^{\oplus}\,CH_2\underset{\diagdown O \diagup}{CH\text{—}CH_2}\right]Cl^{\ominus}\longrightarrow\left[St\text{—}O\text{—}CH_2\underset{OH}{\underset{|}{C}H}CH_2\overset{\oplus}{N}(CH_3)_3\right]Cl^{\ominus}$$

3. 工艺流程

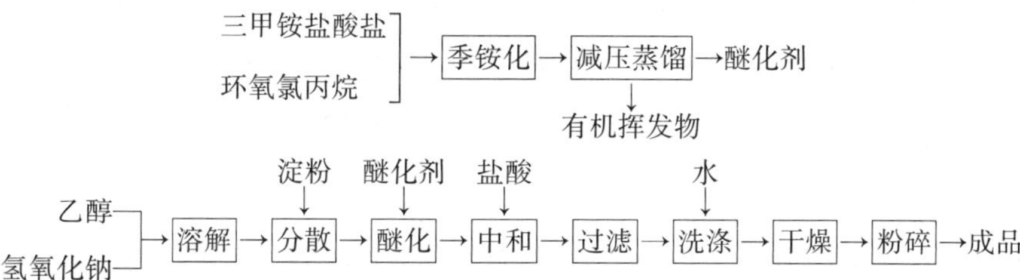

4. 主要原料(kg)

玉米淀粉(水分≤14%)	1000
氯化3-氯-2-羟丙基三甲基铵(≥98%)	50
乙醇(95%)	400
氢氧化钠(98%)	30
盐酸(30%)	65

5. 生产工艺

室温下，等物质的量的三甲铵盐酸盐与环氧氯丙烷在水中反应3h，然后，在30℃下，减压蒸去未反应的有机挥发物，得到氯化3-氯-2-羟丙基三甲基铵。该中间产物在酸性条件下是稳定的，在碱性水溶液中则脱去氯化氢，生成对应的环氧化物，可作为高活性的醚化剂与淀粉发生醚化反应。

将1000kg玉米淀粉(蛋白质≤0.5%，灰分≤0.1%)加入醚化反应釜中，再加入85%的乙醇和由30kg氢氧化钠配成的氢氧化钠水溶液，在搅拌下升温至50℃。保温，然后，以细流慢慢加入由50kg氯化3-氯-2-羟丙基三甲基铵配成的季铵盐醚化剂水溶液，约1h内加完。加完后继续在50℃保温搅拌反应3~4h。冷却降温，用约65kg 30%的盐酸中和反应液，调节pH值至中性，待温度降至室温后停止搅拌。

反应物料经离心过滤，将母液送分馏塔分馏回收乙醇。将滤饼用少量水洗涤数次后再离心滤干，然后送烘房干燥，干燥后粉碎、过筛即得到CT-700阳离子淀粉。

说明：

① 醚化反应可以在水中进行，但在85%的乙醇溶液中进行为好。溶剂与淀粉的体积比为4.5∶5。一般醚化剂用量为干淀粉质量的5%，碱的用量为醚化剂物质的量的2.8倍。反应温度控制在50℃为宜。

② 反应也可在四氯化碳-水中进行，这种非均相法制备季铵盐型淀粉具有很高的转化率。制备工艺如下：将100g淀粉分散在500mL四氯化碳中，在室温下搅拌均匀后，缓慢加入含有5g NaOH的水溶液，此时淀粉溶液呈悬浮状。逐渐升温到30℃，在搅拌下加入浓度为50%的氯化环氧丙基三甲基铵水溶液。在50℃下反应约20min，反应完全后加入7.5mL冰乙酸，并继续搅拌，然后过滤，将滤饼粉碎后，干燥所得产品为白色粉状固体。

6. 产品标准

外观	白色粉末	水分	≤13%
细度(100 目筛通过率)	≥99%	灰分	≤0. 3%
氮含量	0. 35%~0. 38%	pH 值	6~8
取代度	0. 030~0. 045		

7. 用途

主要用作造纸湿部添加剂，起助留、助滤和增强的作用。用于抄纸湿部添加剂可以提高纤维及填料的留着率，提高纸张强度。用于涂布加工纸中，作为涂布胶黏剂，可以提高涂布染色效果。用于纸张表面施胶，可以提高纸张表面强度，改善印刷性能。在胶印书刊纸、再生纸、牛皮纸等纸张中应用，可以提高纸的物理性能指标。

8. 安全与储运

操作人员应穿戴劳保用品，车间内应保持良好的通风状态。使用衬塑编织袋包装，储存于阴凉、干燥处。

参 考 文 献

[1] 韩珂. 季铵型阳离子醚化剂的合成及性能研究[D]. 济南：齐鲁工业大学，2022.

[2] 徐会霞，颜进华，李雁. 阳离子醚化剂制备的研究进展[J]. 造纸化学品，2011，23(02)：19-23.

5.7 两性淀粉

两性淀粉(amphoteric starch)为磷酸淀粉季铵盐，基本结构为：

$$\text{磷酸淀粉}—O—CH_2—\underset{\displaystyle OH}{\underset{|}{CH}}—CH_2N^{\oplus}(CH_3)_3Cl^{\ominus}$$

1. 性能

白色或微黄色粉末，具有阴阳离子双重特性的造纸用浆内添加剂，比阳离子淀粉有着更宽的 pH 值适用范围和更好的使用效果，能十分明显地改善浆内的电荷性能，提高填料的留着率和纸浆的滤水性，使纸张的强度、拉力、耐折度大幅度提高。

2. 生产原理

两性淀粉是在同一淀粉分子链上引入阳离子基和阴离子基，使之具有两性。两性淀粉制备一般是先引入阴离子基，再引入阳离子基。即先制成氧化淀粉、磷酸淀粉等，然后再在淀粉的羟基上引入叔胺基或季铵基。最简单的方法是直接将商品阴离子淀粉进行阳离子化。实际生产中可以根据需要制备不同阳离子基和阴离子基配比的两性淀粉。

磷酸淀粉在碱性条件下与醚化剂氯化 3-氯-2-羟丙基三甲基铵发生醚化反应，生成的淀粉衍生物在侧链上既有磷酸根负离子，又有季铵型阳离子。一般阴离子磷酸根的取代度远高于阳离子的取代度。

3. 工艺流程

```
     水      氢氧化钠
     ↓         ↓
季铵盐醚化剂→[溶解]→[环氧化]→醚化剂
```

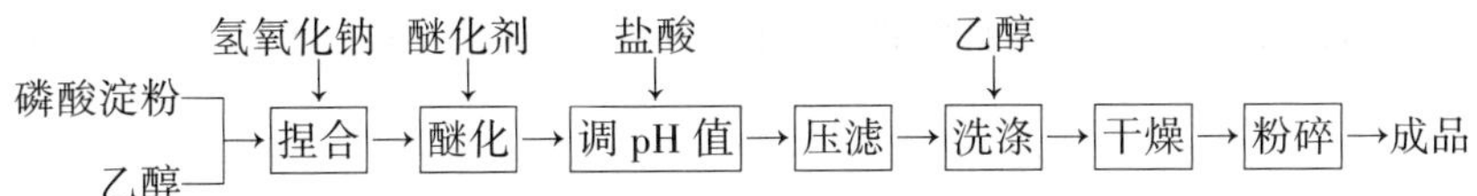

4. 主要原料(质量份)

磷酸淀粉	200
氯化 3-氯-2-羟丙基三甲基铵(≥98%)	10
氢氧化钠(30%)	11
盐酸(30%)	3.6
乙醇(95%)	170

5. 生产工艺

将 10 份氯化 3-氯-2-羟丙基三甲基铵醚化剂投入盛有 13 份水的溶解锅中，待醚化剂完全溶解后，通冷却水冷却，慢慢加入 7 份 30% 的 NaOH 溶液，注意控制反应温度不高于 30℃，溶液的 pH 值为 7。得到 30 份环氧化季铵盐醚化剂。

将 200 份淀粉、170 份 95%的乙醇和 4 份 30%的 NaOH 溶液投入醚化釜中，捏合 0.5h，加入 30 份环氧季铵盐醚化剂，在 50℃下捏合反应 3~4h，然后慢慢添加 3.6 份 30%的盐酸，调节 pH 值至中性。将产物转入压滤机压滤，并用 80%的乙醇洗涤数次，压干。将滤液送乙醇分馏塔回收乙醇。将滤饼送干燥箱在 50℃下减压干燥，然后粉碎即得到两性淀粉。

说明：

也可以将氯化环氧丙基三甲基铵醚化剂直接与糊化的磷酸单酯淀粉反应。具体操作：将 40g 磷酸单酯淀粉糊化后，加入 1.0g 氯化环氧丙基三甲基铵，在碱性介质中反应约 1.5h，得到两性淀粉糊化物，再将产物的 pH 值调至 7~8，即为两性淀粉。可以直接在使用时制备，产物以水稀释至一定浓度后便可作为增强剂。

6. 质量标准

外观	白色或微黄色粉末	白度	≥85%
水分	≤13.5%	灰分	≤0.45%
黏度(6%，95℃)	≥0.5Pa·s	细度(100 目筛通过率)	≥98%
pH 值(6%，25℃)	6~8		

7. 用途

用作造纸工业的助留剂，比阳离子淀粉有更高的助留率，并兼有增强的作用。使用量为 0.5%~0.8%(对绝干浆)。

糊化方法：按 4%~5%的浓度把两性淀粉加入已放有清水的糊化罐中，同时搅拌 5~10min；通入蒸汽升温至 80~90℃，搅拌保温 15~20min；加清水稀释至 1%以下，同时降温至 60℃备用。禁用白水和废水糊化。

8. 安全与储运

操作人员应穿戴劳保用品，车间内应保持良好的通风状态。使用复合塑料编织袋包装，储存于阴凉、干燥处。

参 考 文 献

[1] 权彩琳，王建，张瑞敏，等. 两性淀粉的制备及其高电导率下的增强性能研究[J]. 中华纸业，2021，42(24)：22-26.

[2] 应晓荣，邢明霞，孙雪萍，等. 两性淀粉 YZ-137 的合成与应用[J]. 造纸化学品，2010，22(05)：38-41.

5.8 CMS 淀粉

CMS 淀粉(starch CMS)又称羧甲基淀粉，主要成分为淀粉羧甲基钠：

$$St—O—CH_2CO_2Na$$

1. 性能

白色粉末，无臭，在空气中易吸潮。其特点是带有负电荷，是一种能溶于冷水的高分子电解质，不溶于乙醇和乙醚。

2. 生产原理

淀粉在碱性乙醇溶液中发生溶胀，NaOH 渗透到淀粉的颗粒内部与结构单元上的羟基反应生成淀粉钠盐，它是醚化反应的活性中心。淀粉的羟基与氯乙酸钠发生羧甲基化得到 CMS 淀粉。

$$St—OH + ClCH_2COONa \xrightarrow{NaOH} St—OCH_2COONa + NaCl + H_2O$$

3. 工艺流程

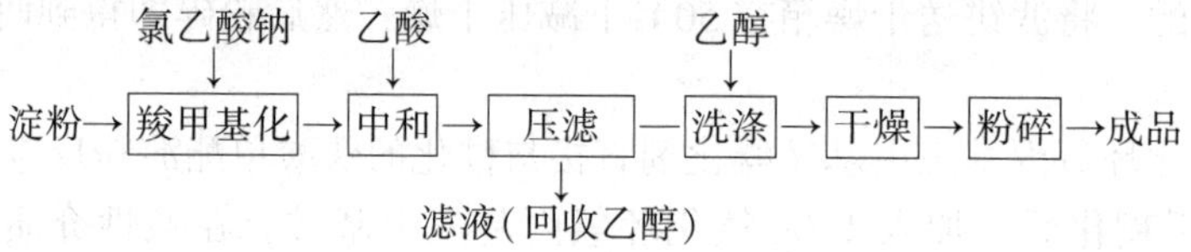

淀粉→[羧甲基化(←氯乙酸钠)]→[中和(←乙酸)]→[压滤(→滤液(回收乙醇))]—[洗涤(←乙醇)]→[干燥]→[粉碎]→成品

4. 主要原料(kg)

淀粉(工业一级品)	1000	氢氧化钠(98%)	85
氯乙酸(≥96.5%)	87.2	乙酸(工业级)	16
乙醇(95%)	400		

5. 生产工艺

在溶解锅中，将 87.2kg 氯乙酸溶于工业乙醇中，配成 11.4%的乙醇溶液。另外，将 85kg 98%的氢氧化钠溶于水中，配成 30%的水溶液。

将 1000kg 淀粉投入捏合反应器中，然后加入已配好的 11.4%的氯乙酸乙醇溶液。氢氧化钠溶液加完后，继续在 40~45℃下捏合反应 2~3h。在继续捏合的同时逐渐加入约 16kg 工业乙酸中和过量的碱，使捏合物料的 pH 值为 7~7.5。

将反应混合物送压滤机压滤。将滤饼用 80%的乙醇洗涤、压滤，反复进行两次，最后压干。将滤液送分馏塔回收乙醇。压干后的滤饼散碎后，送入干燥箱干燥，粉碎即得到 CMS 淀粉。

说明：

① 可以采用水为介质的湿法生产，先将淀粉和水配成悬浮液，然后加入氯乙酸和过氧化氢，待体系黏度变得使搅拌发生困难时，可以停止搅拌，在 60℃下静置，约 1h 后体系黏度自然降低，重新开动搅拌，继续在该温度下进行氧化和羧甲基化反应。经测定黏度达到要求后，加入稀酸调节 pH 值至 7.5 左右，得到 CMS 淀粉。

② CMS 淀粉还可以采用乙醇为介质的湿法生产。即将淀粉与工业乙醇的碱溶液混合，加入氯乙酸，于室温下进行羧甲基化反应。介质的 pH 值为 8~9，经 24h 捏合后，生成的羧

甲基淀粉与乙醇-水介质不相容，析出沉淀。经过滤、干燥得到颗粒状产品。母液可以连续使用。这种方法经常在羧甲基纤维素的生产中使用，且得到的产物的羧甲基化程度较高，但需要大量的乙醇作为介质，成本较高。

6. 质量标准

外观	白色粉末	取代度(DS)	0.3~0.6
细度(100 目筛通过率)	≥98%	黏度(2%的水溶液)	330mPa·s
水分	≤13%		

7. 用途

主要在造纸工业中用作浆内添加剂，具有助留、助滤及增强作用，也用于纸张的表面施胶。在石油工业中用作石油钻井的泥浆降失水剂，纺织业中用于经纱上浆，具有浆膜柔软、渗透性好的特点，可冷水调浆，冷水退浆。还可用作食品工业的增稠剂等。

8. 安全与储运

生产中使用氯乙酸、强碱，操作人员应穿戴劳保用品，车间内应保持良好的通风状态。使用内衬塑料袋的编织袋包装，储存于阴凉、干燥处。

参 考 文 献

[1] 李昱辉，崔建明. 干法制备中低取代度羧甲基淀粉[J]. 化工技术与开发，2022，51(11)：17-20+34.
[2] 杨道华，赵传山，于冬梅. 羧甲基淀粉钠的应用研究[J]. 纸和造纸，2010，29(04)：36-39.

5.9 阴离子聚丙烯酰胺 8701

阴离子聚丙烯酰胺 8701(anionic polyacrylamide 8701，简称 APAM8701)主要成分为阴离子聚丙烯酰胺树脂，是丙烯酰胺与丙烯酸的共聚物：

$$-\!\!\!\left[CH_2-\underset{\displaystyle CONH_2}{\underset{|}{CH}}-CH_2-\underset{\displaystyle CO_2Na}{\underset{|}{CH}}\right]_n$$

1. 性能

无色透明液体，在水中易溶解分散。

2. 生产原理

在丙烯酰胺单体溶液中，加入一定量的丙烯酸或丙烯酸钠，以过硫酸铵为引发剂，在氮气保护下进行共聚，得到阴离子聚丙烯酰胺。

$$nCH_2{=}CH-\overset{\displaystyle O}{\overset{\|}{C}}-NH_2 + mCH_2{=}CH-\overset{\displaystyle O}{\overset{\|}{C}}-ONa \xrightarrow{\text{引发剂}} \left[CH_2-\underset{\displaystyle CONH_2}{\underset{|}{CH}}\right]_n\left[CH_2-\underset{\displaystyle CO_2Na}{\underset{|}{CH}}\right]_m$$

3. 工艺流程

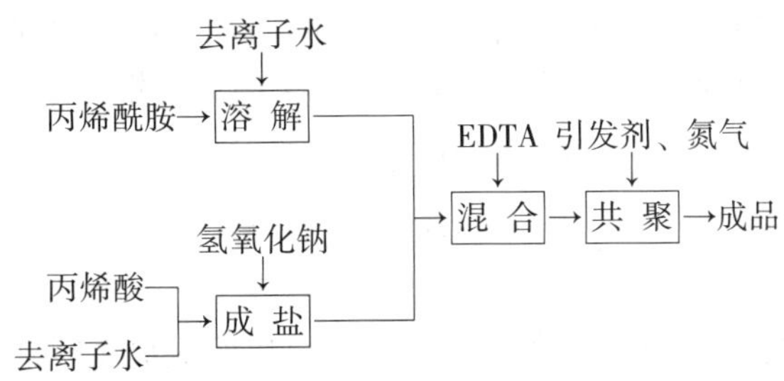

4. 主要原料(kg)

丙烯酰胺(≥95%)	40	氢氧化钠(98%)	12
丙烯酸(≥98%)	20	过硫酸铵	适量

5. 生产工艺

将40kg 95%的丙烯酰胺投入溶解锅中，加入160L去离子水，搅拌溶解配成丙烯酰胺水溶液。

将20kg 98%的丙烯酸投入丙烯酸成盐锅中，加入42.5L去离子水，通冷却水冷却，在搅拌下慢慢加入37.5kg 30%的氢氧化钠。注意加碱成盐过程，应控制反应温度在30℃以下，反应结束后反应液的pH值为8~9，得到丙烯酸钠水溶液。

将上述配制的丙烯酰胺水溶液与丙烯酸钠水溶液(按丙烯酰胺与丙烯酸质量比2∶1)加入反应釜中，加入1.5kg 1%的EDTA溶液，搅拌均匀后加入690L去离子水，搅拌，通氮气，升温至40~50℃保温，约半小时后，加入4.5kg 5%的亚硫酸氢钠水溶液，于40~50℃下搅拌，继续通氮气反应3~4h，至聚合反应完成，得到无色透明黏稠溶液，出料即得到阴离子聚丙烯酰胺。

6. 质量标准

外观	无色透明液体	游离单体	≤0.5%
相对分子质量	$(10\sim50)\times10^4$	pH值	7~8
固含量	5%~6%		

7. 用途

用作造纸工业浆内添加剂，具有较好的助留、助滤作用，可以提高填料留着率及成纸灰分。可以用作纸张增强剂，此外还可以用作水处理剂，在石油工业中用作油田泥浆处理剂、增稠剂、助沉剂等。

8. 安全与储存

生产中使用丙烯酸等，操作人员应穿戴劳保用品，车间内应保持良好的通风状态。使用塑料桶包装，储存于阴凉、干燥处。

参 考 文 献

[1] 王琳，刘书钗. 窄相对分子质量的阴离子聚丙烯酰胺的合成及在造纸中的应用[J]. 造纸化学品，2006，(01)：22-24.

[2] 张效林，韩卿，崔科丛，等. 阴离子聚丙烯酰胺的合成及增强试验[J]. 纸和造纸，2003，(05)：41-42.

5.10 阳离子聚丙烯酰胺YG-14

阳离子聚丙烯酰胺YG-14(cationic polyacrylamide YG-14，简称CPAM YG-14)。主要成分为丙烯酰胺-氨基乙烯共聚物，其中游离氨基含量约1%，相对分子质量600~800万。

$$\left[CH_2-\underset{CONH_2}{\underset{|}{CH}} \right]_{n-1} \left[CH_2-\underset{NH_2}{\underset{|}{CH}} \right]$$

1. 性能

无色透明黏稠液体，与纤维有良好的结合力，可以明显提高纤维及填料的留着率和浆料的滤水性，降低浆耗，同时既能改善纸张的匀度，又可起到增强作用。

2. 生产原理

在水介质中，丙烯酰胺在引发剂引发下发生聚合，制得聚丙烯酰胺。引发方式有热引发和氧化-还原引发等不同方法。采用过硫酸盐热引发所得到的聚合物相对分子质量一般较小，而用氧化-还原引发所得到的聚合物相对分子质量较高。作为造纸业使用的助留剂、助滤剂的聚丙烯酰胺相对分子质量较大为好。

所得到的聚合物在碱性条件下，以次氯酸钠溶液进行酰胺的霍夫曼降解反应，得到游离氨基含量约 1%的丙烯酰胺-氨基乙烯共聚物。最后用盐酸调至微酸性，所得产物呈阳离子性。

$$n\mathrm{CH_2{=}\underset{\displaystyle CONH_2}{CH}} \longrightarrow \mathrm{(CH_2{-}\underset{\displaystyle CONH_2}{CH})_{\mathit{n}}}$$

$$\mathrm{(CH_2{-}\underset{\displaystyle CONH_2}{CH})_{\mathit{n}} + NaOCl + 2NaOH \longrightarrow {+}\!\!\left[CH_2{-}\underset{\displaystyle CONH_2}{CH}\right]_{n-1}\!\!\left[CH_2{-}\underset{\displaystyle NH_2}{CH}\right]\!\!{+} + Na_2CO_3 + NaCl + H_2O}$$

3. 工艺流程

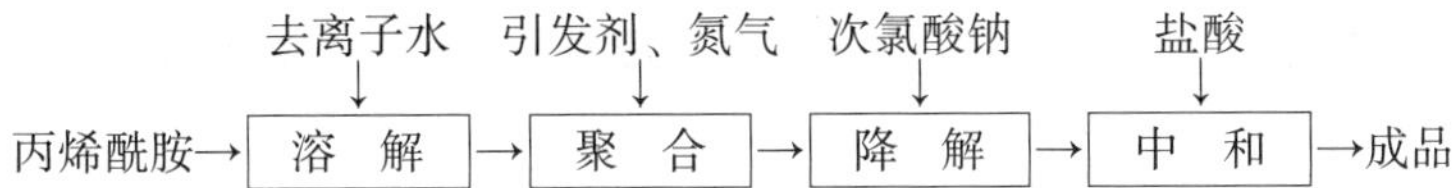

4. 主要原料(kg)

丙烯酰胺(工业级)	250	过硫酸铵(≥98%)	50
次氯酸钠水溶液	75	亚硫酸氢钠	50
氢氧化钠(98%)	适量	氮气	适量
盐酸(30%)	适量		

5. 生产工艺

将 250kg 丙烯酰胺投入单体溶解锅中，加入去离子水，搅拌，配成 10%的水溶液。将 500kg 10%的丙烯酰胺单体水溶液加入聚合反应釜中，加入 2250L 去离子水和 50kg 1%的 EDTA 溶液，搅拌并通氮气，加热，控制温度为 40~50℃。半小时后，加入 50kg 1%的过硫酸铵溶液和 50kg 1%的亚硫酸氢钠溶液，继续通氮气，控制温度为 40~50℃，搅拌，并开始以细流慢慢加入 2500kg 10%的单体，在 2h 内加完。加完后反应 4~5h，得到黏稠透明的聚合液。将聚合液转入降解釜中，搅拌，冷却降温到 10℃左右，加入 75kg 有效氯含量 10%的次氯酸钠，用 30%的氢氧化钠将聚合液的 pH 值调到 10 左右，在 10℃左右搅拌反应 2~4h。

降解反应完成后，用 30%的盐酸中和反应液，将反应液的 pH 值调至 5.5~6.0。检验合格后即得到阳离子聚丙烯酰胺。

说明：

聚丙烯酰胺的阳离子是由降解反应生成的 1%的自由氨基在酸性条件下形成的：

$$\mathrm{{+}\!\!\left[CH_2{-}\underset{\displaystyle CONH_2}{CH}\right]_{n-1}\!\!\left[CH_2{-}\underset{\displaystyle NH_2}{CH}\right]\!\!{+} \xrightarrow{HCl} {+}\!\!\left[CH_2{-}\underset{\displaystyle CO_2NH_2}{CH}\right]_{n-1}\!\!\left[CH_2{-}\underset{\displaystyle NH_3^{\oplus}Cl^{\ominus}}{CH}\right]\!\!{+}}$$

反应成品的 pH 值必须调节至微酸性，才能呈现阳离子性。

6. 用途

用作造纸工业的助留剂、助滤剂、增强剂，能增加填料和细小纤维的留着率，可以使浆料絮凝，加速湿纸在纸机网部的滤水，同时能改善纸张的匀度。添加量为0.8%~1%（对绝干浆），使用时先按0.06%的浓度稀释，然后加入调浆池或与滑石粉混合连续加入高位箱。也可用于纸厂的废水处理。

7. 安全与储运

操作人员应穿戴劳保用品，车间内应保持良好的通风状态。使用塑料桶包装，储存于阴凉处，避免阳光直射。

参 考 文 献

[1] 王柱，陈洋，李兴华，等. 有机高分子型阳离子聚丙烯酰胺絮凝剂合成技术研究进展[J]. 造纸科学与技术，2022，41(06)：15-19.

[2] 刘勇兵，李小瑞，沈一丁，等. 自交联阳离子聚丙烯酰胺纸张增强剂的制备及性能[J]. 中国造纸，2021，40(09)：29-35.

5.11 丙烯酰胺接枝淀粉

丙烯酰胺接枝淀粉(acrylamide-starch)的主要成分是淀粉-丙烯酰胺共聚物。

$$\mathrm{St-O-\!\!\left[CH_2-\underset{\displaystyle CONH_2}{\underset{|}{CH}}\right]_n\!\!-}$$

1. 性能

无色或呈淡棕色的液体，pH值6.5~7。隔绝空气下保质期半年。对纸浆填料和细小纤维的助留效果优于聚丙烯酰胺。

2. 生产原理

以水为介质，以硝酸铈(Ⅳ)铵或高锰酸钾为引发剂，丙烯酰胺单体发生聚合的同时与淀粉羟基位发生接枝，得到丙烯酰胺接枝淀粉。

$$\mathrm{St-OH} + n\mathrm{CH_2{=}\underset{\displaystyle CONH_2}{\underset{|}{CH}}} \xrightarrow{\text{铈(Ⅳ)}} \mathrm{St-O-\!\!\left[CH_2-\underset{\displaystyle CONH_2}{\underset{|}{CH}}\right]_n\!\!-}$$

3. 工艺流程

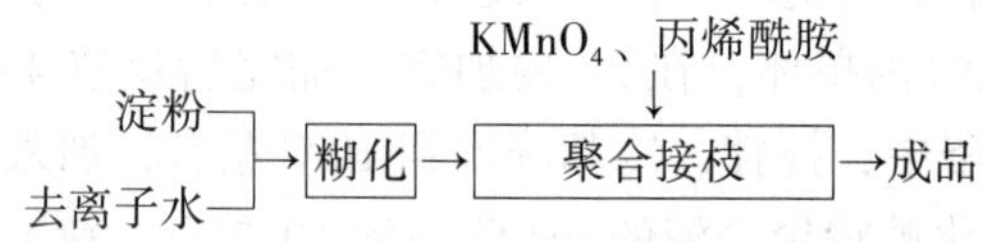

4. 主要原料(质量份)

淀粉(一级品)	50	高锰酸钾(化学纯)	0.24
丙烯酰胺(99%)	15	防腐剂	适量

5. 生产工艺

(1) 以硝酸铈铵为引发剂

在聚合反应器中，加入10份玉米淀粉、8份丙烯酰胺，用300份水溶解。在搅拌下，一次性加入20份25%的NaOH，升温至50℃，使淀粉糊化和部分水解。反应约1h后，用冰乙酸调节pH值至6.5左右。再加入0.2份硝酸铈铵，并且以稀硝酸调pH值为3~4。升温至70℃，于70℃下保留反应3h，得到接枝共聚物。

(2) 以高锰酸钾为引发剂

丙烯酰胺与淀粉的接枝共聚，以四价铈盐(如硝酸铈铵)作为引发剂最为有效，但铈盐价格昂贵，生产成本较高。采用高价锰盐作为接枝共聚引发剂，可以获得较为理想的效果。

将 760 份去离子水加入聚合釜中，加入 50 份玉米淀粉，在搅拌下升温到 90℃，使淀粉发生糊化。然后缓慢降温到 50℃，在氮气氛下加入 24 份 1%的高锰酸钾溶液，同时以细流形式加入溶有 15 份丙烯酰胺的 200 份去离子水溶液。继续反应 1h，降至室温，并加入适量防腐剂，搅拌均匀后出料，即得到丙烯酰胺接枝淀粉。

6. 质量标准

外观	无色或淡棕色液体	pH 值	6.5~7.0
固含量	≥6.5%		

7. 用途

用作造纸业的助留用滤剂，在纸浆中添加干浆质量 0.5%~1%的该产品，可以提高填料和细小纤维的留着率，降低白水浓度。也可以用作纸张增强剂。

8. 安全与储运

操作人员应穿戴劳保用品，车间内应通风良好。使用塑料桶包装，储存于阴凉、干燥处。

参考文献

[1] 徐俊英，丁秋炜，滕大勇. 淀粉-丙烯酰胺类接枝共聚物的制备及应用研究进展[J]. 精细与专用化学品，2011，19(06)：39-42.

[2] 张安平，刘书钗，张光华. 淀粉-丙烯酰胺接枝共聚物的制备及其在造纸工业中的应用[J]. 造纸化学品，2002，(03)：29-30.

5.12 SB-86 型造纸浆内添加剂

SB-86 型造纸浆内添加剂(paper additive SB-86 for pulp additive)的主要成分是阳离子马铃薯淀粉与丙烯酰胺接枝共聚物：

$$\mathrm{St-O-\!\!\left[CH_2-\underset{\displaystyle CONH-CH_2-N(CH_3)_2\cdot HCl}{\underset{|}{CH}}\right]_n}$$

1. 性能

黄色半透明胶状黏稠液体，在室温下能溶于水。

2. 生产原理

以水为介质，用硝酸铈铵或高锰酸钾为引发剂，丙烯酰胺单体与马铃薯淀粉发生聚合接枝，然后与甲醛、二甲胺发生氨甲基化，最后酸化得到阳离子型产品。

$$\mathrm{St-O-H} + n\mathrm{CH_2{=}CHCONH_2} \longrightarrow \mathrm{St-O\!\left[CH_2-\underset{\displaystyle CONH_2}{\underset{|}{CH}}\right]_n}$$

$$\mathrm{St-O\!\left[CH_2-\underset{\displaystyle CONH_2}{\underset{|}{CH}}\right]_n} + \mathrm{HCHO} + \mathrm{HN(CH_3)_2} \longrightarrow$$

$$\mathrm{St-O\!\left[CH_2-\underset{\displaystyle CONHCH_2N(CH_3)_2}{\underset{|}{CH}}\right]_n} \xrightarrow{\mathrm{HCl}} \mathrm{St-O(CH_2-\underset{\displaystyle CONHCH_2N(CH_3)_2\cdot HCl}{\underset{|}{CH}}]_n}$$

3. 工艺流程

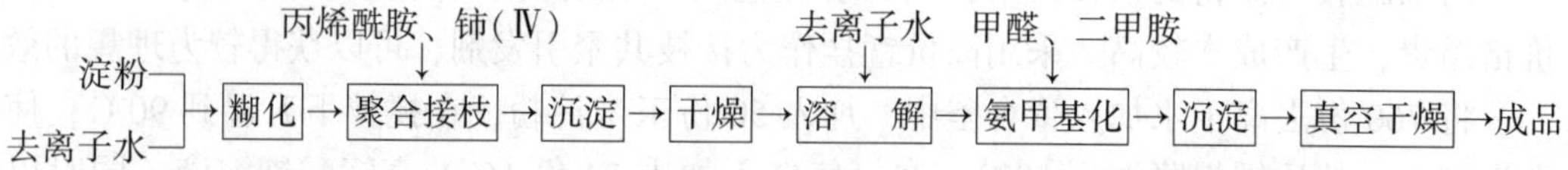

淀粉、去离子水→糊化→（丙烯酰胺、铈(Ⅳ)）聚合接枝→沉淀→干燥→（去离子水）溶　解→（甲醛、二甲胺）氨甲基化→沉淀→真空干燥→成品

4. 主要原料(质量份)

马铃薯淀粉	50	甲醛(36%)	47
丙烯酰胺	100	二甲胺(25%)	116
硝酸铈铵	1		

5. 生产工艺

工艺一

淀粉接枝聚丙烯酰胺的制备：将 50 份马铃薯淀粉加入 1000 份去离子水中，升温至 90℃，糊化 0.5h。在通氮气条件下，加入 1 份硝酸铈铵引发剂，搅拌 30min 后加入 100 份丙烯酰胺，在 50℃下继续反应 2h。反应结束后将产物倒入丙酮中沉淀，经洗涤、真空干燥，得到淀粉-聚丙烯酰胺接枝共聚物，单体转化率达 95%以上。

氨甲基化：将 20 份淀粉接枝聚丙烯酰胺溶于 1000 份去离子水中，于 60~70℃下反应，然后将 pH 值调至 11~12，加入二甲胺，再加热，于 70~75℃下反应 2~3h，然后用盐酸调节 pH 值为 5~6。将产物用丙酮沉淀，经洗涤、真空干燥，得到阳离子淀粉-聚丙烯酰胺接枝共聚物，即 SB-86 型造纸浆内添加剂。

氨甲基化中二甲胺、醛和淀粉接枝聚丙烯酰胺的摩尔比为 1.5∶1∶1，介质 pH 值为 11~12。得到产物的氨甲基化率可达 45%左右。

工艺二

将 74 份去离子水加入聚合接枝反应釜中，再加入 5 份淀粉，搅拌，并加热升温至 90℃，使淀粉糊化。然后慢慢降温至 50℃。向淀粉液中通入氮气，通氮气 15~30min 后，加入 2.4 份 1%的高锰酸钾溶液，同时以细流慢慢加入 1.5 份丙烯酰胺溶于 20 份去离子中制得的单体水溶液，约 40min 内加完。加完后继续通氮气，搅拌，保温在 50℃反应 2~3h，得到接枝共聚物。聚合反应完成后，加入甲醛(36%)、二甲胺(25%)(丙烯酰胺∶甲醛∶二甲胺=1∶0.8∶0.9，摩尔比)。调节 pH 值为 11~12，于 70~75℃下反应 23h，然后用盐酸调节 pH=6~6.5，得到阳离子型接枝共聚物，即 SB-86 型造纸浆内添加剂。

6. 产品标准

外观	黄色半透明胶状黏稠液体	pH 值	6.0~6.5
固含量	6%~8%	黏度(25℃)	0.1~0.2Pa·s

7. 用途

用作造纸助留剂、助滤剂，也用作纸张增强剂。

8. 安全与储运

生产中使用丙烯酰胺、甲醛、二甲胺等，操作人员应穿戴劳保用品，车间内应保持良好的通风状态。干品使用内衬塑料袋包装，黏稠液体产品使用塑料桶包装，储存于阴凉、干燥处。

参 考 文 献

[1] 石红锦. 淀粉接枝丙烯酰胺类絮凝剂的制备及性能研究[J]. 橡塑技术与装备，2012，38(02)：36-38.

[2] 冯云生，赵欣，董国文. 马铃薯淀粉改性阳离子絮凝剂的制备及其絮凝效果[J]. 化工时刊，2002，(10)：39-41.

5.13　89型阳离子淀粉

89型阳离子淀粉(cationic starch 89)为含氮阳离子淀粉，主要成分为(2-羟丙基-*N*，*N*-二甲氨基)淀粉醚，结构式为：

$$[(CH_3)_2HN^{\oplus}\ CH_2-\underset{\displaystyle OH}{\underset{|}{CH}}-CH_2-O-St]Cl^{\ominus}$$

1. 性能

白色粉末，能溶解分散于水中，可与纸浆中的细小纤维粒子和填料粒子一起絮聚。

2. 生产原理

二甲铵盐酸盐与环氧氯丙烷反应生成氯化3-氯-2-羟丙基二甲基铵，在碱性条件下，脱去氯化氢转变为氯化环氧丙基二甲基铵，然后与淀粉反应，生成89型阳离子淀粉。

$$(CH_3)_2NH_2Cl+ClCH_2\ \underbrace{CH-CH_2}_{O}\longrightarrow[(CH_3)_2HN^{\oplus}\ CH_2-\underset{\displaystyle OH}{\underset{|}{CH}}-\underset{\displaystyle Cl}{\underset{|}{CH_2}}]Cl^{\ominus}\xrightarrow{NaOH}$$

$$[(CH_3)_2HN^{\oplus}CH_2-\underbrace{CH-CH_2}_{O}]Cl^{\ominus}\xrightarrow{St-OH}[(CH_3)_2HN^{\oplus}\ CH_2-\underset{\displaystyle OH}{\underset{|}{CH}}-CH_2-O-St]Cl^{\ominus}$$

3. 工艺流程

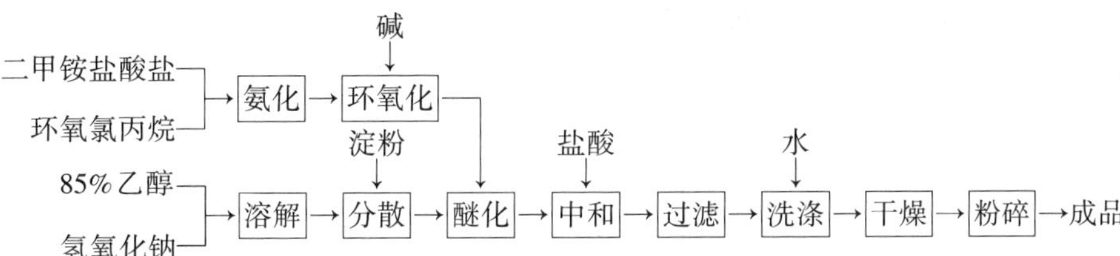

4. 主要原料(kg)

淀粉	500
氯化3-氯-2-羟丙基二甲基铵(≥98%)	24.5
乙醇(95%)	200
氢氧化钠(98%)	15
盐酸(30%)	32

5. 生产工艺

室温下，将二甲铵盐酸盐与环氧氯丙烷等物质的量投入水中，反应3h，然后于30℃下，减压蒸出未反应的有机挥发物，得到氯化3-氯-2-羟丙基二甲基铵。该中间体在碱性条件下脱去氯化氢，生成氯化环氧丙基二甲基铵。

将 15kg 氢氧化钠溶于水中，将氢氧化钠水溶液和 85%的乙醇通入反应釜中，然后加入 500kg 淀粉，搅拌，保温在 50℃，然后以细流慢慢加入由 24.5kg 氯化 3-氯-2-羟丙基二甲基铵配成的碱性水溶液，约 1h 加完，然后在 50℃下保温搅拌反应 3~4h。冷却，用约 32kg 30%的盐酸中和反应物料，调节 pH 值至 6.5~7.0，待料温降至室温后，停止搅拌，得到 89 型阳离子淀粉。

6. 质量标准

外观	白色粉末	pH 值	6~7.5
水分	≤15%	取代度	0.025~0.03
灰分	≤0.3%		

7. 用途

用作造纸湿部添加剂，兼有助留和增强作用，还用于造纸施胶、涂布加工纸涂料中。此外，还可用作纺织浆料、絮凝剂、钻井降失水剂及黏合剂。

8. 安全与储运

生产中使用二甲铵盐酸盐，环氧氯丙烷、盐酸，操作人员应穿戴劳保用品，车间内应保持良好的通风状态。使用塑料桶包装，储存于阴凉、干燥处。

参 考 文 献

[1] 蒋兴荣. 淀粉接枝型阳离子聚合物合成工艺条件研究[J]. 纸和造纸, 2015, 34 (07): 46-48.

[2] 赵伟, 于虎, 李红利, 等. 季铵型阳离子淀粉的湿法制备[J]. 中国造纸, 2010, 29 (05): 35-37.

[3] 张敏. 低粘度季铵型阳离子淀粉的合成与应用研究[D]. 大连: 大连理工大学, 2009.

5.14 壳 聚 糖

壳聚糖(chitosan)是由甲壳素脱去乙酰基而制得的。壳聚糖是由 2-氨基-2-脱氧-D-葡萄糖通过 β-1,4-糖苷键结合形成的聚合物，实际上是一种多糖天然高分子，相对分子质量 50 万左右。

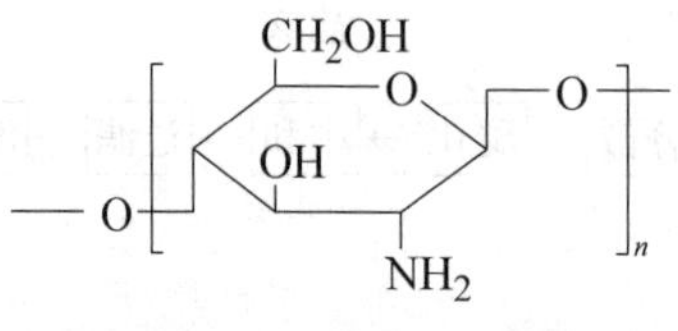

1. 性能

白色或灰白色片状物，不溶于水和碱溶液，可溶于大多数稀酸，生成相应的盐。黏度是壳聚糖重要的质量指标，一般分为高黏度、中黏度、低黏度三类，不同黏度的产品具有不同的性能和用途。

2. 生产原理

将水产加工中的虾蟹壳用清水洗净后，用 4%~6%的盐酸浸泡，溶解洗去壳内的无机盐(主要是碳酸盐和磷酸盐)，再用 10%的氢氧化钠浸泡、碱洗，以脱除蛋白质。用 1%的高锰酸钾溶液氧化漂白，水洗后得到甲壳素。将甲壳素用 40%的浓碱在高温下水解，脱去乙酰基，经水洗、干燥得到壳聚糖。

$$[\text{chitin unit: }CH_2OH,\ OH,\ NHCOCH_3]_n \xrightarrow[\triangle]{40\%NaOH} [\text{chitosan unit: }CH_2OH,\ OH,\ NH_2]_n + nCH_3CO_2Na$$

按脱乙酰基程度(70%～90%)的不同，得到不同规格的产品。一般脱乙酰基程度为70%～80%，可以满足造纸工业、食品工业和医药工业的要求。

3. 工艺流程

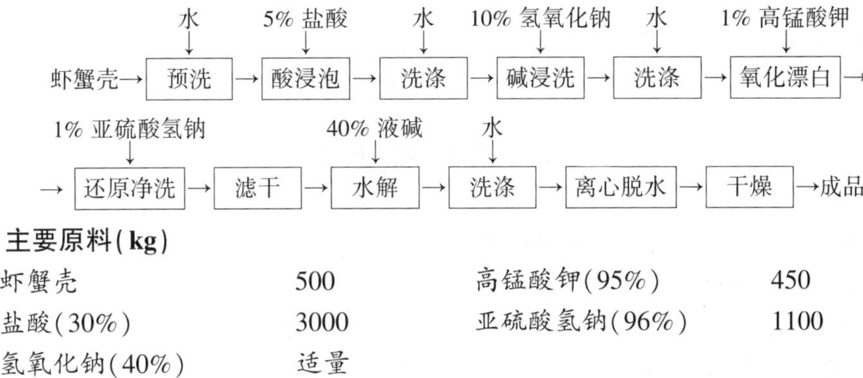

4. 主要原料(kg)

虾蟹壳	500	高锰酸钾(95%)	450
盐酸(30%)	3000	亚硫酸氢钠(96%)	1100
氢氧化钠(40%)	适量		

5. 生产工艺

将500kg虾蟹壳投入预洗池，用水清洗去杂后，转入酸洗池，浸泡在3000kg 4%～6%的盐酸中，使壳内的无机盐(主要是碳酸钙和磷酸盐，约占壳重的45%)转变为可溶于水的盐而除去。酸洗完成后，用水洗去多余的酸。

在碱洗池中加入10%的液碱，加入经酸洗的虾蟹壳残余物，进行浸泡碱洗，以脱除蛋白质。碱洗完成后，用水清洗干净，转入盛有450kg 1%的高锰酸钾溶液的氧化漂白池浸泡，氧化漂白除去杂质。再用水清洗干净，并用1100kg 1%的亚硫酸氢钠洗脱残留的高锰酸钾。水洗干净后，沥干，得到约30kg甲壳素。

将甲壳素置于高压水解反应釜中，加入40%～60%的氢氧化钠。加热温度100～180℃，压力0.5～1MPa，水解反应8～12h，脱乙酰基程度为70%～90%。滤干，回收碱液。水洗至水洗液不呈碱性后，烘干即得到壳聚糖。

说明：

在造纸工业中应用的壳聚糖的脱乙酰基程度为(75±5)%即可满足使用要求。高脱乙酰基的壳聚糖可在氮气保护下，用47%的浓碱重复水解2～3次。将甲壳素用47%的NaOH溶液浸泡4h，温度为110℃，在处理过程中通氮气保护。将处理后的产品用80℃的水洗至中性，脱乙酰基程度为80%以上。将这种脱乙酰基甲壳素再用碱液水解，然后水洗至中性，这一过程可重复2～3次，可获得90%～95%的脱乙酰基壳聚糖。如将上述脱乙酰基产品配成2%的乙酸水溶液，再加入1mol/L的NaOH纯化，则可得到100%脱乙酰基的壳聚糖。在上述处理过程中，壳聚糖的降解是不明显的，但在酸性介质中，壳聚糖会发生降解，所以壳聚糖的乙酸水溶液，一般应尽快使用，才能得到最好的强化效果。

6. 质量标准

外观	白色或灰白色片状物	乙酸不溶物	≤1%
水分	≤13%	脱乙酰基程度	70%～80%
灰分	≤3%		

7. 用途

在造纸工业中用作施胶剂、助留剂和增强剂。也广泛用于食品、医药、化妆品、废水处理等方面。

8. 安全与储运

生产中使用酸和碱，操作人员应穿戴劳保用品，车间内应保持良好的通风状态。使用内衬塑料袋的编织袋包装，储存于阴凉、干燥处。

参 考 文 献

[1] 武欢. 功能型壳聚糖的制备及其吸附性能研究[D]. 沈阳：沈阳理工大学，2023.

[2] 杨俊玲，周春于，于振东. 壳聚糖的制备及其条件优化[J]. 科技通报，2018，34（11）：92-95.

5.15 改性壳聚糖

改性壳聚糖(modified chitosan)有多种产品，可以通过与戊二醛、乙二醛等交联，与酰化剂发生酰化，与氧化剂发生氧化，与羟乙基化试剂发生羟乙基化，与氯乙酸发生羧甲基化，与不同的单体发生接枝共聚等方法对壳聚糖进行改性，得到对应的改性产品。这里介绍的改性壳聚糖的成分为丙烯酰胺接枝壳聚糖。

$$\mathrm{Ch{-}O{-}\!\!\left[\!{-}CH_2{-}\underset{\displaystyle CONH_2}{\underset{|}{CH}}{-}\!\right]_n\!\!{-}}$$

式中，Ch—OH 代表壳聚糖。

1. 性能

淡黄色透明黏稠液体。与纸纤维有一定的非键合强度和结合能力，具有良好的助留、助滤和增强作用。

2. 生产原理

在过硫酸钾或硝酸铈铵引发下，壳聚糖与丙烯酰胺发生接枝共聚，得到丙烯酰胺接枝壳聚糖。

$$\mathrm{Ch{-}OH} + n\mathrm{CH_2{=}CHCONH_2} \longrightarrow \mathrm{Ch{-}O{-}\!\!\left[\!{-}CH_2{-}\underset{\displaystyle CONH_2}{\underset{|}{CH}}{-}\!\right]_n\!\!{-}}$$

3. 工艺流程

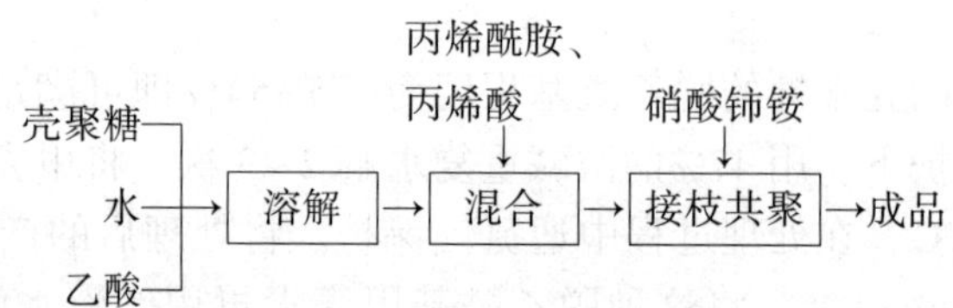

4. 主要原料(质量份)

壳聚糖	50	乙酸(按100%计)	675
丙烯酰胺(工业级)	405	硝酸铈铵	适量
丙烯酸(98%)	45		

5. 生产工艺

工艺一

在接枝共聚反应器中，加入 50 份壳聚糖、405 份丙烯酰胺和 45 份丙烯酸及 4500 份含有 15%乙酸的水溶液，搅拌，加热到 30℃，在氮气氛中搅拌 1h，加入 50 份由 4.5 份硝酸铈铵和45.5份硝酸组成的引发剂，在搅拌下反应3h，得到接枝共聚物，稀释到5%即为产品。接枝共聚物可用丙酮来沉淀，然后在室温下真空干燥24h，由于加入了少量丙烯酸单体，所以得到的是一种两性壳聚糖接枝共聚物。

工艺二

在接枝共聚反应釜中加入30份壳聚糖、45份丙烯酰胺和675份含有15%乙酸的水溶液，加热升温至30℃，在氮气氛中搅拌1h，加入7.5份由0.7份硝酸铈铵和6.8份硝酸组成的引发剂，在搅拌下反应3h，得到接枝共聚物，稀释到5%即为产品。

6. 质量标准

外观	淡黄色透明黏稠液体	有效物含量	≥5.0%
pH值	3.5~4.0	稳定性(25℃)	3个月以上不凝胶

7. 用途

在造纸工业中，用作助留剂、助滤剂、增强剂和絮凝剂。

8. 安全与储运

生产使用丙烯酸、丙烯酰胺等，操作人员应穿戴劳保用品，车间内应保持良好的通风状态。使用塑料桶包装，储存于阴凉、干燥处。

参 考 文 献

[1] 初庆娣. 微波辅助改性壳聚糖的制备及其絮凝性能的研究[D]. 大连：大连海事大学，2016.
[2] 乐益. 改性壳聚糖的制备及其应用[D]. 沈阳：沈阳理工大学，2012.

5.16 聚环氧乙烷

聚环氧乙烷(polyethylene oxide)又称聚氧化乙烯、缩乙二醇醚，结构式为：

$$\text{[}CH_2-CH_2-O\text{]}_n$$

1. 性能

白色粒状或粉状物，溶于水、氯仿、二氯乙烷，有热塑性。

2. 生产原理

环氧乙烷在催化剂作用下，发生开环聚合得到聚环氧乙烷。

$$n\underset{\diagdown\,O\,\diagup}{CH_2-CH_2} \longrightarrow \text{[}CH_2-CH_2-O\text{]}_n$$

3. 工艺流程

催化剂 → 聚合
环氧乙烷、120# 汽油 → 聚合 → 成品

4. 生产工艺

在聚合反应釜中，加入264kg 120#汽油和88kg环氧乙烷，在搅拌下加入催化剂，于20℃下开始聚合，后期反应温度控制在30~40℃。反应完毕，回收溶剂，得到聚环氧乙烷。

说明：

该聚合反应机理是配位阴离子聚合机理。作为配位聚合的催化剂有钙、钡等碱土金属的

醇盐、氨化物，铝、镁的醇盐，即$(RO)_2Ca$、$(RO)_2Ba$、$B(NH_2)_2$、$(RO)_3Al$、$(RO)_2Mg$等。采用有机金属化合物为主体的催化剂，可以得到相对分子质量为$5\times10^5\sim4\times10^6$的白色粒状聚环氧乙烯。

5. 质量标准

外观	白色粒状或粉状物	脆化点	-50℃
软化点	65~67℃	密度	1.2g/cm³

6. 用途

在造纸工业中，用作助滤剂和纤维分散剂，可以提高纸张的强度和匀度。还广泛用作减阻剂、絮凝剂和增稠剂。

7. 安全与储运

生产中使用环氧乙烷、汽油等，操作人员应穿戴劳保用品，车间内应保持良好的通风状态，注意防火。使用内衬塑料袋的编织袋包装，储存于阴凉、干燥处。

参 考 文 献

[1] 孟建. 高分子量聚氧化乙烯的制备[D]. 杭州：浙江大学，2010.

[2] 杜艳芬，韩卿. 聚环氧乙烷的合成及应用[J]. 西南造纸，2003，(01)：23-26.

5.17 白色松香胶

白色松香胶(white rosin size)是松香75%左右的皂化物，其皂化物分子式为：

$$C_{19}H_{29}CO_2Na$$

1. 性能

白色松香胶的皂化度为75%左右，外观为混浊而不透明的白色液体。其中含有约25%的游离松香。若采用有机碱，如二乙醇胺，和助溶剂，如异丙醇，则可以得到透明膏状松香胶，其外观呈完全透明，易分散于水中，形成白色稳定的乳液，施胶性能和放置稳定性都得到提高。

2. 生产原理

将松香用纯碱、二乙醇胺或氢氧化钠皂化，控制皂化度为75%左右，得到白色松香胶。

$$2C_{19}H_{29}CO_2H+Na_2CO_3\longrightarrow2C_{19}H_{29}CO_2Na+H_2O+CO_2$$

3. 工艺流程

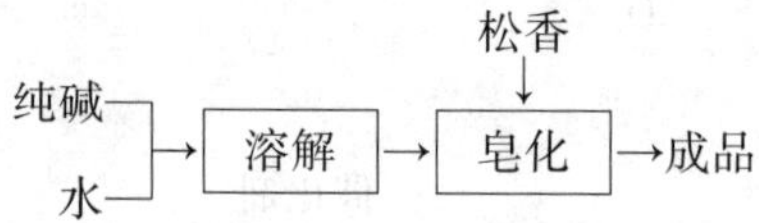

4. 主要原料(kg)

松香(皂化值174mgKOH/g)	1000	纯碱(≥98%)	126

5. 生产工艺

在不锈钢反应釜中加入700L水，然后在搅拌下加热至沸，同时加入126kg 98%的纯碱，待完全溶解后，将1000kg松香分批加入。松香应尽可能砸碎，这样可以缩短熬制时间。皂化4~5h，松香完全熔融，并且体系呈透明胶液，用棒挑起时可以流动。将一滴胶液滴入80℃以上的水中并用玻璃棒迅速分散成均匀白色乳液，反应容器底部没有未分散的胶料，则为反应终点。放料，冷却后即为白色松香胶。

若以喷射乳化机或匀质器对熬制好的皂化松香胶进行匀质化处理，则得到的乳状液颗粒更加细小，储存稳定性和施胶效果都有明显提高。

说明：

① 松香的皂化度由加入纯碱的量控制。若松香的皂化度接近 100%，则得到褐色松香胶，外观呈比较透明的褐色或黄褐色膏体，在水中完全溶解，溶液呈褐色，不含游离松香。这种胶容易制备，但施胶效果差，用量大，目前已基本不使用。

② 若以异丙醇为溶液，使用二乙醇胺进行皂化，则得到透明的膏状松香胶。先将松香和有机碱二乙醇胺熔融，再在 100~105℃时缓慢加入热的 NaOH 溶液，使体系呈透明微乳液，最后补加 60℃左右的水，搅拌均匀后冷却，产品呈透明膏状。这种方法的制备时间短，产品稳定，稀释后乳液的放置稳定性好，可以在室温下长期稳定存放。也可以加入尿素作为降黏剂或黏度调节剂，以提高产品的流动性。

6. 质量标准

外观	混浊不透明的白色液体	皂化度	>5%
松香含量	≥35%	机械杂质	<0.3%

7. 用途

用作造纸工业浆内施胶剂。

8. 安全与储运

使用塑料桶包装，室内储存，保质期 1 年。本产品基本无毒，但不可食用。

参 考 文 献

[1] 曹晓瑶. 纸用白色松香胶的实验制备及应用[J]. 包装工程，2017，38（07）：100-104.
[2] 袁叶飞. 阳离子白色松香胶的合成与应用的研究[D]. 南宁：广西大学，2001.

5.18　103 造纸施胶剂

103 造纸施胶剂(paper sizing agent 103)又称 103 强化松香，其主要成分为马来松香皂化物：

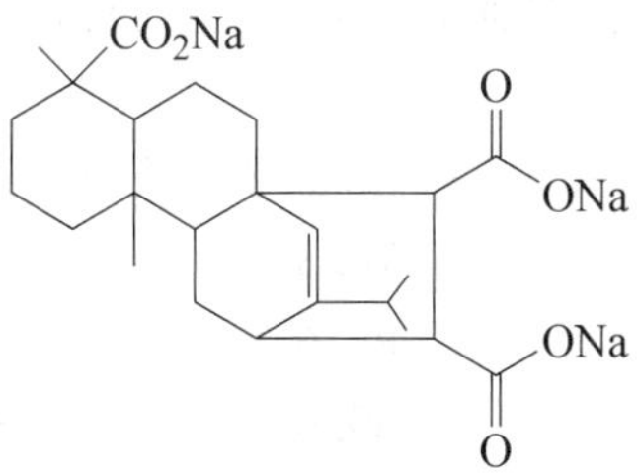

CO_2Na　O　ONa　ONa　O

1. 性能

浅黄色或白色细小颗粒。易溶于 60~80℃的热水中，室温下 2%水溶液的 pH 值为 9.0~10.0。

2. 生产原理

松香与马来酸酐在加热条件下，发生 Diels-Alder 环加成反应，得到马来松香，马来松香用氢氧化钠皂化，经后处理得到103造纸施胶剂。

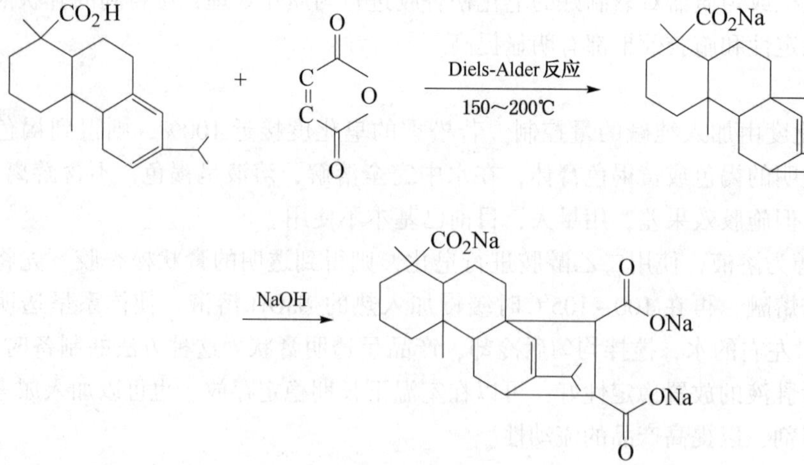

$$\text{松香(枞酸, }-CO_2H) + \text{马来酸酐} \xrightarrow[150\sim200℃]{\text{Diels-Alder反应}} \text{马来松香}(-CO_2Na) \xrightarrow{NaOH} \text{马来松香皂}(-CO_2Na,\ 2\times -COONa)$$

3. 工艺流程

松香、马来酸酐→环加成反应→粉碎→皂化(加入氢氧化钠)→喷雾干燥→成品

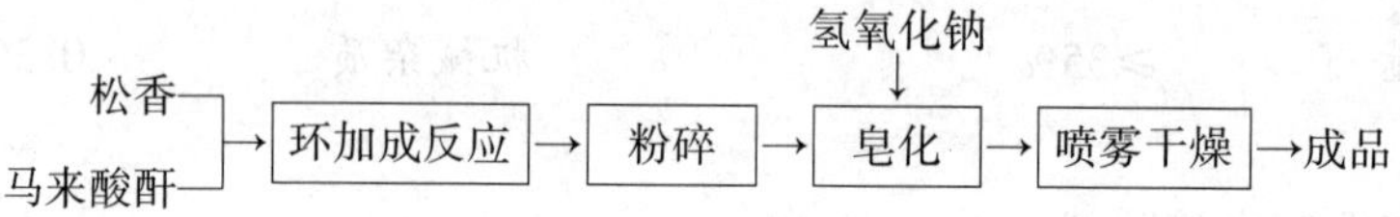

4. 主要原料(kg)

松香(工业级)	450	氢氧化钠(≥98%)	适量
马来酸酐(≥98%)	30		

5. 生产工艺

将450kg工业一级品松香粉碎后，加入环加成高温反应釜中，在100~150℃下加热熔化，松香全部熔化后，加入30kg马来酸酐，搅拌，升温至180~200℃，保温反应2h，趁热出料。待充分冷却固化后，经粉碎机粉碎，过100目筛，得到马来松香。

将上述制得的马来松香投入皂化反应釜中，加入1340kg 10%的氢氧化钠水溶液，在80℃下搅拌反应3~4h，生成马来松香皂膏。

将皂化反应后生成的皂膏送入喷雾干燥塔干燥，即得到103造纸施胶剂。

说明：

① 马来酸酐用量不同，制得的马来松香的性能则有很大不同，不同配比的马来松香的性能如下：

100g松香中加马来酸酐量/%	软化点/%	酸值/(mgKOH/g)	皂化值/(mgKOH/g)
0(天然松香)	76.8	164.8	182
3(3%马来松香)	88.6	177.5	209
5(5%马来松香)	89.6	185.7	222
10(10%马来松香)	101.7	205.8	252
15(15%马来松香)	109.7	221.9	292
20(20%马来松香)	118.5	233.9	325
30(30%马来松香)	132.2	216.2	385

在皂化反应中，可以根据不同配比的马来松香的酸值计算氢氧化钠的用量。

② 103造纸施胶剂(103强化松香)应用时常和普通松香胶以合适的比例配合使用。生产

中以强化松香胶取代10%~50%白色松香胶，可节约施胶剂用量25%~30%以上。这种配合皂化胶在漂白硫酸盐浆中应用时，若在白色松香胶中加入20%103强化松香，加胶量为3%时，其施胶度可由单独使用白色松香胶的63s提高到84s。

6. 质量标准

外观	浅黄色或白色细小颗粒
总固含量	≥95.0%
马来酸酐加合物含量	≥10.0%
乙醇不溶物含量	≤0.2
pH值(2%水溶液)	9.0~10.0

7. 用途

用作造纸浆内施胶制，可以直接制成乳状液使用。

8. 安全与储运

操作人员应穿戴劳保用品。使用衬塑编织袋包装，储存于阴凉、干燥处。本产品基本无毒，但不可食用。

参 考 文 献

[1] 梁恒巨. 半透明强化松香胶的研制[J]. 中南林学院学报, 1996, (04): 93-95.
[2] 张少华. 富马松香强化胶的制备及使用[J]. 浙江化工, 1996, (03): 40-41.

5.19 强化松香胶

强化松香胶(fortified rosin size)又称沛素50(Pexol 50)，高效强化松香胶。其主要成分为马来松香或富马松香。

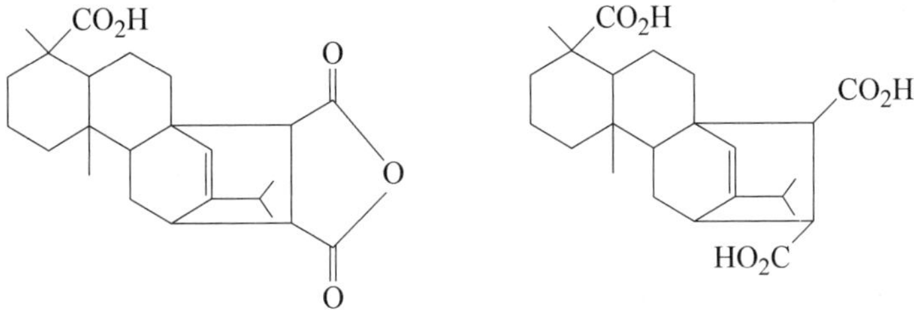

CO_2H O O O CO_2H CO_2H HO_2C

1. 性能

浅琥珀色黏稠状流动液体。软化点、酸值等随顺丁烯二酸酐(马来酸酐)或反丁烯二酸(富马酸)用量的增加而提高。通常软化点约在90℃以上，酸值大于200mgKOH/g。具有良好的水溶性和流动性。无毒。

2. 生产原理

天然松香中的两个双键在160℃时异构为共轭双键，得到的左旋海松酸，可与顺丁烯二酸酐(马来酸酐)或反丁烯二酸(富马酸)发生Diels-Alder环加成反应，经皂化后得到强化松香胶。

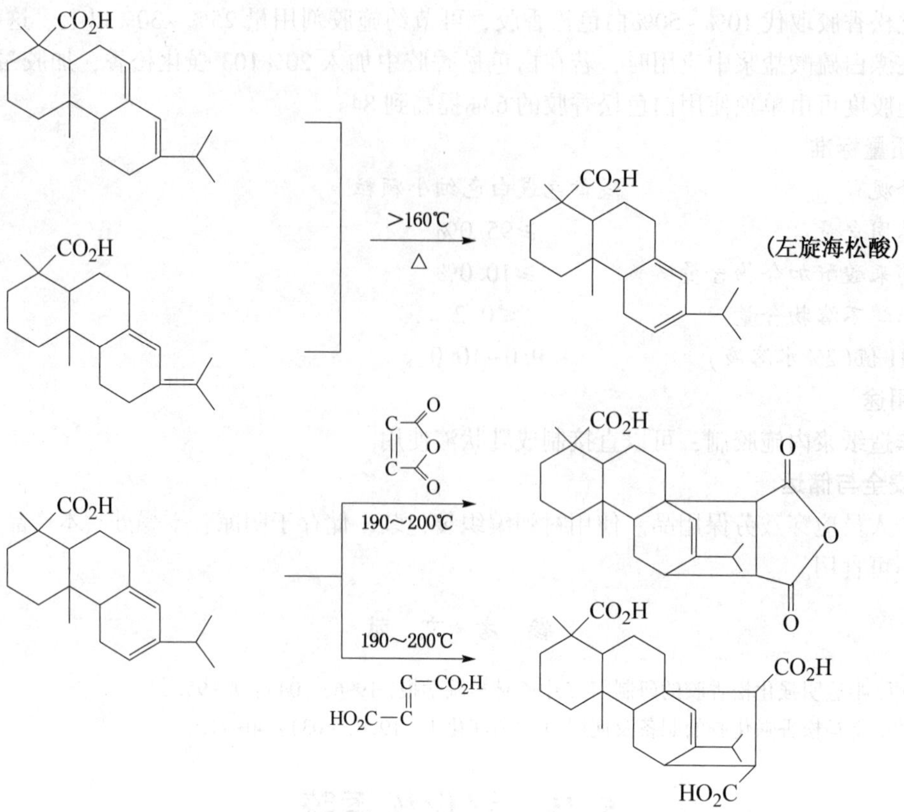

马来酸酐或富马酸用量不同，制得的强化松香胶的性能也不相同。

3. 工艺流程

马来酸酐(或富马酸)、松香→环加成反应→粉碎→皂化(碱)→成品

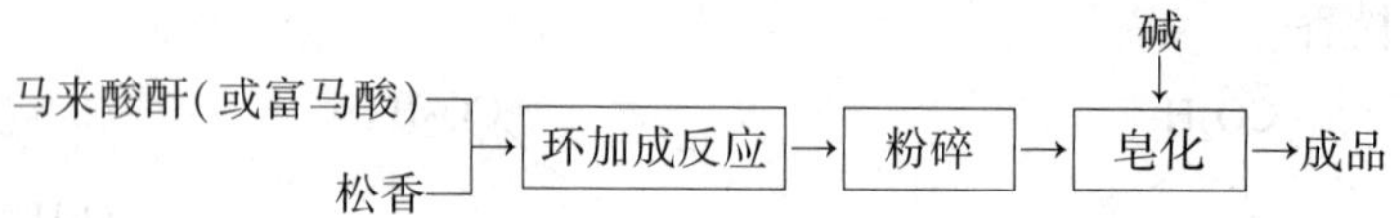

4. 主要原料(kg)

马来酸酐(≥98%)	12.2	氢氧化钠(≥98%)	22
松香(工业级)	120		

如果使用富马酸，则用量为144kg。

5. 生产工艺

将120kg松香投入环加成反应釜中，加入12.2kg 98%的马来酸酐。加完后，升温至180～190℃，反应约2h。趁热放料，冷却后形成褐黄色透明固体，经粉碎后即为马来松香。富马松香的制备方法相同。

将上述制得的马来松香(或富马松香)加入皂化反应釜中，加入由22kg 98%的氢氧化钠配制成的10%的氢氧化钠水溶液，加热搅拌，在80℃下皂化反应3～4h，得到强化松香胶。也可以使用氢氧化钾皂化。

说明：

马来酸酐或富马酸中含有双键，可以和含有共轭双键的左旋海松酸发生Diels-Alder反应得到强化松香胶。由于强化松香胶的分子中含有三个羧基，增加了结合点，加硫酸铝后产生的带正电荷的粒子，能较好地均匀分布在纤维表面，因此施胶的效果要优于天然皂化松香

胶。强化松香胶并没有改变松香胶和硫酸铝施胶的基本机理，施胶的方法也相似，只不过用胶量和硫酸铝用量有所减少，且过程相对易于控制。

6. 质量标准

外观	浅琥珀色黏稠状流动液体
固含量	(50±1)%
密度(25℃)	1.10~1.15kg/m^3
黏度(25℃，60r/min)	≤0.5Pa·s
水溶性	加入清水，稍加搅拌即溶解
储存期限	1年

7. 用途

强化松香胶有良好的水溶性和流动性，具有较高的施胶效率，可用于酸性施胶的各类纸和纸板。可以原液添加，也可以用水稀释后加入；可以批量添加，也可以连续加入。使用方便，储存期可长达1年以上。因此，尤其适用于大批生产多品种的中小型纸厂。即使在严寒季节，经加温熔融后，也有良好的流动性，且不影响其施胶效率，运输和使用均很方便。

8. 安全与储运

该产品无毒、不可燃、不含刺激性成分。使用时，如与眼睛接触，应立即用清水冲洗干净。使用聚丙烯塑料桶包装，储存于阴凉、干燥处。

参 考 文 献

[1] 闻小刚. 阳离子分散松香胶的制备工艺及其改性研究[D]. 南昌：江西农业大学，2012.

[2] 李淑君，王振洪，宋湛谦. 阳离子松香施胶剂的研究综述[J]. 世界林业研究，2002，(06)：32-37.

5.20 阴离子乳液松香胶

阴离子乳液松香胶(emulsion rosin size)又称乳化松香施胶剂，由改性松香(马来松香)与专用松香乳化剂组成。

1. 性能

白色或微黄色乳液，无味，不易燃，平均胶粒粒径小于0.5μm，可用冷水稀释。

2. 生产原理

松香与马来酸酐在高温下发生Diels-Alder环加成反应，得到强化松香，用专用松香乳化剂高压乳化，得到阴离子乳液松香胶。

3. 工艺流程

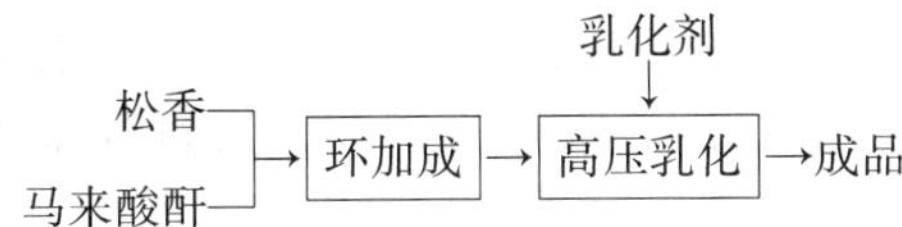

4. 主要原料(kg)

松香(工业级)	200	专用松香乳化剂	22~25
马来酸酐(≥98%)	15		

5. 生产工艺

将200kg工业一级品松香加入环加成反应釜中，在100~150℃下熔化，待松香全部熔化后，加入 15kg 98%的马来酸酐，搅拌均匀。然后升温至 180～200℃，反应 2h，得到强化松香。将强化松香降温至 120～150℃，加入 22～25kg 松香乳化剂，搅拌均匀。将混合物料转入高压匀浆器中，通入高压蒸汽进行高压乳化。待乳液均匀、水量合适时，停止通高压蒸汽，在搅拌下缓慢降温至室温，出料得到阴离子乳化松香胶。

说明：

① 用作松香乳化剂的阴离子型表面活性剂有壬基酚聚氧乙烯(10)醚马来酸单酯、脂肪醇聚氧乙烯醚磷酸单酯或双酯、硬脂酸聚氧乙烯醚酯、α-磺基高碳脂肪酸。表面活性剂在松香粒子表面形成双电层保护膜，阻止松香的凝聚。制备高分散松香胶的关键是表面活性剂和分散性的选择。只有乳化剂和松香分子达到高度相容并对胶料有较强的乳化、分散能力时，才能得到细微胶乳。

② 乳液松香的制备有高压法、溶剂法和逆转乳化法。上述方法为高压熔融法。溶剂法是用有机溶剂(如甲苯、苯)将松香溶解、然后加入乳化剂和少量碱(如三乙醇胺)使松香的部分羧基皂化，乳化剂用量为 2.5%～5.0%，再和水混合制成不稳定的水包油(O/W)型乳液。最后通过高压均化器或胶体磨处理，使其匀质化，并减压除去全部有机溶剂，得到松香胶乳。胶乳颗粒细小，能在室温下储存较长时间，施胶效果优异，白度、耐候性、耐碱性等方面均优于松香胶施胶剂。例如，α-磺基脂肪酸阴离子乳化松香胶的制备，首先制备表面活性剂 α-磺基-高碳脂肪酸酯：在 300mL 甲苯溶液中溶解 280.4g α-磺基月桂酸和 18.6g 月桂醇，在 130℃下边反应边利用共沸除去水。反应完成后，蒸出甲苯，用含有少量水的 $NaOH-C_2H_5OH$ 溶液中和，得到 α-磺基月桂酸十二烷基酯，该表面活性剂可用作松香胶的乳化剂和分散剂。在反应器中加入 910g 松香，加热至 200℃熔融，缓慢加入 90g 马来酸酐，在 190～200℃下进行环加成反应 3h，得到马来松香，即强化松香。

将制得的强化松香溶解在 70g 苯中，加入 122mL 水和 1.4g α-磺基月桂酸十二烷基酯。在室温下用均质搅拌机混合，然后将其通过高压活塞式乳化机乳化 5 次，得到乳化液。将有机溶剂蒸馏出来，得到储存性能稳定的高分散松香胶。

③ 壬基酚聚氧乙烯醚丙烯硫酸阴离子乳化松香胶的制备方法为：

将 360 份松香投入反应锅中，加热熔融，在 165℃、搅拌下加入 0.54 份磺酸作为催化剂。然后于 160～170℃下加入 23.6 份 37%的甲醛水溶液，在 90min 内加完。保温搅拌 1h，可得到甲醛变性松香。再添加 240 份松香，在 175℃下混合搅拌 1h。

将 295 份改性松香和 17.7 份富马酸加热熔融后，在 280～290℃下反应 3h。得到的改性富马松香的酸值为 208mgKOH/g，软化点 103.5℃(环球法)。

在乳化器中，加入 200 份上述制得的改性富马松香，加热熔融至 150℃，边搅拌边加入 40 份 50%的壬基酚聚氧乙烯醚丙烯硫酸钠水溶液，水分挥发使温度降低。加入 40 份沸水，生成 W/O 型乳液，然后加入 140 份热水进行转相。通过外部急剧冷却，使温度降低至 30℃。出料即得到阴离子乳化松香胶。

6. 质量标准

外观	白色或微黄色乳液	密度	≥1.03g/cm^3
固含量	35%～50%	pH 值(10%乳液)	4.25±0.25
胶粒平均粒径	≤0.5μm	溶解性	易溶于冷水

7. 用途

用作造纸业中的浆内施胶，可以降低松香用量 50%~70%、明矾用量 50%以上。能解决皂化松香夏季施胶难的问题，耐硬水性强。使用过程中不宜长时间与铁器直接接触。使用前将胶料用冷水稀释至 2%~5%即可。

部分使用实例(以每吨干浆消耗量计算)见下表。

纸　种	浆　料	施胶条件		使用效果	
		节约松香/kg	硫酸铝/kg	节约松香/%	节约硫酸/%
单胶纸(80g/m²)	90%漂白草浆 10%木浆	4	35	64.9	58.3
单胶纸(70g/m²)	100%漂白草浆	5	30	58.3	50
双胶纸(80g/m²)	85%废纸浆 15%木浆	4	20	73.3	50
纸袋纸(80g/m²)	100%马尾松本色浆	1.5	15	62.5	70
晒图原纸(80g/m²)	100%木浆	5	15	67	83.3
日历印刷纸(40g/m²)	100%漂白草浆	4	30	66.7	27.8
书写纸(55 g/m²)	100%漂白草浆	4	30	60	50

8. 安全与储运

产品基本无毒，使用塑料桶或涂塑铁桶包装，储存于阴凉、干燥处。常温(0℃以上)储存稳定时间在 6 个月以上，本品不宜长时间暴露在空气中，与空气接触时表面会因水蒸发而生成表皮，影响使用。

参　考　文　献

[1] 张健，何北海，陈永菊，等. 固着剂用于阴离子乳液松香胶中性施胶的初步研究[J]. 中国造纸，2006，(05)：9-12.

[2] 张建伟，徐勤夫，蔡鸣. 造纸用乳化松香施胶剂的研究[J]. 中国胶粘剂，1998，(02)：34-36.

5.21　RB 高分散松香胶

RB 高分散松香胶(highly dispersed rosin size RB)由马来松香和 RB 复合乳化剂组成。

1. 性能

乳白色带蓝光乳液，在水中极易分散，在室温下放置半年不分层、无絮凝物。基本无毒。

2. 生产原理

松香与马来酸酐在高温下发生环加成反应，得到马来松香，将马来松香与普通松香共熔，加入 RB 表面活性剂，采用逆转乳化法，制得 RB 高分散松香胶。

逆转法是将改性松香或松香在高温(120~200℃)下熔化，加入油溶性表面活性剂和水溶性表面活性剂，搅拌均匀后加入少量 80~90℃的水，形成油包水(W/O)型乳液。然后在高速搅拌下，快速加入大量热水，使乳液由 W/O 型转化为 O/W 型，迅速冷却到 40℃以下，得到稳定的松香胶乳。

3. 工艺流程

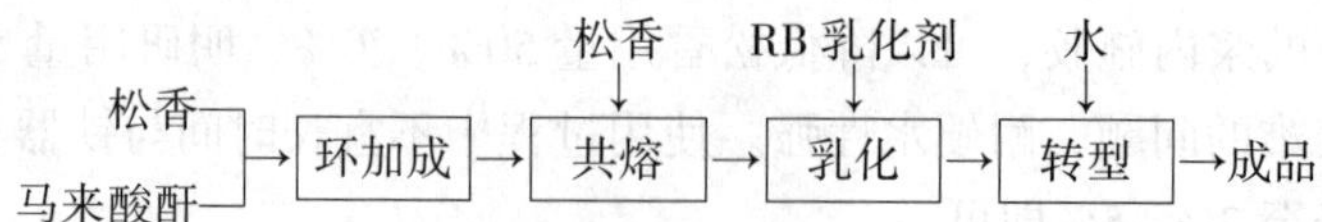

4. 主要原料(kg)

松香(工业级)	100
马来酸酐(≥98%)	15
RB 表面活性剂(由 R-3 乳化剂、B202 乳化剂、330 稳定剂组成)	适量

5. 生产工艺

先将 100kg 松香破碎，加热熔化后，升温到 150~155℃，在搅拌下加入 15kg 马来酸酐，温度自然升到 190~200℃，保温反应 2h，制成 115kg 马来松香。马来酸酐加成物含量约为 45%~50%。马来松香质量标准为：外观为黄色透明固体，软化点≥105℃，酸值≥220mgKOH/g，皂化值≥265mgKOH/g，碘值≤80mgI/g，顺酐加成物含量≥45%。

将普通松香和上述制得的马来松香共熔，加入 RB 表面活性剂，搅拌乳化，然后加入 100℃的去离子水，并高速搅拌，使松香由 W/O 型转化为 O/W 型乳液。转型完毕，快速加入去离子水，使松香胶稀释到 50%左右，冷却后得到 RB 高分散松香胶。

6. 质量标准

外观	乳白色带蓝光乳液
固含量	≥50%
游离松香含量	≥95%
粒度	粒径 0.1~0.2μm 的颗粒含量≥85%
稳定性	25℃下存放 180 天以上
pH 值	4.5~6.5

7. 用途

造纸业用作浆内施胶剂，使用方法与传统的皂化松香基本相同。先用水稀释到 2%，逐渐加入纸浆中，混合均匀即可。

8. 安全与储运

本品基本无毒，但不可食用。使用聚乙烯塑料桶包装，储存于阴凉、干燥处。

参 考 文 献

[1] 谭细生. 阳离子分散松香胶的制备及其应用[D]. 广州：华南理工大学，2011.

[2] 贾建民，郭睿，季振清. 新型阳离子分散松香胶的制备[J]. 纸和造纸，2009，28 (10)：29-32.

5.22 ASA 中性施胶剂

ASA 中性施胶剂(neutral size ASA)的主要成分为烯基丁二酸酐，又称烯基丁二酸型合成施胶剂。基本结构为：

$$R_2—CH=CH—CH(R_1)—CH—C(=O)—O—C(=O)—CH_2$$

(环状酸酐：CH 与 CH_2 相连成五元环)

1. 性能

不挥发澄清琥珀色油状液体。凝固点-7～-4℃。易溶于丙酮、苯和石油醚，不溶于水。在干燥条件下长期稳定，但乳液的化学稳定性差。与纤维素的羟基反应活性强，在低比率添加时，施胶效果优良，白度、耐候性、耐碱性等均优于松香施胶剂。

2. 生产原理

在阻聚剂存在下，由平均碳数为 C_{18}的烯烃与顺丁烯二酸酐在氮气氛中于 245℃下反应，经减压蒸馏得到 ASA，收率约为 70%。

$$R_1-CH=CH-R_2 + \begin{matrix} CH-C(=O) \\ \| \quad\quad O \\ CH-C(=O) \end{matrix} \xrightarrow{\triangle} R_2-CH=CH-\underset{}{\overset{R_1}{\overset{|}{CH}}}-\begin{matrix} CH-C(=O) \\ | \quad\quad O \\ CH_2-C(=O) \end{matrix}$$

酸酐在水中发生水解，形成烯基丁二酸，可以单盐或双盐形式分散于水中。

3. 工艺流程

4. 主要原料(kg)

顺丁烯二酸酐(≥98%)	200
十八碳烯(α-烯烃<5%)	515
2,6-二叔丁基-4-甲基苯酚(阻聚剂)	5
氮气	适量

5. 生产工艺

将 515kg 十八碳烯(碳链长度 $C_{15\sim20}$范围内的烯烃)、5kg 2,6-二叔丁基-4-甲基苯酚和 200kg 顺丁烯二酸酐投入反应釜中，加热，反应物在 100℃ 熔化，通入氮气驱出反应体系中的氧气，并搅拌均匀。在氮气氛中，迅速升温至 245℃ ，并在此温度下继续通氮气保温反应 2～4h。然后趁热将反应物转入减压蒸馏釜中。在氮气保护下减压蒸馏，在 1333～1999Pa 压力下收集 200～250℃的馏分，得到烯基丁二酸酐，即 ASA 中性施胶剂。

6. 质量标准

外观	不挥发澄清琥珀色油状液体
黏度(24℃)	160Pa · s
密度	0. 78 kg/L
酸值	30mgKOH/g
熔点	-7 ～-4℃
稳定性	在干燥条件下稳定

7. 用途

用作造纸业中的中性施胶剂，能与硫酸铝相溶，易于从酸性施胶条件转化为中性施胶条件。使用前必须乳化制成乳状液。所用的乳化剂可以是聚氧乙烯醚类表面活性剂，如OP-15或阳离子淀粉，或由二者复配。一般应备有连续乳化设备，最大添加量约为成纸重的 1%。用量少，不影响纸张白度。

8. 安全与储运

车间内应保持良好的通风状态。使用塑料桶包装，储存于阴凉、干燥处。

参 考 文 献

[1] 杨秀娟. 中性施胶剂的发展和应用[J]. 科技创新导报，2013，(22)：81.

[2] 刘建杰. 中性施胶剂 ASA 施胶特性的研究[D]. 天津：天津科技大学，2010.

[3] 陈子成. ASA 中性施胶剂的应用及发展趋势[J]. 湖南造纸，2008，(01)：26-27.

5.23　AKD 中性施胶剂

AKD 中性施胶剂(neutral size AKD) 又称烷基烯酮二聚体施胶剂，结构式为：

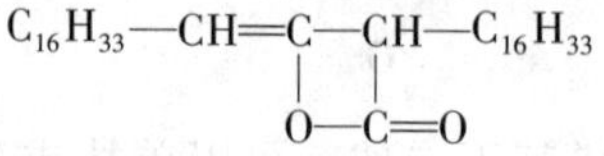

$$\begin{array}{l} C_{16}H_{33}\text{—}CH\text{=}C\text{—}CH\text{—}C_{16}H_{33} \\ \qquad\qquad\quad | \qquad | \\ \qquad\qquad\quad O\text{—}C\text{=}O \end{array}$$

1. 性能

白色乳状液体，极易溶于水。固体产品为白色薄片状，熔点 43.3℃，能溶于乙醇、苯、三氯甲烷等有机溶剂。具有抗弱酸、弱碱和其他渗透剂的能力。是一种反应性中性造纸施胶剂。

2. 生产原理

第一步制备烷基烯酮二聚体：由硬脂酸与氯化剂(三氯化磷或氯化亚砜等)反应，生成硬脂酰氯，硬脂酰氯与叔胺作用，经脱氯聚合为二聚体。第二步制备 AKD 乳液：将 AKD 熔融，加入乳化剂、稳定剂等进行乳化处理，得到 AKD 乳液。

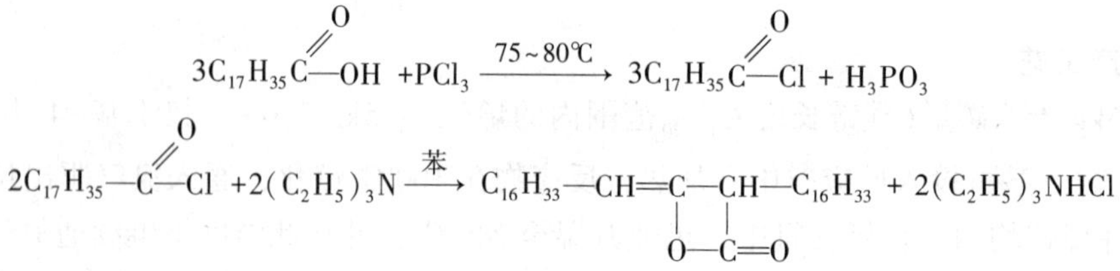

$$3C_{17}H_{35}\overset{O}{\overset{\|}{C}}\text{—}OH + PCl_3 \xrightarrow{75\sim80℃} 3C_{17}H_{35}\overset{O}{\overset{\|}{C}}\text{—}Cl + H_3PO_3$$

$$2C_{17}H_{35}\text{—}\overset{O}{\overset{\|}{C}}\text{—}Cl + 2(C_2H_5)_3N \xrightarrow{苯} \begin{array}{l} C_{16}H_{33}\text{—}CH\text{=}C\text{—}CH\text{—}C_{16}H_{33} \\ \qquad\qquad\quad | \qquad | \\ \qquad\qquad\quad O\text{—}C\text{=}O \end{array} + 2(C_2H_5)_3NHCl$$

3. 工艺流程

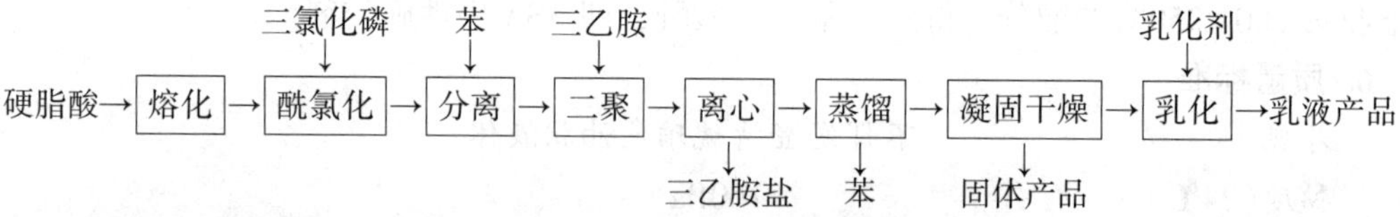

硬脂酸→[熔化]→[酰氯化](←三氯化磷)→[分离](←苯)→[二聚](←三乙胺)→[离心](→三乙胺盐)→[蒸馏](→苯)→[凝固干燥](→固体产品)→[乳化](←乳化剂)→乳液产品

4. 主要原料(kg)

原料	用量	原料	用量
硬脂酸(一级品)	118.6	三乙胺(≥99%)	42
三氯化磷(≥99%)	191	苯(工业级)	40

5. 生产工艺

将 118.6kg 碘值≤2mgI$_2$/g 的硬脂酸投入酰氯化反应釜中，加热至完全熔化后，加入 191kg 三氯化磷，在 75~80℃下加热回流反应 2~4h。酰氯化反应完成后，加入约为硬脂酸 4 倍体积量的苯，在搅拌下加热回流 1h，生成的硬脂酰氯溶于苯中，然后冷却。将已冷却至室温的硬脂酰氯混合物放入分层储罐中，静置分层，分去下层亚磷酸。将上层硬脂酰氯苯溶液转入缩合反应釜中。

在已加入硬脂酰氯苯溶液的缩合反应釜中，加入 42kg 99%的三乙胺，加热回流反应 4~8h。待缩合反应完成后，冷却，析出三乙胺盐酸盐结晶。

离心分离，滤饼三乙胺盐酸盐经碱化后回收三乙胺循环使用。将滤液转入蒸馏釜，蒸馏回收溶剂苯，剩余物即为 AKD。凝固干燥后，切片分装即为 AKD 固体产品。将固体 AKD 转入乳化器中。加热熔化，加入乳化剂、乳液稳定剂，搅拌均匀再加入温水乳化，然后冷却至室温，出料即为 AKD 中性施胶剂的乳状液产品。

6. 质量标准

外观	白色乳状液体	粒度	≤0.5μm
固含量	(15±1)%	稳定期	3 个月
pH 值	3~4		

7. 用途

用作反应性中性造纸施胶剂，主要用于铜版原纸、复印纸等的浆内施胶，施胶 pH 值可达 8.0 左右；也可用作表面施胶。用淀粉溶液乳化的烷基乙烯酮乳液，是一种理想的浆内施胶剂和表面施胶剂，能使纸张具有良好的憎水性能，多用于需要长期保存的纸张。

8. 安全与储运

生产中使用三氯化磷、三乙胺和苯，操作人员应穿戴劳保用品，车间内应加强通风。使用塑料桶或涂塑铁桶包装，最好低温(0~25℃)保存。保存期 3 个月。

参 考 文 献

[1] 张玉娟，周岳民. AKD 施胶技术进展及应用领域的开拓[J]. 中华纸业，2020，41（20）：12-15.

[2] 刘华，刘温霞. AKD 的合成及在造纸中的应用[J]. 上海造纸，2007，(02)：36-39.

5.24 纤维反应型施胶剂

纤维反应型施胶剂(cellulose reactive size)又称豪康 W-15(Hercon W-15)、烷基烯酮二聚体型中(碱)性施胶剂。主要成分为烷基烯酮二聚体，与 AKD 中性施胶剂类似。不同的是，AKD 中性施胶剂中的烷基来自硬脂酸，而纤维反应型施胶剂中的烷基来自棕榈酸或其他混合的长链脂肪酸。基本结构为：

```
R— CH ═C——O
         |     |
   R—CH—C═O
```

$R=C_{14}H_{29}\sim C_{16}H_{31}$

1. 性能

乳液产品为白色乳液，不可燃。含量 85%的产品为乳白色蜡状固体，凝固点 41~43℃，无毒，无味，不溶于水，但浓度为 5%时可以完全溶于二乙醚(乙醚)、四氯化碳、三氯甲烷、苯、甲苯等有机溶剂；部分溶于甲乙酮、丙酮和乙醇等溶剂中。具有四元环内酯结构，化学性能活泼，与醇类反应可以生成酯类，与伯胺、叔胺能生成胺化物，与有机酸反应则生成酐类，与纤维素中的羟基也能发生酯化反应。

2. 生产原理

长链脂肪酸(棕榈酸或其他混合脂肪酸)与三氯化磷或氯化亚砜等酰氯化剂作用，生成脂肪酰氯，并在甲苯等溶剂介质中，与三乙胺二聚得到 Hercon W-15。

$$3R-CH_2-\overset{O}{\overset{\|}{C}}-OH + PCl_3 \longrightarrow 3R-CH_2-COCl + H_3PO_3$$

$$2R-CH_2-\overset{O}{\overset{\|}{C}}-Cl + 2(C_2H_5)_3N \xrightarrow{\text{甲苯}} \begin{matrix} R-CH=C-O \\ \quad\;\; | \qquad\; | \\ R-CH-C=O \end{matrix} + 2(C_2H_5)_3NHCl$$

一般将烷基烯酮二聚体制成乳化产品：将烷基烯酮二聚体加热熔融，用离子型或非离子型表面活性剂乳化成乳液，并加入合适的保护胶体，如阳离子淀粉，调整 pH 值，得到纤维反应型施胶剂。

3. 工艺流程

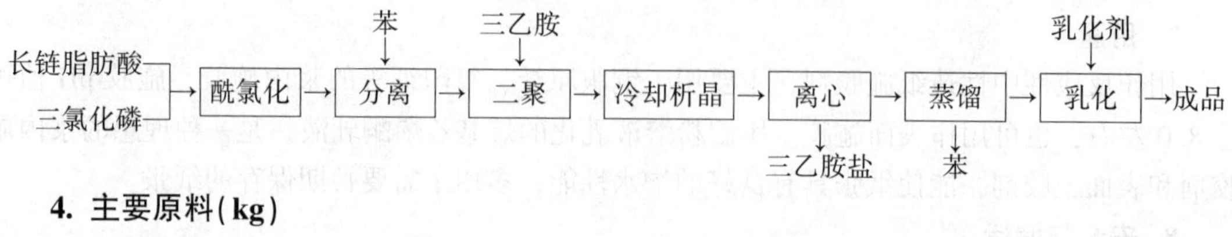

4. 主要原料(kg)

混合脂肪酸	711.8	三乙胺(≥99%)	252.0
三氯化磷(≥99%)	114.8	苯(工业级)	240.0

5. 生产工艺

将 711.8kg 混合长链脂肪酸投入酰氯化反应釜中，加热熔化后，加入 114.8kg 三氯化磷，加热回流 2~4h。反应完成后，加入约为硬脂酸 4 倍体积量的苯，在搅拌下加热回流 1h。冷却后，将混合物放入分层储液罐中静置分层。分出上层含有脂肪酰氯的苯溶液，转入缩合釜中，加入 252.0kg 三乙胺，加热回流 2~4h，生成二聚体。冷却后使三乙胺盐酸盐结晶析出。离心分离，离心过滤出的三乙胺盐酸盐滤饼，经碱化回收三乙胺。滤液蒸馏脱苯，蒸出苯后剩余物即为烷基烯酮二聚体，凝固干燥后可作为产品。将烷基烯酮二聚体转入乳化釜中，加热熔化，加入乳化剂和阳离子淀粉，搅拌均匀并加入温水乳化后，冷却至室温，出料即得到纤维反应型施胶剂。

6. 质量标准(乳液型)

外观	白色乳液
固含量(乳液，含量 85%)	(15±0.5)%，(20±0.5)%
密度(25℃)	$1.01 \sim 1.03 g/cm^3$
pH 值	3.0~4.0
凝点	0℃
可燃性	无
黏度(25℃)	$<30\times10^{-3} Pa\cdot s$
储存期限(20~25℃)	90 天

7. 用途

用作造纸业施胶剂，适用于优质印刷书写文化用纸，需要长期保存的档案纸，字典纸等工具书用纸，以及包装精密仪器的中性包装纸。还适合用作高度抗水性和抗酸碱性的彩色照相原纸，长期与果汁等液体接触的液体包装纸板，以及需要用甘油墨水标绘的仪表记录纸等特种用纸的施胶剂。由于烷基烯酮二聚体无毒、无味，可用作肉类等食品包装纸。也适用于高配比非木材纤维(如麦草、蔗渣等)抄造的印刷书写等优质纸，加入碳酸钙填料后，可以弥补纸质脆性，减少白度反黄并改善印刷性能。

8. 安全与储运

生产中使用三氯化磷、三乙胺和苯，操作人员应穿戴劳保用品，车间内应加强通风。本产品为水性乳液，无毒、不可燃、不含刺激性组分，使用时不需要特殊安全保护装置，如与眼睛或皮肤发生接触，应用清水冲洗。加入纸浆内残留在白水中的含量很低，排放白水可按常规白水治理。

使用聚乙烯衬里的聚丙烯塑料桶灌装，储存时间过长或处于高温下，均会发生分解，而丧失施胶效果；通常应储存在低温(避免冰冻)、通风、干燥处。在20~25℃的储存条件下，储存期可达90天。

参 考 文 献

[1] 朱峰. 无溶剂法烷基烯酮二聚体 AKD 的合成试验研究与探索[D]. 天津：天津工业大学，2019.

[2] 卢素敏，王玺督，朱峰. 无溶剂法烷基烯酮二聚体的制备及工艺改进[J]. 化学工程，2018，46(01)：56-60.

5.25 分散石蜡松香施胶剂

分散石蜡松香施胶剂(dispersed wax rosin size)是分散型石蜡、松香胶液，由松香、石蜡、油酸、羧甲基纤维素以及乳化剂组成。

1. 性能

乳白色略带蓝色乳液，属于阴离子型施胶剂，易分散于冷、热水中。pH值在4.5~6.5范围内。用作造纸浆内施胶剂，在抄纸过程中，泡沫少，硫酸铝用量下降20%~30%。

2. 生产原理

将松香、石蜡、油酸熔化，加入分散乳化剂的热水溶液，高速搅拌，使松香、石蜡在高剪切力下分散在水中，制成乳液，即为成品。

3. 工艺流程

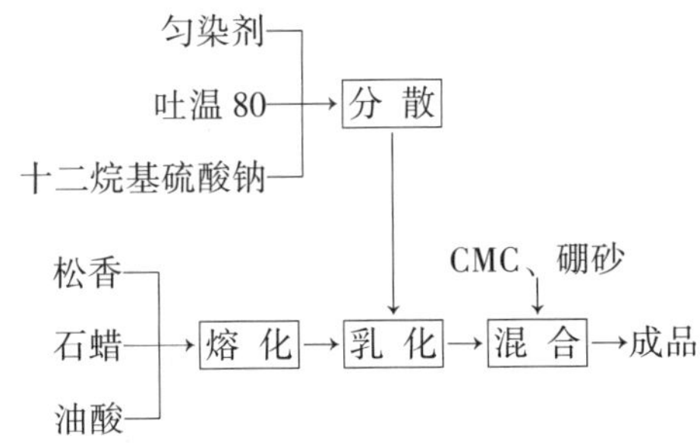

4. 主要原料(质量份)

原料	份	原料	份
松香(软化点74℃)	320	硼砂(≥98%)	6
石蜡(熔点≥56℃)	80	匀染剂O(工业级)	25
油酸(皂化值185~205mgKOH/g)	60	吐温80	35
羧甲基纤维素(6.8%~8.5%)	10	十二烷基硫酸钠	25

5. 生产工艺

将匀染剂O、吐温80和十二烷基硫酸钠分散于水中，加热待用。

将松香、石蜡、油酸投入乳化釜中，加热熔化。在140~180℃，转速为100~200r/min搅拌30min。然后，加入热的表面活性剂水溶液，在140~180℃，转速为1000~1500r/min搅拌20min进行充分乳化，将乳化液降温至70~80℃，加入羧甲基纤维素和硼砂水溶液，混合均匀，冷却至常温，出料即为分散石蜡松香施胶剂。

6. 质量标准

外观	乳白色略带蓝色乳液	pH值	4.5~6.0
密度	1.04~1.08g/cm^3	浓度	(40±2)%

7. 用途

用作造纸浆内施胶剂，主要用于草类、木材化学浆、抄纸浆内的施胶剂。施胶方法与普通松香胶一样。

8. 安全与储运

本产品基本无毒。使用塑料桶包装，储存于阴凉、通风处。

参 考 文 献

[1] 王建，王志杰，高文立. 新型石蜡基施胶剂的制备及应用[J]. 中国造纸学报，2006，(03)：60-63.
[2] 王建，王志杰. 高分散石蜡松香胶乳化剂的制备及应用[J]. 西南造纸，2003，(04)：27-29.

5.26 MS中性施胶剂

MS中性施胶剂(neutral size MS)又称MS合成中性施胶剂，主要成分为二次改性的聚酰胺-聚胺。基本结构为：

$$RCO[(NHC_2H_4)_xC_2H_4NHCO(C_2H_4)_4CONHC_2H_4\underset{\displaystyle C_2H_3(OH)CH_2Cl}{\underset{|}{N}}(C_2H_4NH)_x]_mCOR$$

1. 性能

米黄色黏稠液体，相对分子质量1000~1500。具有良好的自身乳化性能与自身固着性能，可赋予纸张良好的抗水性。

2. 生产原理

己二酸与二乙烯三胺生成低相对分子质量的聚酰胺，然后与脂肪酸反应，再与环氧氯丙烷缩合进行改性，得到MS中性施胶剂。

3. 工艺流程

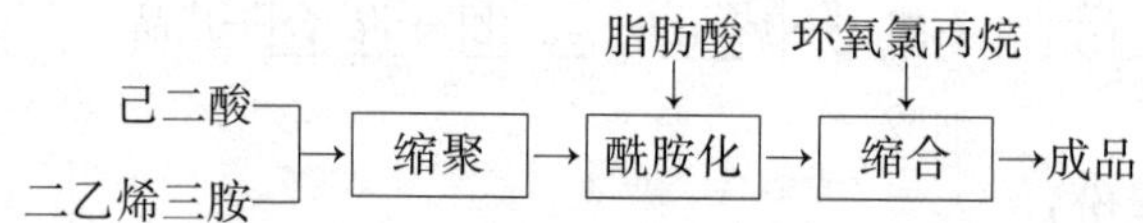

4. 主要原料(kg)

己二酸	32.0	脂肪酸(C_{12}~C_{22})	23.4
二乙烯三胺	97.6	环氧氯丙烷	37.8

5. 生产工艺

在缩聚反应釜中，加入32.0kg己二酸和97.6kg二乙烯三胺，在搅拌下，逐渐加热升温至120℃，在氮气保护下于180~200℃下进行缩聚反应。反应完毕，转入酰胺化反应釜，加入 23.4kg 脂肪酸，加热反应，然后加入 37.8kg 环氧氯丙烷，于 80~90℃下进行缩合反应，进行第二次改性，得到 MS 中性施胶剂。

6. 质量标准

外观	米黄色黏稠液体	pH 值	5~10
固含量	≥10%		

7. 用途

用作造纸施胶剂。可用于中性、碱性及酸性造纸工艺中，用作书刊纸、书写纸、铜版纸等的浆内添加施胶剂。使用前用清水将胶料稀释至 2%~5%。

8. 安全与储运

生产中使用多胺、环氧氯丙烷等，操作人员应穿戴劳保用品，车间内应保持良好的通风状态。使用塑料桶包装，储存于阴凉、通风处。

参 考 文 献

杨秀娟. 中性施胶剂的发展和应用[J]. 科技创新导报，2013，(22)：81.

5.27 NL-1 中性施胶剂

NL-1 中性施胶剂(neutral size NL-1)属于阳离子型施胶剂。结构式为：

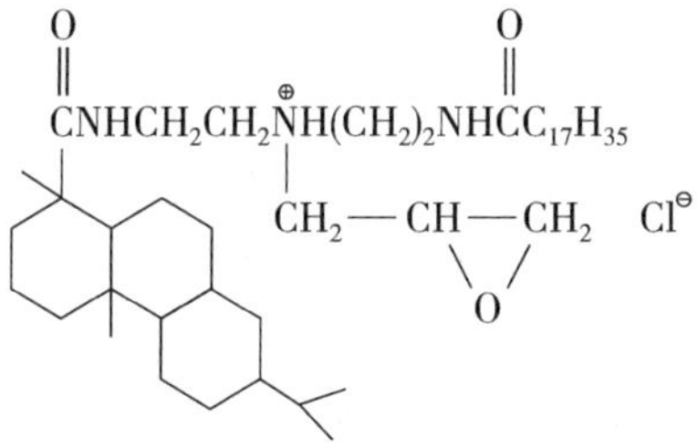

$$\text{(松香环)}-\overset{O}{\overset{\|}{C}}NHCH_2CH_2\overset{\oplus}{N}H(CH_2)_2NH\overset{O}{\overset{\|}{C}}C_{17}H_{35}\quad (N-CH_2-\underset{O}{CH-CH_2})\quad Cl^{\ominus}$$

1. 性能

淡黄色乳状液，20℃时黏度为 0.112Pa·s，25℃时 pH 值为 6.0~7.0。粒径≤0.3μm。真空干燥后固体物软化点 106~109℃。分子中的阳离子结构能与纤维有效结合，施胶后的纸张抗张强度、抗老化性能优良。

2. 生产原理

在氮气氛中，松香与二乙烯三胺于高温下发生缩合反应生成酰胺。然后在 195~210℃时与硬脂酸反应，得到二乙烯三胺与松香和硬脂酸的双酰胺。最后在水介质中，80~90℃下，与环氧氯丙烷发生缩合反应进行阳离子化，制得 NL-1 中性施胶剂乳液。

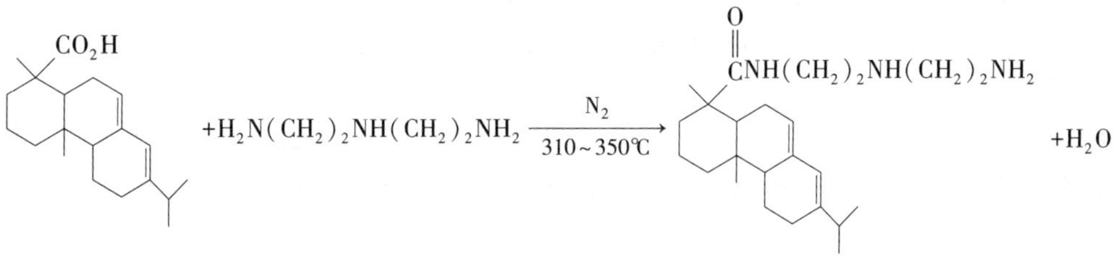

$$\text{(松香)}-CO_2H + H_2N(CH_2)_2NH(CH_2)_2NH_2 \xrightarrow[310\sim350℃]{N_2} \text{(松香环)}-\overset{O}{\overset{\|}{C}}NH(CH_2)_2NH(CH_2)_2NH_2 + H_2O$$

$$\text{(松香酰胺)}\ \overset{O}{\overset{\|}{C}}NH(CH_2)_2NH(CH_2)_2NH_2 + CH_3(CH_2)_{16}\overset{O}{\overset{\|}{C}}OH \xrightarrow[200℃]{N_2} \overset{O}{\overset{\|}{C}}NH(CH_2)_2NH(CH_2)_2NH\overset{O}{\overset{\|}{C}}(CH_2)_{16}CH_3$$

$$\overset{O}{\overset{\|}{C}}NH(CH_2)_2NH(CH_2)_2NH-\overset{O}{\overset{\|}{C}}-C_{17}H_{35} + ClCH_2-\underset{\backslash O /}{CH-CH_2} \xrightarrow[H_2O]{80\sim90℃}$$

$$\overset{O}{\overset{\|}{C}}NH(CH_2)_2\overset{\oplus}{N}H(CH_2)_2HN-\overset{O}{\overset{\|}{C}}-C_{17}H_{35}\quad Cl^{\ominus}$$
$$\qquad\qquad |\ CH_2-\underset{\backslash O /}{CH-CH_2}$$

3. 工艺流程

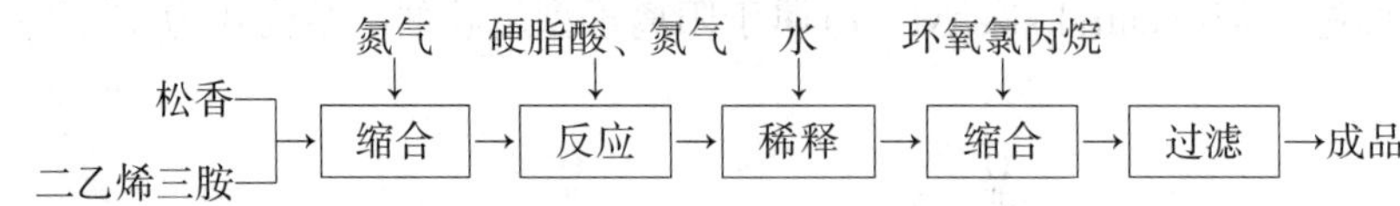

4. 主要原料(kg)

松香(软化点 77~78℃)	65.6	二乙烯三胺(沸点 206~207℃)	25.0
硬脂酸(酸值 192~202)	56.8	环氧氯丙烷(≥98%)	37.0

5. 生产工艺

将 65.5kg 皂化值为 174mgKOH/g 的松香加入装有氮气导管和冷凝器的高温反应釜中，加热升温，使松香熔化。通入氮气，驱尽空气，在氮气氛中，待松香完全熔化温度升至 90~100℃，慢慢加入 25.0kg 二乙烯三胺，搅拌均匀后，升温至 315~330℃，反应 1h。然后，缓慢降温至 195~210℃，加入 56.8kg 已预热到 150℃ 的硬脂酸，加完后，在 195~210℃ 保温通氮气搅拌反应 1~2h。将反应物料降温至 80~90℃，停止通氮气。加入 1500L 80~90℃ 的热水，在 80~90℃下搅拌 1h 后，加入 37.0kg 98%的环氧氯丙烷，在 80~90℃下搅拌反应 6h。在搅拌下缓慢降至室温，过 80 目筛，滤去残渣，出料得到 NL-1 中性施胶剂。

6. 质量标准

外观	淡黄色乳状液	粒度	≤0.3μm
固含量	10%~11%	pH 值	6.0~7.0
黏度(25℃)	(100±20)mPa·s	真空干燥后软化点	106~109℃

7. 用途

用作造纸施胶剂，特别适于中性施胶。施胶后的纸张抗张强度、抗老化性能等均优于其他施胶剂。因其真空干燥后固体物质软化点较高，造纸工艺中必须采用高温干燥。

8. 安全与储运

生产中使用二乙烯三胺、环氧氯丙烷等，操作人员应穿戴劳保用品，车间内应加强通风。使用塑料桶包装，储存于通风、阴凉处。

参 考 文 献

[1] 王海杰. 增强型表面施胶剂的制备与应用研究[D]. 济南：齐鲁工业大学，2018.

[2] 谭细生. 阳离子分散松香胶的制备及其应用[D]. 广州：华南理工大学，2011.

[3] 苏春曈，常万英，李尚武. 合成中性施胶剂的应用[J]. 纸和造纸，2009，28（03）：10-12.

5.28 石蜡乳液

石蜡乳液(wax emulsion)的主要成分为石蜡，也称乳化石蜡施胶剂。分子结构为 C_nH_{2n+2}（$n=25$），由石蜡、乳化剂和稳定剂组成。

1. 性能

白色乳状液，固含量30%~50%，pH值为7，粒度≤1μm，储存期2~3个月。能赋予纸张较高的柔软性、憎水性和光泽度。

2. 生产原理

将平均碳原子数为25的烷烃(即精炼石蜡)于80~90℃加热熔化后，加入乳化剂搅拌均匀。在剧烈搅拌下，将加好乳化剂的热蜡液慢慢加入80℃溶有稳定剂的溶液中，充分搅拌乳化。然后在不断搅拌下慢慢降温至室温，即得到石蜡乳液。

3. 工艺流程

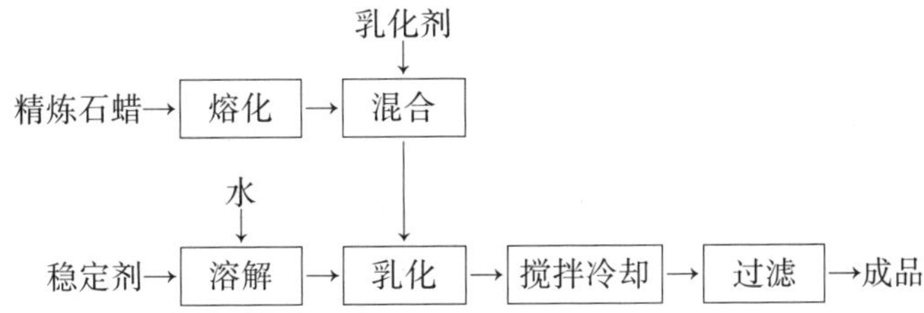

4. 主要原料(kg)

精炼石蜡($C_{25}H_{52}$)	240~400	稳定剂	4.8~8
复合乳化剂	54~72		

5. 生产工艺

将240kg平均碳原子数为25的饱和烷烃即精炼石蜡投入熔化釜中，加热至80~100℃熔化，石蜡全部熔化后，在搅拌下加入54kg复合乳化剂，搅拌1h后，保温在80℃备用。

将360L去离子水加入乳化釜中，加热至80℃，加入5kg乳液稳定剂，搅拌溶解，待完全溶解分散后，在剧烈搅拌下慢慢加入上述溶有乳化剂的80℃蜡液。加完后，在80℃继续充分搅拌1h。然后在搅拌下缓慢降温至室温。在室温下继续搅拌1h，乳液过100目筛，除去残渣，即为石蜡乳液。

6. 质量标准

外观	白色乳状液	粒度	≤1μm
固含量	35%		

7. 用途

在造纸业中用作施胶剂。在涂布加工纸中用作涂料中的抗水剂，能赋予纸张较高的憎水性、柔软性、弹性和光泽度。可用于生产石棉纸、食品包装纸、电缆和包装纸、纸杯纸等。用作施胶剂时多与松香胶配合使用，可代替部分松香胶。本品既可以在内部施胶，也可以表面施胶，多与松香胶配合使用。用 0.2%~0.5%的石蜡施胶剂可以取代 20%~40%的松香胶。施胶时石蜡乳液的固含量为 5%。

8. 安全与储运

本品基本无毒。使用塑料桶包装，储存于通风、阴凉处。

参 考 文 献

[1] 王艾德，魏鑫媛. 石蜡乳液制备方法概述[J]. 山东化工，2020，49（12）：112+118.

[2] 张圣祖，郭铭霞，王发鹏，等. 亚微粒子石蜡乳液的制备及影响因素[J]. 中华纸业，2014，35（04）：24-27.

[3] 王兴，张美云，罗英. 石蜡乳液的乳化工艺及优化[J]. 纸和造纸，2012，31（07）：53-56.

5.29 PS 石蜡乳液

PS 石蜡乳液（wax emulsion PS）的主要成分为石蜡、石蜡改性剂和乳化剂。

1. 性能

白色或淡黄色乳液，可溶于水，pH 值为中性。

2. 生产原理

向石蜡中加入氧化聚乙烯蜡、硬脂酸和有机碱进行改性和皂化，然后加入乳化剂，用递转乳化法制得 O/W 型 PS 石蜡乳液。

3. 工艺流程

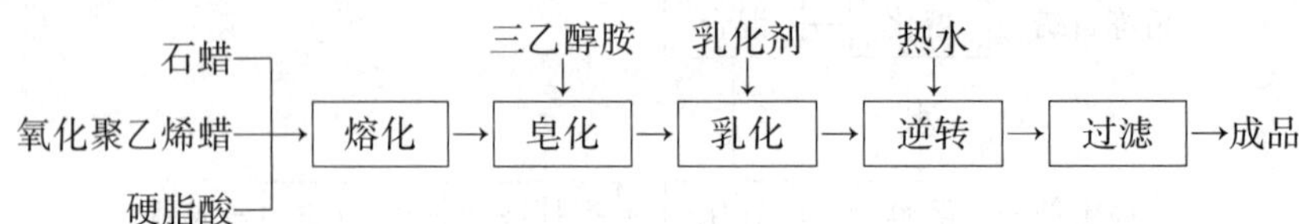

4. 主要原料（kg）

石蜡	90	司盘 80	13.5
氧化聚乙烯蜡（改性剂）	90	吐温 80	18
硬脂酸	27		
三乙醇胺（皂化碱）	27~36		

5. 生产工艺

将 90kg 精制石蜡、90kg 氧化聚乙烯蜡和 27kg 硬脂酸投入熔化釜中，加热，于 100℃下熔化，在搅拌下加入 31kg 三乙醇胺，于 120℃下皂化。然后加入 13.5kg 司盘 80，搅拌均匀，加入 18kg 吐温 80，搅拌至体系完全透明。将部分水加热至沸腾，加入油相，在搅拌下形成黏稠的膏体，利用其较大的内摩擦阻力，使 W/O 型乳液粒径变小。在搅拌下冷却至 60℃左右，加入剩余 60℃的水，使乳液转相为 O/W 型，降温即得到 PS 石蜡乳液。

6. 质量标准

外观	白色或淡黄色乳液	乳液粒径	≤0.5μm
固含量	(24±1)%	稳定性	室温下 6 个月不分层、不浮蜡

7. 用途

在造纸业中用作施胶剂。既可用于浆内施胶，也可用于表面施胶。尤其长期适用于不透水的纸板、绝缘纸及纸制品的施胶。

8. 安全与储运

操作人员应穿戴劳保用品。使用塑料桶包装，储存于阴凉、通风处。

参 考 文 献

[1] 王海霞，张帅，王然，等. 稳定石蜡乳液的制备[J]. 辽宁化工，2022，51（07）：887-889.

[2] 程振锋，徐健，周一帆，等. 造纸用改性石蜡乳液的研制[J]. 精细石油化工，2019，36（05）：41-45.

5.30 SMA 表面施胶剂

SMA 表面施胶剂(surface size SMA)的主要成分为苯乙烯-顺酐共聚物，基本结构为：

$$\left[CH_2-\underset{C_6H_5}{CH} \right]_n \left[\underset{CO_2Na}{CH}-\underset{CO_2Na}{CH} \right]_m$$

产物结构取决于乙烯和顺酐的摩尔比，当苯乙烯过量时，得到无规则共聚 SMA；当顺酐过量时，则共聚反应难以进行；当摩尔比为 1∶1 时，可以得到有规则的交替共聚物。相对分子质量为 10000~50000，应用时为钠盐或半钠盐形式。

1. 性能

淡黄色微乳状液体，呈阴离子性，与聚乙烯醇、淀粉等表面施胶剂有良好的相容性，在室温下有良好的储存稳定性。

2. 生产原理

以甲苯为溶剂，以过氧化苯甲酰为引发剂，苯乙烯与顺酐共聚得到 SMA。然后与氢氧化钠作用，得到对应的钠盐；也可以与氨作用，得到对应的酰胺铵盐。

$$n\,C_6H_5CH{=}CH_2 + m\,\text{(顺丁烯二酸酐)}\xrightarrow{\text{甲苯}} \left[CH_2-\underset{C_6H_5}{CH} \right]_n \left[CH-CH \right]_m \ (\text{CH—CH 经 C(=O)—O—C(=O) 成环})$$

$$\left[CH_2-\underset{C_6H_5}{CH} \right]_n \left[CH-CH \right]_m\ (\text{酸酐环}) + NaOH \longrightarrow \left[CH_2-\underset{C_6H_5}{CH} \right]_n \left[\underset{CO_2Na}{CH}-\underset{CO_2Na}{CH} \right]_m$$

在有机溶剂中进行的苯乙烯与顺酐共聚合反应，一般只能是交替共聚，所得到的共聚物中，两种结构单元的含量是相等的。只有在极性介质和高温下才能得到苯乙烯-顺酐无规共聚物。另外作为表面施胶剂，应具有良好的成膜性，相对分子质量过低则成膜性降低。作为表面施胶剂的 SMA 应具有中等相对分子质量。中等相对分子质量的 SMA 交替共聚法有沉淀共聚法和溶剂共聚法。两者的差别在于溶剂的极性。

3. 工艺流程

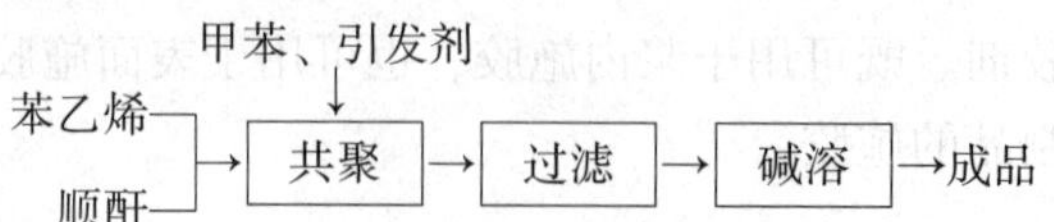

4. 主要原料(质量份)

苯乙烯(按100%计)	104	过氧化苯甲酰	0.4
顺酐(按100%计)	98	氢氧化钠	适量
甲苯(溶剂)	800		

5. 生产工艺

在共聚反应釜中，加入800份甲苯溶剂，然后加入104份苯乙烯和98份顺酐，在搅拌下加热至70℃，使物料充分溶解后，加入0.4份过氧化苯甲酰作引发剂，聚合反应使体系温度上升很快，可以加入少量二乙醇胺作为缓聚剂，并在夹层通冷却水降温，生成的共聚物不溶于甲苯，得到的白色不溶物逐渐增多。反应3~4h，当转化率达到一定程度时，终止反应。冷却、过滤、干燥得到白色的交替共聚物SMA。

将SMA加入热水中，用氢氧化钠稀溶液调节pH值至9左右，搅拌加热至90℃进行碱溶，生成SMA钠盐。SMA钠盐逐渐溶于水形成微乳状液体，即为SMA表面施胶剂。

说明：

上述工艺中使用非极性溶剂甲苯，具有极性的SMA不溶于甲苯，该方法为沉淀共聚法。溶剂共聚法则使用极性溶剂，如丙酮。先将苯乙烯和顺酐投入丙酮中，并加入过氧化二碳酸异丙酯，溶解并使其尽量冷却以免发生预聚合。将余量溶剂丙酮加热至反应所需温度，然后缓慢加入上述单体和引发剂溶液，立即发生共聚反应。加完后，保温反应3~4h。用水蒸气蒸馏法回收溶剂，得到SMA交替共聚物，经碱溶得到产品。

6. 质量标准

外观	淡黄色微乳状液体	稳定性	室温下储存1年不分层、无凝胶
固含量	≥20%	溶解性	在水中可无限稀释
pH值	8.0~9.0		

7. 用途

用作造纸表面施胶剂，适用于印刷纸、涂布原纸、防油纸、吸油纸、证券纸、复写纸、复印纸等。用于涂布方面，则可以提高保水性。在压光下表面施胶时，能提高纸张的强度、耐磨性、吸油性和透气性。

8. 安全与储运

车间内应加强通风，操作人员应穿戴劳保用品。使用塑料桶包装，储存于阴凉、通风处。

参 考 文 献

[1] 徐红霞. 一种新型造纸用表面施胶剂及其制备方法[J]. 济南：中华纸业，2023，44（Z2）：104-107.

[2] 王海杰. 增强型表面施胶剂的制备与应用研究[D]. 济南：齐鲁工业大学，2018.

5.31 氧化淀粉

氧化淀粉(oxidized starch)是普通变性淀粉之一。

1. 性能

白色粉末，无异臭。较原淀粉色泽更白，易糊化，糊液透明度好，黏度降低，稳定性提高，黏着力增强，不易凝胶沉淀，成膜性好。氧化淀粉对热敏感，在高温下变成黄色或褐色。

2. 生产原理

将淀粉加水制成35%~40%的淀粉乳，用次氯酸钠氧化，并用氢氧化钠溶液调节 pH 值到 9~10。若加入一定量环氧氯丙烷，则形成适度交联。当反应达到所需要的氧化交联度后，将反应液中和至 pH 值为 6.5~7，加入亚硫酸钠，还原过量的氧化剂，氧化产物经水洗、脱水、干燥得到成品。

3. 工艺流程

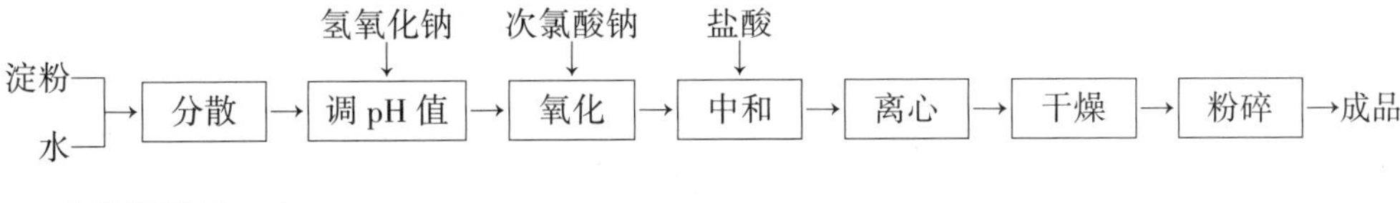

4. 主要原料(kg)

淀粉(工业一级品)	525	氢氧化钠(98%)	15
次氯酸钠溶液(有效氯含量 10%)	10.5	盐酸(30%)	80
环氧氯丙烷(≥98%)	0.6	亚硫酸钠(98%)	1
氯化钠(98%)	35		

5. 生产工艺

将 525kg 工业一级淀粉(木薯淀粉或玉米淀粉)和 975L 水加入氧化釜中，搅拌 0.5h，制成35%的淀粉乳。加入 35kg 氯化钠，搅拌，使氯化钠完全溶解。缓慢加入5%的氢氧化钠溶液，调节淀粉乳液的 pH 值为 11~12。然后加入 0.6kg 环氧氯丙烷，于 25℃下搅拌 4h。

用 10%的盐酸调节反应液 pH 值为 8~9，加热升温到 35~38℃，加入 10.5kg 含有效氯10%的次氯酸钠溶液，在 pH 值为 8~9、温度为 35~38℃下搅拌氧化反应 4h。再用 10%的盐酸调节 pH 值为 6.5~7.5。加入适量亚硫酸钠溶液，终止氧化反应。将反应物料离心过滤，洗涤至不含氯化钠，在 50~60℃下干燥。经粉碎、过筛即为氧化淀粉。

6. 质量标准

外观	白色粉末	灰分	≤0.5%
水	≤15%	黏度(6%，95℃)	$(4\sim40)\times10^{-3}$ Pa·s
细度(100 目筛通过率)	≥95%	白度(ZBD 白度测定仪)	≥80%
羧基含量	>0.05%		

7. 用途

氧化淀粉广泛用于造纸、纺织、食品和医药工业。氧化木薯淀粉的黏合力高于玉米淀粉，特别是低氧化程度的产品。氧化木薯淀粉在造纸工业中常用作纸张表面施胶剂或浆内添加剂。

8. 安全与储运

生产中使用环氧氯丙烷、次氯酸钠等，操作人员应穿戴劳保用品。产品无毒，使用内衬塑料的编织袋包装，储存于阴凉、干燥处。

参 考 文 献

[1] 李浩浩，叶俊君，陈洋，等. 氧化淀粉的研究现状及发展趋势[J]. 造纸科学与技术，2023，42（06）：60-65.

[2] 黄小根，武海良，王卫，等. 干法制备氧化淀粉浆料工艺研究[J]. 西安工程大学学报，2015，29（03）：283-288.

[3] 许烽. 氧化淀粉的制备工艺研究[J]. 包装学报，2013，5（02）：15-19.

5.32 醋酸淀粉

醋酸淀粉(starch acetate)又称乙酸淀粉、淀粉醋酸酯、BC-230 纺织浆料。主要成分为淀粉醋酸酯：

$$(C_6H_7O_2)(OH)_{3-x}(OCOCH_3)_x$$

1. 性能

白色粉末。工业上主要为低取代度的产品(DS<0.2)，糊液稳定性和成膜性比原淀粉好。易糊化，分散性好，黏度稳定，黏着力强，成膜光滑耐磨。

2. 生产原理

（1）乙酸乙烯酯法

在水介质中，淀粉与乙酸乙烯酯在碱催化下发生酯交换。反应中生成的乙醛，可以在酸性条件下(pH=2.5~3.5)部分起交联作用。反应结束后，再用碱中和至中性。经水洗、脱水、干燥得到产品。

$$St—OH + CH_3CO_2CH═CH_2 \longrightarrow StO—OCOCH_3 + CH_3CHO$$

$$2St—OH + CH_3CHO \longrightarrow CH_3CH(OSt)_2 + H_2O$$

常用的碱性催化剂有碱金属氢氧化物、季铵碱、氨及纯碱，控制 pH 值为 7.5~12.5。最好用纯碱作缓冲剂，在 pH 值为 9~10 下反应，反应效率较高。

（2）乙酸法

淀粉与 25%~100%的乙酸，在 100℃条件下酰化反应 5~13h，可制得含乙酰基 3%~6%的淀粉醋酸酯。

$$St—OH + CH_3CO_2H \longrightarrow St—OCOCH_3 + H_2O$$

（3）乙酐法

在碱性条件下，乙酐与淀粉反应，得到淀粉醋酸酯。严格控制反应 pH 值是反应的关键，一般 pH 值控制在 7~11，最佳 pH 值为 8~10。

$$St—OH + (CH_3CO)_2O \longrightarrow St—OCOCH_3 + CH_3CO_2H + H_2O$$

（4）乙烯酮法

以冰乙酸、丙酮或氯仿为溶剂，乙烯酮与淀粉在硫酸催化下发生乙酰化反应，得到醋酸淀粉。

$$St—OH + CH_2═C═O \longrightarrow St—O—\overset{\overset{\displaystyle O}{\|}}{C}CH_3$$

3. 工艺流程

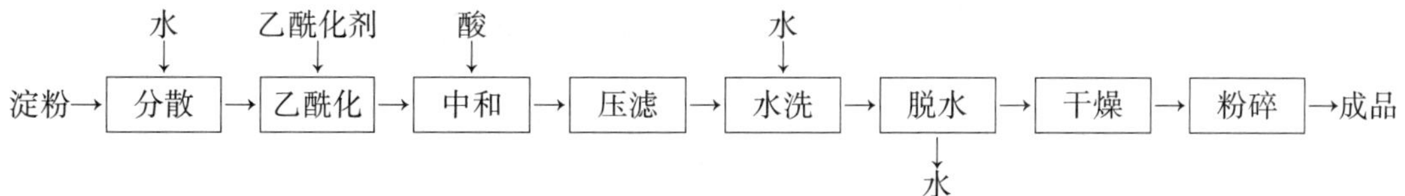

4. 主要原料(乙酸乙烯酯法)(kg)

淀粉(工业一级品)	525	氢氧化钠(98%)	5
乙酸乙烯酯(≥99%)	18.4	盐酸(30%)	15

5. 生产工艺

将525kg淀粉加入酯交换反应釜中，加入790L水，搅拌均匀制得40%的淀粉乳。在搅拌下慢慢加入17.3kg 30%的氢氧化钠溶液，搅拌调节体系的pH值在10左右。然后加入18.4kg乙酸乙烯酯，在20~50℃下搅拌4~6h进行酯交换反应。将反应物料用盐酸中和至pH值为5，搅拌1h后，再用碱将pH值调至7。物料经压滤、水洗(水洗液至基本无氯离子)、干燥、粉碎后即得到醋酸淀粉。

说明：

① 淀粉乳的浓度一般为35%~40%，以保证淀粉乳具有良好的流动性，确保反应效率。

② 常用的碱催化剂有氢氧化钠、碳酸钠、磷酸三钠、氢氧化镁。对于乙酸乙烯酯作乙酰化剂的酯交换反应，不同的碱催化剂，其反应效率不同。氢氧化钠、氢氧化钾或氢氧化锂作催化剂时，反应效率为45%，而使用碳酸钠时，反应效率可达65%~70%。

③ 以乙酐为乙酰化剂，以氢氧化钠为催化剂，反应效率可达70%。例如：将81份淀粉分散在110份水中，在25℃下边搅拌边滴加3%的氢氧化钠溶液，调节pH值至8.0。然后慢慢加入5.1份乙酐，同时加碱保持pH值为8.0~8.4。加完后，用0.5mol/L的盐酸调节pH值至4.5，过滤、水洗、干燥，得到取代度约为0.07的醋酸淀粉。

乙酐与淀粉反应，一般滴加完乙酐后反应立即停止。工业上根据取代度不同，将反应时间控制在2~4h之间。

6. 质量标准

外观	白色粉末	取代度(DS)	≥0.055%
水分	≤13%	pH值	6~7
细度(100筛通过率)	≥98%	黏度(10%，90℃)	0.1~0.2Pa·s
灰分	≤0.30%		

7. 用途

用作造纸表面施胶剂，在纺织工业中用作纺织浆料。

8. 安全与储运

车间内应加强通风，操作人员应穿戴劳保用品。产品无毒，但不能食用。使用内衬塑料袋的编织袋包装，储存于阴凉、干燥处。

参 考 文 献

赵青山，李冬梅. 醋酸淀粉合成的工艺研究[J]. 山西食品工业，2004，(03)：31-33.

5.33 SP-I 阴离子淀粉

SP-I 阴离子淀粉(anionic starch SP-I)的主要成分为淀粉磷酸酯：

$$St—O—\underset{OH}{\underset{|}{\overset{O}{\overset{\|}{P}}}}—ONa$$

1. 性能

白色粉末，无异味。在冷水中能完全分散。用作加工纸的表面施胶剂，可改善表面施胶质量和纸张质量。

2. 生产原理

(1) 磷酸二氢钠法

将淀粉分散于磷酸二氢钠的水溶液中，压滤后在 150~160℃下发生磷化反应，得到 SP-I 阴离子淀粉。

$$St—OH + NaH_2PO_4 \longrightarrow StO—PO_3HNa$$

使用磷酸二氢钠和磷酸氢二钠混合盐可以制得取代度 0.2 以上的淀粉磷酸酯。

用作加工纸表面施胶剂的淀粉磷酸酯，适宜在 pH 值较低的条件下酯化。因为低 pH 值下部分淀粉水解，可以得到低黏度产品，因此，一般使用磷酸二氢钠作为磷化剂。

(2) 三聚磷酸钠法

在低水分条件下，淀粉中的羟基与三聚磷酸钠加热反应，生成磷酸酯。

$$St—OH + Na_5P_3O_{10} \longrightarrow StO—PO_3HNa + Na_4P_2O_7$$

三聚磷酸钠与淀粉反应的温度一般为 100~120℃，副产物焦磷酸三钠也可以与淀粉反应。酯化的 pH 值范围为 5.0~8.5。

3. 工艺流程(磷酸二氢钠法)

磷酸二氢钠→[溶解](水↓)→[捏合](淀粉↓)→[压滤]→[加热反应]→[洗涤]→[压滤]→[干燥]→[粉碎]→成品

4. 主要原料(kg)

淀粉	1050	去离子水	5000
一水合磷酸二氢钠	150		

5. 生产工艺

将 150kg 一水合磷酸二氢钠投入盛有 1400L 去离子水的溶解锅中，搅拌溶解。将 1050kg 淀粉投入捏合机中，加入上述配制的磷酸二氢钠，溶解，捏合并调节 pH 值为 5.5，捏合 2h 后，压滤。将滤饼送入干燥室，干燥至含水量为 5.7%。然后将滤饼送入烘箱，在不断搅动下于 155~160℃下焙烘反应 0.5h，迅速冷却至室温。用 3600L 去离子水洗涤 3 次，压滤、干燥，粉碎后过筛得到 SP-I 阴离子淀粉。

6. 质量标准

外观	白色粉末	白度	>80%
含磷量	>0.2%	pH 值	6~7
水分	≤13%		

7. 用途

用于胶版纸、涂布加工纸的表面施胶。

8. 安全与储运

本品无毒，但不能食用。使用内衬塑料袋的编织袋包装，储存于阴凉、干燥处。

参 考 文 献

[1] 吴梦晗. 淀粉磷酸酯的酶法制备及应用研究[D]. 无锡：江南大学，2022.

[2] 田龙. 大米淀粉磷酸酯的干法生产工艺研究[J]. 上海造纸，2008，(01)：48-51.

[3] 吴春艳. 造纸添加剂的淀粉磷酸酯作用研究[J]. 武汉理工大学学报，2007，(05)：68-70.

5.34 羟乙基淀粉

羟乙基淀粉(hydroxyethyl starch)是淀粉与环氧乙烷或氯乙醇反应生成的羟乙基淀粉醚衍生物：

$$St—OCH_2CH_2OH$$

1. 性能

白色粉末。糊化温度54.5℃，取代度0.1。亲水性、抗老化性、黏度稳定性、透明度等都优于氧化淀粉。

2. 生产原理

在碱性条件下，淀粉与环氧乙烷或氯乙醇反应，得到羟乙基淀粉

$$St—OH + \underset{\diagdown\ \diagup \atop O}{CH_2—CH_2} \longrightarrow St—OCH_2CH_2OH$$

$$St—OH + ClCH_2CH_2OH + NaOH \longrightarrow St—OCH_2CH_2OH + NaCl + H_2O$$

在羟乙基化反应中，环氧乙烷不但能与淀粉中脱水葡萄糖单元中的三个羟基的任何一个起反应，而且还能与已取代的羟乙基反应，生成多氧乙基侧链。工业上生产的羟乙基淀粉分子取代度多在0.2以下，很少生成多聚侧链。葡萄糖单元中C_2上的羟基反应活性最高，76%~85%的取代反应发生在此位置。

羟乙基淀粉的生产方法有湿法(低取代度产品)、有机溶剂法(高取代度产品)和干法。湿法反应温度低于淀粉糊化温度，一般为30~50℃，反应时间为15~30h。干法反应温度为70~100℃，反应时间为5~10h。

工业上多采用湿法生产低取代度羟乙基淀粉。淀粉乳液的浓度为30%~40%。可以加入盐类(硫酸钠或氯化钠)来抑制淀粉颗粒溶胀糊化，盐类的用量为干淀粉的5%~10%，可先将盐类加入淀粉乳液，也可以与氢氧化钠同时加入。氢氧化钠作为催化剂，用量为干淀粉的1%~2%。为防止局部碱液浓度过高，应将氢氧化钠配制成浓度较低的溶液，在搅拌下缓慢加入；也可以在碱液中混入一定的盐溶液，目的是抑制淀粉的溶胀。氢氧化钾、三乙胺、吡啶、季铵碱、氢氧化钡也可以用作碱性催化剂，代替氢氧化钠。

醚化剂的加入量与反应程度有关。氯乙醇是比较安全的醚化剂，而环氧乙烷易于挥发，与空气混合有可能引起爆炸，所以需要使用密闭反应器，以减少环氧乙烷的损失并避免爆

炸。加入环氧乙烷之前应先向淀粉液中通入氮气，驱除反应器内的空气，防止形成爆炸性的混合气体。反应温度过高，淀粉颗粒溶胀，后处理过程中过滤和洗涤困难；温度过低则反应速度慢。反应完成后，经过滤、洗涤除去盐和可溶性的副产物，最后经干燥得到羟乙基淀粉。

3. 工艺流程

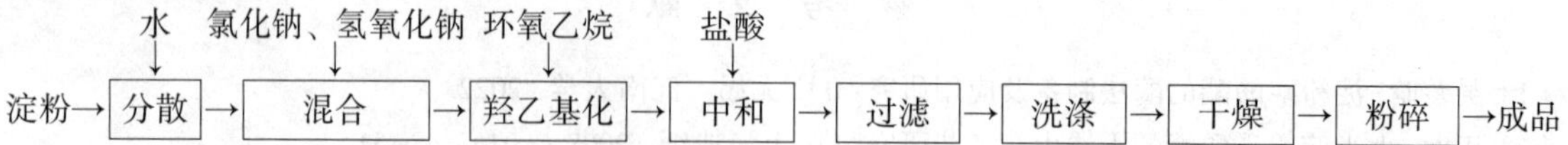

4. 主要原料(kg)

淀粉(工业一级品)	1050	盐酸(30%)	50
氯化钠(≥98%)	94.5	环氧乙烷(≥98%)	40
氢氧化钠(≥98%)	16.0		

5. 生产工艺

将94.5kg氯化钠投入盛有270L水的溶解锅中，配成26%的水溶液。另将16.0kg 98%的氢氧化钠配成30%的氢氧化钠溶液。并将这两种溶液混合均匀。

在反应釜中加入1580L水和1050kg淀粉，搅拌0.5h，制得40%的淀粉乳，加入上述配制的盐和氢氧化钠溶液，搅拌均匀。通氮气驱尽空气，然后加入40kg环氧乙烷，密闭反应器，保持不停搅拌，在38℃下反应24h。

用稀盐酸中和反应液的pH值至6.0，过滤、洗涤至氯化钠含量较低为止。干燥、粉碎、过筛得到羟乙基淀粉。

6. 质量标准

外观	白色粉末	取代度(DS)	0.1
水分	≤13%	pH值	6.5~7.0
粒度(100目筛通过率)	≥98%		

7. 用途

羟乙基淀粉广泛用于纺织、造纸、食品等工业中。在造纸业中用作表面施胶剂，也可用作某些纸制品的胶黏剂，在纺织业中用作经纱上浆剂。

8. 安全与储运

生产中使用环氧乙烷，操作人员应穿戴劳保用品，车间内应保持良好的通风状态。本产品无毒，但不可食用。使用内衬塑料袋的编织袋包装，储存于阴凉、干燥处。

参 考 文 献

[1] 卢佳兴. 羟乙基淀粉的绿色合成研究[D]. 鞍山：辽宁科技大学，2023.

[2] 王明珠，王虹，周尧，等. 高品质羟乙基淀粉的制备及精制技术的研究[J]. 塑料科技，2017，45（03）：34-37.

5.35 羧甲基淀粉

羧甲基淀粉(carboxymethyl starch)是淀粉的羧甲基醚衍生物。产品一般为钠盐形式：

$$St—OCH_2CO_2Na$$

1. 性能

白色粉末。取代度0.3~0.6。形成的胶液透明、黏度高，流动性、水溶性好，稳定性和渗透性较好。

2. 生产原理

淀粉在碱性条件下与氯乙酸钠发生醚化反应，得到羧甲基淀粉。

$$St—OH + ClCH_2CO_2Na + NaOH \longrightarrow St—OCH_2CO_2Na + NaCl + H_2O$$

具体生产方法有湿法、干法和溶剂法。湿法是将氢氧化钠水溶液和氯乙酸加入淀粉乳中，在低于糊化温度(40~50℃)下反应，得到低取代度(≤0.07)的产品。干法是将淀粉、固体氢氧化钠粉末、固体氯乙酸按比例干混，在一定温度下反应0.5h，得到取代度较高的产品。溶剂法一般以甲醇、乙醇、丙酮、异丙醇等可与水混溶的有机溶剂为介质，在少量水分存在下进行醚化。溶剂法反应效率高、产品质量好，是制备羧甲基淀粉的常用方法，但溶剂回收有一定困难，生产成本高。

3. 工艺流程

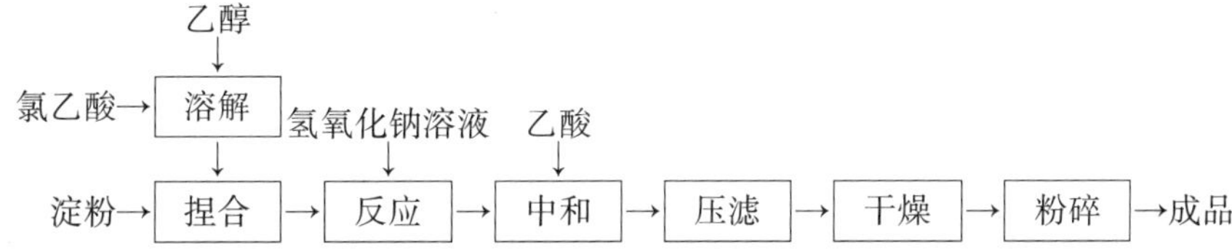

4. 主要原料(kg)

淀粉(工业一级品)	1000	氢氧化钠(98%)	82
氯乙酸(≥96%)	87.5	乙酸(工业级)	16
乙醇(工业级)	650		

5. 生产工艺

将87.5kg 96%的氯乙酸加入650kg乙醇中，搅拌溶解配制成11.4%的氯乙酸-乙醇溶液。另将82kg 98%的氢氧化钠溶于186L水中，配成30%的氢氧化钠溶液。

将1000kg工业一级淀粉投入捏合机中，然后加入上述配制的11.4%的氯乙酸-乙醇溶液，捏合均匀。然后一边捏合一边逐渐加入30%的氢氧化钠水溶液，加完后，在45~50℃下捏合反应2~3h。用16kg工业乙酸中和过量的碱，使物料pH值为7。反应物料经压滤机压滤，将滤液送分馏塔回收乙醇，滤饼以80%的乙醇洗涤两次，压干后送入干燥箱干燥，粉碎后得到羧甲基淀粉。

说明：

① 用于制备羧甲基淀粉的介质不同，对反应的取代度有较大影响：

反应介质：	水	甲醇	丙醇	乙醇	异丙醇
取代度：	0.1755	0.2294	0.3793	0.4756	0.5897

可见，以乙醇和异丙醇作介质时反应效果最佳。以异丙醇作介质，在30℃下反应24 h，反应效率高于90%。

在高于95%的乙醇中，羧甲基化反应难以进行，当乙醇中含水13%~14%时，可以获得高取代度产物。

② 以异丙醇-水为反应介质制备羧甲基淀粉：将500份淀粉分散在4500份异丙醇和500份水中，在低于30℃下，边搅拌边加入108份氢氧化钠，加完后搅拌1h，加入240份氯乙酸，在30~40℃下反应3h，得到取代度为2.3的产品。

③ 半干法可以制得冷水能溶解的羧甲基淀粉，一般采用喷雾干混方式，即将氢氧化钠溶液和氯乙酸溶液在搅拌下喷雾到淀粉上，在一定温度下反应，得到的产品仍能保持原淀粉颗粒结构，流动性好。操作示例：将200份淀粉投入反应器中，先通入氮气，在室温下喷雾49.2份40%的氢氧化钠水溶液，搅拌5~10min，再喷雾32份75%的氯乙酸的乙醇溶液，在34℃下反应4h。反应放热，温度上升到48℃，在此期间，保持通入氮气，使物料水分降低到18.5%。在60~65℃下反应1h，70~75℃下反应1h，再升温至80~85℃反应2~3h，冷却至室温，得到含水7%、含羧甲基8%、pH值为9.7的羧甲基淀粉。

6. 质量标准

外观	白色粉末	水分	≤13%
取代度	0.3~0.6	细度(100目筛通过率)	≥98%
pH值	7.0		

7. 用途

在造纸业中用作浆内添加剂，具有助留、助滤及增强作用，也用于纸张的表面施胶。在纺织业中用于经纱上浆，在食品工业上用作增稠剂等。

8. 安全与储运

生产中使用氯乙酸、乙醇、烧碱等，操作人员应穿戴劳保用品，车间内应保持良好通风状态。产品无毒。使用内衬塑料袋的编织袋包装，储存于阴凉、干燥处。

参 考 文 献

[1] 鲍鏖天. 高取代度羧甲基淀粉干法制备、性质及应用[D]. 无锡：江南大学，2016.

[2] 逯盛芳. 羧甲基淀粉的制备及其溶液稳定性研究[D]. 兰州：兰州交通大学，2015.

5.36 聚丙烯酰胺

聚丙烯酰胺(polyacrylic amide，PAM)的主要成分是聚丙烯酰胺及部分水解的聚丙烯酰胺：

$$\left[CH_2-\underset{\displaystyle CONH_2}{\underset{|}{CH}}\right]_n \qquad \left[CH_2-\underset{\displaystyle CONH_2}{\underset{|}{CH}}\right]_m\left[CH_2-\underset{\displaystyle CO_2Na}{\underset{|}{CH}}\right]_{n-m}$$

1. 性能

聚丙烯酰胺及其改性物是目前最常用的造纸助剂,产品分为胶体及干粉两种类型,干粉为白色固体,胶体无色透明、具有弹性。聚丙烯酰胺无毒、无臭,不溶于乙醇、丙酮等有机溶液,能大量溶于水。水溶液pH值在1~10时,黏度变化很大。有助絮凝、增稠和抗剪切能力。

2. 生产原理

PAM产品有阳离子、阴离子、两性离子和非离子型,根据相对分子质量不同又分为很多个品种。

一般以丙烯腈为主要原料，在一定压力、温度下，经催化水合、闪蒸、提浓、提纯、聚合等步骤(或由丙烯酰胺溶液在引发剂等助剂存在下进行聚合反应)得到胶体产品，若再经造粒、干燥等步骤即得到干粉。反应式如下：

$$CH=CHCN+H_2O \longrightarrow CH_2=CHCONH_2$$

$$nCH_2=CHCONH_2 \longrightarrow \left[CH_2-\underset{\displaystyle CONH_2}{\underset{|}{CH}} \right]_n$$

$$-\left[CH_2-\underset{\displaystyle CONH_2}{\underset{|}{CH}} \right]_n \longrightarrow -\left[CH_2-\underset{\displaystyle CONH_2}{\underset{|}{CH}} \right]_m \left[CH_2-\underset{\displaystyle CO_2Na}{\underset{|}{CH}} \right]_{n-m}$$

3. 工艺流程

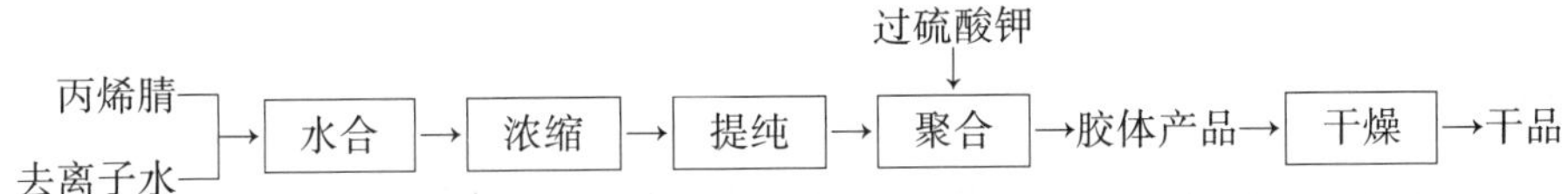

4. 生产工艺

将丙烯腈、催化剂和去离子水投入水合反应釜中，在一定压力和温度下，丙烯腈发生水合反应生成丙烯酰胺，经闪蒸脱水浓缩后提纯。

将1000份水、100份丙烯酰胺单体投入聚合反应釜中，搅拌加热至90℃，加入1份过硫酸钾引发剂，保温搅拌反应2～3h，得到非离子型PAM。非离子型PAM在碱性条件下部分水解，可以得到带有部分阴离子的PAM。

说明：

① 非离子型聚丙烯酰胺易溶于水，相对分子质量对水溶性影响不太明显，但相对分子质量高的聚丙烯酰胺在浓度超过10%时，在水中形成透明凝胶而失去流动性，只有在稀释下才能重新流动。提高温度可以促使非离子型聚丙烯酰胺更快溶解，但温度高于60℃时易发生降解，为了获得良好的水分散性，可以先在商品聚丙烯酰胺粉中加入一些乙醇，然后再加入水溶解，否则在水中会出现许多未完全溶解的颗粒。

② 非离子型PAM可以通过羟甲基化、Hofmann降解、Mannich反应等多种方法进行改性，以获得具有不同特性的产品。

5. 质量标准(胶体)

外观	无色至淡黄色黏稠液体	单体残余量	0.5%
固含量	≥8%	相对分子质量	3×10^6

6. 用途

在造纸工业中作为多功能添加剂，可用作助留、助滤剂、纸张增强剂、白水回收絮凝剂。在网前箱中加入PAM可以使纸浆沉降速度降低至原来的几十分之一，使白水中的固含量降低。此外还广泛用于冶金、选矿、洗煤、污水处理等领域，用作油田钻井泥浆材料添加剂和注水增稠剂，用作纺织工业上浆剂，在农业中用作土壤凝胶剂和泥浆稳定剂。

7. 安全与储运

生产中使用丙烯腈等，操作人员应穿戴劳保用品，车间内应保持良好的通风状态。胶体产品使用塑料桶包装，储存于通风、阴凉处。

参 考 文 献

[1] 郭光范，曹孟菁，张玉平. 枝化和疏水改性聚丙烯酰胺的合成及其性能[J]. 化学研究与应用，2023，35(07)：1732-1738.

[2] 张新东，轩少云. 高分子量两性聚丙烯酰胺的合成及其在纸张增强中的应用[J]. 中华纸业，2023，44(06)：56-58.

5.37 聚乙烯亚胺

聚乙烯亚胺(polyethyleneimine)是环乙亚胺的开环聚合物，结构式为：

$$\left[CH_2CH_2 - \underset{\displaystyle CH_2CH_2NH_2}{\underset{|}{N}} - CH_2 - CH_2 - NH \right]_n$$

1. 性能

无色或淡黄色黏稠液体，有氨臭味。产品一般为20%~50%的水溶液。5%水溶液的pH值为8~11。在碱性条件下储存稳定性良好，但在有酸存在下会凝胶化。聚合度较低，一般为100左右。

2. 生产原理

乙醇胺与氯化氢作用生成乙醇胺盐酸盐。然后，乙醇胺盐酸盐与亚硫酰氯发生氯化，生成氯乙胺盐酸盐。再用碱处理氯乙胺盐酸盐，得到环乙亚胺。环乙亚胺水溶液在酸性条件下开环聚合得到聚乙烯亚胺，用氢氧化钠调节pH值至碱性，即得到产品。反应式如下：

$$NH_2CH_2CH_2OH + HCl \longrightarrow HCl \cdot NH_2CH_2CH_2OH$$

$$HCl \cdot NH_2CH_2CH_2OH + SOCl \longrightarrow HCl \cdot NH_2CH_2CH_2Cl + SO_2 + HCl$$

$$HCl \cdot NH_2CH_2CH_2Cl + 2NaOH \longrightarrow \underset{\diagdown \ NH \ \diagup}{CH_2 - CH_2} + 2NaCl + 2H_2O$$

$$3n\underset{\diagdown \ NH \ \diagup}{CH_2 - CH_2} \longrightarrow \left[CH_2CH_2\underset{\displaystyle CH_2CH_2NH_2}{\underset{|}{N}} - CH_2CH_2NH \right]_n$$

3. 工艺流程

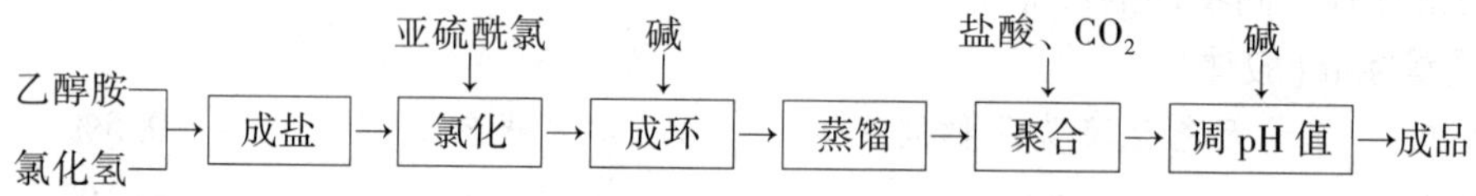

4. 主要原料(质量份)

原料	用量	原料	用量
乙醇胺(≥98%)	710	氢氧化钠(≥98%)	980
氯化氢(干燥气体)	425	盐酸(30%)	适量
亚硫酰氯(工业级)	1384	二氧化碳(工业级)	适量

5. 生产工艺

在喷雾成盐塔中，710份98%的乙醇胺与425份氯化氢气体成盐。产生的热量由循环空气经冷却器带走，生成的乙醇胺盐进入氯化反应器，在20℃以下与亚硫酰氯反应，产生的氯化氢气体进入喷雾成盐塔中加以利用。将产物送入分解罐中，在30℃以上即分解生成氯乙胺盐酸盐，同时得到碱性环乙亚胺溶液。将碱性环乙亚胺溶液转入蒸馏釜蒸馏，收集55~56℃的馏分，得到纯环乙亚胺。

将环乙亚胺加入聚合釜中，加入水、盐酸，通入适量二氧化碳，环乙亚胺发生开环聚合反应，生成聚乙烯亚胺水溶液。聚合反应完成后，用氢氧化钠中和并调节pH值到9~10，出料即为聚乙烯亚胺产品。

6. 质量标准

外观	无色或淡黄色黏稠液体	pH 值(5%水溶液)	8~11
固含量	20%~50%		

7. 用途

主要用作造纸添加剂，是一种较好的湿增强剂，用于餐巾纸、卫生纸等纸张生产中，可以提高纸张的湿强度。其衍生物可以增加细小纤维和填料在网上的留着率，提高滤水性。用于处理玻璃纸表面，能有效减少湿变形。

8. 安全与储运

生产中使用乙醇胺、亚硫酰氯、氯化氢等腐蚀性原料，操作人员应穿戴劳保用品，车间内应加强通风，注意设备的密闭性。生产中产生的氯化氢和二氧化硫应注意吸收利用，避免污染空气。产品使用塑料桶包装，储存于通风、阴凉处。

参 考 文 献

[1] 岳玉亭，王云丰，刘春亮. 助留剂聚乙烯亚胺与聚丙烯酰胺的应用对比[J]. 中华纸业，2018，39（08）：31-33.

[2] 张文学，刘文霞，黄安平，等. 聚乙烯亚胺应用、制备方法及生产状况[J]. 当代化工，2018，47（02）：392-395.

5.38 WS-I 造纸湿强剂

WS-I 造纸湿强剂(wet strengthening agent WS-I)的主要成分为聚酰胺多胺环氧氯丙烷树脂：

$$\mathrm{HO{+}CO{-}(CH_2)_4{-}CO{-}NH(CH_2)_2\underset{\substack{|\\ CH_2CH{-}CH_2\\ \diagdown\;O\;\diagup}}{N}(CH_2)_2NH{+}_nH}$$

1. 性能

淡黄至琥珀色透明液体，呈酸性和阳离子性，可以与水以任意比例混合，无毒。

2. 生产原理

己二酸与二乙烯三胺在 150~160℃下缩合得到低聚体，低聚体在碱性条件下与环氧氯丙烷反应得到聚酰胺多胺环氧氯丙烷树脂，即 WS-I 造纸湿强剂。反应式如下：

$$n\mathrm{HOCO{-}(CH_2)_4{-}CO{-}OH}+n\mathrm{NH_2(CH_2)_2NH(CH_2)_2NH_2} \longrightarrow$$

$$\mathrm{HO{+}CO{-}(CH_2)_4{-}CO{-}NH(CH_2)_2NH(CH_2)_2NH{+}_nH}+n\mathrm{H_2O}$$

$$\mathrm{HO{+}CO{-}(CH_2)_4{-}CO{-}NH(CH_2)_2NH(CH_2)_2NH{+}_nH}+n\mathrm{Cl{-}CH_2{-}\underset{\diagdown\;O\;\diagup}{CH{-}CH_2}} \longrightarrow$$

$$\mathrm{HO{+}CO{-}(CH_2)_4{-}CO{-}NH(CH_2)_2\underset{\substack{|\\ CH_2CH{-}CH_2\\ \diagdown\;O\;\diagup}}{N}(CH_2)_2NH{+}_nH} + n\mathrm{HCl}$$

3. 工艺流程

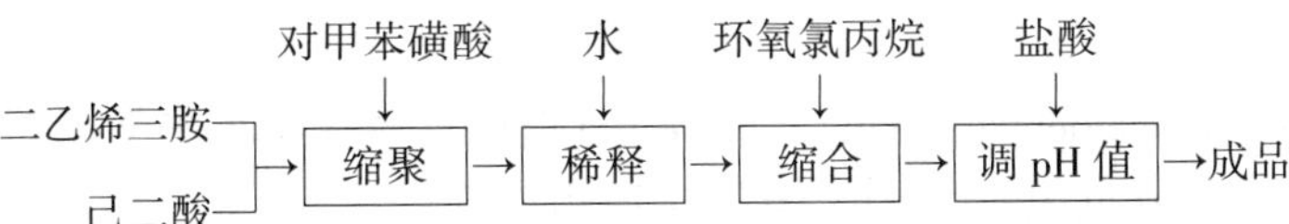

4. 主要原料(kg)

己二酸(三级品)	124	对甲苯磺酸(工业级)	0.8
二乙烯三胺(≥90%)	92	盐酸(30%)	适量
环氧氯丙烷(≥98%)	100		

5. 生产工艺

将92kg 90%的二乙烯三胺加入聚合反应釜中，加入9kg水和0.8kg对甲苯磺酸，然后在搅拌下分批加入124kg己二酸。反应液温度自动上升，颜色由浅逐渐变深。当反应液温度上升至120℃左右时不再上升，开始回热，135℃时冷凝器中开始有水馏出，继续回热，在150~165℃保温2~3h。当冷凝器中馏出的水和未反应的胺的量约为34kg时，反应趋于完成。停止加热，慢慢降温，待反应物料温度降到80℃以下后，向反应液中加入178L水，搅拌至反应物呈均相。得到亮红色透明黏稠液体，当固含量约为50%，黏度0.68~1.48Pa·s时，停止加热并降温至室温，用盐酸调节pH值至4~5，即得到WS-I造纸湿强剂。

6. 质量标准

外观	淡黄至琥珀色透明液体	黏度	$(15\sim40)\times10^{-3}$Pa·s
固含量	12%~13%	pH值	4~6

7. 用途

造纸业中用作湿强添加剂，以增加纸张的湿强度。不影响纸张的柔软性和吸水性，同时，对细小纤维和填料有较好的助留效果，对松香施胶剂有良好的保留作用。可用于地图纸、纸袋纸、液体包装纸、茶叶袋用纸等。可在酸性至中性条件下使用。一般用量为绝干浆的0.3%~0.8%时，增湿强作用就很明显。在各种纸张中的用量见下表。

纸　张	用量/(kg/t)	纸　张	用量/(kg/t)
手帕纸	2.5~5	蔬菜盒	1.5~4
工业擦拭纸	2.5~10	家禽包装纸板	5~10
生活用纸	5~15	货运纸板	2~4
面巾纸	2.5~5	肉类包装纸	5~7.5
鞋用纸板	3~5	果汁纸板	4~6
牛奶袋纸	1.5~2.5	多层纸袋	2.5~7.5

8. 安全与储运

生产中使用二乙烯三胺、环氧氯丙烷，车间内应加强通风，设备注意密闭，操作人员应穿戴劳保用品。产品无毒，用塑料桶包装，储存于4~32℃，应避免与浓酸接触。如产品受低温冷冻，可使其融化，混匀后立即使用。保质期3个月。

参 考 文 献

[1] 白嫒嫒，类延豪，姚春丽，等. 环保型造纸湿强剂的研究进展[J]. 中国造纸学报，2016，31 (04)：49-54.
[2] 李旺，胡惠仁. 新型改性PAE湿强剂的合成工艺[J]. 纸和造纸，2014，33 (05)：32-37.

5.39 脲醛树脂

脲醛树脂(urea formaldehyde resin，urea resin)是最早用作造纸湿强剂的合成树脂，在造纸工业上的应用始于20世纪30年代。其基本结构为：

$$HOCH_2NHCONHCH_2OH$$

1. 性能

微黄色透明的糖浆状液体，是一种热固性、酸性固化的树脂，可与水以任意比例混合。

2. 生产原理

用于造纸工业的脲醛树脂是二羟甲基脲的脲醛树脂，或含有少量一羟甲基脲。反应中尿素与甲醛的摩尔比应为 1∶2，反应温度在 80~100℃，pH 值应不低于 6.0。反应式如下：

$$NH_2-\overset{\overset{\displaystyle O}{\|}}{C}-NH_2 + 2HCHO \longrightarrow HOCH_2-NH-CO-NH-CH_2OH$$

3. 工艺流程

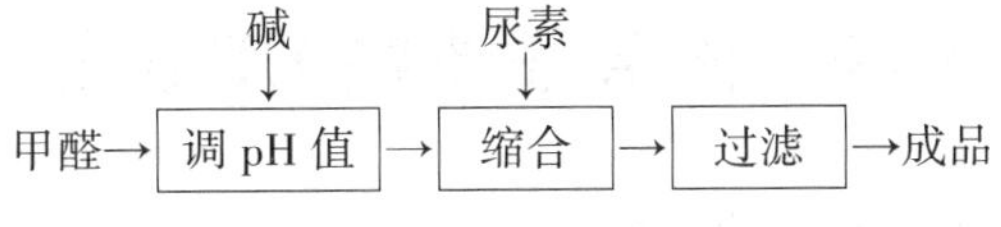

4. 主要原料(kg)

甲醛(37%)	690	氢氧化钠(30%)	适量
尿素(氮含量≥46%)	255		

5. 生产工艺

将 690kg 37%的甲醛溶液加入缩合反应釜中，用 30%的氢氧化钠溶液调节甲醛溶液的 pH 值至 7.5~8.0，加热至 85℃。在搅拌下分批加入 255kg 尿素。由于尿素溶解吸热，注意控制反应温度在 85℃。待尿素加完并溶解后，加热，升温至 95℃，以加快反应速度。在 95℃反应 15min 后，立即取样检验。将样品冷却至 20℃测 pH 值，并将 1 份样品树脂与两份水混合，观察混浊情况。继续保温反应，每隔 10min 取样检验一次。待树脂的 pH 值降至 6.0 时，则要每隔 5min 取样检验一次。当树脂样品与水混合呈透明溶液而不产生沉淀时，继续在 95℃下保温反应 0.5h。随后将树脂温度降至 60℃，用氢氧化钠溶液调节树脂溶液的 pH 值到7.2~7.4。然后继续降温至室温。过滤，即得到脲醛树脂产品。

说明：

① 尿素与甲醛在中性或弱碱性介质中，在温度为 85~95℃时，发生初期的缩合反应，生成能溶于水的羟甲基脲。当尿素与甲醛的摩尔比为 1∶1 时，生成一羟甲基脲；摩尔比为 1∶2 时，则生成二羟甲基脲(熔点 126℃)。

当介质的 pH 值为 5~7 时，缩合反应速度加快，但酸化到 pH 值为 3 以下或温度在 100℃以上时，则羟甲基脲分子间脱水而形成不溶于水的亚甲脲。甲醛与尿素(过量)在强酸性介质中能脱水形成聚亚甲脲。亚甲脲和聚亚甲脲均不适用于造纸工业。因此在制备脲醛树脂时，应严格控制反应的 pH 值和反应温度，避免亚甲脲和聚亚甲脲的生成，保证反应顺利进行。

② 本产品中含有约 5%左右的甲醛，这部分甲醛可以继续在储存过程中与游离的尿素或一羟甲基脲缩合生成羟甲脲，而不是生成聚亚甲脲。

6. 质量标准

外观	微黄色透明状液体	游离醛(以甲醛计)	48%~52%

7. 产品用途

用作造纸业中的湿强剂，用量为干纤维质量的 0.4%~4.0%。由于聚酰胺环氧树脂湿强剂的推广使用，该产品用量已逐渐减少。因价格较低，仍有许多企业继续使用。也用作纸张表面施胶剂，用量为纸张质量的 1.5%~2.0%。在纺织业中用作棉织物的防皱、防缩整理剂，并能增加织物的染色牢度。

8. 安全与储运

生产中使用甲醛，车间内应加强通风。使用塑料桶包装，按一般化学品储运，储存期 3~6 个月。

参 考 文 献

[1] 孙燕，徐伟涛，毛安，等. 我国脲醛树脂制备技术研究概述[J]. 林产工业，2020，57（01）：1-4.

[2] 陈恒毅，王蕊，郭诗琪，等. 脲醛树脂的合成及其性能研究[J]. 江西化工，2019，（03）：56-58.

5.40　阳离子改性 UF 树脂

阳离子改性 UF 树脂（cation modified urea formaldehyde resin）一般为多胺改性的脲醛树脂。常用的多胺改性剂有乙二胺、二亚乙基三胺、三亚乙基甲胺、胍、二胍、脒基脲等。本文主要介绍乙二胺改性脲醛树脂：

$$HOCH_2NHCONHCH_2NHCH_2CH_2NH_2$$

1. 性能

微黄色半透明液体，能与水以任意比例混合。可以在较高的酸性（pH<6.5）条件下固化。

2. 生产原理

尿素与甲醛缩合，生成二羟甲基脲，然后与改性剂乙二胺发生缩合，得到乙二胺改性的 UF 树脂。反应式如下：

$$NH_2CONH_2+2HCHO \longrightarrow HOCH_2NHCONHCH_2OH$$

$$HOCH_2NHCONHCH_2OH+NH_2CH_2CH_2NH_2 \longrightarrow HOCH_2NHCONHCH_2NHCH_2CH_2NH_2$$

3. 工艺流程

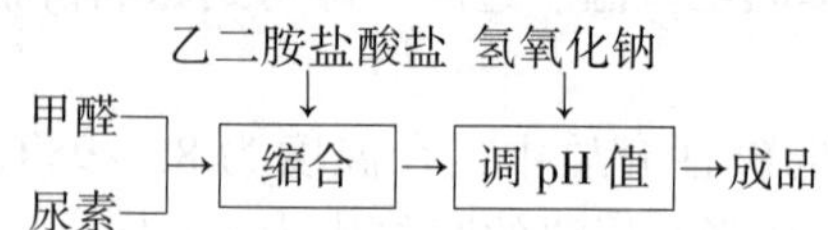

4. 主要原料（质量份）

尿素（氮含量≥46%）	61	盐酸（30%）	适量
甲醛（≥37%）	202	氢氧化钠	适量
乙二胺（98%）	6.1		

5. 生产工艺

将 6.1 份 98%的乙二胺与 12.2 份 30%的盐酸投入反应釜中，搅拌反应生成乙二胺盐酸盐。再加入 202 份 37%的甲醛溶液。调节反应物料 pH 值为 7.0~8.0，在搅拌下加入 61 份尿素，控制 pH 值为 7.0，加热至 95℃，用甲酸调节 pH 值至 4.2。随着反应的进行，反应物料的 pH 值上升至 6.2，再用甲酸调节 pH 值至 4.0，约 0.5h 后，pH 值稳定在 5.2~5.6，在 95℃下保温反应，待物料（树脂液）黏度约为 0.1Pa · s 时，停止加热，使树脂液自然降温至 65~75℃。当物料黏度达 0.1Pa · s 时，迅速冷却至室温，用 25%的氢氧化钠调节 pH 值至 7.2~7.6。用水稀释至固含量为 45%，出料得到乙二胺改性脲醛树脂。

6. 质量标准

外观	微黄色半透明液体	pH 值	>7.0
固含量	≥45%		

7. 用途

用作造纸添加剂，用于改善纸质，能提高纸的湿强度、破裂强度和干强度。主要用于纸浆纸、瓦楞纸板、标签纸、提袋纸。

8. 安全与储运

生产中使用甲醛和乙二胺，操作人员应穿戴劳保用品，设备应密闭，车间内应加强通风。使用塑料桶包装，储存于 20℃以下。

参 考 文 献

梁冬梅，莫福旺，黄志强，等．阳离子醚化淀粉改性脲醛树脂胶黏剂的研究[J]．化工技术与开发，2020，49(08)：17-19。

5.41 516 氨基树脂

516 氨基树脂(amino resin 516)是三聚氰胺-甲醛树脂的初聚物，结构为：

$HOCH_2HN$—(三嗪环)—$NH—CH_2OH$，$NHCH_2OH$

1. 性能

白色晶体，熔点 156~157℃。不溶于乙醇、乙醚、苯等有机溶剂，溶于热水或冷的稀酸。在加热或酸催化下固化为热固性树脂。用该树脂作湿强剂生产的纸张具有透气性低、湿强度好、耐折度高、挺度好的特点。

2. 生产原理

三聚氰胺与甲醛以不同摩尔比反应可以生成含有 1~6 个羟甲基的衍生物，造纸工业使用的是三羟甲基三聚氰胺。

三聚氰胺与甲醛溶液在中性或微碱性介质中作用，三聚氰胺分子中的氨基与三分子甲醛缩合，形成三羟甲基三聚氰胺，即为造纸工业中应用的三聚氰胺-甲醛树脂初聚物。

$$C_3N_3(NH_2)_3 + 3HCHO \longrightarrow C_3N_3(NHCH_2OH)_3$$

3. 工艺流程

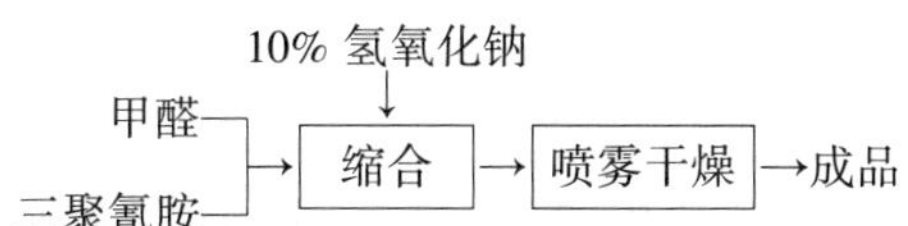

4. 主要原料(kg)

三聚氰胺(≥99.5%)	292	氢氧化钠(工业级)	适量
甲醛(37%)	644		

5. 生产工艺

在缩合反应釜中，通过计量器投入644kg 37%的甲醛溶液，用10%的氢氧化钠溶液调节pH值到8~8.5。在搅拌下加入292kg 99.5%的三聚氰胺粉末，在室温下搅拌1h。然后，逐渐加热升温，注意升温要缓慢、均匀，否则反应不易控制，控制温度不得超过72℃。当反应液逐渐变澄清，由澄清又变为有轻微混浊时，立即停止加热，并通冷水冷却，同时向反应混合液中加入65kg碎冰，使反应液迅速冷却至50℃以下，停止反应。在继续搅拌下冷却至室温。反应物料在80℃以下喷雾干燥得到固体树脂。

说明：

① 三羟甲基三聚氰胺一般不直接作为造纸业的湿强剂使用，还应将树脂在稀盐酸溶液中进行熟化处理(约72h)，至出现蓝色霞雾现象时，用作造纸湿强剂，其湿增强效果最佳。

② 三羟甲基三聚氰胺树脂胶只有在很稀时（<6%)才稳定，应用时比较复杂。改性的三聚氰胺甲醛树脂在稳定性、耐光性、耐热性、耐水性等方面都优于未改性的树脂。通常有亚硫酸氢钠改性的三聚氰胺甲醛树脂、氨基磺酸盐改性的三聚氰胺甲醛树脂以及三乙醇胺改性的三聚氰胺甲醛树脂、阳离子季铵化改性的三聚氰胺甲醛树脂。

6. 质量标准

外观	白色晶体	熔点	156~157℃

7. 用途

在造纸业中用其酸性稀溶液作湿强剂，用前必须熬制成胶液才能使用。用量1%~3%。固体树脂还用作纸张阻燃剂的配料。

8. 安全与储运

生产中使用甲醛，车间内应保持良好的通风状态，设备应密闭。使用内衬塑料袋的编织袋包装，储存于阴凉、干燥处。

参 考 文 献

[1] 陈恒毅，王蕊，郭诗琪，等. 脲醛树脂的合成及其性能研究[J]. 江西化工，2019，(03)：56-58.

[2] 谢炜棋，柴欣生. 三聚氰胺甲醛树脂预聚阶段单体转化率的预测模型[J]. 中国造纸，2016，35 (06)：43-47.

5.42 造纸离型剂

造纸离型剂(release agent for paper manufacturing)的主要成分是石蜡乳液。

1. 性能

白色至微黄色乳液，固含量28.0%~30.0%，相对密度0.96~0.99。

2. 生产原理

石蜡、油酸、三乙醇胺加热熔化，加入表面活性剂(平平加和十二烷基硫酸钠)水溶液，充分混合乳化得到造纸离型剂。

3. 主要原料(kg)

原料	用量	原料	用量
石蜡(熔点57℃)	240	十二烷基硫酸钠	9
油酸(工业级)	45	氨水	30
三乙醇胺(≥85%)	30	氢氧化钠	适量
平平加	18		

4. 工艺流程

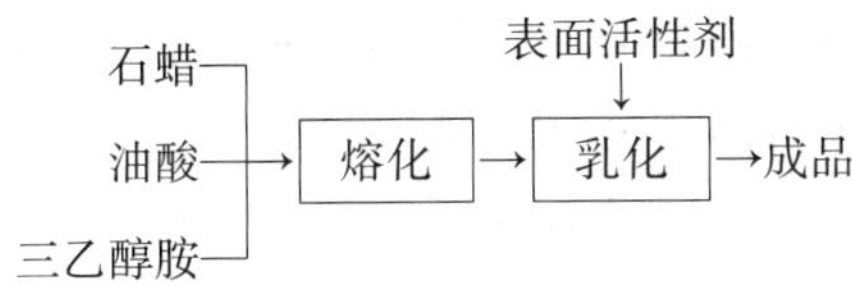

5. 生产工艺

将240kg石蜡、45kg油酸和30kg三乙醇胺加入熔化锅中，升温至140~180℃搅拌反应3h，然后降温至80~95℃，加入氨水、氢氧化钠，反应1h备用。将18kg平平加和9kg十二烷基硫酸钠加入乳化釜中，加入372L水，升温至70~80℃，搅拌10min，再加入上述物料，充分搅拌乳化，即生成乳白色乳液。冷却，出料得到造纸离型剂。

6. 质量标准

外观	白色至微黄色乳液	密度	0.96~0.99g/cm^3
固含量	(30±2)%	粒径	<1μm
pH值	9~10		

7. 用途

主要作为造纸离型剂和表面施胶剂，是生产高档白纸板的涂料组分之一。通常与聚乙烯醇配套使用，作为涂布前聚乙烯醇施胶液的离型剂。也可以与其他涂料并用或单独使用，作为涂布前原纸的正面施胶，改善纸张的憎水性、光泽度等，添加量为0.3%~1%就有明显的效果。

8. 安全与储运

生产中使用氨水、三乙醇胺等，车间内应加强通风，操作人员应穿戴劳保用品。使用塑料桶包装，储存于阴凉、通风处，储存期3个月。

参 考 文 献

[1] 张俊苗，付永山，伍安国，等. 离型纸用离型剂研究的新进展[J]. 纸和造纸，2015，34(09)：70-73.
[2] 郑咸雅. 新型造纸离型剂[J]. 湖南造纸，2001，(01)：10.

5.43 海藻酸钠

海藻酸钠(sodium polymannuronate)又称藻酸钠、藻元钠、藻胶钠、褐藻酸钠。分子式为$(C_6H_7NaO_6)_n$，结构式为：

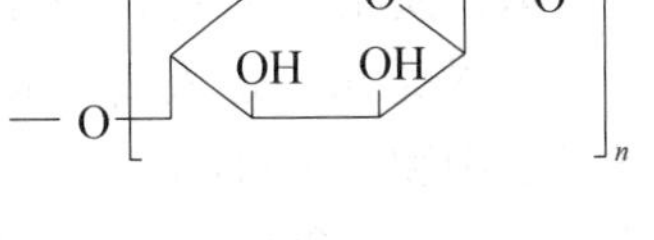

1. 性能

淡黄色至乳白色粉末。缓慢溶于水，成黏稠均匀溶液。不溶于乙醇、乙醚、氯仿等有机溶剂。与除镁以外的二价以上的金属离子结合后，生成不溶性盐类。黏度在pH值为6~9时稳定，加热到80℃以上则黏度降低。有吸湿性，是亲水性高分子化合物。

2. 生产原理

海带、巨藻、墨角藻和马尾藻等原藻经粉碎后用稀酸洗涤干净，用碳酸钠在70℃下以提取海藻酸钠，然后用水稀释，过滤除渣。将滤液用盐酸酸化，使海藻酸析出，再经压榨脱水后得到海藻酸。把海藻酸溶于乙醇中，加次氯酸钠漂白，用氢氧化钠中和，分离，脱除乙醇，经烘干、粉碎后制得海藻酸钠。反应式如下：

$$Ca(Alg)_2+Na_2CO_3 \longrightarrow 2NaAlg+CaCO_3$$

$$NaAlg+HCl \longrightarrow HAlg+NaCl$$

$$HAlg+NaOH \longrightarrow NaAlg+H_2O$$

NaAlg 代表海藻酸钠。

3. 工艺流程

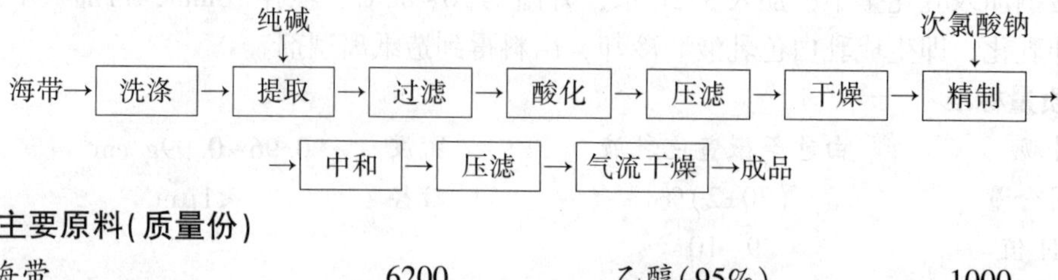

4. 主要原料(质量份)

海带	6200	乙醇(95%)	1000
碳酸钠(98%)	1000	次氯酸钠(10%)	600
盐酸(30%)	4800	氢氧化钠(98%)	230

5. 生产工艺

将海带、巨藻等原藻加入清洗池中，用清水洗涤干净。将清洗干净的海藻投入浸酸池，以 5%的盐酸浸泡 24h。再转入水洗池，洗涤至洗液不呈酸性。将清洗干净的海藻切碎，沥干后加入提取釜中(也可先进行提碘)，加入 30%的纯碱溶液，在 60~80℃下保温浸提 8~12h 后，停止加热，加入 3~4 倍量的水稀释后，经转鼓式过滤机过滤，滤除残渣。

将滤液转入酸化罐中，以 30%的盐酸酸化，使酸化后溶液的 pH 值为 3~4，析出海藻酸。海藻酸充分析出后，压滤，并洗涤滤饼数次，再压干。滤饼为粗海藻酸，经干燥器气流干燥后粉碎。

将干燥粉碎后的粗海藻酸加入精制釜中，加入适量乙醇，加热回流使海藻酸溶解，海藻酸溶解后，以每 100kg 海藻酸加入 3~5kg 次氯酸钠溶液的量，加入次氯酸钠溶液，在室温下搅拌 2~4h，以改善成品色泽。再用 40%~50%的氢氧化钠溶液慢慢搅拌中和至 pH 值为 7~8，得到海藻酸钠。压滤，将滤饼用少量 80%的乙醇洗涤后压干。滤饼经气流干燥后，粉碎包装即得到海藻酸钠成品。

说明：

也可以第一步制得海藻酸凝胶，然后用纯碱中和成盐：将提碘后的原藻、纯碱和水加入提取釜中，加热，在 60~80℃下保温搅拌提取，使原藻中的海藻酸钙形成钠盐而溶解于水中。加入少量甲醛固定色素，以改善成品色泽。分离提取液，加入适量水，先用 30 目筛粗滤，以乳化漂浮法去渣。再经 100 目筛精滤。滤液加盐酸中和，至 pH 值为 7。使海藻酸钠游离成海藻酸呈凝胶状析出，加入 5%无水氧化钙使凝胶脱水，压滤至含水量在 75%以下，制得海藻酸凝胶。然后加入 6%~8%的纯碱溶液，至 pH 值为 8，静置 8h，过滤，滤饼经沸腾干燥，得到海藻酸钠。

6. 质量标准

外观	淡黄色至乳白色粉末	黏度	0. 15~0. 18Pa · s
水分	≤15%	钙含量	<0. 5%

pH 值	5.5~7.5	细度(50 目筛通过率)	90%
不溶物	≤0.5%		

7. 用途

海藻酸钠是一种高黏度的高分子化合物，在食品、医药、造纸、印染、化妆品、矿业等行业具有广泛用途。在造纸业中用作表面施胶剂、涂布纸胶黏剂。用作食品添加剂，大量用于面食、冰淇淋、牛奶制品、糖果、点心及保健食品中。在纺织业中用于经纱上浆防水加工等。在橡胶工业中用作胶乳浓缩剂。在涂料工业中用于制造耐水涂料、水性涂料。在医药工业中用于牙科咬齿印材料、止血剂、亲水性软膏基质等。

8. 安全与储运

本产品无毒，用含本品 5%的饲料长期(最长 128 周)喂养雄性大白鼠，没有发现异常现象。使用内衬塑料袋的铁桶包装，储存于阴凉、干燥处。

参 考 文 献

[1] 权维燕，杨子明，李思东，等. 海藻酸钠的提取研究进展[J]. 山东化工，2018，47 (19)：56-59.

[2] 宋彦显，闵玉涛，张秦，等. 海带中海藻酸钠的提取及纯化工艺优化[J]. 食品科技，2015，(06)：289-293.

[3] 王孝华. 海藻酸钠的提取及应用研究[D]. 重庆：重庆大学，2004.

5.44 柔软剂 SG

柔软剂 SG (softener SG) 又称柔软剂 SME-4，主要成分为硬脂酸聚氧乙烯酯，结构式为：

$$C_{17}H_{35}COO(CH_2CH_2O)_6H$$

1. 性能

米黄色稠厚液体或膏状物，有微弱脂肪味，属于非离子型表面活性剂。可与各类表面活性剂共用。能溶于水、甲苯、丙酮、乙醇和乙醚。HBL 值为 10。具有渗透性，并有良好的平滑性。

2. 生产原理

硬脂酸和环氧乙烷在氢氧化钾作用下，发生聚合和缩合反应，加入冰乙酸调节 pH 值至中性，再经过氧化氢漂白而制得。

$$C_{17}H_{35}COOH + 6\,\underset{\diagdown\ O\ \diagup}{CH_2{-}CH_2} \xrightarrow{KOH} C_{17}H_{35}COO(CH_2CH_2O)_6H$$

3. 主要原料(kg)

硬脂酸	408	冰乙酸	4
环氧乙烷	408	过氧化氢	8
氢氧化钾	4	乳化剂	80

4. 工艺流程

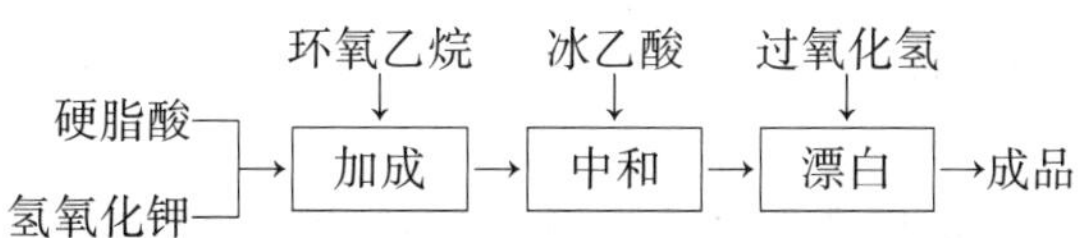

5. 生产工艺

在带搅拌装置的不锈钢反应釜内加入 408kg 硬脂酸，加热至熔融。开动搅拌并升温至 100℃。加入已配制好的氢氧化钾溶液（8kgKOH 用 8kg 水溶解）。抽真空脱水，继续搅拌升温，在真空度为 86659. 3Pa，升温至 140℃时，观察釜上视镜内表面无水珠、水雾，即可通入氮气置换反应釜内的空气，釜内的空气一定要驱尽。停止抽真空，逐渐向釜内通入 408kg 环氧乙烷，控制反应温度在 180~200℃，压力不超过 0. 3MPa。环氧乙烷加完后，将物料冷却至 80℃，并使釜内压力自然降至常压，抽样检验皂化值，当皂化值为 90~105mgKOH/g 时，产品合格。用 4kg 冰乙酸将物料中和至中性。再加入 8kg 过氧化氢进行漂白。最后加入 80kg 熔融态的乳化剂 OP，保温在 80℃，搅拌乳化 0. 5h，冷却后出料，即得到柔软剂 SG。

6. 工艺控制

在通入环氧乙烷之前，必须用氮气将空气置换干净，否则压入环氧乙烷会引起剧烈爆炸。环氧乙烷为易燃、易爆、有毒物品，可麻醉人的中枢神经系统，对黏膜有刺激作用，对细胞原浆有毒害作用。生产时设备要密封，防止泄漏，加强场地通风，操作人员需戴防护用具。

7. 质量标准

外观	米黄色稠厚液体或膏状物	皂化值	80~105mgKOH/g
pH 值	7~8	*HLB*	10

8. 用途

用作纸张、合成纤维和黏胶织物的柔软剂。在合成纤维纺丝过程中主要用作柔软剂和润滑剂。是腈纶、涤纶等合成纤维纺丝油剂的重要组成部分。对各种纤维，仅以稀的水溶液处理后，便可以收到显著的柔软效果，使织物手感好。在织物编织过程中，使用本品可以减少机械摩擦而引起的断头现象。用量为 10~30g/L。

参 考 文 献

刘瑜琦，张明慧，周婧洁，等. 硬脂酸聚氧乙烯酯的合成与性能研究[J]. 印染助剂，2022，39（07）：10-14.

5. 45 荧光增白剂 BC

荧光增白剂 BC（fluorescent whitening agent BC）的化学名称为 4,4′-双（4-氨基-6-对苯磺酸氨基-1,3,5-三嗪-2-氨基）二苯乙烯-2,2′-二磺酸钠，属于二苯乙烯双三嗪型荧光增白剂，是一种较常用的荧光增白剂。国外商品名为 Leucophor BCF、Whitex B，又称增白剂 BC。分子式为 $C_{32}H_{24}N_{12}Na_4O_{12}S_4$，相对分子质量 988. 8，结构式为：

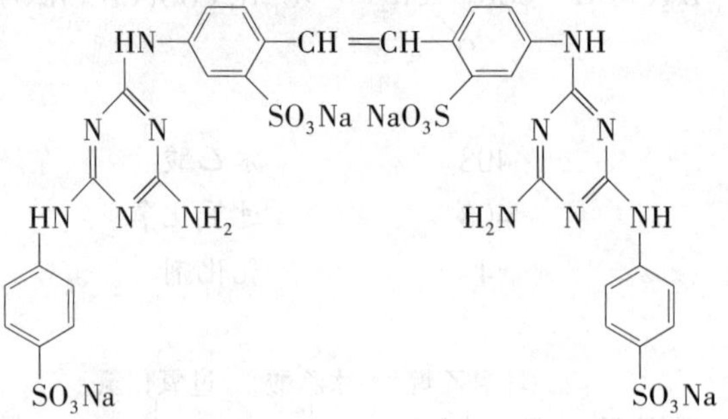

1. 性能

淡黄色均匀粉末。溶于水呈蓝色荧光。其染浴需中性或微碱性，以 pH 值为 8~9 最适宜，可与阴离子型表面活性剂、非离子型表面活性剂、阴离子染料混合使用，不宜与阳离子染料、阳离子型表面活性剂、合成树脂初缩体同浴使用。

2. 生产原理

4,4′-二氨基二苯乙烯-2,2′-二磺酸钠(即DSD酸钠)和三聚氯氰发生缩合反应,生成二苯乙烯双三嗪衍生物。然后与对氨基苯磺酸钠反应,最后与氨发生取代反应,得到荧光增白剂BC。

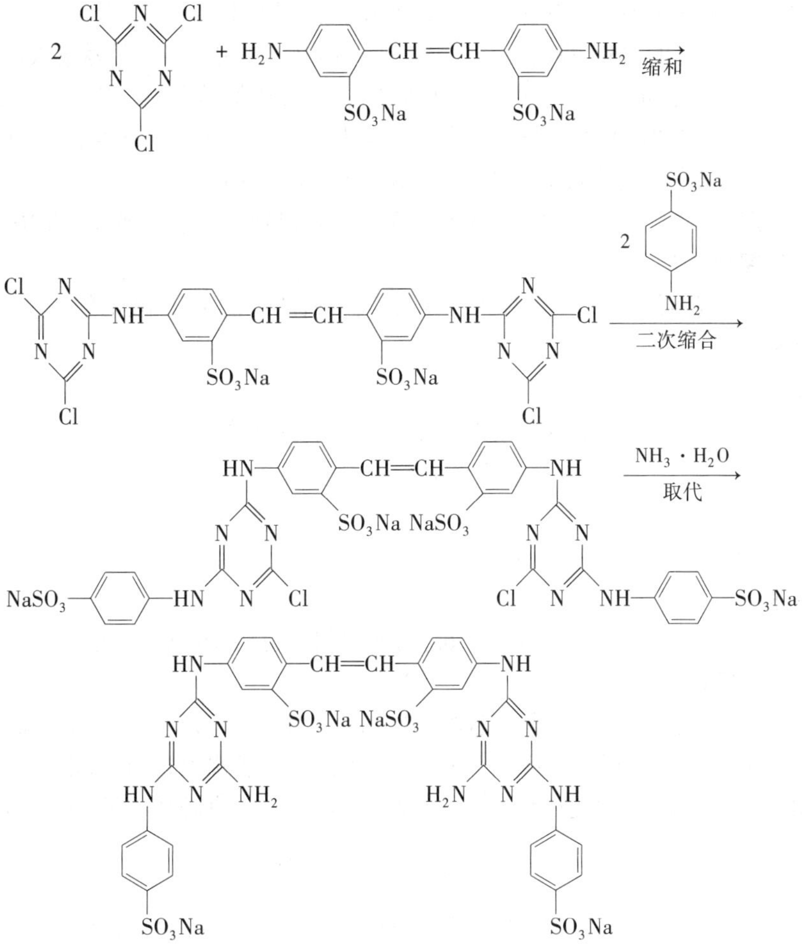

3. 主要原料(kg)

原料	用量	原料	用量
DSD酸钠(工业级)	142	盐酸(31%)	325
三聚氯氰(99%)	146	小苏打($NaHCO_3$)	53
对氨基苯磺酸钠	83	活性炭	14
氨水(20%)	211	元明粉	适量
纯碱	43		

4. 工艺流程

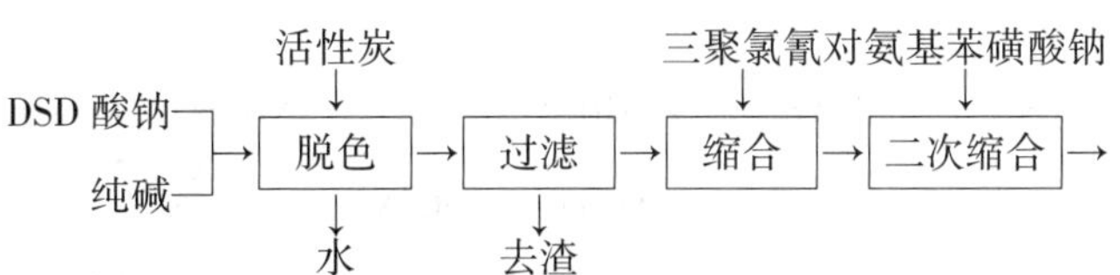

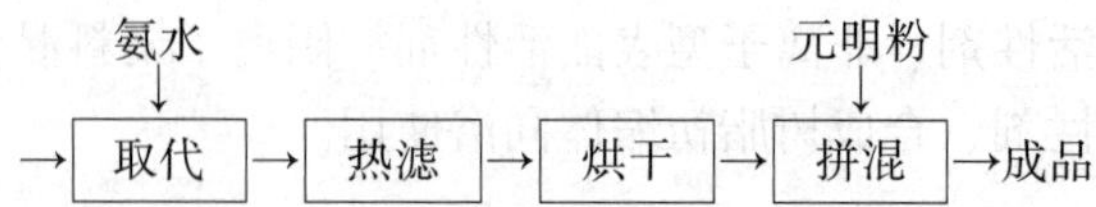

5. 生产工艺

在缩合反应釜中加入700L水，加入142kg DSD酸钠，溶解后加入纯碱调节pH值至6~6.5，加入14kg活性炭，搅拌升温至90℃进行脱色，过滤后的滤液待用。

将146kg三聚氯氰加入400kg含碎冰的水中，保温在0℃左右，加入0.2kg平平加O，搅匀后，将上述配制好的DSD酸钠溶液慢慢滴加于其中，并用10%的纯碱溶液调节反应液pH值为4~4.5。维持反应1h，达到终点后，加入83kg对氨基苯磺酸钠，用纯碱控制反应液pH值为4~4.5，反应温度40~45℃。待第二次缩合完毕，加入211kg 20%的氨水，于110℃左右进行取代反应。反应完毕，趁热过滤，将滤液用盐酸酸化至pH值为2.0~2.5，冷却析晶。过滤，将滤饼与小苏打捏和、烘干、粉碎，再与元明粉混合得到荧光增白剂BC约1000kg。

6. 工艺控制

第一次缩合终点测定：反应1h后，用点滴分析法检测DSD酸钠的残留量，色圈消失即达到反应终点。

7. 质量标准

外观	淡黄色均匀粉末	泛黄点	≤5%
色光	与标准品近似	水分	≤5%
荧光增白强度	100%~103%	细度(过100目筛余量)	≤5%
水不溶物	≤0.5%		

8. 用途

用作人造丝、棉纤维、人造棉等织物的增白剂，也用于纸张、洗涤剂的增白剂。

9. 安全与储运

生产中使用三聚氯氰等有毒或刺激性化学品，缩合反应设备应密闭，操作人员应穿戴劳保用品，车间内应保持良好的通风状态。生产中排放的废水要进行处理。

使用内衬塑料袋的铁桶包装，储于阴凉、干燥处，注意防潮、防晒。储存期2年。

参 考 文 献

[1] 曹婉鑫，陈洋，唐瑶. 三嗪型二苯乙烯荧光增白剂的研究进展[J]. 中国洗涤用品工业，2015，(02)：78-84.
[2] 孙保国，徐立新. 双三嗪氨基二苯乙烯类荧光增白剂[J]. 纸和造纸，2003，(05)：43-45.

5.46 增白剂BBH

增白剂BBH(whitening agent BBH)又称荧光增白剂PRS，化学名称为4,4′-双(6-苯胺基-4-甲氧基-1,3,5-三嗪-2-氨基)二苯乙烯-2,2′-二磺酸钠。分子式为$C_{34}H_{28}N_{10}Na_2O_8S_2$，相对分子质量814，结构式为：

(结构式：苯基—NH—三嗪(OCH₃)—NH—苯环(SO₃Na)—CH═CH—苯环(SO₃Na)—NH—三嗪(OCH₃)—NH—苯基)

1. 性能

淡黄色粉末。易溶于水，对酸稳定，耐氧化氢漂白。最大吸收光谱波长 350nm，荧光发射波长 432nm。属于阴离子型增白剂，可与阴离子型表面活性剂及染料、非离子型表面活性剂、过氧化物或还原漂白剂同浴使用。

2. 生产原理

首先三聚氯氰在氢氧化钠存在下与一分子甲醇发生甲氧基化，然后与 DSD 酸缩合，缩合产物再与两分子苯胺缩合得到增白剂 BBH。反应式如下：

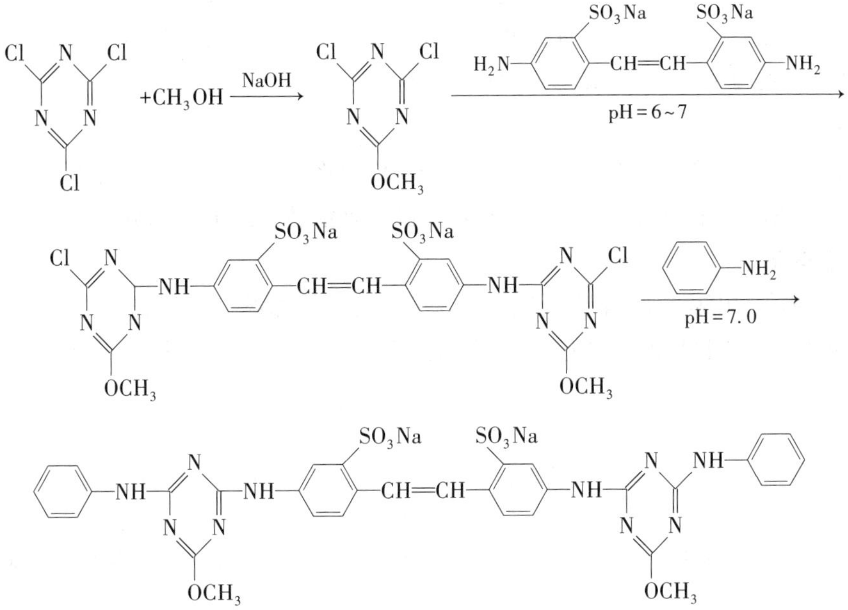

3. 主要原料(质量份)

DSD 酸(双键值≥90%)	56.6	苯胺(99%)	29.6
三聚氯氰(98%)	60	碳酸氢钠	适量
甲醇(98%)	60	碳酸钠	适量
氢氧化钠(98%)	40	盐酸(30%)	适量

4. 工艺流程

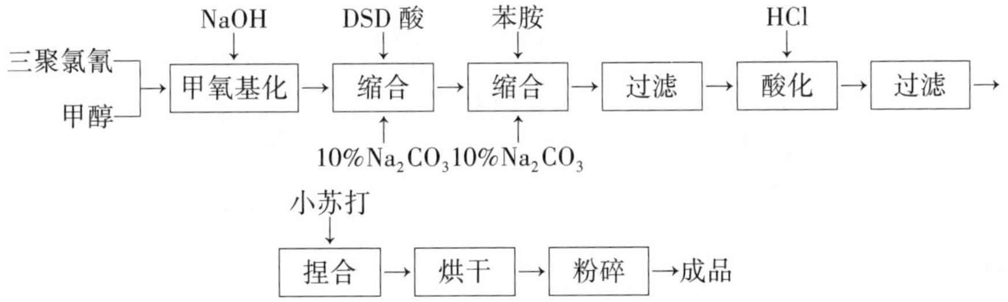

5. 生产工艺

在甲氧基化反应釜中，加入 60 份甲醇(过量，反应完后回收)、40 份 NaOH 及少量水，冷却至 0℃，在搅拌下加入 60 份三聚氯氰，保持温度不超过 10℃。另在配料锅中加入 56.6 份 DSD 酸和 60 份水，搅拌打浆，在搅拌下加入 10%的纯碱溶液，直至 DSD 酸全部溶解，溶液 pH 值达 7.5。然后将 DSD 酸钠溶液在 1h 内加入上述甲氧基化反应釜中，随时用 10%的纯碱溶液控制物料 pH 值为 6~7，维持反应温度不超过 20℃，滴加完毕，于 1h 内升温至 40℃，维持反应 2~3h，用纯碱溶液控制 pH 值为 7。当 DSD 酸钠中的氨基消失时，加入 29.6 份苯胺，用 10%的纯碱溶液控制 pH 值为 6~7，然后升温至 70℃，蒸出多余的甲醇，将反应温度升至 90℃。反应完毕，趁热过滤去渣，将滤液用盐酸酸化并冷却，析晶、过滤，将滤饼与小苏打捏合，烘干、粉碎得到增白剂 BBH，用尿素调节到所需的荧光强度。

6. 质量标准

外观	淡黄色粉末	水分	≤5%
色光	与标准品近似	细度(过 40 目筛余量)	≤5%
强度(荧光增白)	为标准品的(100±4)%		

7. 用途

用于棉、黏胶纤维、锦纶的增白。也用于合成洗涤剂或柔软剂中，可以使织物洗涤后外观洁白悦目。还可用于纸张、丝织物、动物纤维及聚酰胺纤维的增白处理。

8. 安全与储运

原料三聚氯氰、甲醇、苯胺有毒,反应设备应密闭,车间应加强通风,操作人员应穿戴劳保用品。

产品采用内衬塑料袋的铁桶包装。密封储存于阴凉、通风、干燥处，储存期 2 年。

参 考 文 献

[1] 徐海龙. 基于双三嗪氨基二苯乙烯型荧光增白剂返黄抑制剂的合成及应用[D]. 西安：陕西科技大学，2013.

[2] 吴飞，朱凯. 双三嗪氨基二苯乙烯类液体荧光增白剂的合成与应用研究[J]. 中华纸业，2009，30（22）：35-39.

5.47 荧光增白剂 RA

荧光增白剂 RA(fluorescent whitening agent RA)的化学名称为 4,4′-双(6-氨基-4-苯胺基-1,3,5-三嗪-2-氨基)二苯乙烯-2,2′-二磺酸钠。分子式为 $C_{32}H_{26}N_{12}Na_2O_6S_2$，相对分子质量 784，结构式为：

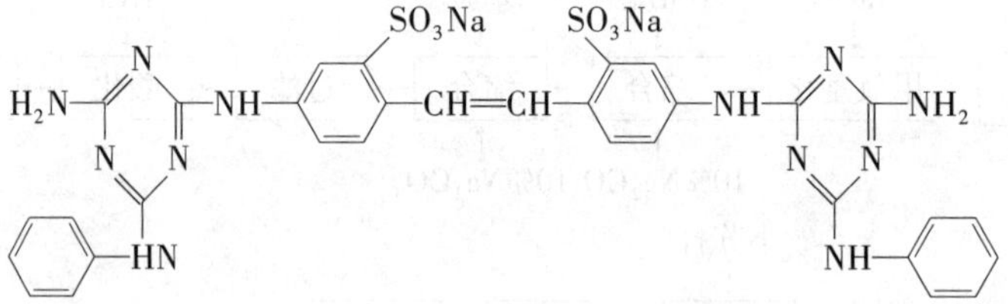

1. 性能

淡黄色粉末。溶于水，水溶液呈蓝色荧光。光谱吸收波长 344nm，荧光发射波长 432nm。可与阴离子型表面活性剂及染料、非离子型表面活性剂同浴使用。

2. 生产原理

将 DSD 酸钠与两分子三聚氯氰在 pH 值为 5~6 的条件下缩合，然后与氨水进行第二次缩合，最后与苯胺缩合，经酸析、过滤等后处理，得到荧光增白剂 RA。反应式如下：

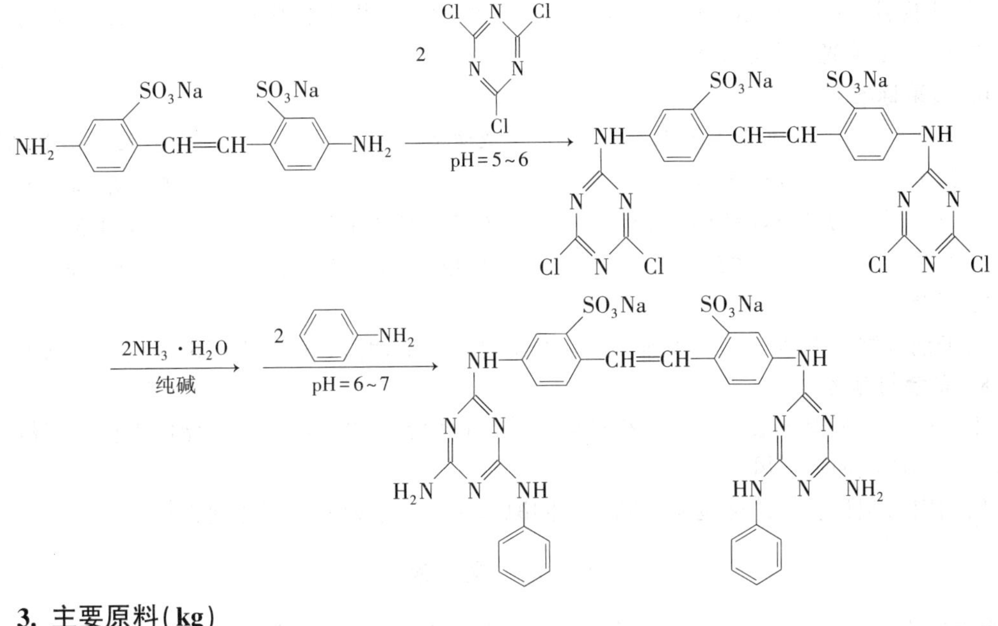

3. 主要原料(kg)

三聚氯氰(98%)	141	盐酸(30%)	75
DSD 酸(双键值 90%)	139	氢氧化钠(98%)	24
氨水(20%)	210	碳酸氢钠(98%)	62
苯胺(99%)	78.5	元明粉(95%)	604
纯碱(98%)	80	氯化钠(工业级)	253

4. 工艺流程

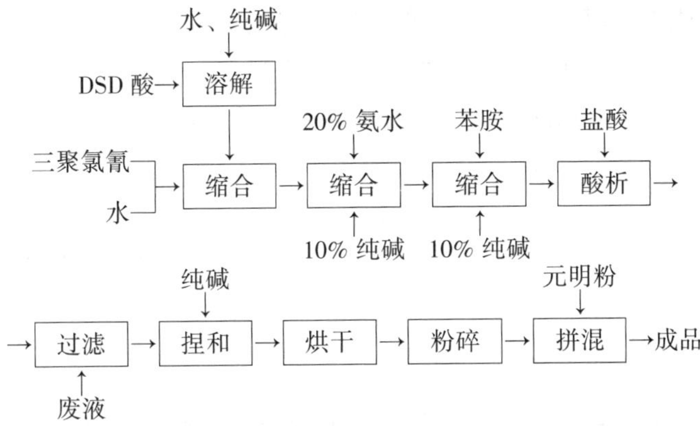

5. 生产工艺

在缩合反应罐中,加入 1500kg 碎冰水,加入少量海波,并用盐酸调节 pH 值至刚果红试纸呈微紫色。然后加入 141kg 三聚氯氰,搅拌均匀。将 139kg DSD 酸配成 10%的水溶液,并用纯碱溶液调节 pH 值为 6~7。然后把 DSD 酸钠盐滴加至上述三聚氯氰中,并随时用 10%的纯碱溶液调节 pH 值为 5~6,滴加完毕,继续搅拌反应 1h,检验氨基消失即为反应终点。然后加入 140kg 20%的氨水进行第二次缩合,用 10%的纯碱溶液调节反应液 pH 值为 7~8,于 40℃下反应 2h。接着加入 78.5kg 苯胺、62kg 碳酸氢钠,于 85℃下搅拌反应 1~1.5h,随时滴加 10%的纯碱溶液控制 pH 值为 6~7。最后补加 70kg 20%的氨水,继续升温至 110℃,并保温反应 2h。

将上述缩合反应液趁热过滤去渣,将滤液降温至 95℃左右,加入盐酸调节 pH 值至 2~

2.5，停止搅拌，冷却析晶。过滤，将滤饼与纯碱捏合，烘干，粉碎，与 604kg 元明粉拼混得到约 1000kg 荧光增白剂 RA 成品。

6. 质量标准

外观	淡黄色粉末	泛黄点	染色深度 0.3%时
色光	与标准品近似		与标准品近似
强度	为标准品的(100±5)%	不溶于水的杂质	≤0.5%
水分	≤5%	细度(过 100 目余量)	≤5%

7. 用途

用于棉纤维、人造丝、人造棉、纸浆纤维等中性浴增白处理，也用于合成洗涤剂中。

8. 安全与储运

生产中使用三聚氯氰、苯胺等有毒或腐蚀性化学品，设备应密闭，操作人员应穿戴劳保用品，车间内应加强通风。

使用内衬塑料袋的铁桶包装，储存于阴凉、通风、干燥处。储存期 2 年。

参 考 文 献

[1] 曹婉鑫，陈洋，唐瑶. 三嗪型二苯乙烯荧光增白剂的研究进展[J]. 中国洗涤用品工业，2015，(02)：78-84.
[2] 刘静. 双三嗪氨基二苯乙烯聚合型荧光增白剂合成与光学性质研究[D]. 西安：陕西科技大学，2011.

5.48 荧光增白剂 BR

荧光增白剂 BR(fluorescent whitening agent BR)又称荧光增白剂 BL、荧光增白剂 PBL。化学名称为 4-苯氨基甲酰氨基-4′-(6-苯氨基-4-羟乙胺基-1,3,5-三嗪-2-氨基)二苯乙烯-2,2′-二磺酸钠。分子式为 $C_{32}H_{28}N_8Na_2O_8$，相对分子质量 698，结构式为：

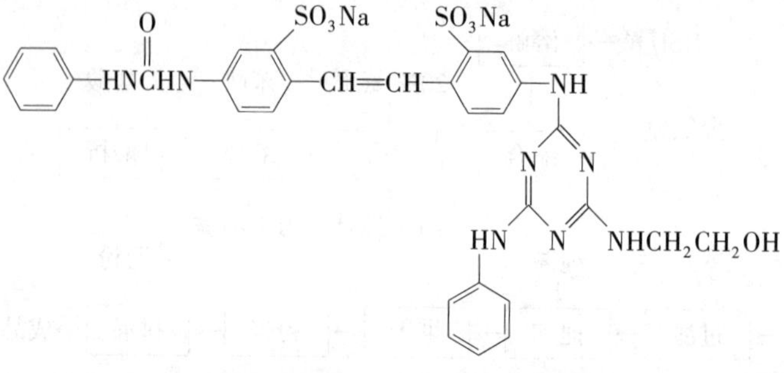

O SO₃Na SO₃Na HNCHN CH=CH NH N N HN N $NHCH_2CH_2OH$

1. 性能

淡黄色粉末。属于阴离子型荧光增白剂，可与阴离子型表面活性剂、非离子型表面活性剂同浴使用。可溶于水，2%的水溶液澄清，带微红紫色荧光。

2. 生产原理

DSD 酸钠首先与异氰酸苯酯缩合，生成酰胺类衍生物，然后，DSD 酸钠中的另一个氨基与三聚氯氰缩合，得到 4-苯氨基甲酰胺基-4′-(4,6-二氯-1,3,5-三嗪-2-氨基)二苯乙烯-2,2′-二磺酸钠，其中的两个氯原子分别与苯胺和乙醇胺发生取代(缩合)反应得到荧光增白剂 BR。反应式如下：

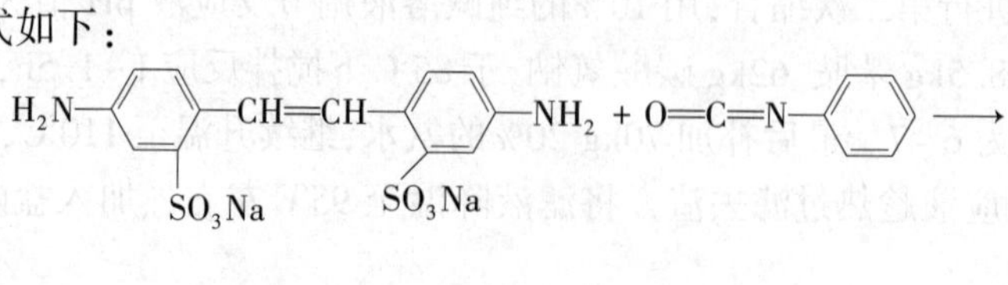

H_2N—CH=CH—NH_2 + O=C=N— ⟶ (SO_3Na, SO_3Na)

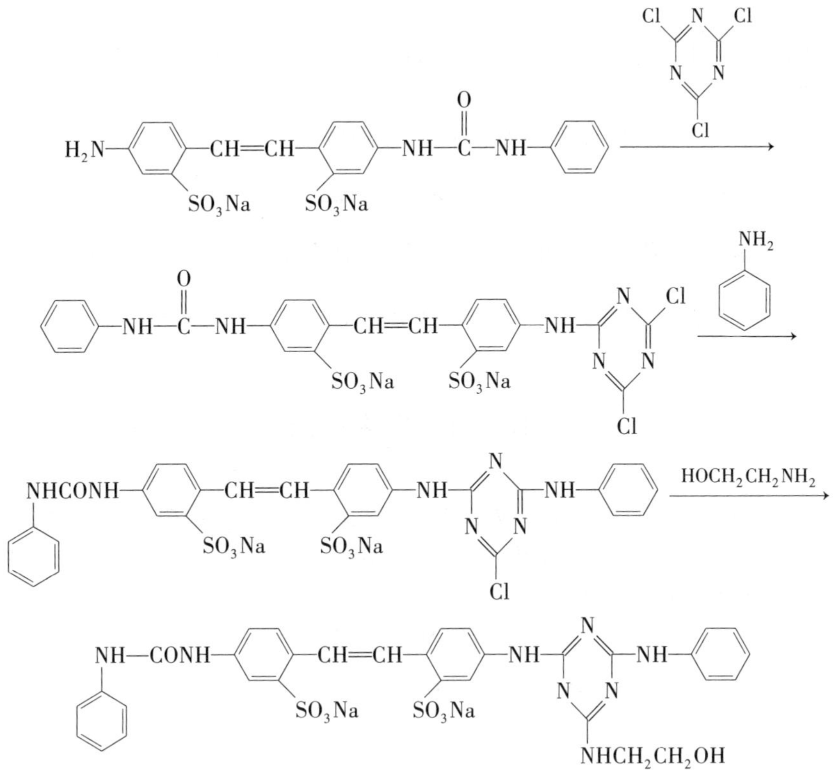

3. 主要原料(kg)

DSD 酸钠	150	苯胺	40.6
异氰酸苯酯	48.5	乙醇胺	97.5
三聚氯氰	81		

4. 工艺流程

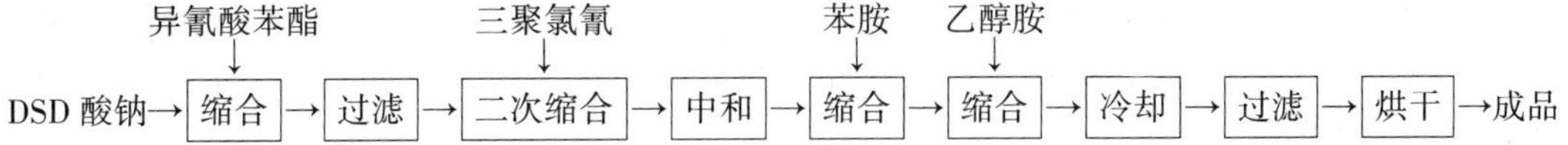

5. 生产工艺

在缩合反应釜中,将 150kg DSD 酸钠与 48.5kg 异氰酸苯酯在丙酮中进行缩合,得到 4-(苯氨基甲酰氨基)二苯乙烯-2,2′-二磺酸钠。过滤后,滴加于用冰冷却至 0℃的 81kg 三聚氯氰中进行第二次缩合,并用 10%的纯碱溶液调节反应液 pH 值为 4~4.5,维持反应 1h。达到终点后,继续控制在碱性条件下,加入 40.6kg 苯胺进行缩合(取代)反应,最后加入 97.5kg 乙醇胺于 100~110℃下进行取代反应。反应完毕,趁热过滤,将滤液用盐酸酸化至 pH 值为 2.0~2.5,冷却析晶。过滤,将滤饼与小苏打捏和,烘干、粉碎后得到荧光增白剂 BR。

6. 工艺控制

① DSD 酸如果颜色很深,可以用活性炭脱色,以免影响产品质量。

② 生产中使用异氰酸苯酯、苯胺等有毒物品,设备必须密封,生产车间应保持良好的通风状态。

7. 质量标准

外观	淡黄色粉末	水分	≤5%
色光	与标准品近似	溶解度(2%水溶液)	澄清,带微红紫色荧光
强度	为标准品的(100±5)%	细度(过 60 目筛)	≥95%

8. 用途

主要用于白色纤维、浅色纤维的增白、拔白印花和白底增白，也用于纸张增白处理。

9. 安全与储运

使用塑料桶密闭包装，储存于阴凉、干燥、通风处。

参 考 文 献

[1] 卢玉群. 基于二苯乙烯型荧光增白剂的新型返黄抑制剂的合成与性能研究[D]. 西安：陕西科技大学，2018.

[2] 陶武松，李文波，曹成波. 混合型二苯乙烯类新荧光增白剂的简易合成与性能[J]. 中华纸业，2009，30(04)：16-21.

5.49 增白剂 VBL

增白剂 VBL(whitening agent VBL)又称荧光增白剂 VBL、荧光增白剂 BSL、增白剂 BF。化学名称为 4,4′-双(4-羟乙胺基-6-苯胺基-1,3,5-三嗪-2-氨基)二苯乙烯-2,2′-二磺酸钠。分子式为 $C_{36}H_{34}N_{12}Na_2O_8S_2$，相对分子质量 872.85，结构式为：

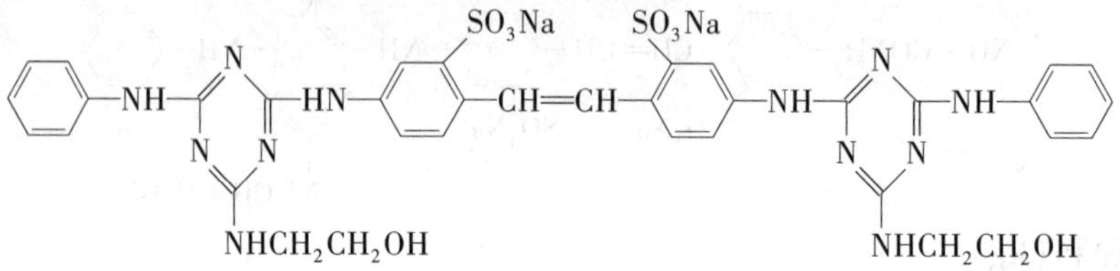

1. 性能

淡黄色均匀粉末，色光为青光微紫。溶于水，呈阴离子型，耐酸碱程度为 pH=6~11，染浴以 pH=8~9 为佳。在酸性溶液中，因酸性加强使荧光逐渐减弱而泛黄。可耐硬水至 300×10^{-6}，耐游离氯至 0.75%，对保险粉稳定，但不耐铜、铁离子，不耐高温焙烘。可与阴离子型表面活性剂、非离子型表面活性剂、过氧化氢同浴使用。不宜与阳离子染料及阳离子型表面活性剂、合成树脂初缩体等同浴使用。具有优良的匀染性和渗染性。光谱吸收波长 346nm，荧光发射光谱波长 434nm。

2. 生产原理

由 DSD 酸钠与两分子三聚氯氰缩合后，再分别与两分子苯胺和两分子乙醇胺进行缩合，得到增白剂 VBL。

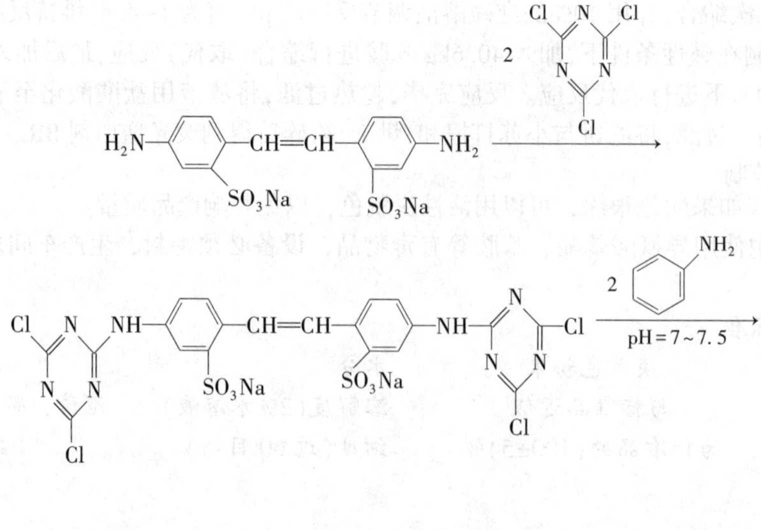

pH = 7~7.5

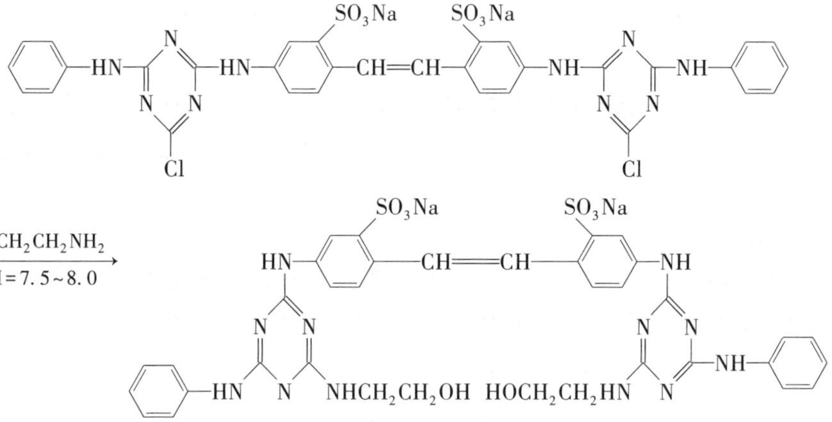

3. 主要原料(kg)

原料	用量	原料	用量
DSD 酸(双键值≥90%)	28.2	氨水(20%)	6.0
三聚氯氰(97%)	29.2		
乙醇胺	18.0	盐酸(30%)	0.2
苯胺	15.0	匀染剂	1
纯碱(98%)	40.0	元明粉	38.0

4. 工艺流程

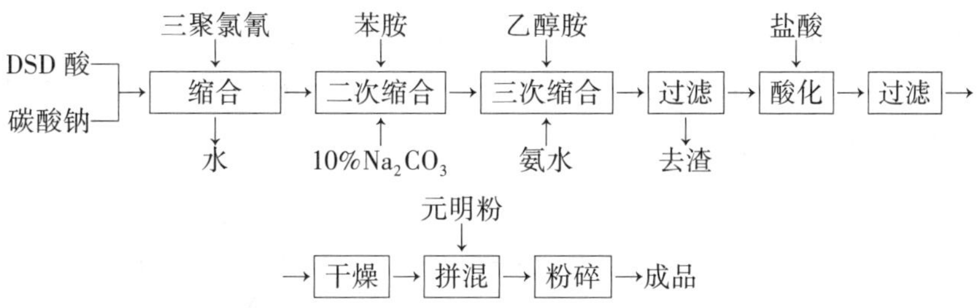

5. 生产工艺

在反应釜中加入 250kg 碎冰块与水，然后加入 29.2kg 三聚氯氰，冷却至 0℃。加入 0.02kg 匀染剂 O(配成 10%的溶液)和 0.2kg 30%的盐酸，搅拌均匀。另向 28.2kg DSD 酸中加入 200kg 水，加入 10%的纯碱溶液，调节 pH 值为 7~8，移入高位槽中。在搅拌下将 DSD 酸加入三聚氯氰中进行缩合反应，控制反应温度为 0~5℃，用 10%的纯碱溶液控制 pH 值在 6~6.5 之间。反应 1~2h 后，测氨基值基本为 0，则达到反应终点。

在上述物料中，在 0.5h 内滴加 15.0kg 苯胺，升温至 30~40℃，并随时滴加 10%的纯碱溶液以保持反应物料 pH 值为 4~4.5。约 1h 后，测氨基值为 0，表示第二次缩合达到终点。接着，加入 18.0kg 乙醇胺和约 6.0kg 20%的氨水，调节 pH 值至 7.5~8.0。升温至 80~85℃，然后继续升温至 104~108℃，保温反应 3h。

反应完毕，加入适量水，过滤去渣，将滤液用盐酸酸化至 pH 值为 1~2，析出结晶。过滤后，向滤饼中加入适量碱、尿素进行捏和，然后烘干。再加入 38.0kg 元明粉进行拼混，粉碎，得到增白剂 VBL。

6. 质量标准

项目	指标	项目	指标
外观	淡黄色粉末	泛黄程度	与标准品近似
含水量	≤5%	荧光增白强度	标准品的(100±5)%

不溶于水的杂质	≤5%	细度(过 100 目筛余量)	≤5%

7. 用途

主要用于纤维素、纤维素织物的增白以及浅色织物的增艳。还用于维纶、锦纶产品的增白，也用于纸张、合成洗涤剂、肥皂、香皂的增白。本品可用食盐、硫酸钠等促染，用匀染剂缓染。

8. 安全与储运

生产中使用 DSD 酸、三聚氯氰、乙醇胺、苯胺等有毒或强腐蚀性、强刺激性原料，反应设备应密闭，操作人员应穿戴劳保用品，车间内应加强通风。产品采用内衬塑料袋的铁桶包装，储存于阴凉、干燥、通风处，储存期 2 年。

参 考 文 献

[1] 李易秋，高静，杨智超，等. 纸中荧光增白剂 VBL 的光老化规律研究[J]. 化学工程师，2023，37（05）：95-99.

[2] 王永运. 荧光增白剂 VBL 系列产品的生产及应用概况[J]. 精细与专用化学品，1998，（08）：2-6.

5.50 增白剂 MB

增白剂 MB(whitening agent MB)又称荧光增白剂 JD-3，化学名称为 4,4′-双(6-邻氯苯胺基-4-羟乙胺基-1,3,5-三嗪-2-氨基)二苯乙烯-2,2′-二磺酸钠。分子式为 $C_{36}H_{32}Cl_2N_{12}Na_2O_8S_2$，相对分子质量 941.7，结构式为：

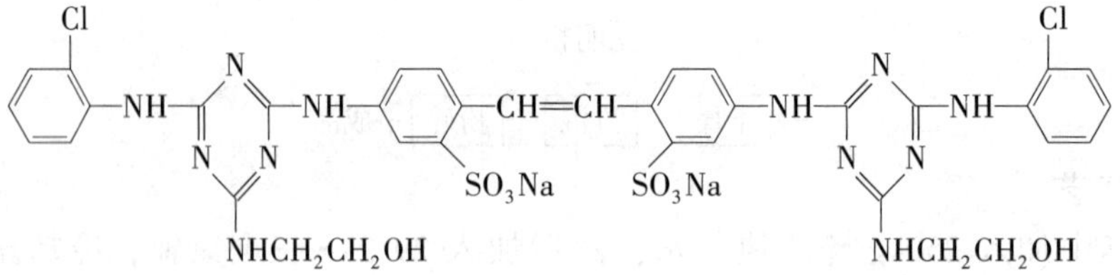

1. 性能

淡黄色粉末，能溶于热水。色光偏青，有较好的耐日光和抗老化性能。属于阴离子型增白剂，适于中性及微碱性染色。

2. 生产原理

DSD 酸与二分子的三聚氯氰进行第一次缩合后，再与乙醇胺进行第二次缩合，然后与邻氯苯胺进行第三次缩合得到增白剂 MB。反应式如下：

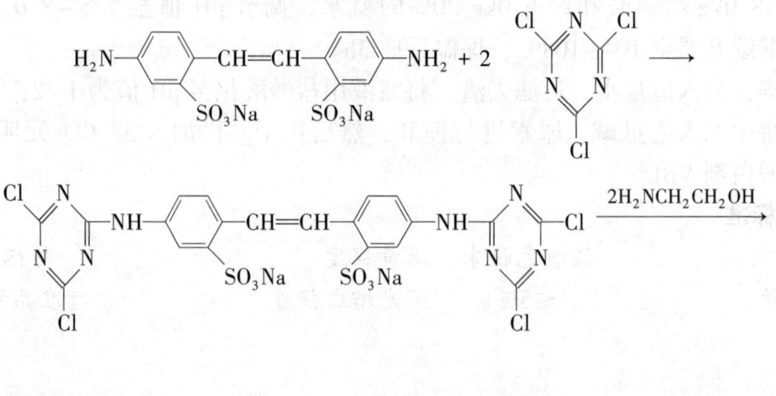

3. 主要原料（kg）

三聚氯氰(工业级)	135.5	乙醇胺	74.3
DSD 酸	137.0	纯碱	90.0
邻氯苯胺	83.0	无水硫酸钠	100.0

4. 工艺流程

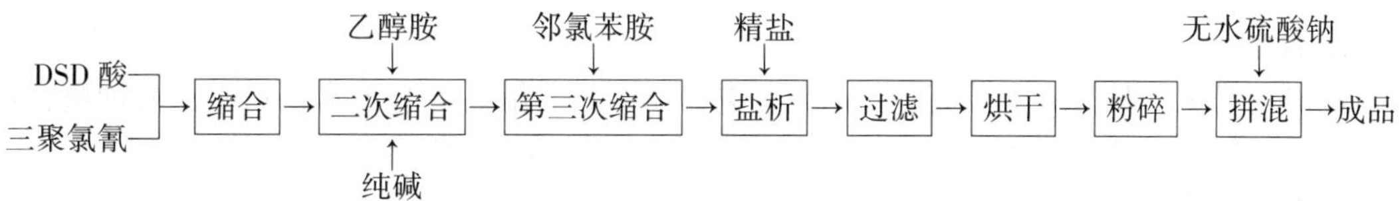

5. 生产工艺

将 137.0kg DSD 酸溶于 600L 水中，加入固体纯碱，调节 pH 值至 6~6.5。另将 135.5kg 三聚氯氰加入 400kg 含碎冰的水中，保温在 0℃左右，加入 0.2kg 平平加 O，充分搅拌均匀。将 DSD 酸溶液慢慢滴加至三聚氯氰溶液中，并用 10%的纯碱溶液调节反应液 pH 值至 4~4.5。维持反应 1h，用点滴分析法检验 DSD 酸的残留量，色圈消失即达到反应终点。然后加入 74.3kg 乙醇胺，升温至 100℃左右反应，并用 10%的纯碱溶液控制物料的 pH 值为 6~7。反应完毕，加入 83.0kg 邻氯苯胺进行第三次缩合，温度控制在 30~35℃，并随时用 10%的纯碱溶液控制 pH 值为 6~7。反应达到终点后，用精盐进行盐析，过滤得到增白剂 MB。然后向增白剂 MB 中加入适量纯碱、尿素进行捏和，烘干。再加入约 100.0kg 硫酸钠进行拼混、粉碎，得到增白剂 MB 成品。

6. 质量标准

外观	淡黄色粉末	水分	≤5%
荧光增白强度	标准品的(100±3)%	细度(过 100 目筛余量)	≤10%

7. 用途

用于纺织品、纸张、肥皂及洗涤剂的增白。在中性和微碱性条件下使用。

8. 安全与储运

生产中使用的三聚氯氰、邻氯苯胺、乙醇胺等原料有毒或有腐蚀性，设备必须密闭，操作人员应穿戴劳保用品，车间内应加强通风。使用内衬塑料袋的铁桶包装，储存于阴凉、通风、干燥处。

参考文献

[1] 于锦亮，彭洁，杨宗义，等. 一种双三嗪氨基二苯乙烯型荧光增白剂合成研究[J]. 信息记录材料，2013，14（04）：23-27.

[2] 王名扬. DSD 酸-三嗪荧光增白剂的合成与性能研究[D]. 济南：山东大学，2013.

[3] 唐鑫，李东风，蔡然，等. 新型荧光增白剂的制备与性能研究[J]. 化工新型材料，2010，38（10）：34-36.

5.51 荧光增白剂 PEB

荧光增白剂 PEB（fluorescent whitening agent PEB）又称荧光增白剂 ACF、荧光增白剂 ACA。化学名称为 5,6-苯并香豆素-3-甲酸乙酯。分子式为$C_{16}H_{12}O_4$，相对分子质量 268.3，结构式为：

1. 性能

黄褐色粉末，具有青光荧光，短时间受热 170℃不分解。不溶于水、乙醚、石油醚，可溶于乙酸、氯仿、苯、甲苯、乙醇、丙酮等。具有良好的增白效果。

2. 生产原理

由 β-萘酚、氢氧化钠和氯仿反应制得 2-羟基-1-萘甲醛，然后与丙二酸二乙酯缩合环化得到荧光增白剂 PEB。

3. 主要原料（质量份）

2-羟基-1-萘甲醛	87	六氢吡啶	5
丙二酸二乙酯	88	无水乙醇（溶剂，可回收）	200

4. 工艺流程

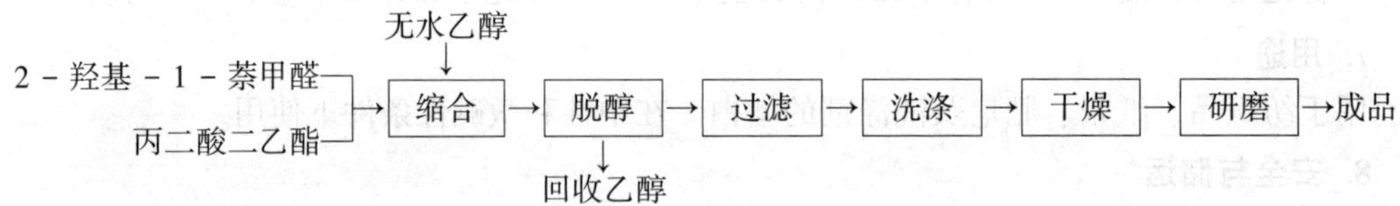

5. 生产工艺

在反应釜中先加入 200 份无水乙醇，然后加入 87 份 2-羟基-1-萘甲醛和 88 份丙二酸二乙酯，搅拌均匀，加入 5 份六氢吡啶和 0.5 份冰乙酸。在搅拌下加热至回流，保温反应3~4h。然后蒸出大部分溶剂乙醇（回收），慢慢加入 300 份水稀释过夜。过滤，将滤饼用冷乙醇洗涤，然后用 120 份水洗涤，干燥后粉碎，得到成品。

6. 质量标准

外观	黄褐色粉末	色光	与标准品近似
荧光增白度	为标准品（100±4）%	细度（过 100 目筛余量）	≤5%

7. 用途

主要用于赛璐珞白料、聚氯乙烯、醋酸纤维、纸浆等白料的增白和色料的增白。也可用作腈纶、涤纶、氯纶、聚氨酯、聚酰胺、黏胶纤维的增白，在上述纤维的纺丝液中进行增白，也可以获得良好的增白效果。

8. 安全与储运

生产中使用的2-羟基-1-萘甲醛、丙二酸二乙酯有毒，缩合反应设备应密闭，溶剂乙醇易燃，车间内应保持良好的通风状态，注意防火。产品采用内衬塑料袋的铁桶包装，密封储存于阴凉、干燥、通风处，储存期2年。

参 考 文 献

霍景沛，洪夏晓，梁晓燕，等. 香豆素型荧光增白剂的合成与应用研究进展[J]. 化学推进剂与高分子材料，2017，15（04）：15-31.

第 6 章　纸加工助剂

6.1 概　述

纸加工是为了使传统的造纸工业生产的纸张产品在性能上满足各种用途的使用要求，而对纸张进行的二次加工。在对纸张进行二次加工的过程中，需要使用大量的化学助剂，如涂布黏合剂、涂布颜料、涂布分散剂、防水剂、消泡剂、润滑剂、增白剂及防腐剂，信息记录纸加工中使用的光敏剂、隐色染料、显色剂以及其他加工纸用助剂。

涂布黏合剂有改性淀粉及其衍生物 、改性纤维素及其衍生物和各种合成高分子化合物，主要品种有氧化淀粉、羟乙基淀粉、羧甲基淀粉、阿拉伯胶、明胶、酪素、丁苯胶乳、丁腈胶乳、丙烯酸树脂、有机硅高分子、聚氨酯等。涂布助剂有水溶性高分子分散剂(如聚丙烯酸钠)、有机硅或有机氟防水剂、流动调节剂(如降黏剂聚乙二醇、聚乙烯吡咯烷酮、双氰胺、尿素等，增稠剂聚丙烯酰胺、羧甲基纤维素、聚氧化乙烯等)、各种荧光增白剂、有机硅和以阳离子型表面活性剂为主的柔软剂、润滑剂(如高分子蜡、硬脂酸、聚氧乙烯酯)等。纸张疏水是提高纸张性能的一个重要研究方向，疏水纸张被广泛应用于食品包装和冷库商品包装等方面。纸张防水处理主要是在纸张表面涂布氟/硅改性施胶剂或聚丙烯蜡(WPP)改性施胶剂。

随着社会的进步和人民生活质量的提高，对各种具有特殊功能的纸张品种及用量的需求越来越大，现代化的工业技术和生活方式对纸张的性能提出了许多新的要求，而这些要求几乎都要通过采用各种具有特殊功能的造纸助剂才能实现。也就是说纸加工化学助剂的结构和性能对纸的物理机械性能和使用性能起决定性作用。市场上需求的各种特种纸(导电纸、绝缘纸、磁性纸、抗静电纸、抗菌纸、防虫纸、防鼠纸、耐火纸、防锈纸、食品包装纸、有机硅纸、离子交换纸、保密纸、耐擦纸、滤油纸、自粘印刷纸、装潢纸、闪光纸、化纤纸、无机纤维纸等)的特殊功能都需要添加各种功能的助剂来实现，因此需要大力开发具有特殊功能造纸助剂。我国在这一领域的研究和开发应用都有巨大的发展空间。

参 考 文 献

[1] 胥军，杨洋. 造纸化学品产业的发展与应用[J]. 华东纸业，2020，50 (02)：44-46.

[2] 李婷，杜少辉，郭润兰，等. 纸张阻燃化学品的阻燃机理及应用技术研究进展[J]. 中国造纸，2021，40 (05)：95-101.

[3] 胡杨飞. 非离子型水性聚氨酯的制备及在纸张加工中的应用[D]. 杭州：浙江工业大学，2014.

[4] 肖圣威. 聚丙烯蜡乳化及在纸张加工中的应用[D]. 杭州：浙江工业大学，2013.

[5] 孙欣然，李梦艳，刘柯，等. 纳米纤维素在造纸中的研究应用进展[J]. 中国造纸，2024，(07)：1-7.

6.2 豆 酪 素

豆酪素(soybean casein)又称大豆酪蛋白、豆蛋白。

1. 性能

白色至奶油色粉末。用于涂布胶黏剂的豆酪素呈奶油色。含水率 8%~10%。等电点 pH 值为 4.6，溶于稀碱液，无毒、无臭、无味。豆酪素用于涂布胶黏剂可提高涂层的不透明度、平滑度、光泽度、油墨吸收性，这些指标与干酪素接近。豆酪素对颜料具有很好的黏结强度，同时具有胶溶和保护胶体的作用。缺点是耐水性差、易起泡，颜色较暗。

2. 生产原理

大豆脱脂后的饼粕中含有 45%~55%的大豆蛋白。豆酪素的生产以脱脂豆粉(饼)为原料，先用 0.1%~0.2%的碱液抽提，分离出来的蛋白液用酸调节 pH 值，在 pH 值为 4.3~4.5 时沉析出粗豆酪素。再经碱水解、酸化、洗涤、脱水、干燥制得水解豆酪素。豆酪素的性能接近干酪素，而且价格便宜，资源丰富，因而得到广泛应用，可部分替代干酪素。

3. 工艺流程

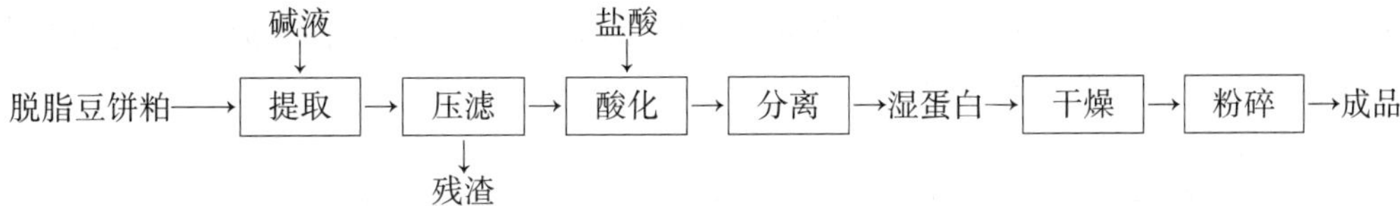

4. 主要原料(kg)

大豆饼粕	1562.5	盐酸(30%)	230
氢氧化钠(98%)	75		

5. 生产工艺

将 1562.5kg 大豆油加工副产物大豆饼粕干燥后粉碎，并过 100 目筛，将豆粉投入碱提罐中，加入 25000L 0.3%的氢氧化钠溶液浸泡 8~12h，每隔 1h 搅拌 10min。然后放置澄清 6~8h。虹吸出上层清液，下层混浊物与沉淀经压滤机压滤，滤饼中和回收后可作饲料。将滤液与上层清液合并送入酸化罐。将 5%的盐酸溶液加入碱提液中，搅拌均匀，并仔细调节溶液的 pH 值到豆酪素的等电点(pH=4.6)，同时加热至 40~60℃，保温放置，则会析出豆酪素。注意夏天应加入适量防腐剂。

沉淀澄清后，虹吸除去上层清液，将下层沉淀倒入布袋压滤，得到含水量约 80%的湿豆酪素。将湿豆酪素在 50℃干燥、粉碎、过筛即得到非水解豆酪素白粉 。

若将等电点析出的豆酪素凝乳用碱水解，然后酸化，洗涤脱水并干燥，可得到水解豆酪素。

6. 质量标准

外观	白色至奶油色粉末	灰分	≤4.8%
水分	≤5.2%	粗纤维	≤3.4%
脂肪	≤0.3%	pH 值(1：10 水分散液)	6.6

7. 用途

主要用于配制蛋白质胶。蛋白质胶是水溶性无毒无害的胶黏剂，价格较低，使用方便，用于纸制品、木器和书籍装订等。造纸业中用于生产涂布纸，特别适用于部分特级品种的纸张和白板纸。

8. 安全与储运

本产品无毒，使用内衬塑料袋的铁桶包装，储存于阴凉、干燥处。

参 考 文 献

黄建林，孙曼娜. 豆酪素在涂布纸涂料中的应用[J]. 中华纸业，2015，36（16）：38-40.

6.3 PC-02 纸品乳液

PC-02 纸品乳液（emulsion PC-02 for paper）的主要成分为丙烯酸酯与苯乙烯共聚物。

1. 性能

白色或浅蓝色乳液。丙烯酸酯与苯乙烯共聚而成的阴离子型自交联乳液树脂。机械稳定性好，抗剪切力好，与涂料中其他组分相容性好；具有良好的机械稳定性，起泡性不大；配成涂料的低切变黏度及高切变游动性适中，无粘辊及破洞现象，有良好的耐湿摩擦性，适中的黏合力；有优良的耐溶剂性，与其他可溶性黏合剂有良好的相容性，成纸有良好的光泽度。pH 值为 8~9，最低成膜温度 0℃。

2. 生产原理

由丙烯酸酯和苯乙烯在过硫酸铵引发剂作用下，以乳液聚合法制备。乳化剂为十二烷基硫酸钠和 OP-10，反应温度控制在 70~74℃。另外加入交联剂丙烯酸烯丙酯，使聚合物链产生适度交联，可赋予纸张以高光泽度。固含量控制在 50%。可根据需要调整聚合反应配方。

丁苯胶乳常与豆酪素、变性淀粉混合用作涂布加工纸涂料中的黏料，丁苯胶乳中的长链分子中含有双键，易氧化而使涂层发黄，而与丙烯酸酯共聚，可以克服这一缺点。

3. 工艺流程

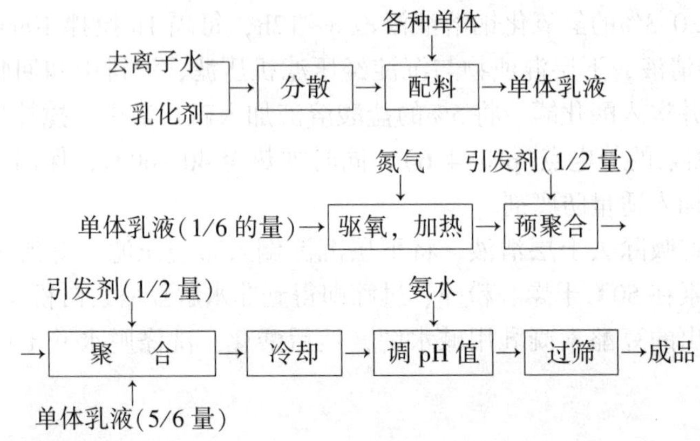

4. 主要原料（kg）

丙烯酸丁酯（工业级）	730	十二烷基硫酸钠	10
苯乙烯（工业级）	240	乳化剂 OP-10	20
丙烯酸（工业级）	30	过硫酸铵（98%）	4
丙烯酸烯丙酯（工业级）	1	去离子水	1000

5. 生产工艺

工艺一

将 1000L 水投入配料罐中，再加入 20kg 乳化剂 OP-10 和 10kg 十二烷基硫酸钠，搅拌溶解。待乳化剂分散均匀后，在剧烈搅拌下将730kg丙烯酸丁酯、1kg丙烯酸烯丙酯、30kg丙烯酸和240kg苯乙烯单体全部投入配料罐中，搅拌0.5~1h，制成均匀的乳状液。停止搅拌，将乳状液转入单体高位槽中。

将340kg单体乳液(约为总量的1/6)加入装有回流冷凝器和通氮气装置的聚合反应釜中，搅拌，通氮气驱尽体系中的氧气，并加热升温，控制温度为70~75℃。当温度达到70~75℃时，加入由2kg过硫酸铵配制的引发剂(约为总量的1/2)，单体开始发生聚合反应。然后以细流慢慢加入高位槽中的单体乳液，2~3h内加完，在0.5h时补加一点剩余的引发剂。单体加完后，加入剩余的引发剂，升温至95℃，保温反应0.5h。

聚合反应结束后，停止通氮气，在搅拌下慢慢降至室温。用氨水中和胶乳至pH值为8~9。经100目筛过滤，得到PC-02纸品乳液。

工艺二

将140mL水、1.5g十二烷基硫酸钠、0.5g OP-10和4g二乙醇胺加入反应瓶中，在搅拌下升温到60℃，加入0.2g亚硫酸氢钠和约一半质量的混合单体。混合单体由30g丙烯酸丁酯、10g丙烯酸甲酯、2g丙烯酸、8g苯乙烯及1g *N*-羟甲基丙烯酰胺组成，搅拌均匀后分别滴加引发剂溶液(由0.4g过硫酸铵溶于20mL水)和混合单体溶液。待聚合反应开始后，体系自动升温至80~85℃。保温，继续滴加单体和引发剂溶液，约0.5h加完。引发剂在单体加完后10min左右加完。继续保温反应约1.5h。在搅拌下冷却至40℃，放料得到发蓝光的丙烯酸酯-苯丙乳液。

工艺三

在反应器中加入5g三乙醇胺、116mL水和2g十二烷基硫酸钠，在搅拌下加入2g亚硫酸氢钠和1.0g过硫酸钾，升温至50℃，将40g丙烯酸丁酯、4g丙烯酸与10g苯乙烯混合液滴加到乳化液中，引发聚合后体系自动升温至85~90℃，在该温度下继续反应约1.5h，得到聚合物乳液，在搅拌下冷却至45℃，放料即为产品。该产品外观为半透明乳液，固含量为30%，pH值为5.5~6.0，黏度为0.1Pa·s；离心稳定性：转速3500r/min，10min内不发生分层和凝胶。该胶乳可赋予纸张良好的光泽度和白度。

6. 质量标准

外观	白色或浅蓝色乳液	pH值	7~9
固含量	(50±1)%	T_g值(最低成膜温度)	约0℃

7. 用途

造纸工业用作涂布纸生产中的涂布胶黏剂，配制涂布涂料。与其他组分相容性好，可赋予纸张良好的光泽度、抗毛强度和白度，可提高纸张的干湿强度。乳胶黏度较低，机械稳定性良好，适用于气刀涂布涂料用胶黏剂。

8. 安全与储运

车间内应加强通风，设备应密闭，操作人员应穿戴劳保用品。使用铁桶或塑料桶包装，储存于通风、阴凉处。

参 考 文 献

[1] 陈泓丞，姚志伟，李喜坤，等. 纳米纤维素乳化苯乙烯-丙烯酸酯共聚物的制备及性能研究[J]. 中国造纸，2022，41(03)：27-35.

[2] 吴宗华，赖晓玲，陈少平，等. 阳离子型苯乙烯-丙烯酸酯共聚物的表面施胶性能[J]. 造纸化学品，2008，(03)：4-6.

6.4 自交联型纸品乳液

自交联型纸品乳液(self-crosslinking emulsion for paper)的主要成分为自交联型聚丙烯酸乳液。

1. 性能

发蓝光乳液，固含量38%~40%，pH值为6~7，室温下可储存半年以上(乳液不分层)。该胶乳具有以下特点：胶乳稳定性好，只要聚合条件控制得当，得到的聚合物乳液颗粒细小，储存稳定性好，涂布时不易发生破乳，成膜均匀；耐酸碱盐能力强，适应的pH值范围宽，与颜料、填料及其他黏合剂的相容性良好；耐光性和耐热性优良；具有较好的耐溶剂性；黏合性和成膜性可以根据需要进行调节，且因分子链中含有极性基团如酯基等，与纤维和其他涂布组分的结合性好，成膜光亮平滑，涂层手感很好。

2. 生产原理

由丙烯酸甲酯和丙烯酸丁酯以及丙烯腈、丙烯酰胺在过硫酸钾引发剂存在下，通过游离基型乳液共聚反应得到自交联型聚丙烯酸乳液。

乳液聚合用水作分散介质，采用水溶性引发剂如过硫酸盐，由于乳液易在高温下破乳，所以可采用氧化还原引发体系。由于单体丙烯酸酯不溶于水，在水中通过乳化剂形成乳液颗粒。通过共聚合后，得到的共聚物乳胶粒径为0.2~0.5μm，若粒径小于0.1μm，则称为细微乳液。共聚物具有无规结构。乳化剂一般为阳离子型表面活性剂如脂肪酸钠、十二烷基硫酸钠等，为提高乳化稳定性，可同时加入非离子型表面活性剂。经搅拌，单体和水形成乳液。在丙烯酸酯共聚中，软硬单体比例可以调节，使共聚物分子链具有所需的柔软性。

3. 工艺流程

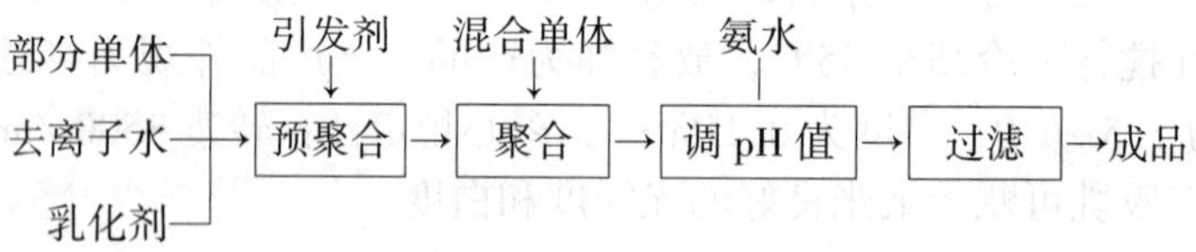

4. 主要原料(质量份)

丙烯酸甲酯(工业级)	28	十二烷基硫酸钠(化学纯)	4
丙烯酸丁酯(工业级)	328	吐温80	8
丙烯腈(工业级)	32	丙烯酸	4
丙烯酰胺(工业级)	8	过硫酸钾(化学纯)	2
甲醛(36%)	5.2	去离子水	600

5. 生产工艺

将328份丙烯酸丁酯、28份丙烯酸甲酯和32份丙烯腈投入配料罐中，混合均匀后，将混合单体转入单体高位槽中。将1/3混合单体、1/5去离子水和乳化剂加入反应釜中，在搅拌下进行预乳化。升温到55℃，加入1/5的过硫酸钾引发剂水溶液(引发剂用水溶解)。继续升温至75℃，分别滴加引发剂溶液、混合单体及丙烯酰胺与1/5的水的混合溶液。聚合反应开始后，体系放热，自动升温至85℃左右，停止加热，控制滴加速度保持回流状态(如过速可通冷却水降温)。加完单体后，余下1/5的引发剂溶液于10min内加完，然后继续在搅拌下反应15min，加入5.2份甲醛水溶液，于85℃下保温1h，冷却降温至45℃以下，加入氨水调节pH值至6~7，温度达40℃左右时出料，过滤即得到自交联型纸品乳液。

6. 质量标准

外观	发蓝光乳液	pH 值	6~7
含固量	(39±1)%	机械稳定性	≤1%
未反应单体	<3%	储存稳定性	常温半年不分层

7. 用途

用作涂布加工纸涂料中的黏料，成膜过程中可自行形成交联结构，具有高度的机械稳定性、高剪切稳定性，耐紫外光、抗老化性好，色白不泛黄，超级压光时不粘辊，成品纸具有良好的吸墨性和耐湿磨性，以及较高的光泽度和拉毛强度。本品与涂料中其他组分的相容性好，并能配制高固含量的涂料，适用于各种涂布工艺。

8. 安全与储运

反应设备应密闭，车间内应加强通风，操作人员应穿戴劳保用品。使用铁桶或塑料桶包装，储存于阴凉、通风处。储存期大于半年。

参 考 文 献

[1] 闫展. 低温反应型聚丙烯酸乳液聚合及应用[D]. 西安：西安工程大学，2012.

[2] 吴胜华，姚伯龙，陈明清，等. 功能型丙烯酸乳液的合成及其性能[J]. 江南大学学报，2003，(03)：293-296.

6.5 丁苯胶乳

丁苯胶乳(styrene-butadiene latex)作为胶黏剂早已用于纸张涂布。基本结构为：

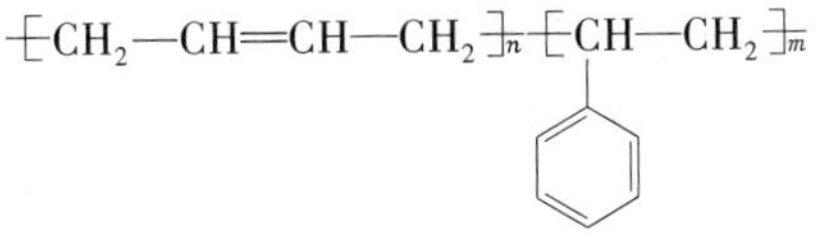

$$\left[CH_2-CH=CH-CH_2\right]_n\left[\underset{\displaystyle C_6H_5}{CH}-CH_2\right]_m$$

1. 性能

白色黏稠乳状液，固含量 50%，pH 值 9~10，平均粒径 0.02~0.2μm。丁苯胶乳的性能既受聚合条件(如乳化剂、压力、温度、调节剂)的影响，同时受共聚单体苯乙烯与丁二烯比例的影响。当苯乙烯含量增高时，胶乳的增塑性增强，硬度增大，压光时需要较高的压力和温度，可压出光泽度和平滑度较高、成膜性能好的纸张，但涂料的黏着力和稳定性下降。大多数纸张涂布用丁苯胶乳的苯乙烯含量为 50%~60%，对应的丁二烯含量为 40%~50%。

2. 生产原理

苯乙烯和丁二烯单体在一定聚合条件下，以水为介质用乳液法聚合，得到乳胶状共聚物。

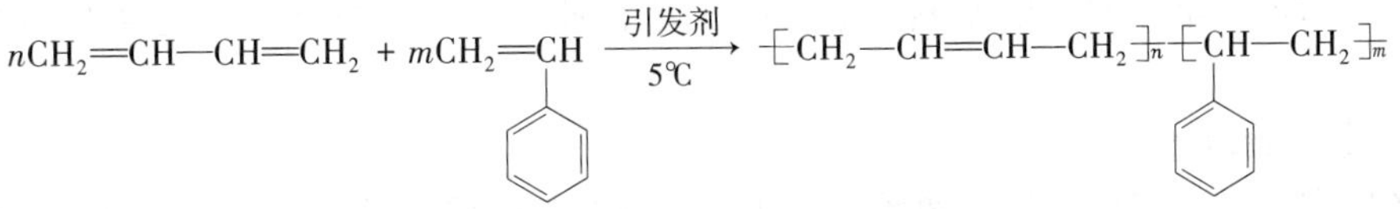

$$nCH_2=CH-CH=CH_2+m\underset{\displaystyle C_6H_5}{CH_2=CH}\xrightarrow[5℃]{引发剂}\left[CH_2-CH=CH-CH_2\right]_n\left[\underset{\displaystyle C_6H_5}{CH}-CH_2\right]_m$$

苯乙烯与丁二烯的共聚反应技术在工业上是十分成熟的。乳液法生产丁苯胶乳可在 50℃聚合，称为热法丁苯胶。在 5℃时聚合，称为冷法丁苯胶。冷法制得的胶在质量和均匀性等方面较好，目前 80%的丁苯胶乳采用冷法生产。

3. 工艺流程

去离子水、十二硫醇、引发剂→分散（加乳化剂）→冷却→混　合（加丁二烯、苯乙烯）→聚合→闪蒸→减压浓缩→成品

4. 主要原料(质量份)

(1) 典型原料配比

苯乙烯	50~60	链转移剂	0.5
丁二烯	40~50	螯合剂	0.5
相对分子质量调节剂	0~15	缓冲盐	0.25
乳化剂	0.5	电解质	0.5
引发剂	0.5		

(2) 生产配方

1,3-丁二烯(≥99.5%)	222.4	十二硫醇(分子调节剂)	适量
苯乙烯(≥99.5%)	333.6	叔丁基过氧化氢(≥70%)	3
乳化剂(阴离子)	15	亚硫酸氢钠	3
β-苯基萘胺(防老剂)	5	去离子水	550

5. 生产工艺

将去离子水、乳化剂和十二硫醇投入配料乳化锅中，搅拌。向夹层中通入冰盐水冷却，降温至5℃后，加入丁二烯和苯乙烯，搅拌成乳状液物料，得到混合单体乳液。

混合单体乳液进入串联共聚反应釜的第一聚合釜后，缓慢加入一定量引发剂叔丁基过氧化氢和亚硫酸氢钠的水溶液。在5℃左右搅拌聚合1~2h后，转入第二聚合釜。加入少量引发剂，继续在5℃搅拌聚合1~2h。第一聚合釜则同时进料，开始聚合。如此连续进行。经串联2~3级聚合后，聚合转化率约65%。聚合后的乳状液经加热炉进入闪蒸器，蒸出未聚合的单体丁二烯和苯乙烯。馏出液经分馏塔进一步精制，回收丁二烯和苯乙烯循环使用。

将闪蒸后脱去单体的乳状液送入减压浓缩罐，加入适量防老剂β-苯基萘胺，搅拌均匀后在50~60℃加热搅拌，减压浓缩至胶液固含量约50%时，停止加热，搅拌降温至室温后出料即为产品丁苯胶乳。

6. 质量标准

外观	乳白色乳液	pH值	10~13
固含量	≥40%	黏度(恩氏)	200~1500
相对密度	0.9~1.0		

7. 用途

用作涂布加工纸涂料中的黏料。通常很少单独使用，常与酪蛋白、变性淀粉等混合使用。

8. 安全与储运

设备应密闭，车间内应加强通风，操作人员应穿戴劳保用品。使用铁桶包装，储存于阴凉、通风处。

参考文献

[1] 张莉，牛千雪. 不同类型的胶乳对白卡纸性能的影响[J]. 中华纸业，2018，39（06）：39-42.

[2] 郭义，冯明仕，刘延春，等. 丁苯胶乳用量对涂料及涂布纸性能的影响[J]. 造纸化学品，2007，（01）：44-46.

6.6 聚偏二氯乙烯胶乳

聚偏二氯乙烯胶乳[poly(vinylidene dichloride) latex]是以偏二氯乙烯为主，与其他单体共聚而成的二元或三元共聚物。常用的共聚单体有：甲基、乙基、异丁基和辛基等烷基丙烯酸酯、乙酸乙烯酯、氯乙烯、丙烯腈等。其主单体聚合物结构为：

$$\left[\mathrm{CCl_2{-}CH_2}\right]_n$$

这里介绍的是以偏二氯乙烯为主，乙酸乙烯酯和丙烯腈为辅的三元共聚物。

1. 性能

黏稠状透明液体，黏度 0.3～4Pa·s，平均粒径 0.1～0.2μm。成膜性、耐油性、耐水性、适印性优良，光泽性好。具有较高的机械稳定性，与涂料中其他组分相容性好。

2. 生产原理

在过硫酸铵引发剂存在下，偏二氯乙烯（1,1-二氯乙烯）与乙酸乙烯酯、丙烯腈发生共聚，得到聚偏二氯乙烯乳液。

$$n\,\mathrm{CCl_2{=}CH_2} \xrightarrow{\text{引发剂}} \left[\mathrm{CCl_2{-}CH_2}\right]_n$$

反应介质为去离子水，通过乳液法聚合，反应条件为弱碱性，温度为 80℃。有间歇和连续生产法。间歇法是将水、乳化剂、引发剂等添加剂一起加入聚合釜中，然后加入偏二氯乙烯单体。反应到达终点时，减压除去过量单体，在生成的乳液中加入必要的添加剂。连续法是分批连续将共聚单体、引发剂、乳化剂等加入反应釜中，严格控制反应条件，使共聚物相对分子质量分布均匀。常用阴离子型表面活性剂进行乳化，一般使用的乳化剂有烷基烯丙基磺酸钠、烷基磺酸钠等。常用的引发剂有过硫酸盐等。分解促进剂常用过氧化氢、有机过氧化物等。

3. 工艺流程

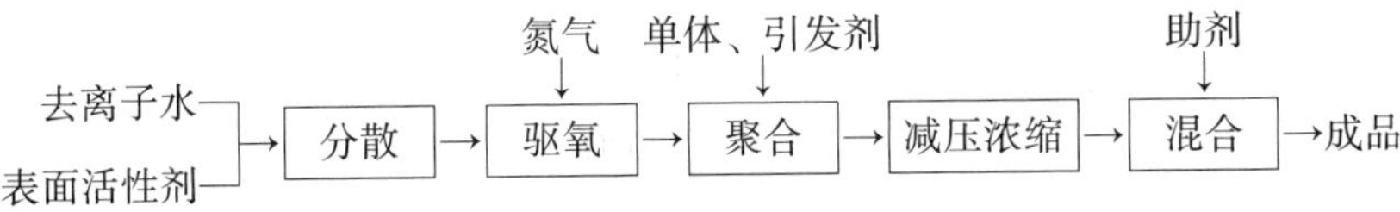

4. 主要原料(kg)

原料	用量	原料	用量
偏二氯乙烯(≥99%)	445	过硫酸铵(≥99%)	10
乙酸乙烯酯(≥99.5%)	56	过氧化氢	适量
丙烯腈(≥99.5%)	33	硼砂(相对分子质量调节剂)	适量
十二烷基磺酸钠(工业级)	20		

5. 生产工艺

将550L去离子水、20kg十二烷基磺酸钠加入高压聚合釜中，然后搅拌。向夹套层中通入80℃的循环水。通入氮气驱尽高压反应釜内的氧气，然后加入56kg乙酸乙烯酯、33kg丙烯腈、10kg 10%的过硫酸铵水溶液、适量过氧化氢和硼酸，停止通氮气，关闭所有出口阀门。在搅拌下以旋转泵向高压聚合釜中加入一定量偏二氯乙烯，压力达到规定值立即停泵，待压力下降至规定值以下后，再开泵泵入偏二氯乙烯，直至应加入的偏二氯乙烯已全部泵入。加料完毕，于80℃下搅拌1h。停止加热，搅拌降温至室温。开阀泄压后，将聚合反应物料转入减压浓缩罐中，在50~60℃/5.3~8.0kPa下减压浓缩，除去未聚合的单体和少量水，至固含量达到50%。搅拌降温至室温后，加入防老剂等助剂，搅拌均匀，出料即得到聚偏二氯乙烯胶乳。

6. 质量标准

外观	黏稠状透明液体	平均粒径	0.1~0.2μm
固含量	45%~60%	相对密度	1.17~1.3

7. 用途

用作涂布加工纸涂料中的黏料，可用于制备纸和纸板或塑料薄膜的涂布涂料。经过涂布的纸和纸板具有很好的隔气性、防潮性、耐热性、耐油性、耐药品性、适应性和保香性，是良好的食品包装及药物包装材料。使用时可用软水稀释，可适应高速气刀涂布机涂布。此外，稀释后还可作为混凝土添加剂。也广泛用于涂料工业。

8. 安全与储运

生产中使用偏二氯乙烯、丙烯腈等，设备应密闭，车间内应加强通风，操作人员应穿戴劳保用品。高压聚合反应釜必须符合耐压要求。使用铁桶包装，存放于-3~50℃条件下。

参 考 文 献

刘亚建，陈祖良，章月红，等. 聚偏二氯乙烯胶乳涂覆纤维纸的应用研究[J]. 包装工程，2000，(04)：17-18.

6.7 聚乙酸乙烯酯

聚乙酸乙烯酯(polyvinyl acetate)又称聚醋酸乙烯酯，由乙酸乙烯酯单体聚合而成。基本结构为：

$$\left[\mathrm{CH_2}-\underset{\underset{\displaystyle\overset{\displaystyle\|}{\mathrm{O}}}{\mathrm{OCCH_3}}}{\underset{|}{\mathrm{CH}}}\right]_n$$

1. 性能

乳白色稠厚胶液。无臭、无味、无毒，耐稀酸碱，吸水性大。具有热塑性，黏着力强。均聚物具有树脂特性，玻璃化转变温度为28~30℃。

2. 生产原理

乙酸乙烯酯在引发剂存在下采用乳液聚合，得到聚乙酸乙烯酯胶乳。

$$n\mathrm{CH_2{=}CH{-}O{-}\overset{\overset{O}{\|}}{C}CH_3} \xrightarrow{\text{引发剂}} \mathrm{\left[CH_2{-}\underset{\underset{\underset{\underset{O}{\|}}{OCCH_3}}{|}}{CH}\right]_n}$$

用作黏料的聚乙酸乙烯酯除乳液聚合外，也可采用分散聚合法，分散介质可以是水，也可以是非水溶剂，单体在水中的分散是靠强烈的搅拌来实现的。工业上生产聚乙酸乙烯酯胶乳通常采用乳液聚合法，所用的乳化剂为 OP-10，也可使用聚乙烯醇(充当高分子表面活性剂)作为相转移催化剂。

3. 工艺流程

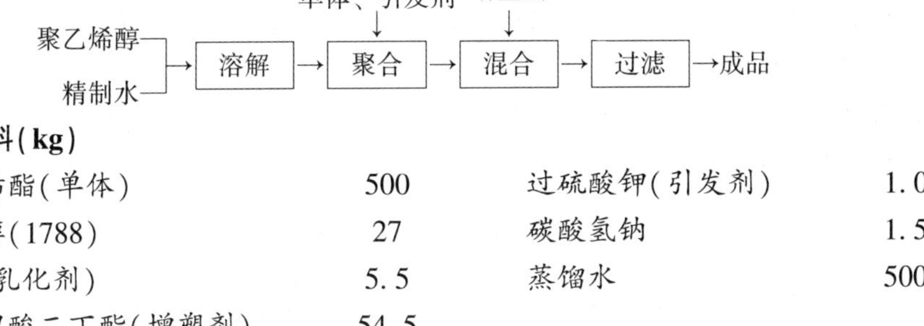

4. 主要原料(kg)

原料	用量	原料	用量
乙酸乙烯酯(单体)	500	过硫酸钾(引发剂)	1.0
聚乙烯醇(1788)	27	碳酸氢钠	1.5
OP-10(乳化剂)	5.5	蒸馏水	500
邻苯二甲酸二丁酯(增塑剂)	54.5		

5. 生产工艺

(1) 实验室制法

将 156mL 去离子水和 12g 聚乙烯醇加入装有搅拌器、回流冷凝管和滴液漏斗的三口瓶中，升温至 80℃，将聚乙烯醇完全溶解。另将 2g 过硫酸钾用 10mL 水溶解，将此溶液的一半加入反应瓶，通入氮气。体系降温至 65~70℃，加入 1g 亚硫酸氢钠，然后滴加 120g 乙酸乙烯酯，加完后再将剩余的引发剂溶液加入反应瓶中。升温至 90~95℃，继续聚合约 1.5h。冷却至 50℃，加入 0.5g 碳酸氢钠溶于 10mL 水制成的溶液，再加入 20g 邻苯二甲酸二丁酯作为增塑剂，在搅拌下冷却，得到乳白色黏稠液体，即得到聚乙酸乙烯酯胶乳。

(2) 工业制法

将 500L 去离子水加入聚乙烯醇溶解釜中，然后加入 27kg 聚乙烯醇，加热升高温度至 80℃，搅拌 4~6h，配制成聚乙烯醇溶液。

将乙酸乙烯酯投入单体计量槽中，将邻苯二甲酸二丁酯投入增塑剂计量槽中，并将预先配制好的 10%的过硫酸钾溶液和 10%的碳酸氢钠溶液按规定量分别加入引发剂计量槽中和 pH 值缓冲剂计量槽中。将聚乙烯醇溶液由聚乙烯醇溶解釜通过过滤器，用隔膜泵输送到聚合釜中，并加入 5.5kg OP-10，开动搅拌使其溶解。由单体计量槽向聚合釜中加入 75kg 单体乙酸乙烯酯，并加入占总量 40%的过硫酸钾溶液，在搅拌下乳化 30min。

通过聚合反应釜夹套，通水蒸气加热至 60~65℃。因聚合反应是放热反应，故釜内温度自行升高，可达 80~85℃。待回流减少时，开始由单体计量槽向反应釜中滴加剩余的 425kg 乙酸乙烯酯，并通过引发剂计量槽向反应釜中滴加过硫酸钾溶液。通过滴加速度来控制聚合反应温度在 78~80℃，大约 8h 滴完。单体加完后，加入全部余下的过硫酸钾溶液。

加完全部物料后，通蒸汽升温至 90~95℃，并在该温度下保温反应 0.5h。然后冷却至 50℃，通过 pH 值缓冲剂计量槽向釜内加入碳酸氢钠溶液，并加入 54.5kg 邻苯二甲酸二丁酯，然后充分搅拌使其混合均匀。过滤后，得到聚乙酸乙烯酯乳液。

6. 质量标准

外观	乳白色稠厚胶液	黏度	2500~10000Pa·s
固含量	(50±2)%	pH 值	4~6

7. 用途

聚乙酸乙烯酯对纤维状材料(木材、纸张、皮革、棉织物)等具有良好黏合性，1955 年开始在纸张涂布中使用，最初是用于漂白纸板和折叠合纸板的涂布。由聚乙酸乙烯酯生产的涂层具有优良的黏结性质、高亮度和良好的油墨接收性。对于用作高速轮转胶版印刷的纸张涂布，聚乙酸乙烯酯已经成为特别流行的涂料胶黏剂。聚乙酸乙烯酯用作矿物颜料涂布的胶黏剂时，能制得柔软的涂布纸张，经过压光处理后可使涂层显示出较高的光泽度。聚乙酸乙烯酯具有优良的耐气候性，残留气味小，适合用于食品包装纸。使用温度 5~40℃。

8. 安全与储运

本产品无毒，不含有机溶剂，无刺激性臭味。使用内衬塑料袋的铁桶包装，储存于 5~40℃下，储存期半年。

参 考 文 献

[1] 贝文凯. 自交联聚醋酸乙烯酯乳液的合成及性能研究[D]. 南宁：广西大学，2020.

[2] 刘天琪，王博. 聚醋酸乙烯酯乳液的制备及表面性能研究[J]. 表面技术，2018，47 (05)：182-187.

6.8 聚丙烯酸酯胶乳

聚丙烯酸酯胶乳(polyacrylate latex)根据不同的用途有不同的生产配方，用于纸张涂布黏料的聚丙烯酸酯胶乳，由丙烯酸乙酯、甲基丙烯酸甲酯和甲基丙烯酰胺或衣康酸或富马酸共聚而制得。基本结构为：

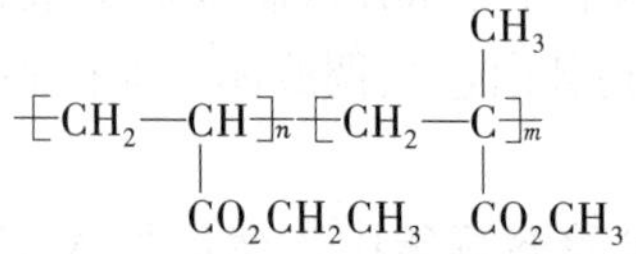

$$\left[CH_2-\underset{\substack{|\\CO_2CH_2CH_3}}{CH}\right]_n\left[CH_2-\underset{\substack{|\\CO_2CH_3}}{\overset{\substack{CH_3\\|}}{C}}\right]_m$$

1. 性能

乳白色乳液，可与水以任意比例混合。胶乳稳定性好，耐酸、耐碱、耐盐能力强，与颜料、填料有很好的相容性。具有优良的耐光性和耐热性。

2. 生产原理

在水介质中，丙烯酸乙酯、甲基丙烯酸甲酯与甲基丙烯酰胺或衣康酸或富马酸在引发剂作用下发生共聚，得到聚丙烯酸酯胶乳。

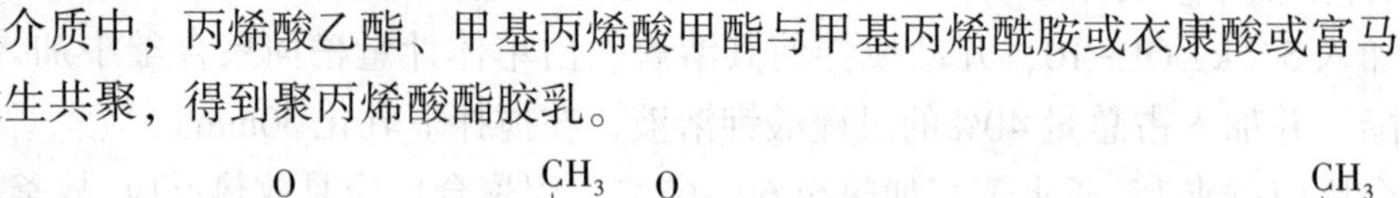

$$nCH_2=CH-\underset{\substack{|\\OC_2H_5}}{\overset{\substack{O\\ \|}}{C}}+mCH_2=\overset{\substack{CH_3\\|}}{C}-\underset{\substack{|\\OCH_3}}{\overset{\substack{O\\ \|}}{C}}\xrightarrow{\text{引发剂}}\left[CH_2-\underset{\substack{|\\CO_2C_2H_5}}{CH}\right]_n\left[CH_2-\underset{\substack{|\\CO_2CH_3}}{\overset{\substack{CH_3\\|}}{C}}\right]_m$$

在实际生产中，丙烯酸乙酯为主要单体，甲基丙烯酸甲酯占单体的 10%左右。在工业生产中制造这类聚合物乳液常用的丙烯酸酯单体有丙烯酸甲酯、丙烯酸乙酯、丙烯酸正丁酯、丙烯酸-2-乙基己酯、丙烯酸异丁酯、甲基丙烯酸甲酯、甲基丙烯酸乙酯、甲基丙烯酸丁酯等。除了丙烯酸酯均聚或共聚制造聚丙烯酸酯乳液以外，为了赋予乳液聚合物以特殊的性能，丙烯酸酯常常和其他单体共聚，制成丙烯酸酯共聚物乳液。常用的共聚单体有丙烯腈、乙酸乙烯酯、苯乙烯、顺丁烯二酸二丁酯、偏二氯乙烯、氯乙烯、丁二烯、乙烯等。在很多情况下还要加入功能单体(甲基)丙烯酸、马来酸、富马酸、衣康酸、(甲基)丙烯酸羟丙酯、*N*-羟甲基丙烯酰胺、双(甲基)丙烯酸乙二醇酯、双(甲基)丙烯酸丁二醇酯、二乙烯基苯、用亚麻仁油和桐油改性的醇酸树脂等。

以水为介质的乳液聚合一般使用阴离子型表面活性剂，如肥皂、十二烷基硫酸钠等，为提高乳化稳定性，可同时加入非离子型表面活性剂。也可单独使用非离子型表面活性剂。

3. 工艺流程

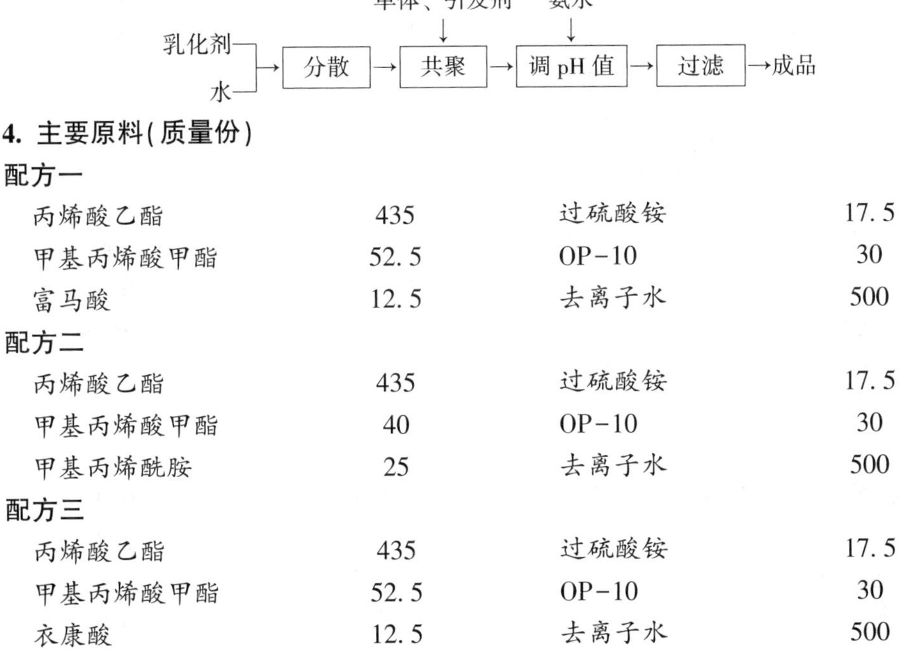

4. 主要原料(质量份)

配方一

丙烯酸乙酯	435	过硫酸铵	17.5
甲基丙烯酸甲酯	52.5	OP-10	30
富马酸	12.5	去离子水	500

配方二

丙烯酸乙酯	435	过硫酸铵	17.5
甲基丙烯酸甲酯	40	OP-10	30
甲基丙烯酰胺	25	去离子水	500

配方三

丙烯酸乙酯	435	过硫酸铵	17.5
甲基丙烯酸甲酯	52.5	OP-10	30
衣康酸	12.5	去离子水	500

5. 生产工艺

将500份去离子水，30份乳化剂OP-10加到反应釜中，加热至90℃投入17.5份过硫酸铵，然后将435份丙烯酸乙酯和52.5份甲基丙烯酸甲酯和12.5份富马酸混合后，于20min内加入反应釜中，同时加入适量的三乙醇胺作为缓冲剂，使聚合反应尽可能平缓地进行。单体滴加完后，继续在90℃左右反应30min。如果单体回流停止，则自然降温，到60℃左右时，加入氨水调节pH值为6.5~7.0。过滤得到聚丙烯酸酯乳液。

6. 质量标准

外观	乳白色乳液	pH值	6~7
固含量	(50±2)%		

7. 用途

聚丙烯酸酯的用途十分广泛，国外20世纪70年代开始在高级纸张的涂布配方中普遍采用聚丙烯酸酯及其共聚物作为胶黏剂，所生产的纸具有表面平滑、亮度高、抗老化性好、可印刷性好等优点，特别是优良的耐气候性是丁苯胶乳所不及的。聚丙烯酸酯乳液纸张涂布剂配方(质量份)如下。

配方一

聚丙烯酸酯胶乳(46%)	18.6	氨水	0.15
		瓷土	90.0
酪素(或淀粉)	2.0	水	63.7
聚磷酸钠	0.13		
钛白	10.0		

该纸张涂布剂用刮刀涂布。

配方二

聚丙烯酸酯胶乳(46%)	45.6	瓷土	180.0
		氨水	0.3
淀粉(或酪素)	7.0	水	35.2
钛白	20.0		
聚磷酸钠	0.6		

该纸张涂布剂以计量棒式涂布。

配方三

聚丙烯酸酯胶乳(46%)	42.4	瓷土	200
		氨水	0.3
酪素(或淀粉)	20.0	水	536.8
聚磷酸钠	0.6		

该纸张涂布剂适用于辊涂。

配方四

聚丙烯酸酯胶乳(25%)	36	磺化蓖麻油	0.9
		聚乙二醇	1.8
丁苯胶乳(50/50)	9	多菌灵	0.39
干酪素	18	辛醇	0.9
瓷土(阳光1#)	90	剥离剂	适量
氨水	0.24	酸性湖蓝	适量
荧光增白剂 VBL	0.12		
甘油	5.4		

该配方为铸涂纸的贴光涂料。

配方五

聚丙烯酸乳胶	87	瓷土	500
淀粉或酪素	40	氨水	0.75
聚磷酸钠	1.5	水	535.5

该纸张涂布剂适用于气刀涂布。

8. 安全与储运

车间内应加强通风。使用塑料桶或涂塑铁桶包装，储存于阴凉、通风处。

参考文献

任泽霞. 聚丙烯酸酯乳液纸张上光涂料的制备及性能[D]. 武汉：湖北大学，2011.

6.9 PC-20 纸品乳液

PC-20 纸品乳液(emulsion PC-20 for paper)的主要成分为乙酸乙烯酯与丙烯酸酯共聚乳液，基本结构为：

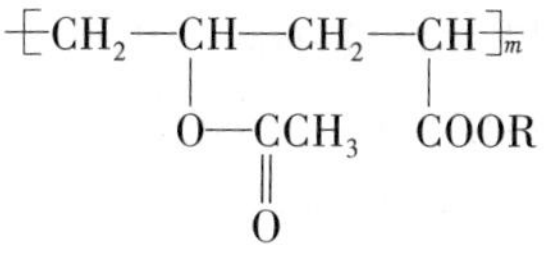

$$\left[CH_2-\underset{\underset{\underset{\displaystyle O}{\|}}{O-CCH_3}}{\underset{|}{CH}}-CH_2-\underset{\underset{\displaystyle COOR}{|}}{CH} \right]_m$$

1. 性能

白色乳液，黏合力好，具有较好的机械稳定性和储存稳定性，耐光、耐热性好。

2. 生产原理

乙酸乙烯酯和丙烯酸酯在引发剂引发下，通过乳液法共聚得到 PC-20 纸品乳液。

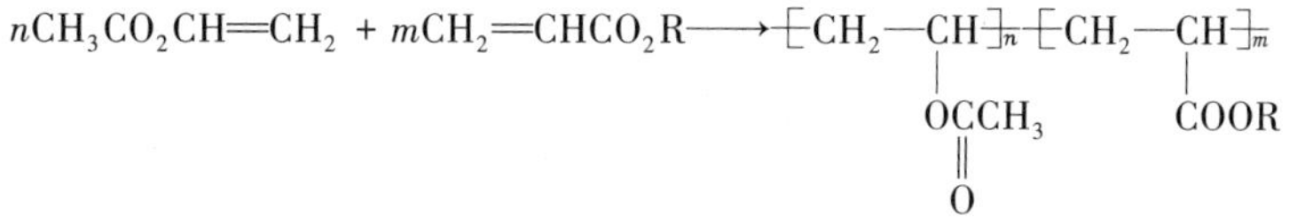

$$nCH_3CO_2CH{=}CH_2 + mCH_2{=}CHCO_2R \longrightarrow \left[CH_2-\underset{\underset{\underset{\displaystyle O}{\|}}{OCCH_3}}{\underset{|}{CH}} \right]_n \left[CH_2-\underset{\underset{\displaystyle COOR}{|}}{CH} \right]_m$$

用于共聚的丙烯酸酯有丙烯酸丁酯、丙烯酸乙酯、甲基丙烯酸、甲基丙烯酸甲酯等。

3. 工艺流程

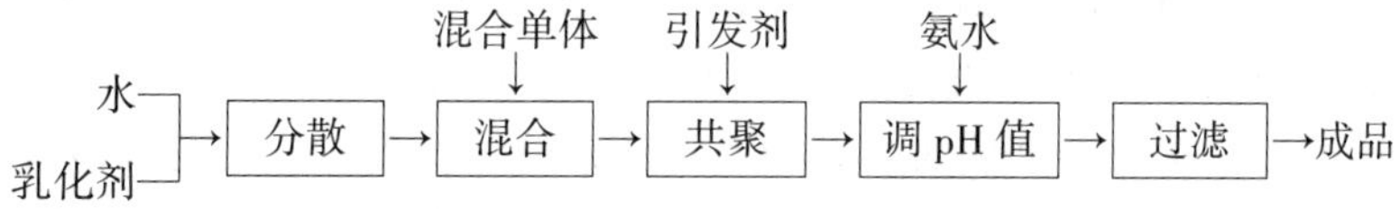

水、乳化剂→分散→混合（加混合单体）→共聚（加引发剂）→调 pH 值（加氨水）→过滤→成品

4. 主要原料(质量份)

配方一

原料	质量份	原料	质量份
乙酸乙烯酯	435	MS-1(40%水溶液)	8.0
丙烯酸丁酯	50	磷酸氢二钠(缓冲剂)	2.5
甲基丙烯酸	2.5	过硫酸钾(引发剂)	2.5
甲基丙烯酸甲酯	15	去离子水	600
OP-10	4.0		

配方二

原料	质量份	原料	质量份
乙酸乙烯酯	405	MS-1(40%)	10.0
甲基丙烯酸甲酯	45	过硫酸钾	2.5
丙烯酸丁酯	50	磷酸氢二钠	2.5
甲基丙烯酸	3.0	去离子水	600
OP-10	5.0		

配方三

原料	质量份	原料	质量份
乙酸乙烯酯	455	OP-10	4.0
丙烯酸丁酯	30	过磷酸钾	2.5
甲基丙烯酸甲酯	15	磷酸氢二钠	2.5
甲基丙烯酸	2.2	去离子水	600
MS-1(40%)	8.0		

配方四

乙酸乙烯酯	425	MS-1(40%)	10.0
甲基丙烯酸甲酯	25	OP-10	5.0
丙烯酸丁酯	50	过硫酸钾	2.5
甲基丙烯酸	2.75	去离子水	600

由于各种单体的胶黏性、软硬度等性能不同，因此，通过改变单体的配方比，可以获得具有不同特性的胶乳。丙烯酸丁酯与甲基丙烯酸的性能比较如下：

特性	甲基丙烯酸甲酯	丙烯酸丁酯
胶黏性	黏	很黏
坚硬度、柔性	硬	软
抗张强度	高	很低
延伸性	低	极高
附着力	低	好
耐光性	优	好
耐紫外线	优	好

5. 生产工艺

将去离子水、OP-10 和 MS-1 全部加入聚合反应釜中，升温至 65℃，把甲基丙烯酸一次投入反应体系，然后将乙酸乙烯酯、丙烯酸丁酯和甲基丙烯酸甲酯混合单体的 15%加入反应釜中，充分乳化后，将 25%的引发剂和 pH 值缓冲剂磷酸二氢钠加入釜内，升温至 75℃进行聚合，当冷凝器中无明显回流时，开始滴加其余的混合单体、引发剂溶液及 pH 值缓冲剂溶液，在 4~4.5h 内滴加完毕。然后保温 30min，将物料冷却至 45℃，用氨水调节 pH 值至5.5~7.0 过滤，即得到产品。

6. 质量标准

外观	白色乳液	残存单体(以乙酸乙烯酯计)	≤0.5%
固含量	(48±1)%	pH 值	5.5~7.0
黏度	0.08~0.2 Pa·s		

7. 用途

用作涂布加工纸涂料中的黏料。适用于制备白板纸和铜版纸涂料胶黏剂，可完全替代丁苯胶乳，而成本低于丁苯胶乳，并且纸张的亮度、油墨吸收性及印刷性良好。可提高纸张的拉毛强度和挺度。

8. 安全与储运

生产中使用丙烯酸酯单体，车间内应加强通风。使用塑料桶或铁塑桶包装，储存于阴凉、通风处。

参 考 文 献

[1] 黄清才，邓鹏，王仁章，等. 醋酸乙烯-丙烯酸(酯)共聚乳液的制备研究[J]. 三明学院学报，2010，27(04)：374-378.

[2] 胡世荣，赖浩亮，林双贺，等. 醋酸乙烯酯与丙烯酸酯共聚乳胶涂料的研制[J]. 现代涂料与涂装，2008，(06)：19-21.

6.10 聚乙烯醇

聚乙烯醇(polyvinyl alcohol)简称 PVA，由聚乙酸乙烯酯醇解而得。结构式为：

$$\left[\underset{\displaystyle OH}{\underset{|}{CH}}-CH_2 \right]_n$$

1. 性能

白色粒状或絮状物，软化点为 101~110℃，根据水解程度不同，产品可溶于水或在水中仅能溶胀。耐大多数有机溶剂，有吸湿性。其水溶液性能与淀粉溶液相似，遇碘变蓝，但不易产生霉变。聚合度及醇解度变化，PVA 性质则相应改变：

一般性质	聚合度 小→大	醇解度 小→大
在冷水中的溶解性	大→小	大→小
在热水中的溶解性	大→小	小→大
水溶液黏度	小→大(明显)	小→大(稍增大)
成膜强度	小→大	小→大
成膜伸长率	大→小	大→小
成膜耐溶剂性	小→大	小→大

2. 生产原理

以甲醇为溶剂，偶氮二异丁腈作引发剂，乙酸乙烯酯单体发生聚合，得到的聚合物在碱或酸催化下发生醇解，得到聚乙烯醇。

$$nCH_2{=}\underset{\displaystyle \underset{\displaystyle \overset{\|}{O}}{OCCH_3}}{\underset{|}{CH}} \xrightarrow[\text{引发剂}]{\text{甲醇}} \left[CH_2-\underset{\displaystyle \underset{\displaystyle \overset{\|}{O}}{OCCH_3}}{\underset{|}{CH}} \right]_n$$

$$\left[CH_2-\underset{\displaystyle \underset{\displaystyle \overset{\|}{O}}{OCCH_3}}{\underset{|}{CH}} \right]_n + nCH_3OH \xrightarrow{H_2O} \left[CH_2-\underset{\displaystyle OH}{\underset{|}{CH}} \right]_n + nCH_3CO_2CH_3$$

3. 工艺流程

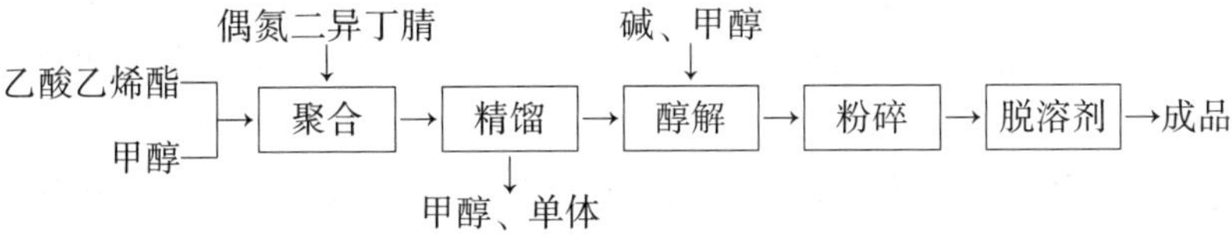

4. 主要原料(质量份)

乙酸乙烯酯(≥99.8%)	1963	NaOH(≥96%)	18
甲醇(≥99.7%)	140		

5. 生产工艺

将单体乙酸乙烯酯投入单体预热罐，经预热后，与溶剂甲醇及引发剂偶氮二异丁腈混合，送入两台串联的聚合釜中，在66~68℃下进行常压聚合。聚合4~6h后，有约三分之二的乙酸乙烯酯聚合。聚合反应产生的热量可借甲醇的蒸发带走，甲醇蒸气经冷凝后又返回聚合反应釜中。制得的聚合物料送入单体吹出塔，用甲醇蒸气将其中未聚合的乙酸乙烯酯吹出。由单体吹出塔吹出的乙酸乙烯酯及甲醇经分离精馏，回收循环使用。聚合物料用甲醇调节制成聚乙酸乙烯酯的含量为33%的甲醇溶液，转入醇解工序。

将33%的聚乙酸乙烯酯的甲醇溶液与氢氧化钠甲醇溶液按聚乙酸乙烯酯：甲醇：氢氧化钠：水为1：2.04：0.01：0.002的比例(质量比)，同时加入高速混合器经充分混合后，进入皮带式醇解机，在50℃下进行醇解，皮带以1.1~1.2m/min的速度移动，约4min醇解结束，得到固化聚乙烯醇。经粉碎、压榨、干燥脱除溶剂后得到成品聚乙烯醇。压榨和脱溶工序中得到的乙酸甲酯和甲醇水溶液经分离后回收。

说明：

PVA可通过甲醛进行缩醛化改性，制得的是聚乙烯醇缩醛，改性的PVA不易形成凝胶体，不易渗透，而且黏合力有所提高。

改性PVA聚乙烯醇缩甲醛的制备：将20mL水加入反应瓶中，用酸调节pH值为1~3。于90℃搅拌下使聚乙烯醇溶解，然后加入8mL 36%的甲醛，反应约0.5h时，溶液变稠，加入10%的NaOH溶液，调节pH值为8~9，冷却降温，得到透明黏稠液体，即为产品。在改性反应中，并不是所有的羟基都发生缩醛化反应，由于高分子效应而有大量的羟基得以保留。另外，在加料时也考虑到缩醛化程度，一般来说，缩醛化程度控制在4%时，具有较好的流动性和成膜性。反应时温度不能过高，防止造成分子链间的交联，这样就形成不可逆的凝胶，使产品不能使用。反应结束后，应调节pH值至微碱性，以防储存过程中产生凝胶现象。

6. 质量标准

聚乙烯醇含量	≥95%	乙酸钠	≤2.3%
聚合度	1750±50	醇解率	≥99.3%
残存乙酸根	≤0.15%	着色度	≥88%

7. 用途

使用时可加入高沸点、水溶性有机化合物(如甘油、乙二醇)来作为PVA增塑剂，改变成膜的柔软度。PVA也可以和淀粉、酪素、水溶性氨基树脂及填料(如黏土碳酸钙)混合使用。在造纸工业中PVA主要用作表面施胶剂、颜料黏合剂、涂布剂及纸板黏合剂等。例如，PVA(20%)5份、苯乙烯-丁二烯共聚物胶乳(50%)20份、白土100份、水43份制得的40%纸用涂料，在纸上涂布量17g/m^2，100℃下干燥2min后，进行超级压光。

聚乙烯醇还广泛用作聚合反应中的乳液稳定剂和分散稳定剂。可取代淀粉、骨胶等作为胶黏剂，用于织物纤维加工、木材加工、医药、皮革、建筑、玻璃、包装等许多行业。

8. 安全与储运

生产中使用甲醇作为溶剂和醇解剂，设备应密闭，车间内加强通风，操作人员应穿戴劳保用品。使用内衬塑料袋包装，储存于阴凉、干燥处。

参 考 文 献

[1] 杨清，宋欢，杨宇，等. 聚乙烯醇在造纸中的应用实验[J]. 中华纸业，2023，44(08)：49-52.

[2] 党鹏程. 交联型聚乙烯醇表面施胶剂的合成及其对特种纸的增强作用研究[D]. 西安：陕西科技大学，2023.

6.11 酶转化淀粉

酶转化淀粉(enzyme modified starch)是一种生物变性淀粉。

1. 性能

与原淀粉相比，酶转化淀粉的相对分子质量与特性黏度降低，胶化温度下降。糊液的透明度和稳定性增加，黏结强度较大，渗透力较好。酶转化淀粉作胶黏剂用于加工纸涂料，黏度低，亮度高，流动性好，涂层较柔软，适印性好。在涂料液的制备和涂布作业中不易产生泡沫和腐败现象。

2. 生产原理

酶转化淀粉是利用酶将淀粉的长分子链水解为短分子链。工业上常用的是α-淀粉酶，它与淀粉作用时，进攻葡萄糖的糖苷键，使长分子链中的α-1,4 糖苷键断开，分子链变短，从而降低黏度，以适合作涂料胶黏剂的要求。

3. 工艺流程

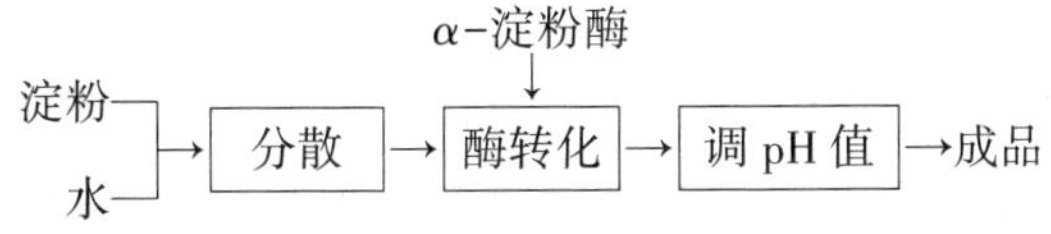

4. 主要原料(kg)

淀粉	500	α-淀粉酶	0.15

5. 生产工艺

将 1800L 冷水加入转化罐中，然后加入 500kg 淀粉，搅拌分散，再加入 0.15kg α-淀粉酶，混合均匀，调节 pH 值至 6.5~7.0。在搅拌下用蒸汽加热至 80℃，保温 20min。加酸至 pH 值为2~3，以抑制酶的活性，继续保温 100min 左右，至所要求的黏度。然后升温至 90~95℃，使酶失去活性。加碱调节 pH 值为 6.0~7.0，稀释至固含量 22%，即得到酶转化淀粉胶乳。

说明：

在淀粉的酶解转化变性过程中，淀粉的固含量、酶的加入量、反应温度、pH 值以及微量元素等因素均会影响转化速度和最终转化淀粉的黏度。淀粉的固含量可控制在 25%~35%，以保证糊化过程中达到最高黏度时可以搅拌均匀。酶的用量应根据其活性来计算，α-淀粉酶每批的活性不同，而且存放后会发生变化，一般用量为 0.08%~0.5%。反应温度应在糊化温度以上，否则速度太慢，但温度过高会使酶失去活性，一般认为 78~80℃为好。反应 pH 值以 6.5~7.5 为宜，pH 值低于 4.0 酶的活力会下降。水中的微量氯化物和钙盐会增加酶的活力。制备高固含量酶转化淀粉，需要采用两段转化法：第一段加热至 70℃，保温 20min；第二段加热至 80℃，保温 20min。酶转化淀粉的制备工艺简单，一般纸厂可采用间歇法自行生产。

6. 质量标准

固含量	(20±2)%	pH 值	6.0~7.0

7. 产品用途

用作涂布加工纸涂料中的黏料。

8. 安全与储运

本品无毒。使用内衬塑料铁桶或塑料桶包装，储存于阴凉、干燥处。

参 考 文 献

张新元. 变性淀粉及其在造纸中的应用[J]. 湖南造纸，2015，(04)：12-22.

6.12 羧基丁苯胶乳

羧基丁苯胶乳(carboxy styrene-butadiene latex)是在丁二烯与苯乙烯乳液聚合中加入一定量的甲基丙烯酸或丙烯酸或丙烯腈单体而制得的乳液。结构式为：

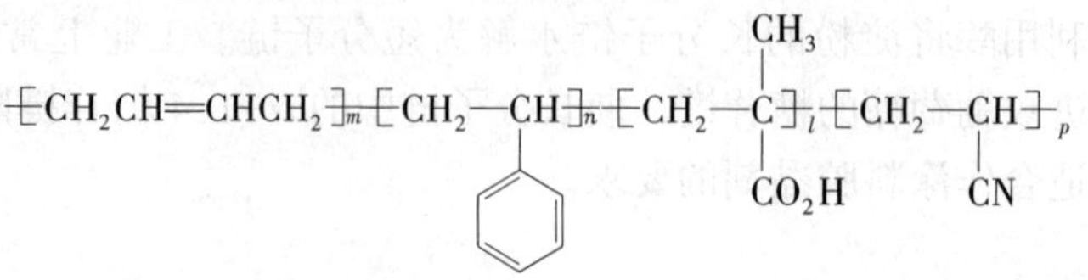

$$-\!\!\left[CH_2CH{=}CHCH_2\right]_m\!\!-\!\!\left[CH_2{-}\underset{\underset{C_6H_5}{|}}{CH}\right]_n\!\!-\!\!\left[CH_2{-}\overset{\overset{CH_3}{|}}{\underset{\underset{CO_2H}{|}}{C}}\right]_l\!\!-\!\!\left[CH_2{-}\underset{\underset{CN}{|}}{CH}\right]_p\!\!-$$

1. 性能

乳白色乳液，在胶乳分子中引入了亲水性基团，可使胶乳粒子与纸页和涂料中其他组分间存在润滑作用，从而增强涂料的亲和性及流动性。成膜后，在遇潮、加热及紫外光作用下会变色返黄。

羧基丁苯胶乳颗粒带有很大极性，比未羧化胶乳对颜料粒子表面的湿润更迅速，所以黏合能力增强，同时也改善了与纤维衬底的附着力。同时，引入羧基后保水性增加，在刮刀剪切作用下有很高的稳定性，很少造成刮痕和形成条纹。

2. 生产原理

以偶氮二异丁腈为引发剂，丁二烯、苯乙烯、甲基丙烯酸和丙烯腈通过乳液聚合，得到羧基丁苯胶乳。

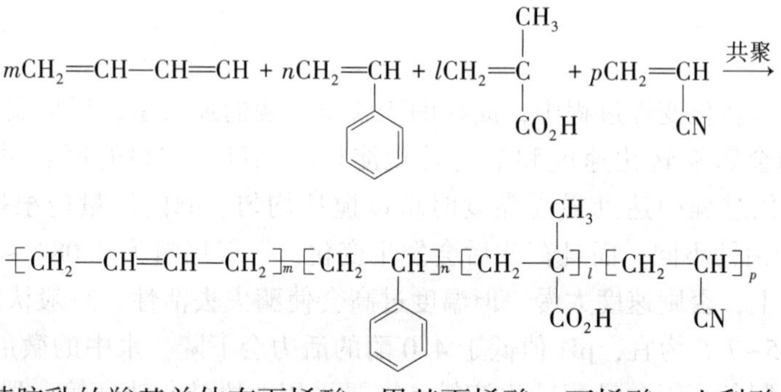

$$mCH_2{=}CH{-}CH{=}CH + nCH_2{=}\underset{\underset{C_6H_5}{|}}{CH} + lCH_2{=}\overset{\overset{CH_3}{|}}{\underset{\underset{CO_2H}{|}}{C}} + pCH_2{=}\underset{\underset{CN}{|}}{CH} \xrightarrow{\text{共聚}}$$

$$-\!\!\left[CH_2{-}CH{=}CH{-}CH_2\right]_m\!\!-\!\!\left[CH_2{-}\underset{\underset{C_6H_5}{|}}{CH}\right]_n\!\!-\!\!\left[CH_2{-}\overset{\overset{CH_3}{|}}{\underset{\underset{CO_2H}{|}}{C}}\right]_l\!\!-\!\!\left[CH_2{-}\underset{\underset{CN}{|}}{CH}\right]_p\!\!-$$

生产羧基丁苯胶乳的羧基单体有丙烯酸、甲基丙烯酸、丁烯酸、山梨酸、富马酸、丙烯腈，这些单体可以单独使用，也可混合使用。

3. 主要原料(质量份)

丁二烯	88	偶氮二异丁腈	0.6
苯乙烯	52	十二烷硫醇	12
甲基丙烯酸	40	表面活性剂	6
丙烯腈	20	水	240

4. 生产工艺

将 88 份丁二烯 、52 份苯乙烯、20 份丙烯腈和 40 份甲基丙烯酸单体投入共聚反应釜中，加入 240 份水、0.6 份偶氮二异丁腈和 12 份十二烷硫醇，搅拌分散，然后加入表面活性剂(壬基酚聚氧乙烯醚 3 份，2-乙基己基硫酸酯钠 3 份)。加热升温至 50℃，保温聚合 17h，用氨水中和至 pH 值为 8~11，制得羧基丁苯胶乳。

5. 质量标准

外观	乳白色乳液	pH 值	8~11
固含量	≥45%		

6. 用途

用作涂布加工纸涂料中的黏料。加工纸涂料应用配方示例(份)：

羧基丁基苯胶	13~16	轻质碳酸钙	45~35
干酪素	5	瓷土	50~60
钛白	5		

制成固含量 40%的涂料，白度 86%，光泽度 65%~70%，拉毛强度高于 No.6 油墨，浸渍涂布或气刀涂布。

7. 安全与储运

生产中使用丁二烯、苯乙烯、丙烯腈、甲基丙烯酸等，设备应密闭，车间内加强通风，操作人员应穿戴劳保用品。使用塑料桶或衬塑铁桶包装，储存于阴凉、通风处。

参 考 文 献

[1] 高卫光，李冬红，范永将. 板纸专用羧基丁苯胶乳的合成[J]. 河南化工，2011，28 (Z1)：34-39.

[2] 陈军，杨蜀黔，袁才登，等. 羧基丁苯胶乳的合成研究[J]. 甘肃科技，2006，(12)：111-112.

[3] 杨仁党，陈克复，刘跃兰，等. 高功能化羧基丁苯胶乳在涂布白纸板中的应用[J]. 中国造纸，2006，(06)：16-18.

6.13 高吸水性树脂

高吸水性树脂(high-hygroscopic resin)有合成聚合物类、淀粉接枝高分子和纤维素接枝高分子。这里介绍后两种高吸水性树脂。

1. 性能

白色粉末，吸水倍数为自重的 100 倍以上。

2. 生产原理

玉米淀粉或羧甲基纤维素在硝酸铈铵引发剂存在下，与丙烯腈或丙烯酸发生接枝共聚，得到淀粉或纤维素接枝高分子。

与淀粉或纤维素及其衍生物进行共聚反应的单体主要是烯类单体，如丙烯酸、甲基丙烯酸、丙烯腈、甲基丙烯酸羟乙酯、丙烯酰胺、甲基丙烯酰胺、丙烯酸二甲氨基乙酯、2-乙烯基吡啶等。一般是水溶性单体。

引发方式有多种，有引发剂引发、光引发、辐射引发等，一般用引发剂引发。引发剂主要有以下几种：过氧类引发剂(有过氧化苯甲酰、过硫酸铵、过硫酸钾等)，偶氮类引发剂(如偶氮二异丁腈、偶氮二异庚腈等)，氧化还原引发剂(主要是过氧化氢-硫酸亚铁、过硫酸钾亚硫酸氢钠等)，以及硝酸铈铵、三氯化铁等。其中硝酸铈铵是常用的一种高效引发剂。

3. 工艺流程

以淀粉接枝高分子为例。

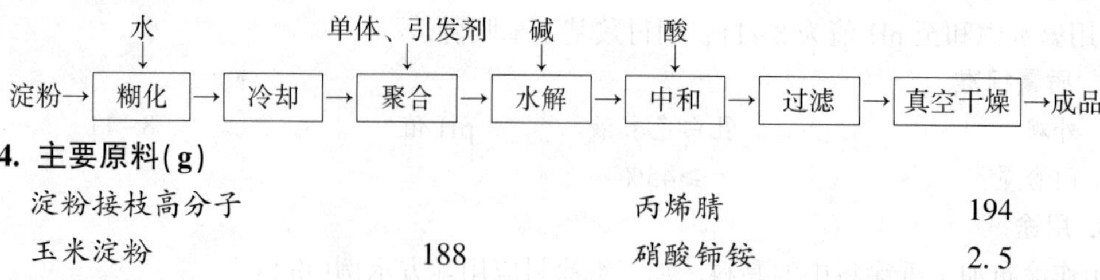

4. 主要原料(g)

淀粉接枝高分子		丙烯腈	194
玉米淀粉	188	硝酸铈铵	2.5

5. 生产工艺

(1) 淀粉接枝高分子

将188g玉米淀粉和2660g水加入反应器中，在搅拌下通入氮气，加热至60℃糊化，冷却至20℃，加入194g丙烯腈、15mL硝酸铈铵溶液(2.5g硝酸铈铵溶于15mL的1mol/L的硝酸中)，混合均匀后，在20~50℃下反应1h，再加入1200mL 7%的KOH溶液，在100℃下进行皂化水解约2h，腈基水解部分转变为酰氨基和羧基。然后用酸中和至pH值为6~7。过滤，洗净，在65℃下真空干燥，得到产物吸水率114g/g，吸尿率55g/g。

(2) 纤维接枝高分子

将羧甲基纤维素加入水中，使其充分溶解，加入正庚烷作为分散介质，再加入司盘80作为乳化剂，在搅拌下加入丙烯酸的碱性水溶液，经充分搅拌后加入引发剂硝酸铈铵，在45~75℃和氮气保护下进行接枝共聚，约2~5h后进行过滤，用甲醇洗净，干燥，得到粉末状产品。该吸水性树脂的吸水率达1200~2000g/g。

6. 用途

用作留香纸、生理卫生巾、纸尿布等的吸水剂，用作化妆品、软膏、药物、洗涤液的增稠剂，也用作工农业生产中的保水材料及土壤改进剂、长效化肥等。

7. 安全与储运

本产品无毒。接枝聚合设备应密闭，车间内应加强通风。使用内衬塑料袋的铁桶包装，储存于阴凉、干燥处。

参考文献

[1] 陈利维，陈慧，戴睿，等. 碱溶解玉米淀粉制备高吸水性树脂[J]. 精细化工，2019，36(10)：2109-2115.

[2] 张铭，黄健，邓仕英. 淀粉接枝高吸水树脂的制备及性能研究[J]. 化工管理，2019，(04)：90-92.

[3] 成世杰. 淀粉接枝涂布纸胶乳的合成及表征[D]. 青岛：青岛科技大学，2014.

6.14 改性酪素

改性酪素(modified casein)又称改性干酪素、改性酪蛋白。酪素是一种含磷蛋白质。酪素对颜料具有良好的黏合强度，作为纸张涂布黏合剂，用于特种纸张以提高不透明度、印刷性能和油墨吸收性。但酪素本身成膜较硬，且易变黄，故在实际应用时受到限制，对酪素进行改性可提高使用性能。常将酪素和其他单体进行接枝共聚，典型单体有丙烯酸、丙烯酸酯和己内酰胺等。

1. 性能

黏稠半透明液体。与干酪素相比，黏合力增强，成膜性和耐曲挠性显著提高，抗水性增强。

2. 生产原理

酪素是氨基酸通过酰胺键连接起来的一种天然高分子蛋白质，具有两性，结构式为：

$$\underset{\displaystyle R}{H_2N\underset{|}{C}HCONH}—\underset{\displaystyle R'}{\underset{|}{C}HCONH}—\underset{\displaystyle R''}{\underset{|}{C}HCOOH}$$

组成蛋白质的氨基酸不同，取代基 R 也不同，这些取代基主要是烃基、氨基、羧基、羟基等。己内酰胺可与酪素分子中的氨基及羧基进行接枝共聚，己内酰胺聚合后形成聚酰胺结构片段，也是以酰胺键为特征，与干酪素分子结构及性能相似，从而使改性酪素的黏合力和成膜性得到显著提高。

干酪素分子中含有 α 活泼氢，在引发剂作用下可形成链游离基，然后再引发烯类单体在分子链上接枝共聚。由于接枝的支链使分子链间距离变大，分子间相互作用降低，可达到增塑的效果，成膜柔软，耐曲挠性有所提高。用作纸张涂布剂及表面施胶剂都具有十分理想的效果，可赋予纸张更高的干强度性能。

3. 主要原料(质量份)

(1) 己内酰胺接枝改性

干酪素	100	甲醛(36%)(交联剂)	适量
己内酰胺	50		

(2) 丙烯酸酯接枝改性

干酪素	100	丙烯腈	40
二乙醇胺	10	过氧化氢-硫酸亚铁(引发剂)	适量
丙烯酸丁酯	10		

4. 生产工艺

(1) 己内酰胺改性

将 20g 干酪素和 160mL 水混合，搅拌均匀后加入反应瓶中。开动搅拌并升温至 80℃，同时加入 4g 氨水调节 pH 值为弱碱性。约 0.5h 后，酪素完全溶解，得到澄清透明黏液。于 80℃下加入 10g 己内酰胺，反应 2.5h。随着反应进行，黏度不断增加，可每隔一定时间取样测定黏度的变化。冷却出料，得到己内酰胺改性酪素。使用时加入甲醛作交联剂。

(2) 丙烯酸酯改性

将 240mL 水与 30g 酪素混合，同时加入 3g 二乙醇胺作助溶剂，升温至 80℃，使酪素完全溶解。加入 6mL 过氧化氢(25%)，约 0.5h 后，加入由 3g 丙烯酸丁酯和 12g 丙烯腈组成的混合单体和 1.5g 硫酸亚铁。加完料后，于 85℃ 继续反应 2h，缓慢冷却，得到黏稠半透明聚合物溶液，pH 值应为 7~8。酪素也可以用丙烯酸系单体在过硫酸盐引发剂存在下，在水溶液中进行接枝共聚，如采用丙烯酸酯或甲基丙烯酸酯单体则可进行乳液共聚，得到的改性酪素结构中含有聚丙烯酸酯或聚甲基丙烯酸酯支链。

5. 用途

用作纸张涂布剂，也可用作表面施胶剂和干强剂。

6. 安全与储运

生产中使用二乙醇胺、丙烯腈、丙烯酸、丁酯等，设备应密闭，车间内应加强通风，操作人员应穿戴劳保用品，使用塑料桶包装，储存于阴凉、通风处。

参 考 文 献

谢炳元，韩学亮. 干酪素的改性及其应用[J]. 中山大学学报(自然科学版)，1996，(S2)：183-185.

6.15 DC 分散剂

DC 分散剂(dispersing agent DC)的主要成分是低聚合度的聚丙烯酸钠盐。基本结构为：

$$\left[CH_2-\underset{\underset{\displaystyle \overset{\|}{O}}{\underset{|}{C}-ONa}}{\underset{|}{CH}} \right]_n$$

1. 性能

微黄色透明黏稠液体。相对分子质量 5 万~20 万。易溶于水，是一种典型的阴离子型表面活性剂。固体产品为硬而脆的白色固体，吸湿性强，能溶于极性溶剂。

2. 生产原理

丙烯酸在引发剂存在下发生聚合，得到的聚丙烯酸用氢氧化钠皂化，得到 DC 分散剂。

$$nCH_2=\underset{\underset{CO_2H}{|}}{CH} \xrightarrow[30\sim40℃]{(NH_4)_2S_2O_8} \left[CH_2-\underset{\underset{CO_2H}{|}}{CH} \right]_n \xrightarrow{NaOH} \left[CH_2-\underset{\underset{CO_2Na}{|}}{CH} \right]_n$$

由于丙烯酸及聚合物都是水溶性的，故通常采用水为介质，以异丙醇为相对分子质量调节剂，在水溶性引发剂的引发下进行游离基均聚反应。随着溶液 pH 值改变，黏度也将发生变化。pH 值增加会使链上羧基电离度增加，电荷的相斥作用使分子链由卷曲而变为线形，分子间运动阻力增大，溶液黏度增加。且在 pH 值为 9 左右时达到最大。但随着体系加入更多的氢氧化钠，则更多的钠抗衡离子使聚合链的有效离子化受到抑制，这种作用使一些分子链卷曲，因而溶液的黏度又开始下降。

3. 工艺流程

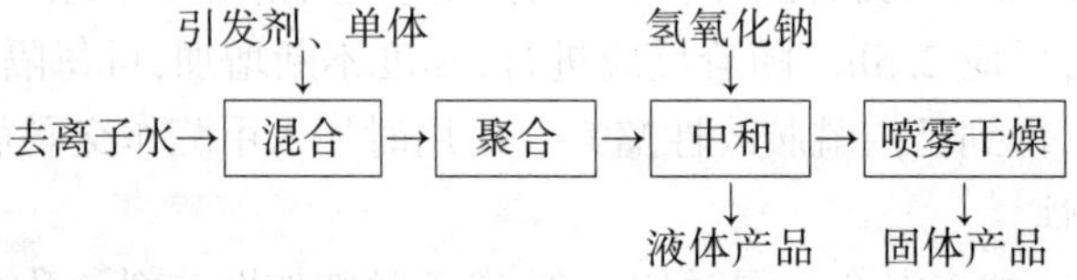

4. 主要原料(质量份)

丙烯酸(≥99.6%)	90	异丙醇	16
过硫酸铵	7	氢氧化钠(96%)	52

5. 生产工艺

将 2 份过硫酸铵和 250 份去离子水加入反应器中，待过硫酸铵溶解后，加入 10 份丙烯酸单体和 16 份异丙醇。开动搅拌器，加热使温度达到 65~70℃。将 80 份丙烯酸单体和 5 份过硫酸铵在 40 份水中的溶液，分别逐渐滴入反应器内，由于聚合过程中放出热量，温度有所提高，回流器中渐有液体回滴，可适当放慢单体和引发剂加入速度。滴加过程约需 0.5h。

然后升温至85℃，继续保温反应2h，制得的聚丙烯酸相对分子质量为5万~20万。将物料转入中和反应罐中，加入20%的氢氧化钠。边滴加边搅拌，当溶液pH值达到8~9时，即停止加碱，得到聚丙烯酸钠盐溶液(液体产品)，喷雾干燥后得到固体聚丙烯酸钠，即DC分散剂。

6. 质量标准(液体产品)

固含量	(30±2)%或(40±2)%	溶解性	易溶于水
pH值	7.5~8.0		

7. 用途

聚丙烯酸在造纸工业中有重要的应用，相对分子质量大(几十万至上百万)的聚丙烯酸可作为增稠剂，相对分子质量中等的则可用作表面施胶剂和助留剂等，相对分子质量低的可用作分散剂等。本产品为相对分子质量低的聚丙烯酸钠，是目前国内外造纸、涂料等行业用于颜料分散的优良分散剂，具有高效、稳定、泡沫少、无毒、无腐蚀等优点，用作涂布加工纸涂料中的分散剂。作为造纸刮刀涂布用高浓度瓷土分散剂，固含量可达60%~65%。

8. 安全与储运

本产品无毒。生产中由于使用丙烯酸单体，设备应密闭，车间应加强通风，操作人员应穿戴劳保用品。液体产品采用塑料桶包装，储存于阴凉、通风处。储存期1年。

参 考 文 献

[1] 孙海玲. 低分子量聚丙烯酸钠的合成与分析[J]. 山东化工，2017，46(10)：57-58+66.

[2] 黄连青，宋晓明，田宝农. 低分子量聚丙烯酸钠的合成及分散性能研究[J]. 造纸科学与技术，2016，35(06)：46-50.

6.16 有机硅纸张柔软剂

有机硅纸张柔软剂(silicone softening agent for paper)由有机硅油D_4(八甲基环四硅氧烷)、硬脂醇和表面活性剂组成。

1. 性能

半透明膏状，pH值为6.5~7.5，无毒，易溶于水，水溶液呈中性。与阴离子型表面活性剂同时使用，可能会产生沉淀。

2. 生产原理

有机硅油D_4在水中发生开环聚合，在表面活性剂存在下，与硬脂醇等形成乳化的半透明膏状物。

$$n\ \begin{array}{ccccc} & CH_3 & & CH_3 & \\ & | & & | & \\ CH_3- & Si & -O- & Si & -CH_3 \\ & | & & | & \\ & O & & O & \\ & | & & | & \\ CH_3- & Si & -O- & Si & -CH_3 \\ & | & & | & \\ & CH_3 & & CH_3 & \end{array} \xrightarrow{H_2O} HO-\overset{\displaystyle CH_3}{\underset{\displaystyle CH_3}{Si}}-O-\left[\overset{\displaystyle CH_3}{\underset{\displaystyle CH_3}{Si}}-O\right]_{4n-2}-\overset{\displaystyle CH_3}{\underset{\displaystyle CH_3}{Si}}-OH$$

3. 工艺流程

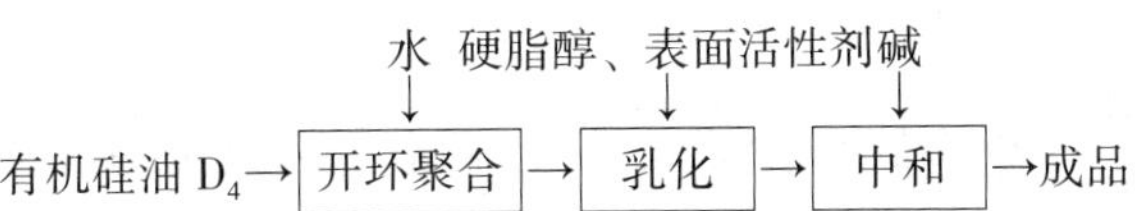

4. 生产原料(kg)

有机硅油 D_4(八甲基环四硅氧烷)	180
硬脂醇(95%)	30
两性咪唑啉(40%)	30
氯化十二烷基二甲基苄基铵(45%)	30
氢氧化钠(20%)	6
水	724

5. 生产工艺

将724L水和180kg有机硅油 D_4 加入反应釜中，升温至50℃，在搅拌下加入30kg 45%的氯化十二烷基二甲基苄基铵和30kg两性咪唑啉，搅拌0.5h后加入30kg硬脂醇，加热至80℃，保温反应6~8h，然后冷却至50℃，用氢氧化钠中和至pH值为6.5~7.5。冷却、过滤得到有机硅纸张柔软剂。

6. 质量标准

外观	半透明膏状	pH值	6.5~7.0
有效物	≥20%	稳定性	≥3个月

7. 用途

主要用于卫生纸、面巾纸及文化用纸的柔软处理。

8. 安全与储运

本产品无毒。使用塑料桶包装，储存于阴凉、通风处。

参 考 文 献

杨晓敏，沈一丁. 阳离子有机硅纸张柔软剂的合成与应用研究[J]. 纸和造纸，2001，(06)：37-39.

6.17 有机硅防粘涂料

有机硅防粘涂料(silicon antisticking paint)又称有机硅隔离剂、水乳硅酮隔离剂。由乙烯基硅油乳状液与甲基含氢硅油乳液组成，为加成交联型聚硅酮防粘涂料。

1. 性能

无色透明液体。在150~180℃下固化时间为3~5s。

2. 生产原理

以水为介质，在非离子型表面活性剂存在下，用甲基含氢硅油作为交联剂，在铂催化剂氯铂酸钠作用下，对乙烯基硅油中的乙烯基进行加成交联反应，使硅油固化成膜(相当于硅橡胶)，而起到防粘隔离作用。配制的防粘涂料存放时间为6h。一般将交联剂甲基含氢硅油乳油与乙烯基硅油乳油分开包装，用前配制。

3. 工艺流程

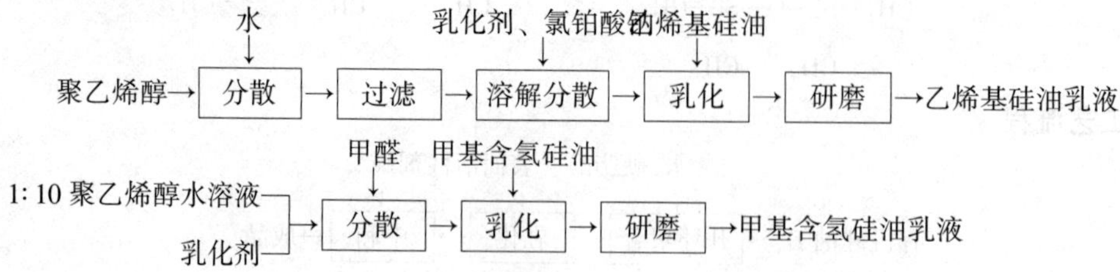

有机硅防粘涂料配制(用前配制)

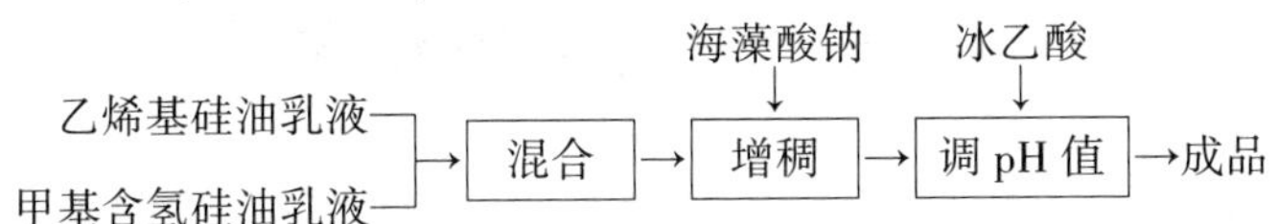

4. 主要原料(质量份)

乙烯基硅油	308	甲基含氢硅油(202)	92
聚乙烯醇	50	甲醛(37%)	0.5
乳化剂(OP-10 等)	50	海藻酸钠(工业级)	30
山梨酸	0.3	冰乙酸(98%)	5
氯铂酸钠(化学纯)	0.3	去离子水	500

5. 生产工艺

(1) 配制乙烯基硅油乳液

将 65kg 聚乙烯醇投入溶解釜中，加入 650L 水，在 90~95℃加热搅拌至聚乙烯醇全部溶解分散，过 100 目筛，除去残渣后得到 1∶10 的聚乙烯醇水溶液 550kg，将 1∶10 的聚乙烯醇水溶液加入乳化器中，然后加入 50kg 乳化剂，0.4kg 氯铂酸钠，0.4kg 山梨酸，搅拌至完全溶解分散，再在迅速搅拌下逐步加入 400kg 乙烯基硅油，搅拌成均匀乳状液。

将制得的乳状液加入胶体磨中，研磨数遍，至乳液粒径等达到要求，即得到乙烯基硅油乳液 1000kg。

(2) 配制甲基含氢硅油乳液

向乳化器中加入 165kg 已溶化分散的 1∶10 的聚乙烯醇水液，再加入 15kg 乳化剂，0.6kg 37%的甲醛，搅拌均匀后，在迅速搅拌下逐步加入 120kg 甲基含氢硅油，搅拌成均匀乳状液。

将制得的乳状液加入胶体磨中，研磨数遍，至乳液粒径等达到要求，即得到甲基含氢硅油乳液 300kg。

(3) 有机硅防粘涂料配制

使用前,将 100 份乙烯基硅油乳状液与 30 份甲基含氢硅油乳状液搅拌混合均匀,然后加入 3~5 份增稠剂海藻酸钠,0.5~0.8 份冰乙酸,搅拌均匀后即可上涂布机使用。存放时间 6h。

6. 质量标准

外观	无色透明液体	密度	0.67~0.75g/cm^3
固化速度(150~180℃)	3~5s	剥离力	0.02~0.5N/cm
黏度	$(2\times10)\times10^{-3}$Pa·s	残余粘接率	>80%

7. 用途

用于隔离纸(防粘纸)的涂层加工,适用于各种压敏胶制品(自粘标签、自粘图纸、自粘墙壁纸、压敏胶带)和其他黏性物质(沥青、树脂、食品、松香等)包装的防粘纸。涂布量<0.8g/m^2。

8. 安全与储运

两份乳液分开用铁桶包装，储存于阴凉、通风处。用前配制，配制后 6h 内用完。

参 考 文 献

黄良仙，安秋凤，杨百勤，等. 有机硅隔离剂的制备及应用研究进展[J]. 有机硅材料，2007，(05)：290-293.

6.18 有机硅剥离剂

有机硅剥离剂(silicon release agent)是用于制备防粘纸的防粘涂料。

1. 生产原理

由于有机硅表面张力小，涂布在纸张表面后能形成低能表面，使其他物料难以附着。作为剥离剂使用的有机硅必须在结构上形成轻度网络结构，以满足剥离剂的基本条件：剥离性能好，对压敏胶层不迁移，与基材纸的结合性好。

2. 主要原料(质量份)

配方一

羟基硅油	100	二月桂酸二丁基锡(催化剂)	1
含氢硅油(交联剂)	10	甲苯(溶剂)	887
正硅酸乙酯	2		

配方二

聚甲基三乙氧基硅烷	10	聚乙烯醇	5~30
聚羟基二甲基硅氧烷	30~50	水	909~954
二月桂酸二丁基锡	1		

3. 生产工艺

配方一为溶剂型，将各物料加入溶剂中分散，搅拌均匀。一般现配现用。

配方二为乳液型，以水为介质。先将聚乙烯醇和水投入溶解釜中，加热至95℃左右，搅拌使聚乙烯醇溶解，然后在强力搅拌下加入聚羟基二甲基硅氧烷和聚甲基三乙氧基硅烷。将二月桂酸二丁基锡溶解于有机溶剂甲苯中。待乳液充分乳化后，加入催化剂溶液，搅拌均匀，于60℃下反应约1h，得到轻度交联的有机硅树脂乳液，即有机硅剥离剂。

4. 用途

用于防粘纸的涂层涂布应现配现用，制得的剥离剂应在3h内涂布完毕。涂布后气流干燥，干燥温度为175℃左右，约1~2min完全固化成膜。

参 考 文 献

黄良仙，吴桂霞，杨军胜，等. 新型有机硅剥离剂的制备及其应用[J]. 造纸化学品，2007，(03)：13-17.

6.19 咪唑啉型柔软剂

咪唑啉型柔软剂(softening agent，imidazoline type)的主要成分是两性离子型表面活性剂。基本结构式为：

$$C_{17}H_{35}\overset{O}{\overset{\|}{C}}NHCH_2CH_2\overset{\oplus}{N}(CH_3)\text{—(环：}C_{17}H_{35}\text{—C}{=}N\text{，}CH_2CH_2\text{)}\cdot CH_3OSO_3^{\ominus}$$

1. 性能

黄色液体，无毒，溶于水。具有两性离子型表面活性剂性质。

2. 生产原理

以二甲苯为溶剂，在氮气氛中将硬脂酸与二亚乙基三胺加热进行缩合，生成的水与二甲苯以共沸形式连续蒸馏出来。反应完后，在减压下脱除二甲苯溶剂，制得烷基咪唑啉缩合物。再在氮气条件下，用硫酸二甲酯进行甲基化，得到烷基咪唑啉柔软剂。

$$2C_{17}H_{35}C\begin{matrix}=O\\ -OH\end{matrix} + H_2NCH_2CH_2NHCH_2CH_2NH_2 \xrightarrow[\triangle]{\text{二甲苯}}$$

$$C_{17}H_{35}\overset{O}{\overset{\|}{C}}NHCH_2CH_2N\langle\text{ring: }C(C_{17}H_{35})=N\rangle \xrightarrow{(CH_3)_2SO_4} C_{17}H_{35}\overset{O}{\overset{\|}{C}}NHCH_2CH_2-\overset{\oplus}{N}(CH_3)\langle\text{ring: }C(C_{17}H_{35})=N\rangle \cdot CH_3OSO_3^{\ominus}$$

3. 工艺流程

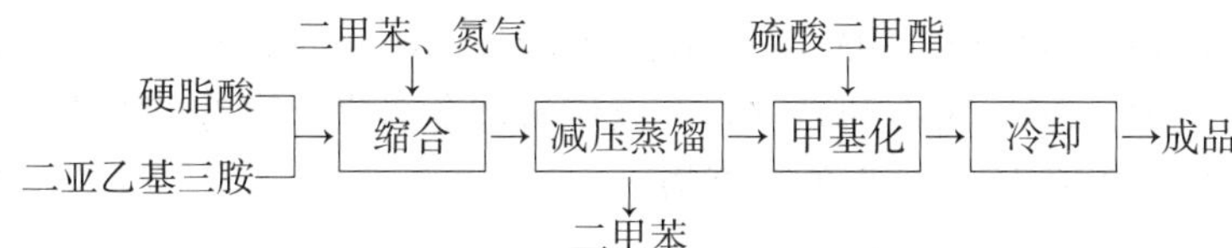

4. 主要原料(质量份)

硬脂酸	284	二甲苯	65
二亚乙基三胺	54	硫酸二甲酯	53

5. 生产工艺

将 284 份硬脂酸、54 份二亚乙基三胺与 65 份二甲苯，投入缩合反应釜，通入氮气驱尽反应釜中的空气，在氮气氛中加热 3h，反应生成的水与二甲苯以共沸形式连续蒸馏出来。反应终了，不再有水蒸馏出，温度达到 225℃。将反应混合物冷却至 130℃，于 533Pa 下减压蒸馏脱除二甲苯，同时在 130℃维持 0. 5h，冷却至室温，可获得咪唑啉缩合物。将该缩合物转入甲基化反应釜，加入适量 50%的次磷酸水溶液，通入氮气，驱尽空气。在氮气氛中加热至 100℃，慢慢滴加 53 份硫酸二甲酯进行甲基化反应，加料保温反应 1h。冷却得到咪唑啉型柔软剂。

6. 用途

用作纸张柔软剂。

7. 安全与储运

生产中使用二亚乙基三胺和硫酸二甲酯，设备应密闭，车间内应加强通风，操作人员应穿戴劳保用品。本产品无毒，使用内衬塑料的铁桶包装，密闭储存，按一般非危险品规定储运。

参 考 文 献

[1] 宁静海. 咪唑啉型阳离子柔软剂的合成、复配及应用工艺研究[D]. 武汉：武汉纺织大学，2013.

[2] 许桂红，邓汉祥，王伟. 一种咪唑啉季铵盐型纸张柔软剂的合成与应用[J]. 造纸科学与技术，2005，(05)：24-25.

6. 20 分散剂 PEO

分散剂 PEO(dispersing agent PEO)的主要成分为聚氧化乙烯。结构式为：

$$-\!\!\![CH_2-CH_2-O]_n$$

1. 性能

白色粒状或粉末状聚合物，软化点 66~70℃，相对分子质量大于 250 万，热分解温度 42.3~45.0℃。溶于水，水溶液 pH 值为 6.5~7.0。室温下可溶于乙腈、氯仿、二氯甲烷等。属于非离子型表面活性剂。聚氧化乙烯与聚乙二醇的分子式相似，只是相对分子质量不同。

2. 生产原理

环氧乙烷在多相催化剂作用下，发生开环聚合，得到聚氧化乙烯高聚物。

$$n\underset{\diagdown_{O}\diagup}{CH_2-CH_2} \xrightarrow{\text{催化剂}} -\!\!\![CH_2-CH_2-O]_n$$

高效的催化剂体系中一般含有“金属-氧-金属”结构。作为配位聚合的催化剂有钙、钡等碱土金属的烷氧基化合物、氨化物[$(RO)_2Ca$、$(RO)_2Ba$、$Ca(NH_2)_2$、$Ba(NH_2)_2$]，以及铝、镁、锌的烃氧基化合物[$(RO)_3Al$、$(RO)_2Mg$、$(RO)_2Zn$]。以烷氧基金属化合物为主体的开环聚合催化剂，可制得相对分子质量达 50 万~400 万的高聚物。

3. 工艺流程

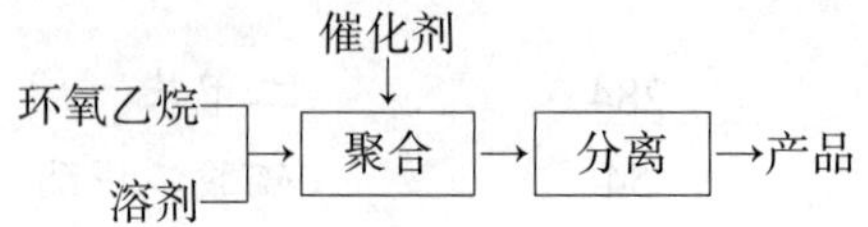

4. 主要原料(质量份)

环氧乙烷(沸点 10.7℃)	220	120#汽油(溶剂)	660
催化剂	5.0		

5. 生产工艺

将 120#汽油和催化剂加入聚合反应釜中，充氮气，驱尽空气后，压入环氧乙烷，搅拌，于 10~20℃开始聚合，控制前期聚合温度 10~20℃，后期 30~40℃。聚合物以沉淀形式析出。聚合完毕，经分离得到分散剂 PEO。

说明：

聚合物收率随溶剂用量增加而降低。聚合物的相对分子质量随溶剂用量的增加而增大，但溶剂量过多时，由于催化剂浓度的降低，相对分子质量也相应降低。因此，溶剂与环氧乙烷的质量比为 3∶1 较为合适。

6. 质量标准

外观	白色粒状或粉末状	真密度	1.15~1.22kg/L
相对分子质量	>250 万	水溶液 pH 值	6.5~7.0
熔点	66~70℃	离子性	非离子
表观密度	0.15~0.3kg/L		

7. 用途

在造纸工业中用作分散剂，特别适用于作为纤维造纸的分散剂，还具有助留、增强作用，能改善纸张柔软度和光滑程度。适用 pH 值范围广。具有黏性高、水溶性好、润滑性好等特点。适用于卫生纸、餐巾纸、特种纸、纸板等。在高档卫生纸中添加量为 0.05%以下。使用时必须采用适当的分散设备来逐步溶解、分散。也用作凝聚剂、黏结剂、液体减阻剂、增稠剂、水溶性包装材料等。

8. 安全与储运

生产中使用的环氧乙烷常温为无色气体，有毒！与空气形成爆炸性混合物，爆炸极限为3.6%~78%(体积)。设备应密闭，车间内应加强通风，操作人员应穿戴劳保用品。本产品无毒。使用1kg双层塑料袋装，10kg瓦楞纸箱包装(10袋装)。储运时防潮、防压，避免阳光直射，避免高温。

参 考 文 献

[1] 隋艳霞. 造纸工业用分散剂聚氧化乙烯[J]. 黑龙江造纸, 2015, 43 (03): 22-24.

[2] 胡志斌, 谢来苏. PEO—造纸用分散剂的应用研究[J]. 上海造纸, 2002, (01): 48-51.

6.21 氨基树脂防水剂

氨基树脂防水剂(amino resin waterproofing agent)是由六羟甲基三聚氰胺依次与乙醇、硬脂酸形成的缩合物、三乙醇胺甘油二硬脂酸酯和石蜡组成。

1. 性能

白色黏稠液，在水中可形成均匀溶液，具有较好的储存稳定性。

2. 生产原理

三聚氰胺与甲醛缩合得到六羟甲基三聚氰胺，然后与乙醇发生部分醚化，制得部分乙醚化的六羟甲基三聚氰胺，再与硬脂酸发生酯化，得到的乙醚化的六羟甲基三聚氰胺硬脂酸酯，再与三乙醇胺、甘油二硬脂酸及石蜡复配，制得氨基树脂防水剂。

3. 工艺流程

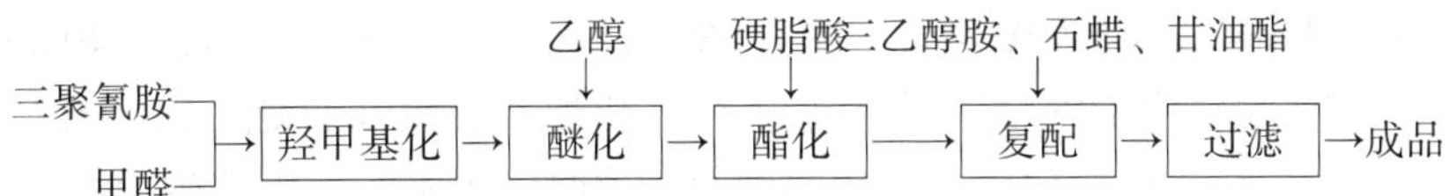

4. 主要原料(kg)

甲醛(37%)	80	硬脂酸	110
乙醇(95%)	50	三乙醇胺(≥85%)	12
三聚氰胺(≥99.5%)	17.6	石蜡(工业级)	60
甘油二硬脂酸酯	16	冰乙酸(≥98%)	6

5. 生产工艺

在带有搅拌装置的羟甲基化反应釜中，加入17.6kg的三聚氰胺和80kg 37%的甲醛，搅拌并加热升至50℃。用稀碱调节pH值至9，控制温度为50℃，进行羟甲基化反应，制得六羟甲基三聚氰胺。然后加入50kg乙醇，用约6kg冰乙酸调节pH值为4，保温，进行乙醚化反应，制得乙醚化六羟甲基三聚氰胺。乙醚化完成后，加入110kg硬脂酸，升温并保温在170℃左右，在真空度为99.6kPa的条件下，进行酯化反应4h。酯化完成后，停止抽真空，将物料冷却至100℃以下，加入熔融的60kg石蜡、12kg三乙醇胺、16kg甘油二硬脂酸酯，充分搅拌，混合均匀，过滤即制得氨基树脂防水剂。

6. 质量标准

外观	白色黏稠液	水溶性	不分层、无沉淀凝聚现象

固含量　　　(40±2)%　　　　　　　　　储存期　　　　　6 个月

7. 用途

是用途较为广泛的防水剂，适用于纺织、皮革及造纸行业，在纸张加工中可用作涂布纸涂料中的抗水剂。也可用作纸张湿增强剂及表面施胶剂。

8. 安全与储运

生产中使用甲醛、三乙醇胺等，设备应密闭，车间内应加强通风。操作人员应穿戴劳保用品。使用铁桶或塑料桶包装，储运温度应在 5℃以上，储运于阴凉、通风处，储存期半年。

参　考　文　献

[1] 池凯，刘泽华. 纸张的疏水改性研究进展[J]. 天津造纸，2019，41(04)：1-6.

[2] 尤鹏，杨仁党，杨飞，等. 专用防水剂在纸张涂布中的应用[J]. 中国造纸，2008，(04)：24-26.

6.22 硝化棉

硝化棉(nitrocellulose)又称硝酸纤维素、硝化纤维、火药棉、棉花火药。氮含量 6%～13.8%。含氮量较高的俗称火棉，含氮量较低的俗称胶棉。是纤维素的硝酸酯，由纤维素(如棉纤维或木浆)经用不同配合比的混酸(硝酸和硫酸)硝化制得。分子式为：

$$[C_6H_7O_2(NO_2)_x(OH)_{3-x}]_n \qquad 1 \leqslant x \leqslant 3$$

1. 性能

白色或微黄色絮状纤维。相对密度 1.66，熔点 160～170℃，自燃点 170℃，闪点 12.78℃。含氮量大于 12.5%为爆炸品，爆速 6300m/s(含氮 13%时)，爆热 4046kJ/kg(含氮 13%时)。含水 25%时较稳定安全。温度超过 40℃能加速分解而自燃。由于在硝化过程中，混合酸内硝酸用量与纤维用量比例、硝化温度及硝化时间等不同，因此生成物的含氮量也不同(6%～13.8%)。含氮 10.7%～11.2%，全部能溶于乙醇及芳香族碳氢化合物和乙醇的混合液中；含氮 11.2%～11.7%，用乙醇溶解最为适合，也溶于乙酸乙酯、乙酸丁酯、乙酸戊酯、丙酮、乙醇和醚的混合物及其他溶剂；含氮 11.8%～12.3%，能溶于酯类、丙酮、乙醇和醚类的混合液、甲苯和矿物溶剂的混合液；含氮 12.3%～13.7%，能溶于丙酮及乙酸乙酯中，不溶于乙醇和醚的混合液。

含氮量低于 12.5%时较稳定，但久储或受热能逐渐分解放出亚硝酸、硝酸等，使燃点降低，也有自燃和爆炸的危险。通常加入稳定剂(30%的水或乙醇)。

2. 生产原理

将疏松干燥的化学棉在硫酸的存在下与硝酸相作用，即生成一硝酸酯、二硝酸酯、三硝酸酯的混合物。

$$[C_6H_7O_2(OH)_3]_n + 3nHNO_3 \xrightarrow{H_2SO_4} [C_6H_7O_2(NO_3)_3]_n + 3nH_2O$$

$$[C_6H_7O_2(OH)_3]_n + 2nHNO_3 \xrightarrow{H_2SO_4} [C_6H_7O_2(OH)(NO_3)_2]_n + 2nH_2O$$

$$[C_6H_7O_2(OH)_3]_n + nHNO_3 \xrightarrow{H_2SO_4} [C_6H_7O_2(OH)_2NO_3]_n + nH_2O$$

3. 工艺流程

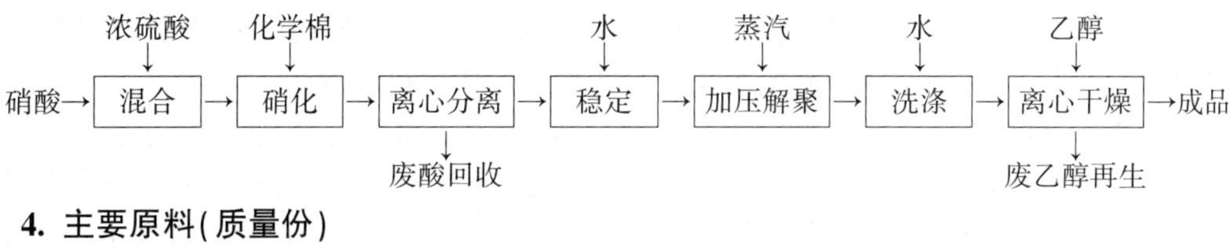

4. 主要原料(质量份)

化学棉(脱脂棉)	690	硝酸(工业级)	1220
硫酸(98%)	996	乙醇(工业级)	500

5. 生产工艺

在混合罐中，先加入硝酸，在搅拌下加入硫酸，混匀制得混酸(混酸中的硝酸比例不同，则得到不同含氮量的产品)。将混酸投入硝化锅中，加入脱脂棉，于60℃下硝化完全。离心脱去废酸(回收)。硝化棉置处理罐中，加入适量水，然后送加压解聚锅中，通蒸汽解聚。解聚后的硝化棉用水洗涤，脱水后，加乙醇，离心干燥得到成品。

6. 实验室制法

在反应瓶中加入40mL浓硝酸，在搅拌下小心加入80mL硫酸。冷却，将30g脱脂棉加入混酸中，于60~70℃下水浴加热，充分硝化后，洗涤、脱水、干燥后得到硝化棉。

7. 质量标准

(1) 赛璐珞用硝化棉

指标名称	优　级	一　级	二　级
含氮量	11.00%~11.20%	10.90%~11.25%	10.80%~11.30%
溶解度(以10%樟脑乙醇溶液为溶剂)	≥99%	≥98%	≥98%
黏度	$(21.1\sim29.5)\times10^{-6}m^2/s$	$(16.8\sim33.4)\times10^{-6}m^2/s$	$(23.8\sim37.4)\times10^{-6}m^2/s$
酸度(以硫酸计)	≤0.05%	≤0.05%	≤0.05%
106.5℃耐热试验	≥7h	≥7h	≥7h
发火点	≥180℃	≥180℃	≥180℃
灰分	≤0.2%	≤0.2%	≤0.2%
水分	32%~42%	32%~42%	32%~42%

(2) 涂料用硝化棉

指标名称	一级	二级	三级	指标名称	一级	二级	三级
硝化棉溶液透光率	≥90%	≥82%	≥75%	发火点	≥180℃		
含氮量	11.5%~12.2%			灰分	≤0.2%		
酸度(以 H_2SO_4 计)	≤0.07%			水分	在混合溶剂中不显混浊		
80℃耐热试验	≥10min			湿润剂含量	28%~32%		

8. 用途

用于处理纸张防水、防潮等。含氮量为10.7%~11.2%的产品用于制造赛璐珞；含氮量为11.2%~11.7%的产品用于制造摄影底片、X射线摄影软片，眼镜架、玩具、包封瓶口的套子等；含氮量为11.8%~12.3%的产品用于制造喷漆、防锈漆、防水漆。在国防工业上用含氮量11.8%~12.3%的产品制造无烟炸药。

9. 安全与储运

生产中使用浓硝酸、浓硫酸，操作人员应穿戴劳保用品。车间内应加强通风，注意防爆防火。硝化棉属一级易燃固体，包装上均应有明显的爆炸品和易燃品标志。

硝化棉须储存在特种标准的储藏室，避光储存，不可放在空地，库温最高不超过28℃，最低不低于1℃。装卸搬运要轻拿轻放，防止碰摔、撞击、摩擦，不可用能发生火花的工具操作，隔绝热源和火种，不可用无篷车运输。要定期测定湿润剂含量、稳定度和发火点，不足时及时添加补充，以保持库存物资的稳定状态。储存期不超过6个月为宜。本品遇火星、高温、氧化剂、大多数有机胺(如间苯二甲胺等)会发生燃烧和爆炸。干燥品久储变质后，易引起自燃。通常用乙醇、丙醇或水作湿润剂。可用水、泡沫和二氧化碳作灭火剂。

参考文献

马云杰，黄高山. 醇溶性纸张覆膜胶的研制[J]. 化工技术与开发，2010，39 (12)：23-26.

6.23 氯化石蜡-42

氯化石蜡-42(chlorinated paraffin-42)分子组成为 $C_{25}H_{45}Cl_7$，相对分子质量594。含氯量42%左右。

1. 性能

黄色或橙黄色黏稠液体，相对密度(d_{25}^{25})1.16～1.17。黏度(25℃)2.4Pa·s，凝固点-30℃。不燃、不爆，挥发性极低，稍有芳香味，能溶于大部分有机溶剂，如苯、氯溶剂、醚、酮、酯、环己酮，可溶于矿物油、润滑油、蓖麻油、亚麻仁油等。不溶于水和乙醇，与天然橡胶、合成橡胶、聚酯及乙酸类树脂相溶。加热至120℃以上缓慢自行分解，放出氯化氢气体，铁、锌等金属氧化物可促进其分解。低毒。

2. 生产原理

将平均碳原子数为25的固体石蜡经精制后氯化，后经空气吹脱，调整酸值得到成品。

$$C_{25}H_{52}+7Cl_2 \longrightarrow C_{25}H_{45}Cl_7+7HCl\uparrow$$

氯化反应机理为游离基反应。游离基的产生可用一定波长有选择性地光照(或辐射)、加热或加引发剂的方法。氯分子以均裂方式产生游离基。其均裂能 $\Delta H=24.3kJ/mol$。

3. 工艺流程

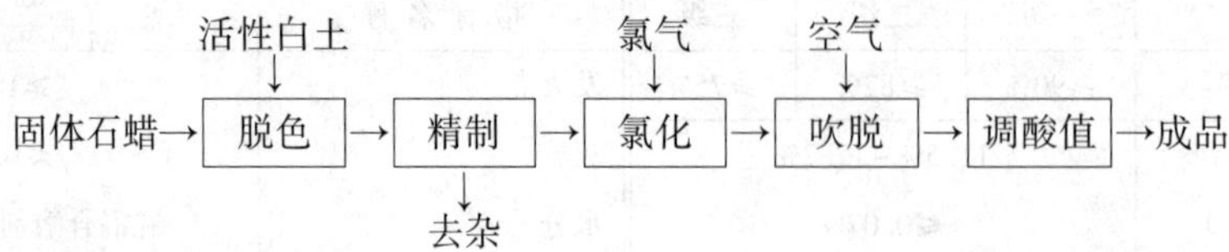

4. 主要原料(kg/t)

石蜡(平均碳原子数20)	585	碳酸钠(98%)	适量
氯气(99%)	880		

5. 生产工艺

将固体石蜡用活性白土于125～140℃脱色，压滤后在熔融锅中加热熔化，升温至100℃以上将所含水分驱尽。用齿轮泵打入氯化反应器。此氯化反应器为塔形鼓泡式，用夹套换热。石蜡投入后，升温至 80℃，缓缓通入氯气进行氯化。经一段时间引发后，氯化反应加剧，加大氯气通入量，控制反应温度在 90～100℃。每批反应周期在 25～35h。快速检验终点的方法是测定物料密度，当密度(d_4^{20})≥1.16g/cm³ 时，可认为氯化已达终点。精确检验终点的方法是测定物料的含氯量，当含氯量达 42% 以上时，氯化反应达终点。用干燥空气或氮气吹出物料溶解的氯化氢和游离氯，加入少量纯碱溶液(或 20%的氢氧化钠溶液)，使酸值降到标准值 0.10mgKOH/g 以下，即得成品氯化石蜡-42。包装前加适量稳定剂并进行质量检验。

尾气的处理分不同情况。如采用钢瓶装液氯进行生产的小型装置，可使尾气再通过一个预氯化釜，称为双釜流程，尽量使氯气反应完全，然后进入石墨材质的降膜塔，用水吸收氯化氢，得到副产物盐酸，最后用碱吸收少量残余的氯气。

6. 质量标准

指标名称	一级品	二级品
外观	黄色或橙黄色黏稠液体，无明显机械杂质	
色泽(碘)	≤25 号	≤35 号
相对密度	≥1.160	≥1.160
酸值	≤0.10mgKOH/g	≤0.10mgKOH/g
热分解温度	≥120℃	≥115℃
含氯量	40%～44%	40%～44%

7. 用途

用作纸制品、布类的防潮、防水蒸气用的添加剂 。本品具有与聚氯乙烯类似的结构，是塑料的增量增塑剂。主要用作聚氯乙烯的辅助增塑剂，应用于电缆料、地板料、薄膜、人造革以及水管，也用于橡胶制品。另外还广泛用作切削油、齿轮油、轧钢机油的耐极压添加剂。

8. 安全与储运

生产中使用的氯气为无机剧毒气体，在光照下与可燃物混合易燃烧、爆炸。反应设备应密闭，严防泄漏，车间内要加强通风，操作人员应穿戴劳保用品。

产品采用镀锌铁桶包装，储存于阴凉、通风处，防止受热和曝晒。按一般化学品规定储运。

参 考 文 献

赵颖. 白土精制皂蜡制氯化石蜡-42[J]. 氯碱工业，1999，(07)：32-33.

6.24 纸 防 一 号

纸防一号(preservative No. 1 for paper)的化学成分为六氢化-1,3,5-三(2-羟乙基均三嗪)。分子式 $C_9H_{21}N_3O_3$，相对分子质量 219.28，结构式为：

$$\begin{array}{c} HOCH_2CH_2N\diagup\diagdown N—CH_2CH_2OH \\ \quad | \qquad\quad | \\ \quad \diagdown N \diagup \\ | \\ CH_2CH_2OH \end{array}$$

1. 性能

黄色透明黏稠液体，易溶于水、乙醇和油中。相对密度(d_4^{20})1.15~1.17。低毒，小白鼠经口服 LD_{50}为925mg/kg。

2. 生产原理

甲醛与乙醇胺反应，得到纸防一号。

$$3HCHO + 3HOCH_2CH_2NH_2 \longrightarrow HOCH_2CH_2N\langle\text{六氢三嗪环}\rangle N-CH_2CH_2OH + 3H_2O$$

（环上第三个 N 连接 CH_2CH_2OH）

3. 工艺流程

乙醇胺、甲醛 → 缩合环化 → 成品

4. 主要原料(质量份)

乙醇胺(96%)	133	甲醛(30%)	200

5. 生产工艺

将133份96%的乙醇胺和200份30%的甲醛投入反应器中，搅拌下，加热至40~45℃，保温反应1~2h，得到黄色黏稠液体，即得到纸防一号。

说明：

本品在80℃/133.3Pa可转变为1，3-氧氮杂环。

6. 质量标准

外观	黄色透明黏稠液体	碱值	356~358mgKOH/g
pH值(1%水溶液)	10.0~11.0	黏度(25℃)	(12.0~13.0)×10^{-3}Pa·s
有效成分含量	≥35%	密度(20℃)	1.0~1.2g/cm^3

7. 用途

用作造纸工业中的涂料防腐剂，一般用量为0.07%左右。也用作纸浆的防腐剂，还用于金属切削油的防腐剂。

8. 安全与储运

生产中使用甲醛和三乙醇胺，反应设备应密闭，车间内应加强通风，操作人员应穿戴劳保用品。使用塑料桶包装，储存于阴凉、通风处。

6.25 磷酸胍基脲

磷酸胍基脲的结构式为：

$$H_2N-\underset{\underset{NH}{\|}}{C}-NH-CONH_2 \cdot H_3PO_4$$

1. 性能

白色粒状结晶，熔点184℃(分解)，30℃时相对密度为1.61。20℃时在水中的溶解度为8.5g/100g水。水溶液呈弱酸性，pH值为4.0。几乎不溶于有机溶剂。在土壤中可缓慢被细菌分解。

2. 生产原理

氰化钙经水解脱钙后，生成氨基氰，两分子氨基氰发生二聚，得到双氰胺。双氰胺与磷酸反应，得到磷酸脒基脲。

$$2Ca(CN)_2+2H_2O \longrightarrow Ca(NHCN)_2+Ca(OH)_2$$

$$Ca(NHCN)_2+CO_2+H_2O \longrightarrow 2NH_2CN+CaCO_3$$

$$2NH_2CN \xrightarrow{\text{二聚}} H_2N—\overset{\overset{\displaystyle NH}{\|}}{C}—NH—CN$$

$$H_2N—\overset{\overset{\displaystyle NH}{\|}}{C}—NH—CN + H_3PO_4 + H_2O \longrightarrow H_2N—\overset{\overset{\displaystyle NH}{\|}}{C}—NH—\overset{\overset{\displaystyle O}{\|}}{C}—NH_2 \cdot H_3PO_4$$

3. 工艺流程

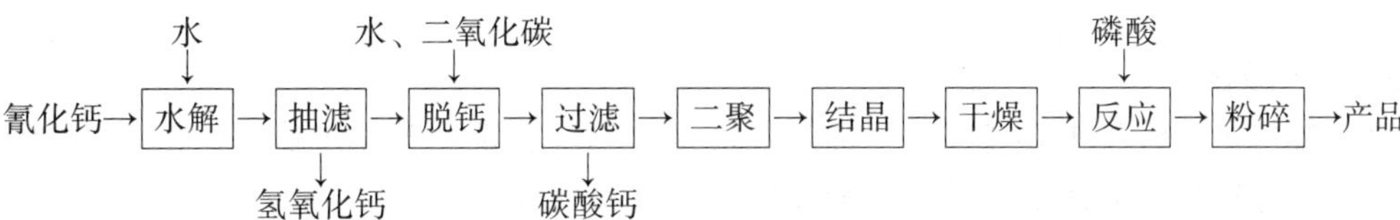

4. 主要原料(kg)

氰化钙(含氮 18%~20%)	2360	焦炭	212
石灰石	1416	磷酸(85%)	648

5. 生产工艺

将 2360kg 氰化钙投入水解釜中，加入 4~5 倍量的水，充分搅拌水解 2~3h。将水解液进入水平带式真空过滤机，进行真空抽滤，滤液进入脱钙釜中。向脱钙釜中通入足量二氧化碳(二氧化碳由煅烧石灰石产生)，并搅拌，至氰化钙中的钙已完全转化为碳酸钙后，停止通二氧化碳。

脱钙后的反应混合物进入过滤机，进行真空抽滤。滤液进入聚合釜中。在搅拌下加热，在 60~100℃加热搅拌 6~10h 后，放入冷却结晶池，使双氰胺充分结晶。然后压滤，干燥得到双氰胺约 472kg。

得到的双氰胺为白色结晶，熔点 207~212℃，相对密度(25℃)1.400，干时稳定，溶于水和乙醇，微溶于乙醚。可用作有机合成原料、肥料，也可用作阻燃剂等。

将 472kg 双氰胺与 648kg 85%的磷酸混合，并加入约 5~10kg 水置于捏合机中，捏合反应 2~4h。然后置于烘箱中于 70~80℃烘干，粉碎后即为磷酸脒基脲。

6. 质量标准

外观	白色粒状结晶	相对密度(30℃)	1.61
熔点	184℃(分解)	含量	>93%

7. 用途

造纸业中用作阻燃剂，多与其他阻燃剂配合使用。也用于制药工业。还可用作缓效氮磷肥料。

8. 安全与储运

使用内衬塑料袋的编织袋包装，储存于阴凉、干燥处。

参 考 文 献

赵桂兰，王群芳. 磷酸脒基脲阻燃绝缘纸的研究[J]. 广东化工，2006，(12)：21-23.

6.26 磷酸胍

磷酸胍(guanidine phosphate)又称磷酸亚氨脲，分子式 $C_3H_{15}N_9 \cdot H_3PO_4$，相对分子质量 275.21。结构式为：

$$[H_2N—\underset{\underset{NH}{\|}}{C}—NH_2]_3 \cdot H_3PO_4$$

1. 性能

白色结晶或粉末，分解温度 246℃，25℃时 4%的水溶液 pH 值为 8.4。20℃时溶解度 15.5g/100g 水、0.1g/100g 甲醇。几乎不溶于有机溶剂。吸湿性小，具有阻燃性和防止铁腐蚀性。

2. 生产原理

双氰胺与氯化铵于 170~230℃下加热混熔，生成盐酸胍。将盐酸胍溶于甲醇中，用氢氧化钠中和，分离出的游离胍溶液与磷酸反应，生成磷酸胍。

$$H_2N—\overset{\overset{NH}{\|}}{C}—NH—CN + 2NH_4Cl \xrightarrow{200℃} 2H_2N—\overset{\overset{NH}{\|}}{C}—NH_2 \cdot HCl$$

$$H_2N—\underset{\underset{NH}{\|}}{C}—NH_2 \cdot HCl + NaOH \xrightarrow[CH_3OH]{} H_2C—\underset{\underset{NH}{\|}}{C}—NH_2 + NaCl + H_2O$$

$$3H_2N—\overset{\overset{NH}{\|}}{C}—NH_2 + H_3PO_4 \longrightarrow (H_2N—\overset{\overset{NH}{\|}}{C}—NH_2)_3 \cdot H_3PO_4$$

3. 工艺流程

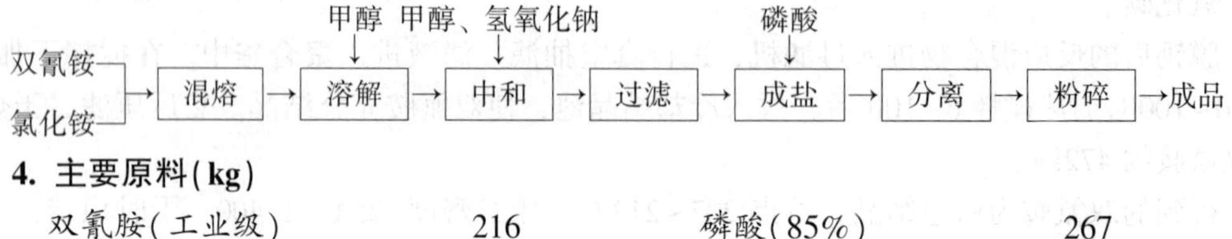

4. 主要原料(kg)

双氰胺(工业级)	216	磷酸(85%)	267
氯化铵(一级品)	303	甲醇	150
氢氧化钠(工业级)	206		

5. 生产工艺

将 216kg 双氰胺和 303kg 氯化铵投入熔融反应釜中，搅拌均匀后，在 170~230℃下加热熔融，待全部熔化后，缓慢降温至 60~80℃，加入足量甲醇，加热回流搅拌，使生成的胍盐充分溶解，得到盐酸胍甲醇溶液。转入中和釜，与氢氧化钠、甲醇溶液进行中和反应，在 60℃加热回流 1~2h 后，冷却至室温。过滤，滤除生成的氯化钠，滤液为游离胍的甲醇溶液。

将游离胍的甲醇溶液加入成盐反应釜中，加入 150kg 85%的磷酸，充分搅拌冷却，使磷酸胍结晶沉淀。离心分离，滤液进入甲醇分馏塔，回收溶剂甲醇。将分离出的磷酸胍干燥后粉碎，得到约 500kg 磷酸胍。

说明：

中和反应一般用醇钠，实际生产中可用甲醇与氢氧化钠代替醇钠。

6. 质量标准

外观	白色结晶或粉末	水分	≤2.0%
纯度	≥96%	分解温度	246℃

7. 用途

用作木材、纤维、纸等的阻燃剂。阻燃效果好，吸湿性小，与其他配合使用的阻燃剂相容性好，是一种柔软和热稳定性良好的阻燃剂。可单独使用或与其他阻燃剂配合使用。还可用作钢铁的防锈剂。

8. 安全与储运

生产中使用甲醇，设备应密闭，注意防火。车间内应加强通风。使用衬塑编织袋包装，储存于阴凉、干燥处。

参 考 文 献

张宇金. 磷酸胍阻燃剂在纸板上的应用研究[J]. 四川水泥，2016，(12)：299.

6.27 聚磷酸铵

聚磷酸铵(ammonium polyphosphate)，简称 APP，分子式为$(NH_4)_{n+2}P_nO_{3n+1}$。有水溶性和水不溶性两种聚磷酸铵。聚合度 n 为 10~20，为水溶性；$n>20$，则不溶于水。用作阻燃剂的 APP，n 一般大于 25。

1. 性能

本品为白色粉末。密度 1.74g/cm³。具有良好的热稳定性和分散性，分解温度大于 250℃，阻燃性优良且持久。接近中性，可与其他任何添加剂混合使用，与其他阻燃剂复合使用有显著的协同效应。

2. 生产原理

(1) 酸尿素法

磷酸与尿素在加热下熔化、反应得到 APP。

(2) 磷酸二氢铵-尿素法

在液体石蜡中，磷酸二氢铵与尿素于 200℃下反应，经苯洗、抽滤、烘干得到聚磷酸铵。

(3) 五氧化二磷法

将磷酸二氢铵与五氧化二磷混合研磨后，通入氨气反应，得到聚磷酸铵。

3. 主要原料(质量份)

(1) 磷酸二氢铵-尿素法

尿素(工业级，含氮量≥46%)	45~48
磷酸(工业级，85%)	115

(2) 五氧化二磷法

磷酸二氢铵(≥98%)	40	五氧化二磷(≥96%)	43

4. 工艺流程

（1）磷酸-尿素法

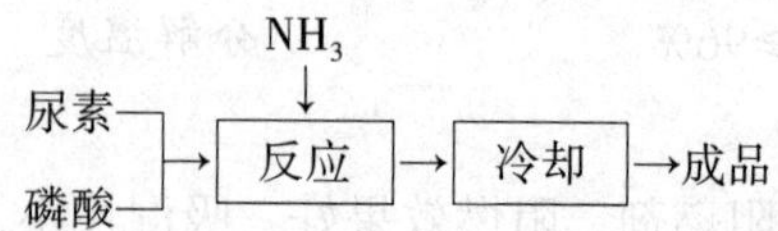

（2）磷酸二氢铵-尿素法

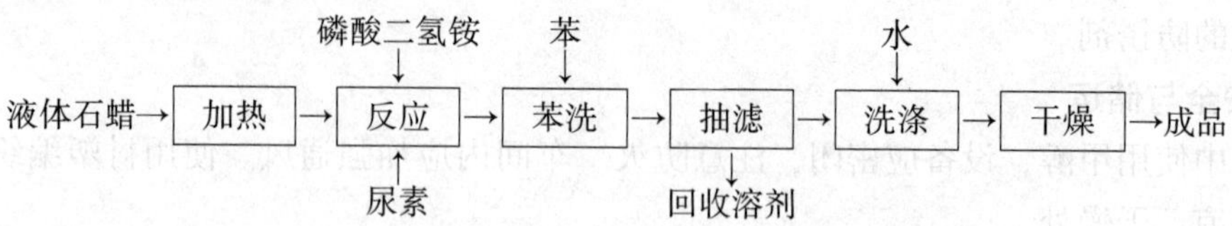

5. 生产工艺

（1）磷酸-尿素法

将45~48份尿素与115份85%的磷酸加入具有高效冷却装置的搅拌反应釜中，于80~100℃使物料混合熔化后，转移到连续移动的反应带上，反应带温度控制在250℃左右，并维持氨的分压在40kPa下进行反应。冷却后即得到聚磷酸铵。

（2）磷酸二氢铵-尿素法

首先将碳原子数大于16的液体石蜡加入反应釜中，在不断搅拌下加热至200℃，然后将磷酸二氢铵和尿素混合后分批缓慢加至液体石蜡中，反应0.5h后，物料由黏稠泡沫状液体变为白色固体，继续在200℃下维持反应20min。将物料冷却并研细，用苯洗除产物中的石蜡，抽滤后，用水洗涤，脱水、烘干后得到聚磷酸铵。

（3）五氧化二磷法

将40份(质量)磷酸二氢铵和43份五氧化二磷混合研磨后通入氨气并保持一定的氨压进行反应，温度控制在250~300℃，反应时间1~3h，得到白色粉状物，冷却过筛即得到成品。

6. 质量标准

外观	白色粉末	氮含量	≥12%
聚合度(n)	≥32	溶解度	≤2g/100g 水
P_2O_5 含量	≥68%	细度(过200目筛余量)	≤1.0%

7. 用途

广泛用作橡胶、塑料的阻燃剂。单独使用或与其他阻燃剂合用都有显著的阻燃效果。

还用作纸张、织物纤维、木材、胶黏剂和防火涂料的阻燃剂。也可添加到干粉灭火剂中用于森林、煤田等灭火。

参 考 文 献

[1] 李永翔，杨晓龙，陆忠海，等. 聚磷酸铵阻燃应用研究进展[J]. 无机盐工业，2024，56(05)：1-9.

[2] 潘睿东，姚志伟，张宇，等. 聚磷酸铵微胶囊化改性及其制备疏水阻燃纸的研究[J]. 中国造纸，2023，42 (10)：38-43+168.

[3] 黄煜堃. 结晶V型聚磷酸铵阻燃剂制备及改性的研究[D]. 昆明：昆明理工大学，2023.

6.28 氨基磺酸胍

氨基磺酸胍(guanidine sulfamate)分子式为 $CH_8N_4O_3S$，结构式为：

$$
\begin{array}{c} NH \\ \| \\ NH_2—C—NH_2HOSO_2NH_2 \end{array}
$$

1. 性能

白色块状物，熔点 127℃，分解温度 230~245℃。20℃时溶解度 100g/100g 水，1.4g/100g 甲醇。25℃时 4%水溶液的 pH 值为 6.0~8.0，几乎不溶于有机溶剂。具有良好的阻燃性。

2. 生产原理

双氰胺和氯化铵混合均匀后在 170~230℃下加热熔融，生成盐酸胍，盐酸胍的甲醇溶液与氢氧化钠的甲醇溶液进行中和反应，游离出胍。胍的甲醇溶液与氨基磺酸发生成盐反应，生成氨基磺酸胍。

3. 工艺流程

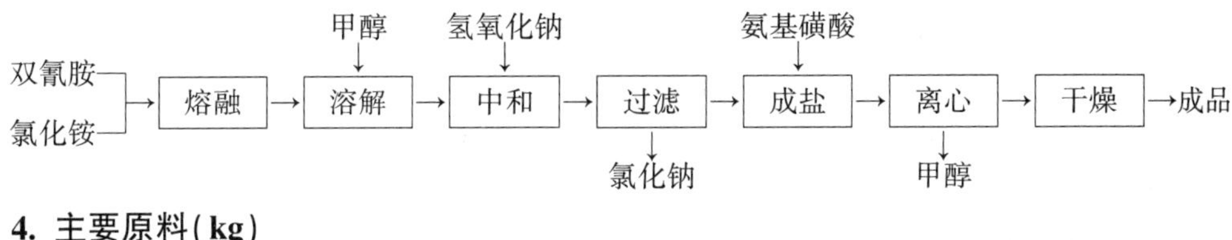

4. 主要原料(kg)

双氰胺(99%)	150	氨基磺酸	312.5
氯化铵(一级品)	210	甲醇(工业级)	100
氢氧化钠(96%)	128		

5. 生产工艺

将 150kg 99%的双氰胺和 210kg 氯化铵混匀后，加入熔化釜中，在 170~230℃下加热熔融，生成盐酸胍，趁热放出，使盐酸胍凝结成块。将块状盐酸胍粉碎，加入 3~4 倍量甲醇，搅拌，加热回流，至盐酸胍全部溶解，制得盐酸胍甲醇溶液。在中和反应釜中加入 128kg 氢氧化钠、适量甲醇和水，搅拌至氢氧化钠全部溶解，得到氢氧化钠甲醇溶液。将制得的盐酸胍甲醇溶液加入中和釜，搅拌，然后冷却至室温，过滤，滤出氯化钠。滤液即盐酸胍的甲醇溶液进入成盐反应釜中。加入 312.5kg 氯基磺酸，充分搅拌，通冷却水冷却，至氨基磺酸胍结晶充分离心析出。甲醇母液则进入甲醇分馏塔，回收溶剂甲醇。将滤饼干燥，约得到 500kg 氨基磺酸胍。

6. 质量标准

外观	白色块状	加热失重	≤1.0%
含量	≥90%	pH 值(4%水溶液)	6~8

7. 用途

用作造纸业阻燃剂，与其他阻燃剂配合使用。也用作纺织业的阻燃剂、纤维柔软剂。

8. 安全与储运

生产中使用甲醇、氨基磺酸，设备应密闭，车间内应加强通风，操作人员应穿戴劳保用品。使用衬塑编织袋包装，储存于通风、干燥处。

参 考 文 献

徐东平. 氨基磺酸胍的制备及其阻燃性[J]. 浙江化工, 1994, (01): 27-31.

6.29 防水剂 703

防水剂 703(water proofing angent 703)。由 50%A+25%B+25%石蜡等组成。

$H_{35}C_{17}CO_2CH_2$ $CH_2O_2CC_{17}H_{35}$

N N

$H_5C_2OCH_2$ $CH_2OC_2H_5$ (A)

N

$(HOCH_2CH_2)_2NCH_2CH_2OCH_2$ $CH_2O_2CC_{17}H_{35}$

$H_{35}C_{17}CO_2CH_2$ $CH_2O_2CC_{17}H_{35}$

N N

$H_5C_2OCH_2$ $CH_2OC_2H_5$ (B)

$H_{35}C_{17}CO_2CH_2$ $0.5[CH_2O_2CC_{17}H_{35}]$

$CHOCH_2—N$

$H_{35}C_{17}CO_2CH_2$ $0.5[CH_2OC_2H_5]$

1. 性能

乳白色浆液，可用水稀释。

2. 生产原理

由三聚氰胺与甲醛缩合生成六羟甲基三聚氰胺，再与乙醇作用制成部分乙醚化的六羟甲基三聚氰胺，然后加硬脂酸酯化，得到乙醚化的六羟甲基三聚氰胺硬脂酸酯。再加三乙醇胺，制得三元碱缩合物，最后加甘油二硬脂酸酯和白石蜡复配而成。

3. 主要原料(kg)

原料	kg	原料	kg
甲醛(37%)	40	硬脂酸	55
乙醇	25	三乙醇胺	6
三聚氰胺	8.8	白石蜡	30
甘油二硬脂酸酯	8	冰乙酸	3

4. 工艺流程

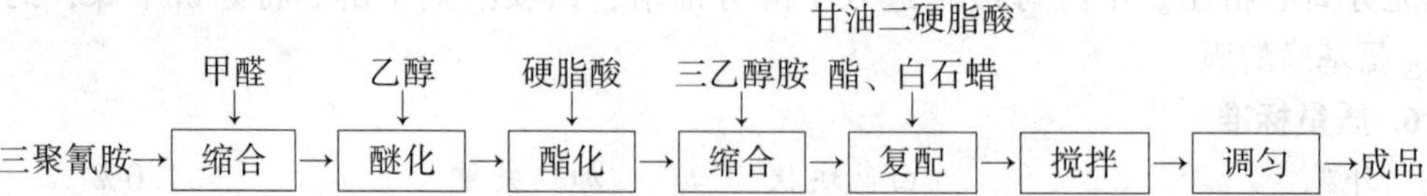

5. 生产工艺

将 8.8kg 三聚氰胺投入带有搅拌装置的反应釜中，加入 40kg 37%的甲醛，搅拌并加热升温至50℃。调节 pH 值为 9，控制温度为 50℃进行六羟甲基化反应，制得六羟甲基三聚氰胺。然后加入 25kg 乙醇，用约 3kg 冰乙酸调节 pH≈4，保温在 48~50℃，进行乙醚化反应，制得乙醚化六羟甲基三聚氰胺。至乙醚化完成后，加入 55kg 硬脂酸，升温并抽真空。保温在 170℃左右，真空度 99657.28Pa 的条件下，进行酯化反应 4h。酯化完成后，停止抽真空，将物料冷却至100℃以下，加入30kg熔融的白石蜡、6kg三乙醇胺、8kg甘油二硬脂酸酯，充分搅拌，调配均匀，即制得防水剂703成品。

6. 工艺控制

羟甲基化反应过程中要控制好所要求的pH值和温度，酯化反应要维持好99657.28Pa的真空度，最后的复配过程一定要搅拌均匀。

7. 用途

是用途较为广泛的防水剂，可用于皮革、纺织及造纸行业。

8. 安全与储运

生产中使用三聚氰胺、甲醛等有毒或腐蚀性物品，操作人员应穿戴劳保用品，设备应密闭。使用塑料桶包装，储存于阴凉、通风处。

参 考 文 献

尤鹏，杨仁党，杨飞，等. 专用防水剂在纸张涂布中的应用[J]. 中国造纸，2008，(04)：24-26.

6.30 防水剂CR

防水剂CR(water proofing agent CR)。结构式为：

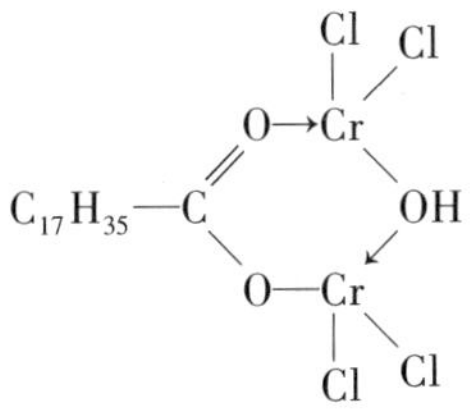

Cl Cl
O→Cr
$C_{17}H_{35}$—C OH
O—Cr
Cl Cl

1. 性能

为绿色稠厚液体，可与水任意混溶，属阳离子型表面活性剂，呈酸性，可耐pH=4的一般无机酸。除甲酸外，不耐其他有机酸。遇碱引起水解，降低含量。不耐高温，受热溶剂易挥发。遇水也会分解，故配成溶液后，宜在数小时内用完。可与阳离子型、非离子型表面活性剂和合成树脂初缩体等共用，不能与阴离子型表面活性剂、染料、肥皂共用。

2. 生产原理

将三氧化铬在异丙醇中还原，然后与硬脂酸络合，再加入一定量异丙醇即得。

$$2CrO_3+4HCl+3(CH_3)_2CHOH \longrightarrow 2Cr(OH)Cl_2+4H_2O+3(CH_3)_2CO$$

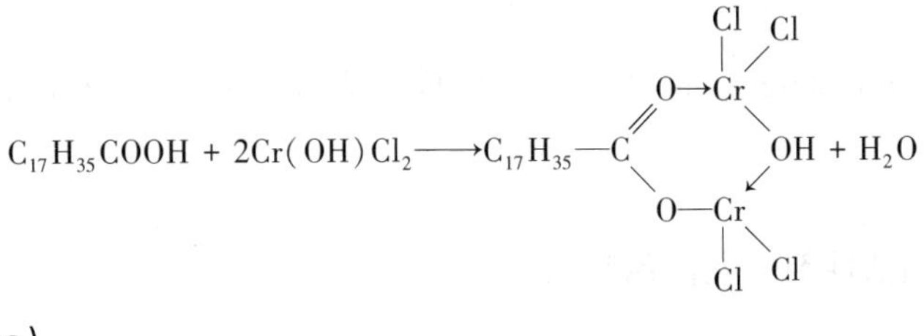

$$C_{17}H_{35}COOH + 2Cr(OH)Cl_2 \longrightarrow C_{17}H_{35}—C(O\to CrCl_2)(O—CrCl_2)OH + H_2O$$

3. 主要原料(kg)

三氧化铬	123	盐酸(30%)	245
异丙醇	250	三压硬脂酸	175

4. 工艺流程

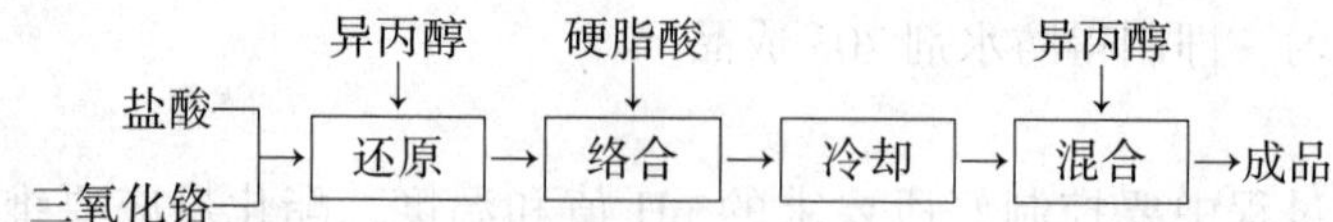

5. 生产工艺

在耐酸搪瓷锅内加入 220kg 盐酸（30%）、80kg 水。搅拌，冷却至室温以下，边搅拌边加入 123kg 三氧化铬（含量≥97%），至完全溶解，备用。在带搅拌和加热装置的反应釜内，加入 250kg 异丙醇、25kg 盐酸（30%），搅拌混合均匀，加热升温至 60～65℃时，再缓慢加入已配制好的 CrO_3 盐酸溶液。加完后，保温搅拌 10min，再升温至 70℃，回流反应 0.5～1h。然后向该反应液中加入 175kg 三压硬脂酸，再升温回流加热，络合反应 4h 后，取样测定反应终点。取一定量的反应物料，用 500 倍的水稀释，至水中无白色的未反应的硬脂酸，则表明反应已达终点。将物料冷却至 30℃，加入 50kg 异丙醇，充分搅拌混合均匀，即制得防水剂 CR。

6. 工艺控制

向异丙醇中加 CrO_3 盐酸溶液时，必须控制适当的加入速度和保持温度。硬脂酸与 Cr^{2+} 的络合反应待终点测定确定后，方可终止。防水剂 CR 在未稀释前易燃，储运时应轻装轻卸，防止受热，远离明火。

7. 质量标准

外观	绿色稠厚液体	固含量	30%
相对密度	≥0.935		

8. 用途

用于皮革、纸张、纤维织物的防水整理。

9. 安全与储运

三氧化铬为二级无机氧化剂，异丙醇易燃，盐酸属二级无机腐蚀物品。操作人员应穿戴劳保用品，车间保持良好通风状态。

使用 200kg 内衬塑料袋的铁桶包装，储存于阴凉通风库房，储存期半年。

参 考 文 献

马占忠. 新型防水剂 CR 研制成功［J］. 河北化工，1986，（01）：47-48.

6.31 防水剂 PSI

防水剂 PSI（waterproofing agent PSI），主要成分为羟基硅油乳液和含氢硅油乳液为主的混合物。

1. 性能

为阳离子型表面活性剂，乳白色浆液。

2. 生产原理

由羟基硅油乳液与含氢硅油乳液按一定比例复配而成。

3. 主要原料（质量份）

羟基硅油乳液（工业级）	8	乙醇胺	0.45
含氢硅油乳液（工业级）	4	氢氧化锆	0.48

交联剂 VK	2	2D 树脂	适量
乙酸锌	1	水	加至 1L

4. 生产工艺

先将水加入带搅拌的混合槽，再加入乙酸锌，搅拌至溶解。然后边搅拌边依次加入交联剂 VK、羟基硅油乳液、含氢硅油乳液、乙醇胺和氢氧化锆等。继续搅拌，最后加入适量 2D 树脂，充分搅拌至溶液均匀，即制得防水剂 PSI。

5. 工艺控制

调配时要按顺序依次加入配方量的各组分并搅拌均匀。用 50kg 的塑料桶包装。储存于阴凉、通风、干燥处，防冻、防热。

6. 用途

用于丝绸、锦纶混纺织物、涤或棉混纺织物等的防水整理，可与交联剂和催化剂混配使用。也可用于皮革、纸张的防水整理。

参 考 文 献

[1] 李艳艳. 改性有机硅防水剂的合成与应用研究[D]. 西安：西安工程大学，2016.
[2] 雷宁. 新型有机硅防水剂的合成与应用性能研究[D]. 西安：陕西科技大学，2013.

参 考 文 献

[1] 化学工业出版社组织编写.中国化工产品大全(第四版)[M]. 北京:化学工业出版社 ,2012.
[2] 王大全主编.精细化工生产流程图解(一部)[M]. 北京:化学工业出版社 ,2003.
[3] 韩长日,宋小平主编.精细有机化工产品生产技术手册(上下卷)[M]. 北京:中国石化出版社, 2010.
[4]《化工产品手册》编辑部,赵晨阳主编.化工产品手册:精细有机化工产品(五版)[M]. 北京:化学工业出版社, 2008.
[5] 单志华著.制革化学与工艺学(第二版)[M]. 北京:科学出版社 , 2017.
[6] 李小瑞,李刚辉主编.皮革化学品[M]. 北京:化学工业出版社 ,2004.
[7] 韩长日,宋小平主编.皮革纺织及造纸化学品制造技术[M]. 北京:科学技术文献出版社, 2004.
[8] 陈玲主编.皮革化工材料应用及分析[M]. 北京:中国纺织出版社,2006.
[9] 马建中,卿宁,吕生华编著.皮革化学品(二版)[M]. 北京:化学工业出版社 ,2008.
[10] 周华龙,何有节主编.皮革化工材料学[M]. 北京:科学出版社 2010.
[11] 韩长日,宋小平主编.皮革用化学品生产工艺与技术[M]. 北京:科学技术文献出版社, 2018.
[12] 林炜,桑军,俞凌云编著.皮革化学品管理与风险筛查[M]. 北京:中国轻工业出版社 ,2023.
[13] 马建中主编.皮革化学品的合成原理与应用技术[M]. 北京:中国轻工业出版社 ,2009.
[14] 但卫华主编.制革化学及工艺学[M]. 北京:中国轻工业出版社,2006.
[15] 李正军,丁克毅编著.皮革涂饰剂与整饰技术[M]. 北京:化学工业出版社 , 2002.
[16] 孙国瑞主编 . 皮革工业手册(皮革化工材料分册)[M]. 北京 :中国轻工业出版社,2000.
[17] 杨建洲,强西怀编著 . 皮革化学品[M]. 北京:中国石化出版社,2001.
[18] 白坚,等 . 皮革工业手册(制革分册)[M]. 北京:中国轻工业出版社,2000.
[19] 马建中,卿宁,吕生华编著 . 皮革化学品[M]. 北京:化学工业出版社,2002.
[20] 廖隆理主编.制革工艺学(上册 制革的准备与鞣制)[M]. 北京:科学出版社 ,2001.
[21] 陈武勇,李国英编.鞣制化学(第四版)[M]. 北京:中国轻工业出版社 , 2018.
[22] 颜进华编.造纸化学品[M]. 广州:华南理工大学出版社, 2015.
[23] 林鹿,詹怀宇编著.制浆漂白生物技术[M]. 北京 :中国轻工业出版社, 2002.
[24] 刘忠.制浆造纸助剂[M]. 北京:中国轻工业出版社 , 2003.
[25] 刘一山主编.制浆造纸助剂及其应用技术[M]. 北京:中国轻工业出版社 , 2010.
[26] 曹邦威编著.造纸助留剂与干湿增强剂的理论与应用[M]. 北京:中国轻工业出版社, 2011.
[27] 沈一丁主编.造纸化学品[M]. 北京:化学工业出版社, 2004.
[28] 毕松林编著.造纸化学品及其应用[M]. 北京:中国纺织出版社, 2007.
[29] 颜进华,黄丁源编.造纸化学品技术[M]. 北京:化学工业出版社, 2021.
[30] 刘温霞,邱化玉编著.造纸湿部化学[M]. 北京:化学工业出版社, 2006.
[31]胡惠仁,徐立新,董荣业编著 . 造纸化学品[M]. 北京:化学工业出版社,2002.
[32] 刘忠主编.造纸湿部化学[M]. 北京:中国轻工业出版社, 2010.
[33] 李友森主编.轻化工业助剂实用手册(造纸、食品、印染工业卷)[M]. 北京:化学工业出版社, 2002.
[34] 顾民,吕静兰,刘江丽编.造纸化学品[M]. 北京:中国石化出版社 , 2006.
[35] 吕百龄主编 . 实用工业助剂全书[M]. 北京:化学工业出版社,2001.
[36] 马建中等著 . 水性皮革涂饰材料的设计与合成[M]. 北京:科学出版社,2019.
[37] 单志华,陈慧编著.制革工艺原理[M]. 北京:中国轻工业出版社,2024.
[38] 邵志勇著.可持续发展的现代制浆造纸技术探究[M]. 北京:中国纺织出版社,2019.
[39] 姚献平等著.纸基功能材料[M]. 北京:化学工业出版社,2022.